CEMEG

UG

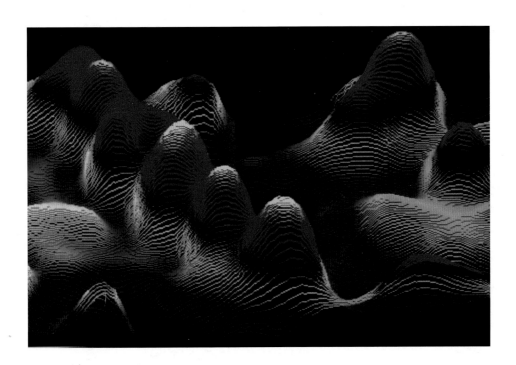

Andrew Hunt

Cyhoeddwyd dan nawdd
Cynllun Cyhoeddiadau Cyd-bwyllgor Addysg Cymru

Hodder & Stoughton

AELOD O GRŴP HODDER HEADLINE

Y fersiwn Saesneg gwreiddiol:
AS Chemistry
Cyhoeddwyd gan Hodder & Stoughton
Arluniwyd gan:
Jeff Edwards, Hardlines, Peters & Zabransky (UK) Ltd
Cysodwyd gan:
Wearset, Bolton, Tyne a Wear

Argraffwyd yn yr Eidal ar ran Hodder & Stoughton Educational,
adran o Hodder Headline Plc, 338 Euston Road, Llundain NW1 3BH

Cyhoeddwyd yn gyntaf yn Saesneg yn y flwyddyn 2000
© 2000 Andrew Hunt

Y fersiwn Cymraeg hwn:
© ACCAC ® (Awdurdod Cymwysterau, Cwricwlwm ac Asesu Cymru), 2005

Cyhoeddwyd gan y Ganolfan Astudiaethau Addysg (CAA), Prifysgol Cymru Aberystwyth, Yr Hen Goleg, Aberystwyth, SY23 2AX (http://www.caa.aber.ac.uk), gyda chymorth ariannol ACCAC.
Cyhoeddwyd dan nawdd Cynllun Cyhoeddiadau Cyd-bwyllgor Addysg Cymru.

Mae hawlfraint ar y deunyddiau hyn ac ni ellir eu hatgynhyrchu na'u cyhoeddi heb ganiatâd perchennog yr hawlfraint.

Cyfieithydd: Hana Eurgain Rowlands
Golygydd: Lynwen Rees Jones
Dylunydd: Gary Evans
Argraffwyr: Gwasg Gomer

Diolch i Danny Williams ac Eleri Williams am eu cymorth wrth brawfddarllen.
Diolch yn fawr hefyd i Huw Roberts am ei gymorth a'i arweiniad gwerthfawr.
ISBN 1 85644 881 9

Ymchwil hawlfraint lluniau: Zooid Pictures Limited

Hoffai'r cyhoeddwyr ddiolch i'r canlynol am eu caniatâd i atgynhyrchu ffotograffau yn y llyfr hwn. Gwnaethpwyd pob ymdrech i olrhain a chydnabod deiliaid hawlfraint. Bydd y cyhoeddwyr yn falch o wneud trefniadau addas gydag unrhyw ddeiliaid na lwyddwyd i gysylltu â nhw.

Action Plus (165); Andrew Lambert (gwaelod 15, 16, 17, y ddau 19, 20, 21, 31, 36, y ddau 37, 51, 68, 70, 72, 75, 87, y ddau 105, pob un 137, 140, 141, 148, 149, 150, 151, 159, 198, pob un 200, 224); Audi (ar y chwith 141); GSF Picture Library (top 33); Baker Refractories (ar y dde 69); Ecoscene/ADR Brown (173)/Martin Jones (234); Hodder & Stoughton (97, gwaelod 160); Holt Studios International (top 15, 163); Institute of Materials/Brian Bansfield o Buehler Krautkramer (ar y dde 71); Life File (94, top 160, 207); Omicron (ar y chwith 71); Amgueddfa Astudiaethau Natur Llundain (143, gwaelod 144); Ruth Nossek (63); Science & Society Picture Library, yr Amgueddfa Wyddoniaeth (ar y chwith 69); Science Photo Library (61, ar y chwith 66, gwaelod 146) / Adam Hart-Davis (167) / Biosym Technologies, Inc. (88) / Bruce Frisch (gwaelod 171) / BSIP Laurent (7) / Celestial Image Co. (53) / Damien Lovegrove (174) / Adran Ffiseg Imperial College (57) / GECO UK (4) / Geoff Lane, CSIRO (90) / Geoff Tompkinson (gwaelod 5, 54, 180) / James King-Holmes (172) / JC Revy (126) / Malcolm Fielding, Johnson Matthey plc (164) / Martin Bond (162, 233) / Martin Land (top 146) / Mehau Kulyk (50) / NASA, Goddard Space Flight Center (gwaelod 231) / Philippe Plailly, Eurelios (ar y dde 66) / Roberto de Gugliemo (top 144) / Rosenfeld Images Ltd (top 171) / Scott Camazine (top 5); Sue Cunningham Photographic (top 231)

Llun y clawr gan Science Photo Library.

Cynnwys

Diolchiadau

Yr wyf yn ddiolchgar dros ben am gymorth a chyngor tri athro profiadol, sef Del Clark, Noel Dickson a Janet Taylor, a fu o gymorth wrth ddatblygu'r llyfr ac a roddodd sylwadau ac awgrymiadau gwerthfawr.

Hoffwn gydnabod hefyd awgrymiadau gan athrawon a roddodd eu sylwadau ar y cynlluniau cyntaf a'r penodau drafft gan gynnwys Deidre Cawthrone, Nigel Heslop, Lynne Marjoram a Margaret Shears.

Dysgais lawer wrth gydweithio ag Alan Sykes pan oeddem wrthi'n ysgrifennu'r gwerslyfr *Chemistry*, a thestunau eraill cysylltiedig. Mae'r llyfr hwn yn defnyddio syniadau o'r cyhoeddiadau hynny ac ar yr un pryd yn eu hailddatblygu ar gyfer y cyrsiau Uwch Gyfrannol newydd.

Yr wyf yn ddiolchgar am gefnogaeth y tîm yn Hodder & Stoughton, gan gynnwys Lynda King, Charlotte Litt, Suzanne O'Farrell ac Elisabeth Tribe.

Yr wyf yn falch iawn o'r cydweithrediad â New Media, cyhoeddwyr y CD-ROM adnabyddus *Chemistry Set*. Mae hyn wedi ei gwneud yn bosibl i gynhyrchu CD-ROM a gwefan i gyd-fynd â'r llyfr hwn. Diolch hefyd i Dick Fletcher a David Tymm.

Yn olaf, hoffwn gydnabod fy nyled i lawer o athrawon cemeg a chemegwyr y bûm yn gweithio gyda hwy tra oeddwn yn cyfrannu i brojectau *Nuffield Chemistry, SATIS 16-19*, a *Salters Chemistry*. Mae ysgrifennu a golygu ar gyfer y projectau hyn wedi goleuo fy nealltwriaeth o syniadau cemegol ac wedi fy helpu i ddod o hyd i ffyrdd i'w hesbonio'n eglur.

Andrew Hunt

Adran Un
Astudio Cemeg

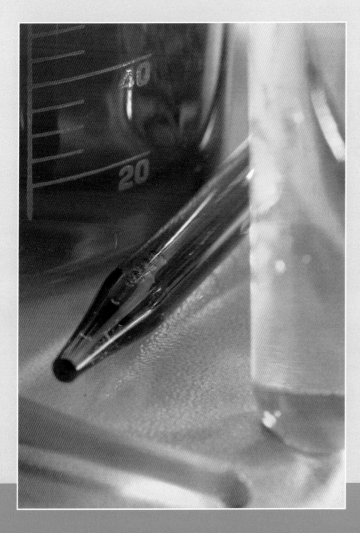

Cynnwys

1.1 Sut i ddefnyddio'r llyfr hwn

Dyma'ch canllaw i flwyddyn gyntaf y cwrs cemeg Safon Uwch. Wrth i chi ddechrau ar y cwrs byddwch yn gweld pethau newydd, yn clywed am syniadau newydd ac yn dysgu iaith newydd. Bydd llawer o'r pethau hyn yn ymddangos yn ddieithr iawn i gychwyn. Fel teithiwr mewn gwlad estron bydd o gymorth i chi gael teithlyfr i'ch helpu i ddod o hyd i'ch ffordd. Y llyfr hwn yw eich teithlyfr i fyd cemeg Safon Uwch.

Eiconau

Mae dau eicon yn ymddangos yn y llyfr hwn:

D Fe welwch chi'r eicon hwn wrth ymyl teitl sawl un o'r ymarferion hunanbrofi, 'Prawf i chi'. Mae'n dweud wrthych fod angen cyfeirio at y tablau data ar ddiwedd y llyfr, neu at y data ar y CD-ROM, neu at lyfr data arall er mwyn ateb rhai o'r cwestiynau.

CD-ROM Fe ddewch chi o hyd i'r eicon hwn ar ddechrau rhai o'r is-adrannau os yw'r CD-ROM yn mynd i fod yn arbennig o ddefnyddiol ar gyfer y topig cyfan. Fe ddewch chi o hyd i'r eicon hefyd wrth ymyl rhai o'r ffigurau sy'n dangos bod yr adeileddau, y delweddau neu'r fideos ar y CD-ROM yn gallu dod â'r diagramau'n fyw. Weithiau fe welwch chi'r eicon hwn hefyd wrth ymyl yr ymarferion hunanbrofi yn y golofn 'Prawf i chi' pan fydd modd i'r CD-ROM eich helpu gyda'r gweithgareddau dysgu.

Y Llyfr

Yr ydym wedi rhannu'r llyfr yn bum prif adran ynghyd ag adran gyfeirio. Gallwch ddod o hyd i'ch ffordd drwy'r llyfr drwy ddilyn y stribed lliw ar ymyl pob tudalen. Ar dudalen gyntaf pob adran mae tabl yn rhoi'r cynnwys mewn rhestr o destunau byr. Yna, mae dwy dudalen yn rhoi argraff gyffredinol i chi o'r prif syniadau sydd yn yr adran honno.

Mae sawl dolen gyswllt rhwng y testun a'r diagramau a welwch yn y llyfr, a'r adweithiau cemegol, y profion a'r paratoadau a fydd yn digwydd yn y labordy.

Bydd cwestiynau yn yr adran hunanbrofi, 'Prawf i chi', yn eich helpu i feddwl am y pethau y byddwch yn eu hastudio. Gwiriwch eich atebion ar ddiwedd y llyfr i weld sut mae eich dealltwriaeth o gemeg yn datblygu.

Bydd y tudalennau Adolygu ar ddiwedd pob adran yn eich helpu hefyd i weld beth sy'n rhaid i chi ei ddysgu a'i ddeall.

Y CD-ROM

Bydd y CD-ROM sy'n cyd-fynd â'r llyfr hwn yn help i fywiogi eich astudiaethau cemeg a'u gwneud yn fwy pleserus. Y prif nodweddion yw:

- cronfa ddata gynhwysfawr o briodweddau yr holl elfennau a chyfansoddion sy'n rhan o gyrsiau Cemeg Uwch Gyfrannol, ynghyd â dadansoddwr data er mwyn arddangos y data,

- tabl cyfnodol rhyngweithiol a fydd yn eich helpu i archwilio patrymau a thueddiadau cyfnodol,

- modelau tri-dimensiwn o foleciwlau a grisialau y gellwch eu troi o amgylch er mwyn edrych arnynt o wahanol onglau,

- fideos byr o adweithiau anorganig ac organig i'ch atgoffa o'r arsylwadau a wnaed gennych yn y labordy.

Y wefan

Mae'r wefan sy'n cyd-fynd â'r llyfr a'r CD-ROM i'w gweld ar *http://www.aschemistry.co.uk*. Cafodd y wefan ei chynllunio i'ch helpu i baratoi ar gyfer profion ac arholiadau'n seiliedig ar fanylion y cwrs y byddwch yn ei astudio. Bydd y wefan hon yn diweddaru eich gwybodaeth ynghylch gofynion eich cwrs ac yn dangos i chi sut i ddefnyddio'r llyfr hwn a'r CD-ROM i astudio a dysgu pob un o'r modiwlau.

Mae cysylltiadau hefyd rhwng y wefan a thudalennau ar wefannau eraill sydd â gwybodaeth, meddalwedd a darluniau defnyddiol.

1.2 Pam astudio cemeg?

Mewn manyleb ar gyfer cwrs, rhoddir rhestr o'r amcanion. Dyma grynodeb o'r rhesymau dros astudio cemeg, yn seiliedig ar yr amcanion hynny. I ba raddau mae hyn yn cyfateb i'r hyn yr ydych yn ei ddisgwyl wrth i chi ddechrau ar gwrs Safon Uwch yn y pwnc hwn?

Datblygu gwybodaeth a dealltwriaeth

Mae cemeg yn un o'r gwyddorau sy'n ein helpu i ddeall ein hunain a'r holl ddefnyddiau a'r pethau byw sydd o'n hamgylch.

Chwilio am batrymau mewn ymddygiad cemegol

Mae ymdeimlad o'r ffordd mae cemegion yn ymddwyn yn rhan o fod yn gemegydd. Daw cemegwyr i adnabod cemegion yn yr un ffordd ag y mae pobl yn adnabod eu ffrindiau a'u teuluoedd. Mae rhai o'r patrymau'n gyfarwydd. Er enghraifft, mae copr sylffad yn las fel cyfansoddion eraill copr. Mae'r metelau sodiwm a photasiwm yn feddal ac, oherwydd eu bod yn adweithio mor rhwydd gydag aer a dŵr, yn cael eu storio drwy eu plymio mewn olew.

O ddeall patrymau mwy craff, daeth yn bosibl i gemegwyr adnabod a pharatoi moleciwlau cymhleth fel y pigment gwyrdd cloroffyl a'r gwenwyn strycnin.

Darganfod pa gyfansoddiad ac adeiledd sydd i ddefnyddiau

Dim ond oherwydd bod cemegwyr yn deall llawer mwy erbyn hyn am y ffordd mae atomau wedi eu trefnu'n risialau, ac am y grymoedd sy'n cadw'r atomau ynghyd, y mae defnyddiau newydd yn bod. Gallwn fanteisio ar frethyn sy'n anadlu ond sydd hefyd yn wrth-ddŵr, rhaffau plastig sydd 20 gwaith cryfach na rhaffau tebyg wedi eu gwneud o ddur, aloiau metel sy'n gallu cofio'u siâp, a ceramigau sy'n fagnetig. Mae egluro ymddygiad ccmegion o ran eu hadeiledd a'u bondio yn thema ganolog cemeg modern.

Rheoli newidiadau cemegol

Mae pedwar cwestiwn sy'n ymddangos yn syml yn arwain at graidd llawer o'r hyn sy'n cael ei astudio mewn cemeg heddiw.

- *Faint?* Faint o'r cemegion hyn sy'n rhaid i ni eu cymysgu er mwyn cael y cynnyrch sydd arnom ei eisiau, a faint o'r cynnyrch fydd gennym wedyn?
- *Pa mor gyflym?* Sut allwn ni wneud yn siŵr bod yr adwaith hwn yn digwydd ar y cyflymder cywir: ddim yn rhy gyflym nac yn rhy araf? Beth yw'r ffactorau y gallwn ni eu hamrywio er mwyn rheoli cyflymder adweithiau?
- *Pa mor bell?* A fydd y cemegion hyn yn adweithio'n llwyr er mwyn ffurfio'r cynnyrch rydym ei eisiau, neu a fydd yr adwaith fel pe bai'n stopio cyn i ni gael yr hyn sydd arnom ei eisiau? Os bydd hyn yn digwydd, beth allwn ni ei wneud i wthio'r adwaith ymhellach, er mwyn cael cymaint o gynnyrch â phosibl?
- *Sut?* Beth sy'n digwydd yn ystod yr adwaith hwn? Pa fondiau sy'n torri rhwng yr atomau a pha rai newydd sy'n cael eu ffurfio? Os ydym yn deall y mecanwaith cemegol hwn, sut allwn ni ei reoli er budd i ni?

Prawf i chi

Dyma gwestiynau i'ch atgoffa am rai patrymau sydd i'w canfod yn y ffyrdd mae cemegion yn ymddwyn. Dylech geisio dwyn i gof, neu adolygu, pethau rydych chi wedi eu dysgu eisoes mewn gwyddoniaeth.

1 Pa mor hydawdd yw nitradau mewn dŵr?

2 Beth sy'n digwydd pan fydd metel mwy adweithiol (fel sinc) yn cael ei ychwanegu at hydoddiant mewn dŵr o halwyn metel llai adweithiol (fel copr sylffad dyfrllyd)?

3 Beth sy'n cael ei ffurfio wrth yr electrod negatif (catod) yn ystod electrolysis hydoddiant o halwyn metel?

4 Beth sy'n digwydd pan fydd asid (fel asid hydroclorig) yn cael ei ychwanegu at garbonad (fel calsiwm carbonad)?

5 Sut ymddangosiad sydd i'r cyfansoddion hyn: sodiwm clorid, sodiwm bromid a sodiwm ïodid?

Astudio Cemeg

Adran un

Datblygu sgiliau newydd

Yn rhannol, y wybodaeth a'r ddealltwriaeth sydd wedi eu hysgrifennu mewn llyfrau tebyg i'r llyfr hwn yw cemeg, ond mae cemeg hefyd yn golygu'r hyn mae cemegwyr yn ei wneud. Mae angen sgiliau meddyliol a sgiliau ymarferol ar gemegwyr i greu gwybodaeth newydd ac i gymhwyso'r wybodaeth sydd eisoes ar gael er mwyn datrys problemau ymarferol. Heddiw, biocemeg yw un o'r meysydd arloesol yn y pwnc, lle bydd gwyddonwyr yn dysgu deall moleciwlau cymhleth a phrosesau pethau byw.

Mae cemegwyr yn dibynnu fwyfwy ar offer modern er mwyn archwilio newidiadau cemegol ac adeiledd pethau. Maen nhw hefyd yn defnyddio technoleg gwybodaeth i storio data, i chwilio am wybodaeth, ac i gyhoeddi eu canfyddiadau.

Cydnabod gwerth cemeg mewn cymdeithas
Synthesis

Yn ei hanfod, mae Cemeg yn golygu gwneud pethau. Er mwyn creu sylweddau newydd, mae cemegwyr yn uno cemegion syml â'i gilydd. Dyma yw synthesis.

Ar raddfa fawr, mae'r diwydiant cemegol yn troi defnyddiau crai o'r ddaear, o'r môr ac o'r awyr yn gynhyrchion newydd gwerthfawr. Enghraifft adnabyddus yw proses Haber sy'n troi nwy naturiol ac aer yn amonia – y cemegyn sydd ei angen i wneud gwrteithiau, llifynnau a ffrwydron.

Ar raddfa lai, mae adweithiau cemegol yn cynhyrchu'r cemegion arbenigol sydd eu hangen arnom ar gyfer persawr, ffotograffiaeth a meddyginiaethau.

Dadansoddi

Tasg hollbwysig i gemegwyr yw dadansoddi, er mwyn darganfod o ba ddefnydd mae pethau wedi eu gwneud. Mae meddygon yn dibynnu ar ddadansoddiadau er mwyn llunio diagnosis pan fydd salwch. Mae dadansoddi'n hanfodol er mwyn gwneud yn siŵr bod y dŵr rydym yn ei yfed yn bur, a'n bwyd yn ddiogel i'w fwyta. Mae'n siŵr bod pob un ohonom yn poeni am lygredd yn ein hamgylchedd naturiol ond, heb ddadansoddi cemegol, fydden ni ddim yn gwybod unrhyw beth am achosion a graddfa llygredd.

Ffigur 1.2.1 ▶
Cemegydd dadansoddol yn defnyddio sbectromedr amsugno atomig i bennu crynodiad metel mewn sampl hylifol

Deall y cysylltiad rhwng damcaniaeth ac arbrawf

Mae gwyddonwyr yn defnyddio arbrofion i roi prawf ar eu damcaniaethau. Mewn cemeg, bydd hyn yn dechrau'n aml gydag arsylwadau gofalus ar yr hyn sy'n digwydd pan fydd cemegion yn adweithio ac yn newid. Y damcaniaethau sy'n argyhoeddi fwyaf yw'r rheini sy'n arwain at ragfynegiadau y gwelir eu bod yn gywir pan roddir prawf arnynt mewn arbrofion.

Mae cemegwyr wedi dyfeisio llawer o dechnegau clyfar ar gyfer cynnal eu harbrofion. Mewn cemeg fodern, mae sbectrosgopeg yn arbennig o bwysig. I ddechrau, dim ond defnyddio'r golau sy'n weladwy i'r llygad y byddai sbectrosgopwyr ar gyfer eu harbrofion ond, erbyn hyn, maen nhw wedi sylweddoli eu bod yn gallu darganfod llawer mwy drwy ddefnyddio mathau eraill o belydriad megis pelydrau uwchfioled ac isgoch, tonnau radio a microdonnau.

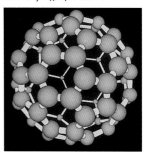
Ffigur 1.2.2 ▼
Model cyfrifiadurol o Belen Bucky C_{60} – 60 o atomau carbon yn ffurfio cawell

Dysgu mwynhau'r pwnc ac ymddiddori ynddo

Gweld grisialau lliwgar mwynau a ddenodd William Perkin (1838 – 1907) i ymddiddori mewn cemeg. Y peth hynod yw bod y labordy a sefydlodd yn ei gartref, pan oedd yn fyfyriwr 18 oed, wedi arwain at ddarganfyddiad sy'n enwog heddiw am ddechrau'r diwydiant llifynnau modern. Tua 100 mlynedd yn ddiweddarach grisialau oedd yn gyfrifol am ddenu Dorothy Hodgkin hefyd i'r maes. Enillodd hi wobr Nobel yn 1964 am y defnydd a wnaeth o belydrau X i ddatrys adeiledd moleciwlau cymhleth fel penisilin a fitamin B12. Rhannodd Harry Kroto y wobr Nobel am Gemeg yn 1996 am y rhan a chwaraeodd yn narganfyddiad ffurf newydd ar garbon a elwir yn 'Pelenni Bucky'. Yn ôl Syr Harry, *'mae gwyddoniaeth yn ymwneud â chael hwyl a datrys posau'*.

Ffigur 1.2.3 ◄
Yr Athro Harry Kroto

Bydd rhai pobl yn cael mwynhad arbennig o ymwneud ag agwedd ymarferol cemeg, ac yn cael pleser mawr wrth weithio gyda chemegion. Cânt foddhad wrth feithrin techneg dda sy'n cynhyrchu swm uchel o gynhyrchion, ac o gael canlyniadau cywir o ddadansoddiadau. Bydd pobl eraill yn cael eu hudo gan theori cemeg, wrth iddyn nhw ddarganfod sut mae modelau o atomau a moleciwlau yn gallu egluro'r ffordd mae defnyddiau'n adweithio ac yn newid. Bydd pobl eraill wedyn yn ymddiddori mewn cemeg oherwydd pwysigrwydd y pwnc o'i gymhwyso i feysydd eraill, yn enwedig meddygaeth, fferylliaeth a deintyddiaeth.

1.3 Ymchwiliadau yn y labordy

Mae cemegydd yn gyfarwydd â defnyddiau anarferol na fydd pobl yn dod ar eu traws fel rheol yn eu bywydau bob dydd. Rhaid i'r cemegydd feddu ar ymdeimlad ynghylch y ffyrdd mae'r sylweddau rhyfedd hyn yn ymddwyn. Felly, pwnc ymarferol yw cemeg yn ei hanfod. Mae offer arbennig yn y labordy er mwyn trin a thrafod, dadansoddi, a newid cemegion mewn modd diogel.

Astudio newidiadau cemegol

Bydd theori cemeg ond yn gwneud synnwyr pan gaiff ei gysylltu â'r dystiolaeth arbrofol sy'n sail iddo. Dim ond pan fydd yn gysylltiedig ag ymchwiliadau ymarferol y daw'r theori'n fyw.

Mae gwybodaeth cemegwyr ynghylch adweithiau yn seiliedig ar fesur llawer o newidiadau, fel y newidiadau mewn egni a thymheredd ac mewn cyflymder adweithiau. Mae gwahanol ffurfiau ar sbectrosgopeg yn dod yn fwyfwy pwysig er mwyn canfod newidiadau mewn moleciwlau yn ystod adweithiau cemegol.

Dadansoddi ansoddol

Mae dadansoddi ansoddol yn ateb y cwestiwn 'Beth yw e?' neu 'Beth ydi o?'. Ar gwrs Cemeg Safon Uwch mae modd ateb y cwestiwn hwn drwy gynnal cyfres o arbrofion tiwb profi ac arsylwi'n ofalus. Bydd newidiadau'n cynnwys nwyon yn byrlymu, arogleuon, lliwiau newydd yn ymddangos, gwaddodion yn cael eu ffurfio, solidau'n hydoddi, a newidiadau yn y tymheredd.

Y gamp yw gwybod am beth i edrych. Bydd rhai newidiadau gweledol yn llawer mwy pwysig nag eraill a gall dadansoddwr da nodi'r newidiadau sydd o bwys a gwybod beth yw eu hystyr.

Mae llwyddiant yn dibynnu hefyd ar dechneg dda wrth gymysgu cemegion, gwresogi cymysgeddau, a phrofi am nwyon.

Mae dehongli dibynadwy yn seiliedig ar wybodaeth drylwyr o gemegion a'r ffordd y maen nhw'n ymddwyn.

Dadansoddi meintiol

Mae dadansoddi meintiol yn ymwneud â thechnegau sy'n ateb y cwestiwn 'Faint?'. Mewn cyrsiau Safon Uwch, y dechneg bwysicaf yw dadansoddi cyfeintiol, sy'n seiliedig ar ffyrdd manwl gywir o fesur cyfaint hydoddiannau. Mae pibedau, bwredau a fflasgiau graddedig yn ei gwneud yn bosibl i ddosbarthu mesur union o gyfeintiau hydoddiannau yn ystod titradiad. Mae yna dechnegau cywir ar gyfer defnyddio'r holl offer gwydr hyn, ac mae'n rhaid eu meistroli er mwyn cael canlyniadau cywir.

Mewn llawer o labordai masnachol, mae dadansoddi meintiol yn seiliedig ar dechnegau fel sbectrosgopeg a chromatograffaeth. Hyd yn oed wedyn, mae'r titradiad yn para i fod yn ddull pwysig o wirio a graddnodi'r dulliau awtomataidd hyn.

Mae bron pob dull o ddadansoddi yn seiliedig ar hydoddiannau, felly mae'r gallu i baratoi hydoddiant i'r crynodiad gofynnol, a'i wanedu'n fanwl gywir, yn sgiliau hanfodol.

Prawf i chi

1 Rhowch enghraifft o adwaith:
a) sy'n rhyddhau nwy
b) sy'n creu aroglau
c) sy'n achosi newid lliw
ch) sy'n ffurfio gwaddod
d) sy'n mynd yn boeth iawn.

2 Meddyliwch am reswm pam y gallai'r enghreifftiau canlynol o ddadansoddi meintiol fod o bwys, ac i bwy y byddent yn bwysig.

a) crynodiad siwgrau mewn troeth
b) crynodiad alcohol mewn gwaed
c) y canran yn ôl y màs o haematit mewn sampl o graig
ch) crynodiad ocsidau nitrogen yn yr aer.

Synthesis

Mae llawer o'r pwrpas a'r pleser sy'n gysylltiedig â chemeg yn deillio o wneud pethau newydd fel persawr, cyffuriau, pigmentau a llifynnau. Mae unrhyw synthesis yn golygu cymysgu cemegion o dan amodau rheoledig er mwyn caniatáu iddyn nhw adweithio ac yna, yn dilyn hynny, rhaid gwahanu a phuro'r cynnyrch sydd ei angen. Gall profion ansoddol wirio wedyn bod y cynnyrch angenrheidiol wedi cael ei ffurfio, a gall dulliau meintiol bennu purdeb y cynnyrch, a faint o'r cynnyrch sydd wedi cael ei gynhyrchu.

Mae gan gemegwyr dechnegau ar gyfer gwresogi cymysgeddau o gemegion yn ddiogel, er mwyn eu cadw rhag berwi'n ddim tra byddan nhw'n adweithio. Mae ganddynt dechnegau hefyd ar gyfer gwahanu a phuro, fel distyllu a hidlo.

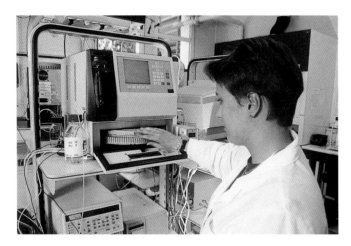

Ffigur 1.3.1 ◀
Mae'r dechnegydd hon yn llwytho awtosamplydd yn ystod gwaith ymchwil fferyllol i gyffuriau

Bydd mesur ymdoddbwyntiau a berwbwyntiau yn helpu i adnabod cynhyrchion a phenderfynu pa mor bur ydyn nhw. Mae gan sbectrosgopeg ran bwysig i'w chwarae hefyd. Gall sbectrwm isgoch cynnyrch organig gael ei wirio mewn cymhariaeth â chasgliad o sbectra er mwyn gwneud yn siŵr bod y cynnyrch yn cyfateb i'r hyn sydd i'w ddisgwyl.

Cynllunio ymchwiliadau

Unwaith y byddwch wedi meistroli amrywiaeth o dechnegau cemegol byddwch yn gallu cynllunio eich ymchwiliadau eich hun. Bydd hyn yn golygu defnyddio eich gwybodaeth o gemeg er mwyn dynodi cwestiynau neu broblemau i ymchwilio iddynt.

Wrth gynllunio ymchwiliad rhaid dechrau trwy gasglu gwybodaeth o ffynonellau amrywiol, gan gynnwys gwerslyfrau a chronfeydd data cyfrifiadurol, er mwyn darganfod mwy am natur y broblem.

Rhaid gwneud cyfres o benderfyniadau wrth gynllunio: ynghylch yr adweithyddion, ynghylch yr offer a'r technegau, ynghylch trachywiredd mesuriadau a phurdeb cemegion, yn ogystal â phenderfynu ar y raddfa, rheoli newidynnau a diogelwch.

1.4 Diogelwch

Lle diogel iawn yw'r labordy cemeg, oherwydd bod y wybodaeth am gemegion peryglus wedi ei chofnodi'n ofalus iawn. Yn y labordy, mae yna ganllawiau ar gyfer y rhan fwyaf o bethau sy'n digwydd yno, fel cymysgu neu gynhesu cemegion, defnyddio cypyrddau gwyntyllu, pa gamau diogelwch sydd i'w cymryd wrth ddefnyddio offer trydan, a chael gwared ar wastraff.

Cyngor Iechyd a Diogelwch ARHOSWCH – MEDDYLIWCH – GWNEWCH

Bydd y rhan fwyaf o ddamweiniau'n digwydd o ganlyniad i gamgymeriad gan rywun neu'i gilydd. Cyn dechrau, dylai pobl mewn labordai gymryd pwyll a meddwl am yr hyn maen nhw'n ei wneud, yna canolbwyntio'n ofalus ar eu gwaith.

Dylid ystyried offer diogelwch, megis cotiau labordy a sbectol ddiogelwch, yn bethau i'w defnyddio ar y cyd â mesurau diogelwch eraill.

Peryglon a risgiau

Mae asid sylffwrig crynodedig yn beryglus oherwydd ei fod yn gyrydol. Gall unrhyw beth fod yn beryglus os oes modd iddo achosi niwed pe bai rhywbeth yn mynd o'i le. Mae Ffigur 1.4.1 yn dangos y symbolau sy'n cael eu defnyddio ar boteli, jariau a phecynnau i ddynodi peryglon cemegol.

Ffordd o fesur y tebygolrwydd y bydd rhywun yn dioddef niwed o achos rhywbeth peryglus yw risg. Ychydig o risg sydd i asid sylffwrig pan fydd wedi ei storio'n gywir mewn cwpwrdd dan glo. Mae'r risg yn cynyddu pan fydd rhywun yn cario potel o asid i labordy, yn barod i'w ddefnyddio.

Rheoli Sylweddau sy'n Peryglu Iechyd

Mae Rheoliadau COSHH (1988 – *Control of Substances Hazardous to Health*) yn rheoli'r defnydd a wneir o sylweddau sy'n peryglu iechyd. Mae'r rheoliadau'n diffinio pa sylweddau sy'n beryglus, gan gynnwys cymysgeddau yn ogystal â sylweddau pur. Hefyd, mae'r rheoliadau'n gosod cyfrifoldeb ar gyflogwyr, ac mae'n ddyletswydd arnynt i gynnal asesiad risg er mwyn atal eu gweithwyr rhag ymdrin â sylweddau peryglus.

Disgwylir i weithwyr leihau'r graddau y maen nhw'n agored i beryglon drwy wahanol ddulliau megis:

- defnyddio cemegyn arall sy'n llai peryglus
- newid y dull o weithio, efallai, drwy ailgynllunio offer
- defnyddio cypyrddau gwyntyllu neu sgriniau diogelu i warchod pobl rhag sylweddau peryglus
- darparu dulliau diogelu personol, megis sbectol i warchod y llygaid.

Asesu risg

Mae'r Rheoliadau ar Reoli Sylweddau sy'n Peryglu Iechyd (*COSHH*) yn pennu dulliau ar gyfer asesu risg sydd, yn y pen draw, yn un o gyfrifoldebau'r cyflogwr. Mewn ysgol neu goleg y llywodraethwyr yw'r cyflogwyr cyfrifol, ond maen nhw'n ymddiried yr awdurdod i'r athrawon. Fel myfyriwr, bydd gofyn i chi gynnal asesiad risg wrth gynllunio ymchwiliad. Cofiwch wirio'ch asesiad bob amser gyda'r athro neu'r athrawes cyn dechrau unrhyw waith ymarferol.

1 Dechreuwch drwy ysgrifennu eich cynlluniau er mwyn creu rhestr o'r cemegion a faint ohonyn nhw y byddwch yn eu defnyddio, a disgrifiad o'r drefn y byddwch yn ei dilyn.

2 Defnyddiwch y ffynonellau cyfeirio safonol i adnabod unrhyw gemegion peryglus. Cofnodwch y peryglon a'r ffordd y gallech fod yn agored i'r peryglon hyn.

3 Penderfynwch sut yn union i leihau'r risg. Gallech ddilyn unrhyw rai o'r camau canlynol:

- penderfynu peidio â dilyn y drefn a ddisgrifiwyd, ond defnyddio fideo neu efelychiad cyfrifiadurol yn lle hynny
- defnyddio cemegyn llai peryglus yn lle'r un sy'n ymddangos fel pe bai'n creu gormod o risg
- defnyddio ffurf lai peryglus ar y cemegyn, megis hydoddiant mwy gwanedig
- newid cynllun yr offer, neu ostwng y tymheredd
- gwahanu eich hunan oddi wrth y sylwedd peryglus drwy ddefnyddio sgrîn ddiogelu neu gwpwrdd gwyntyllu
- gwisgo dillad gwarchod, megis menig.

4 Gwnewch yn siŵr eich bod yn gwybod sut i gael gwared ar unrhyw weddillion peryglus unwaith y bydd eich gwaith ymarferol wedi ei gwblhau.

1.4 Diogelwch

Astudio Cemeg
Adran un

Prawf i chi

1 Paratowch asesiad risg o weithgaredd ymarferol mewn cemeg. Defnyddiwch y penawdau hyn:

- Teitl y gweithgaredd
- Amlinelliad o'r drefn fydd yn cael ei defnyddio i gynnal yr asesiad
- Y sylweddau peryglus fydd yn cael eu defnyddio neu eu paratoi
- Faint o'r sylweddau fydd yn cael eu defnyddio neu eu paratoi
- Natur y peryglon
- Ffynonellau gwybodaeth am y peryglon
- Camau rheoli a diogelu

 GWENWYNIG IAWN
Sylwedd a allai beri niwed hynod ddifrifol, llym neu gronig, i iechyd, neu farwolaeth hyd yn oed, o gael ei fewnanadlu, ei amlyncu neu ei gymryd i mewn drwy'r croen.

 GWENWYNIG
Sylwedd a allai beri niwed difrifol, llym neu gronig, i iechyd, neu farwolaeth hyd yn oed, o gael ei fewnanadlu, ei amlyncu neu ei gymryd i mewn drwy'r croen.

SYLWER: Nid oes symbolau penodol ar gyfer carsinogen (a allai achosi canser), mwtagen (a allai achosi niwed genetig etifeddol), na theratogen (a allai achosi niwed i blentyn sydd heb ei eni). Bydd sylweddau o'r math yn dwyn y label 'gwenwynig' neu 'gwenwynig iawn', ynghyd â disgrifiad o'r niwed, mewn 'datganiad risg'.

 HYNOD FFLAMADWY
Hylif â fflachbwynt is na 0°C a berwbwynt is na, neu hafal i, 35°C.

 CYRYDOL
Sylwedd a allai ddifa meinwe pe bai'n dod i gysylltiad â meinwe byw.

 TRA FFLAMADWY
Sylwedd sydd:
- yn ddigymell fflamadwy yn yr aer
- yn solid a all fynd ar dân ar ôl bod mewn cysylltiad â fflam am amser byr iawn, ac sy'n dal i losgi wedi i'r fflam gael ei symud
- yn nwyol ac yn fflamadwy yn yr aer, pan fydd y gwasgedd yn normal
- yn dueddol i allyrru nwyon tra fflamadwy pan fydd mewn cysylltiad â dŵr neu aer llaith
- yn hylif â fflachbwynt islaw 21°C.

 LLIDUS
Sylwedd anghyrydol a allai achosi llid neu anaf pe bai'n dod i gysylltiad â'r croen neu'r llygaid naill ai'n uniongyrchol, am gyfnod estynedig, neu drosodd a thro.

 PERYGLUS I'R AMGYLCHEDD
Defnyddiau a allai niweidio'r amgylchedd (yr amgylchedd dyfrol yn bennaf).

 FFLAMADWY
Hylif â fflachbwynt dros 21°C ac is na, neu hafal i, 55°C.

 NIWEIDIOL
Sylwedd a allai beri risgiau cyfyngedig i iechyd pe bai'n cael ei fewnanadlu, ei amlyncu neu ei gymryd i mewn drwy'r croen.

 FFRWYDROL
Sylwedd a allai ffrwydro o ganlyniad i effaith fflam neu wres, neu a fyddai'n fwy sensitif i siociau neu ffrithiant na deunitrobensen.

 OCSIDYDD
Sylwedd sy'n cynhyrchu adwaith a fydd yn allyrru gwres mawr pan fydd mewn cysylltiad â sylweddau eraill, yn enwedig sylweddau fflamadwy.

Ffigur 1.4.1 ▲
Symbolau rhybudd o berygl

9

1.5 Unedau a mesuriadau

Unedau y cytunwyd arnynt yn rhyngwladol ar gyfer mesuriadau mewn gwyddoniaeth yw unedau SI. Saith uned sylfaenol sydd yn y system. Mae'r holl unedau eraill yn deillio o'r unedau sylfaenol.

Rhoddwyd symbol ar gyfer pob maint ffisegol yn y system. Mae gan bob maint ffisegol werth ac uned. Arfer da mewn cyfrifiadau yw amnewid y gwerth a'r uned mewn fformwlâu, fel sydd i'w weld yn y datrysiadau enghreifftiol yn y llyfr hwn. Y chwe uned cyntaf yn y tabl hwn yw'r unedau sylfaenol a ddefnyddir mewn cemeg. Sylwer bod symbolau meintiau ffisegol yn ymddangos mewn llythrennau italig pan fyddant yn cael eu hargraffu, ond nid yr unedau.

Ffigur 1.5.1 ▶

Maint ffisegol	Symbol	Uned	Symbol yr uned
hyd	l	metr	m
màs	m	cilogram	kg
amser	t	eiliad	s
cerrynt trydan	I	amper	A
tymheredd	T	celfin	K
swm y sylwedd A	n_A	môl	mol
cyfaint	V	metr ciwbig	m^3
dwysedd	ρ	cilogram y metr ciwbig	$kg\ m^{-3}$
gwasgedd	p	pascal (newton y metr sgwâr)	$N\ m^{-2}$
amledd	ν	herts	Hz

Dyma'r meintiau a'r unedau i'w defnyddio wrth amnewid mewn fformiwlâu, ond sylwer bod yn well gan gemegwyr yn aml unedau eraill ar gyfer màs, cyfaint a gwasgedd.

Mae rhagddodiaid y cytunwyd arnyn nhw hefyd ar gael ar gyfer rhifau mawr a bach yn y system SI.

Ffigur 1.5.2 ▶

Lluosrif neu isluosrif		Rhagddodiad	Symbol
1000	10^3	cilo-	k
0.1	10^{-1}	deci-	d
0.01	10^{-2}	centi-	c
0.001	10^{-3}	mili-	m
0.000 001	10^{-6}	micro-	μ
0.000 000 001	10^{-9}	nano-	n

Cyfeiliornadau a Manwl gywirdeb
Cyfeiliornadau

Mae hap-gyfeiliornadau (gwallau mesur systematig) yn gwneud i fesuriadau sy'n cael eu hailadrodd amrywio a gwasgaru o amgylch gwerth cymedrig. Bydd cyfartaleddu nifer o ddarlleniadau yn help i gael gwared ar yr hap-gyfeiliornadau hyn. Bydd cyfeiliornadau systematig yn effeithio ar bob mesuriad yn yr un ffordd gan eu gwneud yn is neu'n uwch na'u gwir werth. Ni fydd cyfeiliornadau systematig yn cyfartaleddu. Mae adnabod a dileu cyfeiliornadau systematig yn bwysig er mwyn cynyddu manwl gywirdeb data.

Gellir lleihau nifer y cyfeiliornadau systematig drwy ddefnyddio offer gwell, neu drwy wella techneg ymarferol.

Manwl gywirdeb

Mae mesuriadau trachywir o hyd yn cynnwys hap-gyfeiliornad bychan. Felly bydd data'n drachywir os bydd gan fesuriadau a gafodd eu hailadrodd werthoedd agos i'w gilydd.

Gall mesuriadau trachywir fod yn fanwl gywir neu beidio. O ganlyniad i gyfeiliornad systematig, gall cyfres o fesuriadau trachywir roi gwerthoedd sydd bron yr un peth â'i gilydd ond sydd eto ddim yn rhoi'r gwir werth.

Bydd manwl gywirdeb data yn cael ei bennu gan y cytundeb rhwng maint a fesurwyd a'r gwerth cywir. Yn aml mewn dadansoddiad cemegol nid yw'r gwerth cywir yn wybyddus felly mae'n rhaid i gemegwyr amcangyfrif y cyfeiliornadau a allai fod wedi effeithio ar eu canlyniadau, a gosod ffiniau hyder ar y gwerthoedd y byddan nhw'n eu rhoi.

Y ffiniau o amgylch gwerth cymedrig arbrofol yw ffiniau hyder, gyda chryn debygolrwydd bod y gwir gymedr yn gorwedd rhyngddynt.

Ffigurau ystyrlon

Mae offer mesur yn amrywio o ran eu manwl gywirdeb ac mae ansicrwydd yn gysylltiedig ag unrhyw fesuriad. Dylai nifer y ffigurau ystyrlon a roddir ar gyfer mesuriad ddangos graddau'r ansicrwydd.

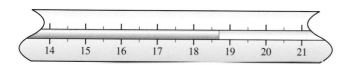

Ffigur 1.5.4 ▲
Graddfa thermomedr. Beth yw'r tymheredd: 18.7⁰C, 18.6⁰C, neu 18.8⁰C?

O edrych ar Ffigur 1.5.4 ychydig o amheuaeth sydd bod y tymheredd rhwng 18.5⁰C a 19.0⁰C. Yn yr enghraifft hon, mae tri ffigur ystyrlon wedi eu cyfiawnhau. Mae rhoi tymheredd o 18.7⁰C ar gyfer tri ffigur ystyrlon yn dangos bod ansicrwydd i'r ffigur terfynol.

Y ffordd egluraf o ddangos nifer y ffigurau ystyrlon yw gosod gwerthoedd yn eu ffurf safonol (gweler tudalen 13). Bydd hyn yn cael gwared ar unrhyw amheuaeth ynghylch y seroau sydd weithiau'n dangos safle'r pwynt degol, fel ag yn 0.0056 g sef màs bychan iawn wedi ei roi i ddau ffigur ystyrlon. Daw hyn yn fwy eglur pan fydd y gwerth ar ffurf 5.6×10^{-3}. Mewn gwerthoedd eraill, caiff y seroau eu cynnwys i ddangos nifer y ffigurau ystyrlon. Mae ysgrifennu pellter o 3500 m ar ffurf 3.50×10^3 m yn dangos yn eglur mai maint wedi ei roi i dri ffigur ystyrlon yn unig ydyw.

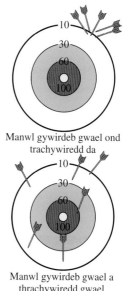

Manwl gywirdeb gwael ond trachywiredd da

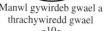

Manwl gywirdeb gwael a thrachywiredd gwael

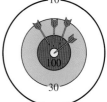

Manwl gywirdeb da a thrachywiredd da

Ffigur 1.5.3 ▲
Manwl gywirdeb a thrachywiredd – cymhariaeth o fyd Saethyddiaeth

Prawf i chi

I Sawl ffigur ystyrlon sydd i'r meintiau hyn?

a) 0.005 g
b) 24.0 cm³
c) 35.5 g mol⁻¹
ch) 3000 s

Astudio Cemeg

Adran un

11

1.6　Sgiliau allweddol

Mae Cymdeithas y Diwydiannau Cemegol (*Chemical Industries Association*) wedi disgrifio'r ffordd mae'r gweithle'n newid. Ar hyn o bryd mae'n rhaid i weithwyr fod yn barod i weithio mewn timau er mwyn rhedeg projectau, cynllunio systemau a datrys problemau, a bydd hyn yn wir yn y dyfodol hefyd. Gall yr un person fod wrthi un diwrnod yn rheoli project ond y diwrnod wedyn efallai y bydd yn gweithio o dan gyfarwyddyd rhywun arall. Sgiliau allweddol sydd ar bobl eu hangen wrth eu gwaith yw cyfathrebu, cymhwyso rhif, a dulliau o ddefnyddio technoleg gwybodaeth. Mae gweithio mewn timau gyda phobl eraill, a'r gallu i ddal ati i ddysgu hefyd, yn hollbwysig.

Prawf i chi

1 Edrychwch drwy'r llyfr hwn er mwyn dod o hyd i wahanol fathau o destun. Dynodwch a chymharwch y gwahanol arddulliau sydd i'r mathau yma o destun a dysgwch sut i'w defnyddio yn eich gwaith ysgrifenedig eich hun. Sylwch sut y bydd cemegwyr yn defnyddio tablau, diagramau, graffiau a siartiau er mwyn egluro'r testun ysgrifenedig. Chwiliwch am enghreifftiau o'r canlynol:

- dull o wneud rhywbeth sy'n mynd o gam i gam
- naratif sy'n adrodd stori
- disgrifiad o briodweddau cemegyn
- adroddiad ar broses
- eglurhad o syniad
- trafodaeth ar un pwnc yn arbennig

Cyfathrebu

Wrth i chi astudio cemeg byddwch yn siarad am y pwnc yn ogystal â darllen ac ysgrifennu am y pethau y byddwch yn eu dysgu. Bydd siarad, gwrando, darllen ac ysgrifennu yn eich helpu i wneud synnwyr o'r syniadau.

Un ffordd o ddysgu am bwnc newydd yw trwy wneud nodiadau, gan dynnu syniadau o ddarn o destun a'u cynrychioli mewn gwahanol ffurfiau megis tablau, siartiau a mapiau cysyniadau.

Wrth i chi ddarllen, bydd o gymorth i chi sylweddoli bod gwahanol fathau o arddull i'r deunydd darllen. Bydd un math o destun yn disgrifio dull o wneud rhywbeth sy'n mynd o gam i gam. Yna ceir rhannau o destun sy'n ddarnau naratif yn adrodd stori: stori efallai am gyfnod yn hanes cemeg. Mae rhannau sy'n disgrifio priodweddau elfennau a chyfansoddion, a'u dibenion. Bydd rhannau eraill yn amlinellu prosesau megis puro defnyddiau crai, neu weithgynhyrchu cemegion. Ceir hefyd destun sy'n egluro syniadau, ac adrannau'n archwilio pynciau arbennig gan ymdrin â gwahanol safbwyntiau.

Yn ogystal â darllen, mae'n rhaid i chi allu ysgrifennu am y pwnc i ddangos eich bod wedi deall cysyniadau cemegol. Mae'n rhaid i chi ddysgu confensiynau'r pwnc gan gynnwys yr iaith a'r symbolau arbenigol. Yn aml, bydd cemegwyr yn defnyddio cyfuniad o destun a delweddau i egluro eu syniadau, ac mae dysgu sut i wneud hyn yn effeithiol yn rhan bwysig o ddod yn gyfarwydd â'r pwnc.

Cymhwyso rhif

Wrth ddilyn cwrs Safon Uwch, mae'n rhaid i chi allu gweithio gyda rhifau. Mae sgìl cymhwyso rhif yn golygu eich bod yn gwybod sut i ddefnyddio mathemateg i ddatrys problem. Dylech fod yn gallu ateb cwestiynau fel 'Pa ddata sy'n rhaid i mi ei gael?', 'Sut alla'i ddod o hyd i'r data?', 'Sut y dylwn i drefnu'r data a gwneud cyfrifiadau i lefel dderbyniol o fanwl gywirdeb?' a 'Sut wna'i gyflwyno fy nghanfyddiadau ar ffurf effeithiol?'. Mae'n rhaid i chi wybod hefyd sut i ddadansoddi canfyddiadau ac egluro beth yw eu hystyr, gan ystyried ffynonellau gwallau posibl.

Bydd o help mawr os gallwch amcangyfrif canlyniad unrhyw gyfrifiadau (heb gyfrifiannell) i chi gael gwirio'n sydyn a yw eich atebion yn rhesymol. Pan fyddwch yn rhoi canlyniad rhifiadol cofiwch wirio bod modd cyfiawnhau nifer y ffigurau ystyrlon drwy gyfeirio at fanwl gywirdeb y data a gafodd ei ddefnyddio yn y cyfrifiad.

Defnyddio fformiwla fathemategol yw'r ffordd fwyaf effeithiol o gymhwyso rhai syniadau cemegol, felly mae'n bwysig gallu ad-drefnu fformiwlâu.

Mae gan bob maint ffisegol, megis màs, cyfaint neu dymheredd werth rhifiadol ac uned. Mae'n hanfodol gwirio bod yr unedau mewn cyfrifiad yn gyson er mwyn cael ateb cywir.

Mae'n rhaid i gemegwyr feddwl mewn tri dimensiwn, gan werthfawrogi onglau a siapiau wrth archwilio adeiledd grisialau a siapiau moleciwlau. Maen nhw wedi dyfeisio ffyrdd o gynrychioli pethau tri dimensiwn mewn dau ddimensiwn.

Ffurf safonol

Bydd mathemategwyr a gwyddonwyr yn defnyddio ffurf safonol i ysgrifennu rhifau mawr iawn neu rifau bychain iawn. Mae ffurf safonol yn seiliedig ar bwerau o 10. Felly, ffurf safonol 1200 yw 1.2×10^3.

Er enghraifft, cysonyn Faraday = 96 480 C mol^{-1}
$$= 9.648 \times 10\,000 \text{ C mol}^{-1}$$
$$= 9.648 \times 10^4 \text{ C mol}^{-1}$$

sef ei ffurf safonol.

Technoleg Gwybodaeth

Yn ogystal â defnyddio technoleg gwybodaeth yn gyffredinol ar gyfer prosesu geiriau a thrin gwybodaeth gyda thaenlenni, mae modd defnyddio TG mewn ffyrdd eraill sy'n help mawr wrth astudio cemeg.

- Mae cronfeydd data ar gael y gallwch eu defnyddio i archwilio'r patrymau cyfnodol sydd i briodweddau elfennau a chyfansoddion.
- Mae meddalwedd modelu yn caniatáu i chi arddangos siâp a maint moleciwlau.
- Mae synwyryddion gyda chofnodyddion data yn ei gwneud yn bosibl i chi gasglu data arbrofol yn awtomatig a'i arddangos yn graffigol.
- Mae nifer cynyddol o wefannau ar y Rhyngrwyd yn dangos yr astudiaethau achos, y ffeithiau a'r ffigurau diweddaraf a all gyfoethogi eich gwybodaeth i gyd-fynd â'r hyn sydd yn y llyfr hwn.

Sgiliau dysgu, datrys problemau a chydweithio

Yn ogystal â dysgu cemeg byddwch hefyd yn darganfod sut i astudio'n effeithiol. Ar bob cam o'r daith, fe ddewch yn eich blaen yn well drwy osod targedau, cynllunio cam nesaf eich gwaith astudio, a chwrdd â'ch targedau'n llwyddiannus.

Yn ystod cwrs cemeg, mae ymchwiliadau yn y labordy, ymweld â diwydiant, a thasgau ymchwil i gyd yn cynnig cyfle i weithio'n effeithiol gydag eraill fel eich bod i gyd yn cyfrannu rhywbeth arbennig a phwysig i'r dasg y byddwch yn ei chyflawni ar y cyd. Yn aml, bydd her i'r gweithgareddau hyn a fydd yn ei gwneud yn angenrheidiol i chi ddadansoddi problemau, cytuno ar yr hyn y byddai datrys y problemau yn ei olygu, awgrymu ac asesu'r datrysiadau posibl, symud ymlaen â'r datrysiad sydd orau gan y mwyafrif, a chadw golwg cyson ar y cynnydd y byddwch yn ei wneud gyda'r datrysiad.

13

Adran Dau
Sylfeini Cemeg

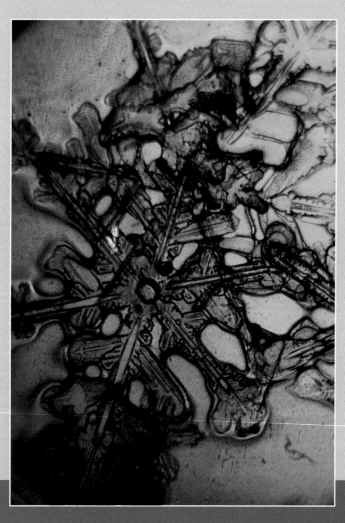

Cynnwys

2.1 Cemegion ac o ble maen nhw'n dod

Mae cemegwyr ar y blaen mewn gwyddoniaeth ffofeddygol, yn ein helpu i ddeall sut mae ein cyrff yn gweithio a hefyd sut y gallwn ddefnyddio meddyginiaethau i atal neu drin clefydau. Mae cemegwyr yn ein helpu i ddeall ein hamgylchfyd a hefyd wedi datblygu'r technegau cywrain sy'n ei gwneud yn bosibl i ganfod newidiadau peryglus yn yr aer y byddwn yn ei anadlu, neu yn y dŵr y byddwn yn ei yfed. Yn ogystal, mae cemegwyr wedi helpu i ddatblygu defnyddiau modern sydd wedi gweddnewid ein cartrefi a'r ffordd y byddwn yn teithio o gwmpas y byd, heb sôn am y gemau y byddwn yn eu chwarae.

Atomau

Gwyddoniaeth atomau a'r ffordd hudol maen nhw'n gallu trawsffurfio yw cemeg. Nid gwyddoniaeth 100 elfen a'u cyfansoddion yn unig yw cemeg fodern ond, yn hytrach, gwyddoniaeth yr amrywiaeth ddiderfyn o foleciwlau ac adeileddau y mae modd eu consurio drwy roi gwahanol drefn ar atomau.

Heddiw, mae gan gemegwyr dechnegau sy'n caniatáu iddyn nhw weld atomau.

Moleciwlau

Mae dulliau dadansoddi modern yn caniatáu i gemegwyr weld y ffordd mae atomau'n cyfuno â'i gilydd i greu moleciwlau, hyd yn oed moleciwlau cymhleth gyda llawer o atomau. Heddiw, mae cryn ddiddordeb yn y moleciwlau sydd mewn planhigion, yn enwedig y planhigion hynny sydd wedi eu defnyddio'n draddodiadol fel llysiau llesol. Ym Madagascar, daw cyffuriau gwrthganser o'r berfagl sy'n tyfu yno (*Catharanthus roseus*). Mae meddygon yn defnyddio un o'r cyffuriau hyn, 'vinblastine', i drin lewcemia a chanser yr ysgyfaint a'r fron.

Yng Nghymru, mae 'dalen pob clwyf' a'r 'dail gorau yn y byd' yn enwau eraill ar y berfagl (*Vinca minor* - periwinkle).

Ffigur 2.1.1 ▲
Perfagl Madagascar

Defnyddiau crai

Y prif ddefnyddiau crai ar gyfer y diwydiant cemegol yw tanwyddau ffosil (yn enwedig nwy naturiol ac olew), mwynau metelig a mwynau eraill, dŵr ac aer.

Yng ngwledydd Prydain, y diwydiant cemegol yw'r pumed o ran ei faint yn y sector diwydiannol. Tyfodd y diwydiant ar sail glo ac amrywiaeth o fwynau megis halen a chalchfaen a oedd i'w cael ar raddfa fawr yng ngwledydd Prydain. Heddiw, mae olew a nwy naturiol o Fôr y Gogledd yn ddefnyddiau crai o bwys i'r diwydiant petrocemegol.

Purdeb

Daw llawer o gemegion pwysig o'r ddaear. Weithiau bydd y cemegion yn bur pan fyddan nhw'n cael eu darganfod ond, fel rheol, cymysgeddau ydyn nhw. Mae Ffigur 2.1.2 yn dangos darn o wenithfaen â chymysgedd o risialau ynddo. Grisialau ffelsbar, mica a chwarts yw'r mwynau sy'n gwneud gwenithfaen.

Bydd cemegwyr yn defnyddio'r gair pur i olygu un sylwedd nad yw wedi ei gymysgu ag unrhyw beth arall. Felly, gall dŵr neu nwy ocsigen fod yn bur. Ni all aer fod yn bur yn yr ystyr hwn oherwydd ei fod yn gymysgedd o nitrogen, ocsigen, carbon deuocsid a nwyon eraill.

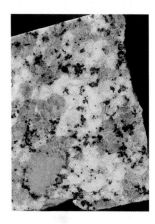

Ffigur 2.1.2 ▲
Arwyneb llyfn gwenithfaen yn dangos grisialau ffelsbar a mica

Mae rhai creigiau wedi eu gwneud o un mwyn yn unig. Enghraifft bwysig yw calchfaen, sy'n cael ei gloddio ar raddfa fawr at ddiben diwydiant ac amaeth. Mae calchfaen wedi ei wneud o galsiwm carbonad sydd hefyd i'w gael yn naturiol ar ffurf sialc a marmor.

Mae olew crai yn gymysgedd cymhleth iawn o gemegion – hydrocarbonau yn bennaf. Rhaid i'r diwydiant cemegol wahanu, puro a phrosesu'r cemegion sydd yn yr olew cyn gallu eu defnyddio yn fan cychwyn ar gyfer gweithgynhyrchu defnyddiau fferyllol, plastig, a llifynnau.

Cymysgedd cymhleth arall yw dŵr y môr, sydd wedi ei wneud yn bennaf o ddŵr a halwynau. Her arall i'r diwydiant cemegol yw echdynnu elfennau pur, megis magnesiwm a bromin, o ddŵr y môr.

Planhigion cemegol

Mae newid cnydau yn enynnol yn dod â phosibiliadau newydd i gemeg. Gydag amser gallai llai o bwyslais gael ei roi ar weithiau cemegol traddodiadol, gyda'u colofnau distyllu, adweithyddion a ffwrneisi sydd angen gwasgedd a thymheredd uchel i weithio. Byddai trin genynnol yn ei gwneud yn bosibl i dyfu defnyddiau crai cemeg ar y fferm. Eisoes, mae yna ffurf arbrofol ar gotwm sy'n cynhyrchu ffibr wedi ei liwio'n barod â'r llifyn glas ar gyfer gwneud dillad denim.

Y polymer bioddiraddadwy a gaiff ei farchnata o dan yr enw 'Biopol' yw'r defnydd polyester cyntaf i gael ei gynhyrchu'n fasnachol o facteria. Wrth iddyn nhw dyfu, bydd y celloedd bacteriol yn ffurfio'r polymer fel storfa egni, am yr un rheswm ag y bydd celloedd anifail yn cynhyrchu braster.

Mae biobeirianegwyr wedi arunigo'r genynnau oddi wrth y bacteriwm ac maen nhw'n archwilio'r posibilrwydd o'u rhoi i mewn i gnwd er mwyn creu modd o gynaeafu'r polymer yn y caeau yn lle'i weithgynhyrchu mewn eplesyddion enfawr.

Yn y cyfamser, mae caeau o rêp had olew yn ffynhonnell biodanwydd a allai gymryd lle olew a nwy yn fwyfwy fel rhan o'r strategaeth ar gyfer cyfyngu ar ganlyniadau llygredd yn yr aer a chynhesu byd-eang.

Ffigur 2.1.3 ▶
Rêp had olew – ffynhonnell biodanwydd

2.2 Cyflyrau mater

Mae cemegwyr yn astudio'r byd sydd o'u hamgylch ac, wrth iddyn nhw wneud hynny, yn dychmygu beth sy'n digwydd i'r atomau, y moleciwlau a'r ïonau wrth i ddefnyddiau newid, cymysgu ac adweithio. Dylid cychwyn gyda darlun eglur yn y meddwl o'r hyn sy'n digwydd i'r gronynnau mewn solidau, hylifau a nwyon.

Solidau, hylifau a nwyon

Solidau

Mae solidau yn anhyblyg ac yn cadw'u siâp. Mae dwysedd uchel i lawer o solidau, ac maen nhw'n risialog, sy'n awgrymu bod yr atomau, y moleciwlau neu'r ïonau wedi eu pacio'n dynn at ei gilydd mewn modd rheolaidd. Nid yw'r gronynnau mewn solid yn symud yn rhydd ond, yn hytrach, maen nhw'n dirgrynu o gwmpas pwyntiau sefydlog.

Hylifau

Bydd hylifau'n llifo ac yn mynd i siâp eu cynhwysydd. Gall rhai hylifau lifo'n rhwydd tra bo eraill, fel olew neu driog, yn drwchus ac fel glud – hylifau gludiog yw'r rhain. Fel solidau, mae hylifau yn anodd i'w cywasgu. Mae'r atomau neu'r moleciwlau mewn hylif wedi eu pacio'n dynn at ei gilydd ond yn rhydd i symud o gwmpas, gan lithro heibio'i gilydd.

Nwyon

Bydd nwyon yn symud yn gyflym i lenwi'r gofod sydd ar gael. Mae eu dwysedd dipyn yn is na solidau neu hylifau ac maen nhw'n hawdd i'w cywasgu. Mewn nwy, mae'r atomau neu'r moleciwlau ymhell oddi wrth ei gilydd. Bydd y gronynnau'n symud yn gyflym ac ar hap, gan daro yn erbyn ei gilydd ac yn erbyn ochrau'r cynhwysydd.

Ffigur 2.2.1 ▲
Grisialau copr sylffad

Mewn nwy, mae'r gronynnau ar wasgar, felly mae dwyseddau nwyon yn isel iawn o'u cymharu â solidau a hylifau. Bydd y gronynnau'n symud yn gyflym ac ar hap, gan daro yn erbyn gronynnau eraill ac yn erbyn ochrau'r cynhwysydd. Achosir gwasgedd gan y gronynnau wrth iddyn nhw daro yn erbyn yr ochrau. Bydd gronynnau ysgafn yn symud yn gyflymach na rhai trymach.

Mewn solid, mae gronynnau wedi eu pacio'n dynn at ei gilydd mewn modd rheolaidd. Nid yw'r gronynnau'n symud yn rhydd ond, yn hytrach, maen nhw'n dirgrynu o gwmpas pwyntiau sefydlog.

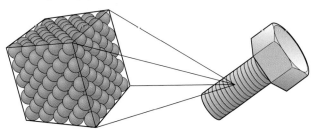

Ffigur 2.2.2 ▲   Trefniant gronynnau mewn solid

Mae'r gronynnau wedi eu pacio'n dynn mewn hylif ond maen nhw'n rhydd i symud, gan lithro heibio'i gilydd.

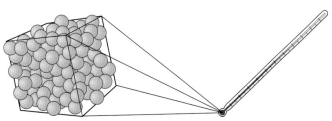

Ffigur 2.2.3 ▲   Trefniant gronynnau mewn hylif

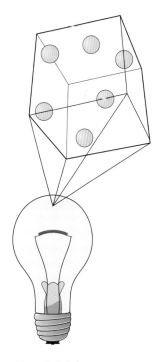

Ffigur 2.2.4 ▲
Trefniant gronynnau mewn nwy

Newid cyflwr
Ymdoddi a rhewi

Newid cyflwr o solid i hylif yw ymdoddi, neu ymdoddiad. Yn aml, y gair 'toddi' fydd yn cael ei ddefnyddio yn lle 'ymdoddi'. Yr ymdoddbwynt ar gyfer sylwedd pur yw'r tymheredd pan fydd y solid a'r hylif wedi cyrraedd safle ecwilibriwm. Bydd ymdoddbwyntiau'n amrywio yn ôl y gwasgedd ond dim ond o ryw ychydig.

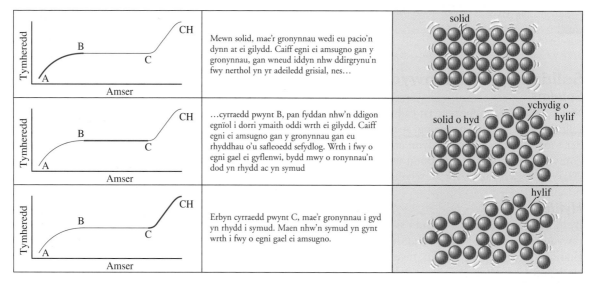

Mewn solid, mae'r gronynnau wedi eu pacio'n dynn at ei gilydd. Caiff egni ei amsugno gan y gronynnau, gan wneud iddyn nhw ddirgrynu'n fwy nerthol yn yr adeiledd grisial, nes...	
...cyrraedd pwynt B, pan fyddan nhw'n ddigon egnïol i dorri ymaith oddi wrth ei gilydd. Caiff egni ei amsugno gan y gronynnau gan eu rhyddhau o'u safleoedd sefydlog. Wrth i fwy o egni gael ei gyflenwi, bydd mwy o ronynnau'n dod yn rhydd ac yn symud	
Erbyn cyrraedd pwynt C, mae'r gronynnau i gyd yn rhydd i symud. Maen nhw'n symud yn gynt wrth i fwy o egni gael ei amsugno.	

Ffigur 2.2.5 ▲
Ymddygiad gronynnau mewn solid pur wrth iddo ymdoddi

Mae gan gyfansoddion pur ymdoddbwynt pendant. Un ffordd o wirio purdeb cyfansoddion ac o'u hadnabod yw drwy fesur yr ymdoddbwynt. Mae'r dechneg hon yn arbennig o bwysig mewn cemeg organig.

Wrth i sylwedd ymdoddi, mae angen egni i oresgyn y bondiau sydd rhwng y gronynnau. Bydd tymheredd sylwedd pur yn para'n gyson wrth iddo ymdoddi. Yn lle codi'r tymheredd, mae'r egni'n mynd tuag at oresgyn y grymoedd atyniadol sydd rhwng y gronynnau.

Bydd sylweddau pur yn rhewi ar yr un tymheredd ag y byddan nhw'n ymdoddi. Bydd rhewbwynt hylif yn gostwng wrth i hydoddyn gael ei hydoddi ynddo. Mae ychwanegu gwrthrewydd at ddŵr mewn peiriant cerbyd yn gostwng y rhewbwynt ac felly'n cadw'r oerydd rhag rhewi yn y gaeaf.

Pan fydd hi'n bygwth rhewi, bydd awdurdodau'r priffyrdd yn gwasgaru halen hyd y ffyrdd oherwydd bod cymysgedd o ddŵr a halen yn rhewi gryn dipyn yn is na 0°C.

Anweddu

Bydd anweddu'n digwydd ar wyneb hylif wrth iddo droi'n nwy. Proses endothermig (gweler tudalen 93) yw anweddu. Rhaid i egni ddod o'r amgylchedd er mwyn cadw sylwedd ar dymheredd cyson wrth iddo anweddu. Felly, bydd hylifau i'w teimlo'n oer ar y croen wrth iddyn nhw anweddu.

Anweddau

Wrth i sylweddau anweddu a'r rheini fel rheol yn hylifau neu'n solidau ar dymheredd ystafell bydd nwyon a elwir yn anweddau yn cael eu ffurfio. Felly, bydd cemegwyr yn sôn am nwy ocsigen ond anwedd dŵr.

Caiff anweddau eu cyddwyso'n hawdd naill ai drwy oeri'r sylwedd neu drwy gynyddu'r gwasgedd. Weithiau, bydd ffisegwyr yn ehangu'r diffiniad o anwedd i gynnwys nwyon fel bwtan, amonia a charbon deuocsid y gellir eu troi'n hylif ar dymheredd ystafell dim ond trwy gynyddu'r gwasgedd.

Prawf i chi   **D**

1 Chwiliwch am ymdoddbwynt a rhewbwynt yr elfennau a'r cyfansoddion hyn. Ydyn nhw'n solid, yn hylif neu'n nwy ar dymheredd ystafell?

decan, eicosan, crypton, galiwm, bromobwtan, methanal, asid methanoig, silicon tetraclorid, hydrogen fflworid.

Berwi

Bydd hylif yn berwi pan fydd yn ddigon poeth i swigod anwedd ffurfio oddi mewn i gorff yr hylif. Bydd hyn yn digwydd pan fydd gwasgedd yr anwedd sy'n dianc o'r hylif yn hafal i'r gwasgedd y tu allan.

Mae berwbwynt hylif yn amrywio yn ôl y gwasgedd. Mae cynnydd yn y gwasgedd allanol yn codi'r berwbwynt. Fel rheol, caiff berwbwyntiau eu mesur yn ôl y gwasgedd atmosfferig. Y berwbwynt normal yw'r tymheredd pan fydd gwasgedd anwedd yr hylif yn hafal i 1 atmosffer.

Sychdarthu

Sychdarthu yw'r newid sy'n digwydd pan fydd solid yn troi'n nwy yn syth wrth gael ei gynhesu. Er enghraifft, mae cynhesu grisialau ïodin yn gwneud iddyn nhw sychdarthu yn anwedd porffor sy'n cyddwyso'n risialau sgleiniog ar arwyneb oer. Defnyddir y broses hon i buro ïodin.

Sylwedd arall sy'n sychdarthu yw carbon deuocsid solet, a elwir yn 'iâ sych' oherwydd ei fod yn troi'n nwy ar dymheredd o –78°C a hynny heb ymdoddi.

Ffigur 2.2.6 ▲
Ïodin yn sychdarthu

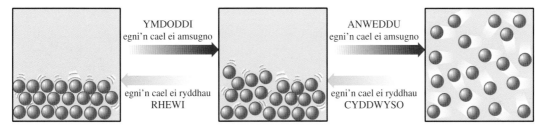

Ffigur 2.2.7 ▲
Y newid egni sy'n digwydd gyda newid cyflwr

Grisialau hylif

Cyflwr mater sy'n fwy trefnus na hylif ond yn llai trefnus na solid yw grisialau hylif. Er bod cyflwr grisial hylif wedi ei nodi mor bell yn ôl â 1888, dim ond er y 1970au cynnar y datblygwyd grisialau hylif i'w defnyddio mewn watsys digidol, cyfrifianellau, a sgriniau cyfrifiaduron cludadwy.

Mae moleciwlau grisialau hylif yn hir a thenau. Pan fydd y solid yn ymdoddi, bydd yr hylif yn cadw ychydig ond nid y cwbl o drefn y solid.

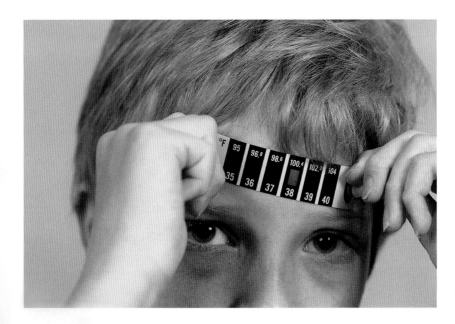

Ffigur 2.2.8 ◄
Thermomedr grisial hylif

2.3 Mater a newidiadau cemegol

Dechreuodd cemeg fodern pan ddeallodd gwyddonwyr y gwahaniaethau rhwng elfennau a chyfansoddion, gan eu galluogi i egluro newidiadau cemegol drwy gyfrwng atomau a moleciwlau. Bydd yr adran hon yn eich atgoffa o'r syniadau sylfaenol sy'n gwbl hanfodol i astudio cemeg.

Elfennau

Mae pob dim wedi ei wneud o elfennau, sef y cemegion symlaf nad oes modd eu symleiddio ymhellach drwy eu gwresogi neu drwy ddefnyddio trydan. Mae dros 100 o elfennau ond, a barnu oddi wrth astudio'r sêr, mae seryddwyr yn credu mai un elfen yn unig, sef hydrogen, yw 90% o'r bydysawd. Heliwm yw 9% arall, felly dim ond 1% sy'n weddill ar gyfer yr elfennau eraill i gyd.

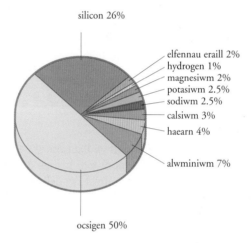

silicon 26%

elfennau eraill 2%
hydrogen 1%
magnesiwm 2%
potasiwm 2.5%
sodiwm 2.5%
calsiwm 3%
haearn 4%

alwminiwm 7%

ocsigen 50%

Ffigur 2.3.1 ▶
Cyfrannau'r elfennau sydd yng nghramen y Ddaear

Metelau ac anfetelau

Metelau yw'r mwyafrif o'r elfennau, sef oddeutu 90 ohonyn nhw. Fel rheol, mae metel yn ddigon hawdd ei adnabod wrth ei briodweddau. Mae metelau yn sgleiniog, yn gryf, yn blygadwy, ac yn dargludo trydan yn dda.

Ffigur 2.3.2 ▶
Samplau o fetelau: o'r chwith i'r dde, copr, sinc, plwm ac arian

Ffigur 2.3.3 ◄

Samplau o anfetelau: sylffwr, bromin, ffosfforws, carbon ac ïodin

Dim ond 22 elfen sy'n anfetelau: maen nhw'n cynnwys ychydig sy'n solid ar dymheredd ystafell, megis carbon a sylffwr, nifer o nwyon, megis hydrogen, ocsigen, nitrogen a chlorin, a dim ond un hylif, sef bromin.

Atomau elfennau

Mae gan bob elfen atom o'i math arbennig ei hun, ac mae'r atomau'n cynnwys protonau, niwtronau ac electronau. Caiff màs yr atom ei grynodi mewn niwclews canolog bychan iawn sydd wedi ei wneud o brotonau a niwtronau. Mae'r protonau wedi'u gwefru'n bositif a'r niwtronau'n ddi-wefr.

> **Nodyn**
>
> Mae'r llyfr hwn yn dilyn argymhellion Undeb Rhyngwladol Cemeg Bur a Chymhwysol (*International Union of Pure and Applied Chemistry* – IUPAC). Yr IUPAC yw'r awdurdod cydnabyddedig ar enwau cemegion, symbolau cemegol a gwerthoedd data cemegol, megis masau atomig cymharol.

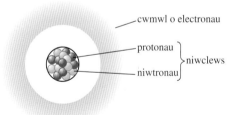

cwmwl o electronau

protonau ⎫
⎬ niwclews
niwtronau ⎭

Ffigur 2.3.4 ◄

Diagram o atom yn dangos niwclews wedi ei amgylchynu â chwmwl o electronau

O gwmpas y niwclews mae electronau. Mae'r electronau wedi'u gwefru'n negatif. Yn aml, gellir anwybyddu màs electron oherwydd ei fod mor fychan. Mewn atom, mae nifer yr electronau'n hafal i nifer y protonau sydd yn y niwclews. Felly mae swm y wefr negatif yn hafal i swm y wefr bositif ac mae'r atom yn ei gyfanrwydd yn ddi-wefr.

	Màs cymharol	Gwefr
Proton	1	$+1$
Niwtron	1	0
Electron	$\frac{1}{1870}$ (dibwys)	-1

Ffigur 2.3.5 ◄

Ffigur 2.3.6 ▶
Adeiledd y tri atom symlaf yn dangos yr electronau yn eu plisg

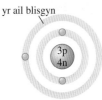

niwclews   y plisgyn cyntaf   yr ail blisgyn

atom hydrogen   atom heliwm   atom lithiwm

Caiff electronau eu trefnu mewn cyfres o blisg o amgylch y niwclews. Dim ond nifer arbennig o electronau y gall pob plisgyn eu dal. Y plisgyn sydd agosaf at y niwclews sy'n llenwi gyntaf. Pan fydd yn llawn, bydd yr electronau'n mynd i'r plisgyn nesaf, ac yn y blaen. Mae Ffigur 2.3.6 yn dangos adeileddau'r tri atom symlaf.

Dim ond un proton sydd gan atom hydrogen, a dim niwtronau o gwbl. Dyma'r atom symlaf a'r ysgafnaf, a chanddo fàs atomig cymharol o 1. Mae gan heliwm, sydd â dau broton a dau niwtron, fàs atomig cymharol o 4. Dim ond dau electron gall y plisgyn cyntaf eu dal, felly mewn atom lithiwm bydd y trydydd electron yn mynd i'r ail blisgyn. Gall yr ail blisgyn ddal hyd at wyth electron.

Cyfansoddion

Bydd cyfansoddion yn cael eu ffurfio pan fydd dwy neu ragor o elfennau yn cyfuno â'i gilydd. Ar wahân i atomau rhai nwyon nobl (megis heliwm neu neon), bydd pob atom yn cyfuno ag atomau eraill.

Cyfansoddion wedi eu gwneud o anfetelau ac anfetelau eraill

Mae siwgr, dŵr, alcohol, carbon deuocsid a'r holl hydrocarbonau olewog sydd mewn petrol yn enghreifftiau o gyfansoddion sydd wedi eu gwneud o ddau neu fwy o anfetelau.

Mae'r rhan fwyaf o gyfansoddion anfetel yn ymdoddi ac yn anweddu'n hawdd. Ar dymheredd ystafell, gallant fod yn nwy, yn hylif neu yn solid. Fel rheol, maen nhw'n anhydawdd mewn dŵr, oni bai eu bod nhw'n adweithio gyda dŵr. Mewn hydoddiant, fyddan nhw ddim yn dargludo trydan hyd yn oed os byddan nhw'n hydoddi, oni bai eu bod yn adweithio i greu ïonau.

Yn y rhan fwyaf o gyfansoddion o'r fath, sef rhai wedi eu gwneud o anfetelau gydag anfetelau eraill, bydd yr atomau'n cyfuno'n grwpiau bychain i ffurfio moleciwlau. Un enghraifft yw methan sydd mewn nwy naturiol. Mae pob moleciwl mewn methan yn cynnwys un atom carbon wedi bondio â phedwar atom hydrogen. Fformiwla'r moleciwl yw CH_4. Mae Ffigur 2.3.7 yn dangos pedair ffordd o gynrychioli moleciwl methan. Sylwch nad yw adeiledd mewnol atomau yn cael ei ddangos yn y diagramau hyn. Yn y modelau, mae atomau'n cael eu cynrychioli gan sfferau bychain.

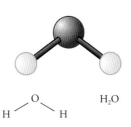

H_2O

O
H   H

Ffigur 2.3.8 ▲
Ffyrdd o gynrychioli moleciwl o ddŵr

O═C═O

Ffigur 2.3.9 ▲
Bondio mewn carbon deuocsid yn dangos bondiau dwbl rhwng atomau

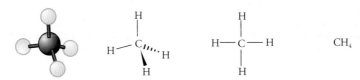

Ffigur 2.3.7 ▲
Ffyrdd o gynrychioli moleciwl o fethan

Mewn nifer o enghreifftiau cyffredin, mae'n bosibl darganfod fformiwla debygol y moleciwlau o wybod sawl bond y bydd yr atomau'n eu ffurfio fel rheol (Ffigur 2.3.10).

Cyfansoddyn ocsigen a hydrogen yw dŵr. Mae atomau ocsigen yn ffurfio dau fond mewn moleciwlau. Mae atomau hydrogen yn ffurfio un bond. Felly gall dau atom hydrogen fondio gydag un atom ocsigen (Ffigur 2.3.8). Fformiwla dŵr yw H_2O.

Elfen	Symbol	Nifer y bondiau sy'n cael eu ffurfio
carbon	C	4
nitrogen	N	3
ocsigen	O	2
sylffwr	S	2
hydrogen	H	1
clorin	Cl	1

Ffigur 2.3.10 ◄

Mewn gwirionedd, nid yw'n bosibl rhagfynegi fformiwla pob cyfansoddyn anfetel yn y modd hwn. Does dim modd i'r rheolau bondio sydd yn y tabl egluro fformiwlâu carbon monocsid, CO, na sylffwr deuocsid, SO_2. Mae'n rhaid dysgu'r fformiwlâu hyn.

Cyfansoddion wedi eu gwneud o fetelau ac anfetelau

Mae halen, marmor, gypswm a saffir i gyd yn enghreifftiau o gyfansoddion sydd wedi eu gwneud o fetelau ac anfetelau.

Bydd cyfansoddion sydd wedi eu gwneud o fetel ac un neu fwy anfetel yn dargludo trydan pan fyddant wedi ymdoddi neu pan fyddant wedi hydoddi mewn dŵr. Electrolytau ydynt, sy'n dadelfennu'n ôl i'w helfennau wrth ddargludo cerrynt trydan. Mae cyfansoddion o'r math yma yn electrolytau oherwydd eu bod wedi eu gwneud o ïonau.

Mae sodiwm clorid (halen cyffredin) yn enghraifft o gyfansoddyn ïonig. Atom sodiwm a chanddo wefr bositif oherwydd ei fod wedi colli un electron yw ïon sodiwm. Ei symbol yw Na^+. Atom clorin a chanddo wefr negatif oherwydd ei fod wedi ennill un electron yw ïon clorid. Ei symbol yw Cl^-.

Ffigur 2.3.11 ◄
Electrolysis sodiwm clorid tawdd yn hollti'r cyfansoddyn yn sodiwm a chlorin

llif electronau   llif electronau

−   **+**

moleciwl clorin

catod   anod

Mae ïonau sodiwm yn cael eu hatynnu at y catod lle maen nhw'n ennill electronau ac yn troi'n ôl yn atomau sodiwm.

Mae ïonau clorid yn cael eu hatynnu at yr anod lle maen nhw'n colli electronau ac yn troi'n ôl yn atomau. Mae'r atomau'n paru i ffurfio nwy clorin.

ïon sodiwm

atom sodiwm   ïon clorid   sodiwm clorid tawdd

GWRES

Mewn grisial sodiwm clorid ceir yr un nifer o ïonau sodiwm ac ïonau clorid. Fformiwla sodiwm clorid yw NaCl oherwydd bod un ïon clorid am bob ïon sodiwm.

Sylfeini Cemeg   **Adran dau**

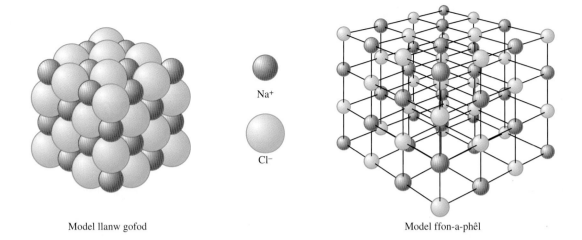

Model llanw gofod

Na⁺

Cl⁻

Model ffon-a-phêl

Ffigur 2.3.12 ▲
Adeiledd grisial sodiwm clorid

Nid oes gan bob ïon wefrau positif neu negatif sengl. Fformiwla magnesiwm clorid yw $MgCl_2$. Yn y cyfansoddyn hwn, mae dau ïon clorid ar gyfer pob ïon magnesiwm. Mae'r cyfansoddion i gyd yn niwtral yn drydanol, felly rhaid i'r wefr ar yr ïon magnesiwm fod ddwywaith gymaint â'r wefr ar yr ïon clorid. Symbol yr ïon magnesiwm yw Mg^{2+}.

Edrychwch ar y tabl o ïonau cyffredin yn Ffigur 2.3.13.

Ffigur 2.3.13 ▶

7 Beth yw fformiwlâu y cyfansoddion ïonig hyn: potasiwm ïodid, calsiwm carbonad, sodiwm sylffad, calsiwm hydrocsid, alwminiwm clorid?

8 Chwiliwch am enghreifftiau sy'n cadarnhau'r sylw cyffredinol canlynol: 'Bydd cyfansoddion sydd wedi eu gwneud o fetel ac un anfetel neu fwy yn dargludo trydan pan fyddant wedi ymdoddi neu pan fyddant wedi hydoddi mewn dŵr'.

9 Pa rai o'r cyfansoddion hyn sydd wedi eu gwneud o foleciwlau a pha rai sydd wedi eu gwneud o ïonau: copr ocsid, asid sylffwrig crynodedig, magnesiwm clorid, lithiwm fflworid, ffosfforws triclorid?

Ïonau positif (catïonau)			Ïonau negatif (anïonau)		
Gwefr	Catïon	Symbol	Gwefr	Anïon	Symbol
1+	sodiwm	Na^+	1−	clorid	Cl^-
	potasiwm	K^+		bromid	Br^-
	arian	Ag^+		ïodid	I^-
	copr(I)	Cu^+		hydrocsid	OH^-
	hydrogen	H^+		nitrad	NO_3^-
2+	magnesiwm	Mg^{2+}	2−	ocsid	O^{2-}
	calsiwm	Ca^{2+}		sylffid	S^{2-}
	sinc	Zn^{2+}		sylffad	SO_4^{2-}
	copr(II)	Cu^{2+}		sylffit	SO_3^{2-}
	haearn(II)	Fe^{2+}		carbonad	CO_3^{2-}
3+	alwminiwm	Al^{3+}	3−	nitrid	N^{3-}
	haearn(III)	Fe^{3+}		ffosffad	PO_4^{3-}

Mae'r tabl yn dangos:

■ bod ïonau metel yn bositif bob amser, tra bo ïonau anfetel yn negatif (mae hyn yn wir am bob elfen heblaw hydrogen)

■ bod rhai metelau yn gallu ffurfio mwy nag un ïon – mae hyn yn nodweddiadol o'r metelau trosiannol, fel copr a haearn.

■ bod rhai ïonau anfetel yn ïonau cyfansawdd sy'n cynnwys mwy nag un math o atom – fel ïonau carbonad, sylffad a nitrad.

2.4 Hydoddiannau

Bydd hydoddiannau'n ffurfio wrth i solidau, hylifau neu nwyon hydoddi mewn hydoddydd. Oherwydd bod cymaint o ddŵr i'w gael ar y Ddaear, mae hydoddiannau mewn dŵr (hydoddiannau dyfrllyd) yn arbennig o bwysig i'r amgylchedd naturiol, i fywyd, ac i gemeg mewn labordai ac mewn diwydiant.

Patrymau hydoddedd

'Mae tebyg yn hydoddi ei debyg' yw'r rheol gyffredinol (gweler tudalen 89). Bydd dŵr yn hydoddi llawer o gyfansoddion ïonig, a hefyd cyfansoddion sy'n cynnwys grwpiau −OH megis alcoholau a siwgrau. Bydd hydoddyddion olewog, megis paraffin, yn hydoddi olewau eraill ac elfennau neu gyfansoddion moleciwlaidd.

Fel rheol, bydd solidau yn mynd yn fwy hydawdd mewn dŵr wrth i'r tymheredd godi.

Bydd nwyon yn mynd yn llai hydawdd wrth i'r tymheredd godi. Er enghraifft, mae gwresogi dŵr nes iddo ferwi yn rhyddhau nwyon hydoddedig i'r aer. Bydd swigod nwy yn ymddangos o gwmpas ymyl sosban cyn i'r dŵr ferwi. Mae'r swigod yn cynnwys aer sy'n dod allan o'r hydoddiant wrth i'r nwyon fynd yn llai hydawdd oherwydd y codiad yn y tymheredd.

Bydd nwyon yn mynd yn fwy hydawdd wrth i'r gwasgedd godi. Dyna pam mae diodydd byrlymog yn pefrio. Bydd agor tun neu botel o ddiod fyrlymog yn gostwng y gwasgedd ac yn lleihau hydoddedd y carbon deuocsid nes i'r nwy gael ei yrru'n swigod allan o'r hydoddiant.

Hydoddiannau dirlawn

Mae yna derfyn ar faint o sylwedd fydd yn hydoddi mewn dŵr. Bydd hydoddiant yn ddirlawn pan fydd yn cynnwys cymaint o'r sylwedd hydoddedig â phosibl ar dymheredd arbennig.

Hydawdd neu anhydawdd?

Does dim un cemegyn yn hollol hydawdd a does dim un yn gwbl anhydawdd. Serch hynny, mae defnyddio dosbarthiad bras o hydoddedd yn ddefnyddiol i gemegwyr, ac mae'r dosbarthiad bras hwn yn seiliedig ar yr hyn sydd i'w weld wrth ysgwyd ychydig o'r solid gyda dŵr mewn tiwb profi:

- ■ hydawdd iawn, fel potasiwm nitrad; mae llawer o'r solid yn hydoddi'n gyflym
- ■ hydawdd, fel copr(II) sylffad; bydd y grisialau i'w gweld yn hydoddi i raddau sylweddol
- ■ ychydig yn hydawdd, fel calsiwm hydrocsid; bydd ychydig o'r solid fel pe bai'n hydoddi ond yn fuan bydd yr hydoddiant yn troi'n alcalïaidd dros ben
- ■ anhydawdd, fel haearn(III) ocsid; nid oes unrhyw arwydd fod dim o'r defnydd yn hydoddi.

Mae dosbarthiad bras tebyg ar gyfer nwyon sy'n hydoddi mewn dŵr. Mae amonia a hydrogen clorid yn hydawdd iawn. Mae sylffwr deuocsid yn hydawdd. Mae carbon deuocsid ychydig yn hydawdd. Mae heliwm yn anhydawdd.

Nodyn

Sylwedd sy'n hydoddi mewn hydoddydd i wneud hydoddiant yw hydoddyn. Mewn hydoddiant siwgr yr hydoddydd yw dŵr a'r hydoddyn yw swcros. Dywedir bod hydoddiant o un neu fwy o hydoddion mewn dŵr yn hydoddiant dyfrllyd (d).

Prawf i chi   D

1 Pam mae hydoddedd nwyon fel ocsigen a charbon deuocsid mewn dŵr yn bwysig i bob peth byw?

2 Gyda chymorth llyfr data, dosbarthwch y solidau hyn yn ôl eu hydoddedd mewn dŵr (hydawdd iawn, hydawdd, ychydig yn hydawdd, anhydawdd): sodiwm hydrocsid, copr(II) ocsid, potasiwm ïodid, sodiwm clorid, manganîs(IV) ocsid, sinc sylffad, nicel(II) clorid.

2.5 Hafaliadau cemegol

Mae llosgi, rhydu ac eplesiad i gyd yn enghreifftiau o adweithiau cemegol. O dan yr amodau cywir, bydd bondiau cemegol yn torri a rhai newydd yn ffurfio. Dyma sy'n digwydd yn ystod adwaith cemegol er mwyn creu cemegion newydd.

Pan fydd hydrogen yn llosgi, dŵr yw'r cynnyrch, a gwelir ffordd syml o arddangos hyn yn Ffigur 2.5.1. Mae hydrogen ac ocsigen (yn yr aer) yn nwyon ar dymheredd ystafell. Pan fydd y nwyon yn adweithio bydd y newidiadau'n cynhyrchu cymaint o egni nes creu fflam. Bydd oeri a chyddwyso'r anwedd o'r fflam hon yn rhoi dŵr.

Ffigur 2.5.1 ▶
Arddangos bod llosgi hydrogen yn cynhyrchu dŵr. Mae hwn yn adwaith ecsothermig iawn a ddefnyddir i greu pŵer mewn rocedi i'w gyrru i'r gofod

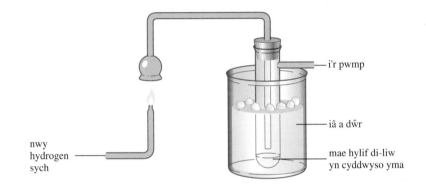

i'r pwmp

iâ a dŵr

mae hylif di-liw yn cyddwyso yma

nwy hydrogen sych

Hafaliadau geiriau
Mae hafaliad geiriau yn disgrifio newid cemegol mewn geiriau. Wrth ysgrifennu hafaliad geiriau, rhaid dynodi'r adweithyddion (ar y chwith) a'r cynhyrchion (ar y dde), felly mae'n gam cyntaf buddiol tuag at hafaliad cytbwys â symbolau. Pan fydd hydrogen yn llosgi:

$$\text{hydrogen(n)} + \text{ocsigen(n)} \rightarrow \text{dŵr(h)}$$

adweithyddion   cynnyrch

Modelau moleciwlaidd
Wrth edrych ar y newid hwn bydd cemegwyr yn dychmygu beth sy'n digwydd i'r moleciwlau. Y tric yw dehongli'r newidiau gweledol yn ôl y damcaniaethau sydd mewn bod am atomau a bondio. Mae modelau'n helpu i greu'r cysylltiad.

Ffigur 2.5.2 ▼
Hafaliad modelau i ddangos hydrogen yn adweithio gydag ocsigen

Rydyn ni'n gwybod erbyn hyn bod moleciwlau hydrogen a moleciwlau ocsigen wedi eu gwneud o barau o atomau. Moleciwlau deuatomig ydynt. Mae Ffigur 2.5.2 yn dangos sut mae modelau moleciwlaidd yn creu darlun o'r adwaith ar lefel atomig.

Fformiwla dŵr yw H_2O. Mewn dŵr, dim ond un atom ocsigen sydd ym mhob moleciwl. Felly gall un moleciwl ocsigen greu dau foleciwl dŵr cyhyd â bod dau foleciwl hydrogen ar gael i gyflenwi'r holl atomau hydrogen angenrheidiol.

Yr un faint o atomau sydd ar y ddwy ochr i'r hafaliad – yr unig beth sydd wedi digwydd yw bod yr atomau wedi eu had-drefnu.

Fel rheol, bydd cemegwyr yn defnyddio symbolau'n hytrach na modelau i ddisgrifio adwaith. Mae symbolau'n llawer haws i'w hysgrifennu neu eu teipio. Wrth ychwanegu symbolau cyflwr at hafaliad symbolau mae modd dangos a yw'r sylweddau'n solidau, yn hylifau, yn nwyon neu wedi hydoddi mewn dŵr.

$$2H_2(n) + O_2(n) \rightarrow 2H_2O(h)$$

Hafaliadau cytbwys â symbolau

Dilynwch y drefn o gam i gam er mwyn ysgrifennu hafaliad ar gyfer adwaith. Cyn dechrau, mae'n rhaid i chi wybod enwau a fformiwlâu'r adweithyddion a'r cynhyrchion. Meddyliwch, er enghraifft, am losgi methan, sy'n adweithio gydag ocsigen i ffurfio carbon deuocsid a dŵr.

Cam 1: Ysgrifennwch hafaliad geiriau

methan + ocsigen → carbon deuocsid + dŵr

Cam 2: Ysgrifennwch y symbolau ar gyfer yr adweithyddion a'r cynhyrchion

$$CH_4 + O_2 \rightarrow CO_2 + H_2O$$

Cam 3: Cydbwyswch yr hafaliad drwy ysgrifennu rhifau o flaen y fformiwlâu fel bo nifer pob un o'r atomau gwahanol yr un peth ar ddwy ochr yr hafaliad. Peidiwch â newid y fformiwlâu i gydbwyso'r hafaliad.

$$CH_4 + 2O_2 \rightarrow CO_2 + 2H_2O$$

Cam 4: Ychwanegwch y symbolau cyflwr

$$CH_4(n) + 2O_2(n) \rightarrow CO_2(n) + 2H_2O(h)$$

Prawf i chi

1 Defnyddiwch fodelau moleciwlaidd i ddangos beth sy'n digwydd pan fydd methan yn llosgi mewn ocsigen.

2 Ysgrifennwch hafaliadau cytbwys ar gyfer y newidiadau hyn: magnesiwm yn llosgi mewn ocsigen, sodiwm yn adweithio gyda dŵr, calsiwm hydrocsid yn niwtralu asid hydroclorig.

Sylfeini Cemeg

Adran dau

2.6 Mathau o newidiadau cemegol

Mae dosbarthu adweithiau cemegol yn helpu cemegwyr i wneud synnwyr o'r holl newidiadau niferus y byddant yn eu hastudio. Drwy ddysgu am gemegion yn ôl eu hadweithiau mae'n bosibl rhagfynegi sut byddan nhw'n ymddwyn. Er enghraifft, mae'n amlwg mai asid yw asid sylffwrig crynodedig, ond mae hefyd yn gyfrwng ocsidio ac yn gyfrwng dadhydradu.

CD-ROM

Dadelfennu thermol

Adwaith yw dadelfennu thermol sy'n digwydd pan fydd cyfansoddyn yn dadelfennu wrth gael ei wresogi. Enghraifft bwysig ym myd diwydiant ac mewn amaethyddiaeth yw dadelfeniad thermol calsiwm carbonad (calchfaen) i gynhyrchu calsiwm ocsid:

$$CaCO_3(s) \rightarrow CaO(s) + CO_2(n)$$

Weithiau bydd gwresogi'n achosi dadelfeniad oherwydd bydd cyfansoddyn sy'n sefydlog ar dymheredd ystafell yn mynd yn ansefydlog ar dymheredd uwch. Dyma sy'n digwydd yn achos calsiwm carbonad.

Weithiau bydd gwresogi'n achosi dadelfennu mewn cyfansoddyn sydd yn ansefydlog ar dymheredd ystafell ond nad yw'n dadelfennu oherwydd bod cyfradd yr adwaith mor araf. Mae hyn yn wir am ocsidau nitrogen. Maen nhw i gyd yn tueddu i ddadelfennu'n nitrogen ac ocsigen ond dim ond pan gânt eu gwreogi.

Ocsidio a rhydwytho

Efallai mai llosgi yw'r enghraifft fwyaf cyffredin o ocsidio. Enghraifft arall yw rhydu. Yn ei ffurf symlaf, mae ocsidio yn golygu ychwanegu ocsigen at elfen neu gyfansoddyn.

Rhydwytho yw'r gwrthwyneb i ocsidio. Caiff ocsidau metel eu rhydwytho pan fydd metelau'n cael eu hechdynnu o'u mwynau. Mewn ffwrnais chwyth, er enghraifft, bydd carbon monocsid yn rhydwytho haearn ocsid yn haearn.

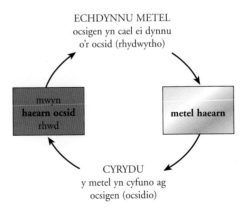

Ffigur 2.6.1 ▶
Y cylch echdynnu a chyrydu ar gyfer haearn

Trosglwyddiad electronau

Bydd magnesiwm yn llosgi'n llachar yn yr aer. Solid gwyn yw'r cynnyrch, sef y cyfansoddyn ïonig magnesiwm ocsid, $Mg^{2+}O^{2-}$.

$$2Mg(s) + O_2(n) \rightarrow 2Mg^{2+}O^{2-}(s)$$

Yn ystod yr adwaith bydd pob atom magnesiwm yn colli dau electron, gan droi yn ïon magnesiwm:

$$2Mg(s) \rightarrow 2Mg^{2+} + 4e^-$$

Bydd ocsigen yn cymryd yr electronau o'r magnesiwm gan gynhyrchu ïonau ocsid:

$$O_2(n) + 4e^- \rightarrow 2O^{2-}$$

Fel hyn bydd electronau'n trosglwyddo o atomau magnesiwm i atomau ocsigen, gan droi atomau'n ïonau.

Bydd atomau magnesiwm yn troi'n ïonau hefyd pan fyddan nhw'n adweithio gydag anfetelau eraill megis clorin, bromin a sylffwr (Ffigur 2.6.2).

$$Mg(s) \rightarrow Mg^{2+} + 2e^-$$
$$Cl_2(n) + 2e^- \rightarrow 2Cl^-$$

Ffigur 2.6.2 ◄
Trosglwyddiad electronau yn yr adwaith rhwng magnesiwm a chlorin

Yn ei holl adweithiau gydag anfetelau, mae magnesiwm yn colli electronau ac mae ei atomau'n troi'n ïonau positif. Mae'r anfetelau'n ennill electronau ac yn troi'n ïonau negatif. Mae'r rhain i gyd yn enghreifftiau o adweithiau rhydocs sy'n ymwneud â throsglwyddo electronau. Bydd magnesiwm yn cael ei ocsidio wrth iddo golli electronau. Caiff yr anfetel ei rydwytho wrth iddo ennill electronau. Mae **rhyd**wytho ac **ocs**idio bob amser yn mynd gyda'i gilydd, a dyna sy'n rhoi'r term – adwaith **rhydocs**.

Cyfryngau ocsidio a rhydwytho

Rhywun neu rywbeth sy'n sicrhau bod pethau'n digwydd yw cyfrwng. Cyfrwng darlledu yw'r radio, sy'n sicrhau ein bod yn derbyn darllediad sain, a byddwn yn sôn am 'y cyfryngau' i olygu'r pethau sy'n newid stori, lluniau neu sain yn ffurfiau priodol. Mewn adweithiau rhydocs y cemegion yw'r pethau sy'n gyfryngau ocsidio a rhydwytho.

Mae'r term 'cyfrwng ocsidio' (neu **ocsidydd**) yn disgrifio adweithydd cemegol sy'n gallu ocsidio atomau, moleciwlau neu ïonau eraill drwy gymryd electronau oddi arnynt. Mae ocsigen, clorin, asid nitrig, potasiwm manganad(VII), potasiwm deucromad(VI), a hydrogen perocsid i gyd yn gyfryngau ocsidio cyffredin.

Mae'r term 'cyfrwng rhydwytho' (sef **rhydwythydd**) yn disgrifio adweithydd cemegol sy'n gallu rhydwytho atomau, moleciwlau neu ïonau eraill drwy roi electronau iddynt. Mae hydrogen, sylffwr deuocsid, a sinc neu haearn mewn asid, i gyd yn gyfryngau rhydwytho cyffredin.

Mae'n hawdd drysu'n feddyliol wrth ddefnyddio'r termau hyn. Pan fydd cyfrwng ocsidio'n adweithio mae'n cael ei rydwytho. Pan fydd cyfrwng rhydwytho'n adweithio, mae'n cael ei ocsidio. Daw hyn yn eglur yn adwaith magnesiwm â chlorin (Ffigur 2.6.3)

Nodyn

Efallai y bydd yn gymorth i chi gofio'r rhigwm yma:

Colli	**Ennill**
yw	yw
Ocsidio	**Rhydwytho**

Oil Rig

Oxidation	**R**eduction
Is	**I**s
Loss	**G**ain

Prawf i chi

1 Pa elfennau neu gyfansoddion sy'n cael eu hocsidio a pha rai sy'n cael eu rhydwytho yn yr adweithiau canlynol:
   a) ager/stêm gyda magnesiwm poeth
   b) copr(II) ocsid gyda hydrogen
   c) alwminiwm gyda haearn(III) ocsid yn y broses thermit
   ch) carbon deuocsid gyda charbon i ffurfio carbon monocsid

2 Ysgrifennwch hafaliad symbolau ar gyfer pob un o'r canlynol i ddangos trosglwyddiad electronau yn yr adweithiau rhwng:
   a) sodiwm a chlorin
   b) sinc ac ocsigen
   c) calsiwm a bromin.

Ffigur 2.6.3 ◄
Caiff magnesiwm ei ocsidio drwy golli electronau. Y clorin sy'n ei ocsidio, felly clorin yw'r cyfrwng ocsidio. Ar yr un pryd, bydd y clorin yn ennill electronau ac yn cael ei rydwytho gan y magnesiwm. Felly magnesiwm yw'r cyfrwng rhydwytho

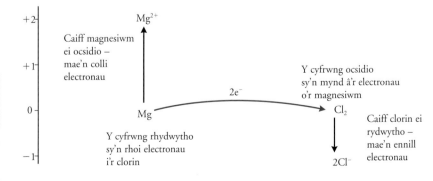

Caiff magnesiwm ei ocsidio – mae'n colli electronau

Mg²⁺

Mg

Y cyfrwng rhydwytho sy'n rhoi electronau i'r clorin

2e⁻

Y cyfrwng ocsidio sy'n mynd â'r electronau o'r magnesiwm

Cl₂

Caiff clorin ei rydwytho – mae'n ennill electronau

2Cl⁻

Hanner-hafaliadau

Hafaliad ïonig yw hanner-hafaliad, sy'n cael ei ddefnyddio i ddisgrifio naill ai ennill neu golli electronau yn ystod proses rydocs. Mae hanner-hafaliadau'n helpu i ddangos beth sy'n digwydd yn ystod adwaith rhydocs. Bydd dau hanner-hafaliad yn cyfuno i roi hafaliad cytbwys cyffredinol ar gyfer adwaith rhydocs.

Gall metel sinc rydwytho ïonau copr i roi copr. Gellir dangos hyn ar ffurf dau hanner-hafaliad:

■ ennill electronau (rhydwytho) $Cu^{2+}(d) + 2e^- \rightarrow Cu(s)$
■ colli electronau (ocsidio) $Zn(s) \rightarrow Zn^{2+}(d) + 2e^-$

Rhaid i nifer yr electronau sy'n cael eu hennill fod yn hafal i'r nifer sy'n cael eu colli.

$$Cu^{2+}(d) + 2e^- \rightarrow Cu(s)$$
$$Zn(s) \rightarrow Zn^{2+}(d) + 2e^-$$
$$\overline{Cu^{2+}(d) + Zn(s) \rightarrow Cu(s) + Zn^{2+}(s)}$$

Adweithiau asid-bas

Bydd asidau a basau yn niwtralu ei gilydd i ffurfio halwynau. Er enghraifft, bydd asid sylffwrig yn adweithio gyda sodiwm hydrocsid i greu'r halwyn sodiwm sylffad.

Asidau

Cyfansoddion yw asidau, ac mae ganddynt briodweddau nodweddiadol. Maent yn:

■ ffurfio hydoddiannau mewn dŵr â pH islaw 7
■ newid lliwiau dangosyddion asid-bas
■ adweithio gyda metelau megis magnesiwm i gynhyrchu nwy hydrogen

$$Mg(s) + 2HCl(d) \rightarrow MgCl_2(d) + H_2(n)$$

■ adweithio gyda charbonadau megis calsiwm carbonad i ffurfio nwy carbon deuocsid a dŵr

$$CaCO_3(s) + 2HCl(d) \rightarrow CaCl_2(d) + CO_2(n) + H_2O(h)$$

■ adweithio gydag ocsidau basig i ffurfio halwynau a dŵr.

$$CuO(s) + H_2SO_4(d) \rightarrow CuSO_4(d) + H_2O(h)$$

Gall asidau pur fod yn solid (fel asid citrig neu asid tartarig), yn hylif (fel asidau sylffwrig, nitrig ac ethanoig) neu yn nwy (fel hydrogen clorid sy'n troi'n asid hydroclorig pan fydd yn hydoddi mewn dŵr).

Beth sy'n gwneud asid yn asid?

Pam mae gan gymaint o wahanol gyfansoddion briodweddau tebyg? Pam mae hydoddiannau asidau mewn dŵr yn ymddwyn mewn modd arbennig gyda dangosyddion, metelau, carbonadau a basau?

Y gwir yw nad dim ond cymysgu â dŵr y bydd asidau pan fyddan nhw'n hydoddi. Yr hyn sy'n digwydd yw eu bod yn adweithio i gynhyrchu ïonau hydrogen dyfrllyd, H^+ (d). Felly yr hyn sydd gan asidau'n gyffredin yw eu bod yn cynhyrchu ïonau hydrogen wrth hydoddi mewn dŵr.

$$HCl(n) + dŵr \rightarrow H^+(d) + Cl^-(d)$$

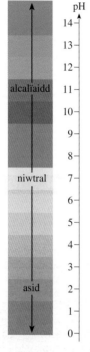

Ffigur 2.6.4 ▲
Y raddfa pH

Prawf i chi

3 Ysgrifennwch hafaliadau ar gyfer yr adweithiau canlynol:
  a) calsiwm ocsid gydag asid nitrig
  b) sinc gydag asid sylffwrig
  c) sodiwm carbonad gydag asid hydroclorig

4 Rhowch enwau a symbolau'r ïonau sy'n cael eu ffurfio pan fydd yr asidau hyn yn hydoddi mewn dŵr:
  a) asid nitrig
  b) asid sylffwrig.

Mae adweithiau ïonau hydrogen dyfrllyd yn adweithiau sy'n nodweddiadol o asidau gwanedig mewn dŵr.

Gyda metelau: $\quad$ $Mg(s) + 2H^+(d) \rightarrow Mg^{2+}(d) + H_2(n)$

Gyda charbonadau: $\quad$ $CO_3^{2-}(s) + 2H^+(d) \rightarrow CO_2(n) + H_2O(h)$

Gyda basau: $\quad$ $O^{2-}(s) + 2H^+(d) \rightarrow H_2O(h)$

Asidau cryf ac asidau gwan

Mae asid hydroclorig ac asid nitrig yn asidau cryf. Maen nhw'n ïoneiddio'n gyfan gwbl wrth hydoddi mewn dŵr.

Bydd asid ethanoig yn ïoneiddio mewn dŵr hefyd, ond nid yw'n gwneud hynny mor hawdd. Mae'n asid gwan. Mewn hydoddiant gwanedig o asid ethanoig, dim ond tua un moleciwl ym mhob cant sy'n troi'n ïon.

$$CH_3CO_2H(h) + \text{dŵr} \rightleftharpoons CH_3CO_2^-(d) + H^+(d)$$

Basau ac alcalïau

Pethau 'gwrth-asid' yw basau – yn gemegol, maen nhw'n wrthwyneb i asidau. Bydd asidau yn rhoddi ïonau hydrogen; bydd basau yn eu cymryd.

Basau sy'n hydoddi mewn dŵr yw alcalïau. Yn y labordy, yr alcalïau cyffredin yw hydrocsidau sodiwm a photasiwm, calsiwm hydrocsid (mewn dŵr calch) ac amonia. Bydd alcalïau yn ffurfio hydoddiannau sydd â pH mwy na 7, felly maen nhw'n newid lliw dangosyddion asid-bas.

Yn ein cartrefi, byddwn yn defnyddio alcalïau i niwtralu asidau ac i gael gwared ar saim oddi ar bethau. Mae past dannedd yn alcali i ryw raddau er mwyn niwtralu'r asidau sy'n ymosod ar y dannedd. Mae llaeth magnesia a chynhwysion eraill tabledi gwrth-asid wedi eu bwriadu ar gyfer niwtralu asid yn y stumog.

Mae gwneuthurwyr yn creu glanhawyr cryf iawn ar gyfer poptai a draeniau, er mwyn cael gwared ar saim. Mae'r glanhawyr hyn yn cynnwys hydrocsidau sodiwm neu botasiwm, ac mae'r basau cryf hyn yn rhai 'cawstig' iawn. Maen nhw'n ymosod ar y croen. Gall hyd yn oed hydoddiant gwanedig o'r alcalïau hyn fod yn beryglus dros ben, yn enwedig i'r llygaid.

Yr hyn sy'n gyffredin i alcalïau yw eu bod i gyd yn hydoddi mewn dŵr i gynhyrchu ïonau hydrocsid, OH^-. Mae sodiwm hydrocsid (Na^+OH^-) a photasiwm hydrocsid (K^+OH^-) yn cynnwys ïonau hydrocsid yn y solid yn ogystal ag yn yr hydoddiant. Bydd amonia'n cynhyrchu ïonau hydrocsid drwy adweithio gyda dŵr, gan gymryd ïon hydrogen o bob moleciwl dŵr.

$$NH_3(n) + H_2O(d) \rightleftharpoons NH_4^+(d) + OH^-(d)$$

Adweithiau niwtralu

Yn ystod adwaith niwtralu, bydd asid yn adweithio gyda bas i ffurfio halwyn.

$$HCl(d) + NaOH(d) \rightarrow NaCl(d) + H_2O(h)$$

Mae cymysgu'r swm cywir o asid hydroclorig gyda sodiwm hydrocsid yn cynhyrchu hydoddiant sodiwm clorid.

Bydd asidau ac alcalïau yn niwtralu ei gilydd oherwydd bod ïonau hydrogen yn adweithio gydag ïonau hydrocsid i ffurfio dŵr, sy'n niwtral.

$$H^+(d) + OH^-(d) \rightarrow H_2O(h)$$

Ffigur 2.6.5 ▲
Label potel o sodiwm hydrocsid yn dangos rhybudd perygl. Mae sodiwm hydrocsid yn gawstig dros ben – rhai o'r hen enwau arno oedd soda poeth neu soda brwd

Ffigur 2.6.6 ▶

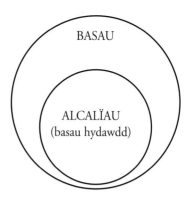

Halwynau

Cyfansoddion ïonig yw halwynau sy'n cael eu ffurfio pan fydd asid yn adweithio gyda bas. Mewn fformiwla ar gyfer halwyn, bydd ïonau metel yn cymryd lle hydrogen yr asid. Er enghraifft, mae magnesiwm sylffad, $MgSO_4$, yn halwyn i asid sylffwrig, H_2SO_4.

Felly mae gan halwynau ddau 'rhiant'. Mae halwynau'n perthyn i asid sy'n un rhiant, a bas sy'n rhiant arall (gweler Ffigurau 2.6.7 a 2.6.8).

Nid drwy niwtralu'n unig mae gwneud halwyn. Er enghraifft, gellir paratoi rhai cloridau metel drwy wresogi metel mewn ffrwd glorin. Mae hyn yn ddefnyddiol ar gyfer gwneud cloridau anhydrus, fel alwminiwm clorid (gweler Ffigur 2.6.10).

Caiff halwynau anhydawdd eu paratoi'n hwylus drwy gyfrwng dyddodiad ïonig.

Rhiant asid	Halwynau
asid hydroclorig, HCl	sodiwm clorid, NaCl calsiwm clorid, $CaCl_2$ amoniwm clorid, NH_4Cl
asid sylffwrig, H_2SO_4	sodiwm sylffad, Na_2SO_4 calsiwm sylffad, $CaSO_4$ amoniwm sylffad, $(NH_4)_2SO_4$
asid ethanoig, CH_3CO_2H	sodiwm ethanoad, CH_3CO_2Na calsiwm ethanoad, $(CH_3CO_2)_2Ca$ amoniwm ethanoad, $CH_3CO_2NH_4$

Ffigur 2.6.7 ▶

Rhiant bas	Halwynau
sodiwm hydrocsid, NaOH	sodiwm clorid, NaCl sodiwm sylffad, Na_2SO_4 sodiwm ethanoad, CH_3CO_2Na
calsiwm hydrocsid, $Ca(OH)_2$	calsiwm clorid, $CaCl_2$ calsiwm sylffad, $CaSO_4$ calsiwm ethanoad, $(CH_3CO_2)_2Ca$
amonia, NH_3	amoniwm clorid, NH_4Cl amoniwm sylffad, $(NH_4)_2SO_4$ amoniwm ethanoad, $CH_3CO_2NH_4$

Ffigur 2.6.8 ▶

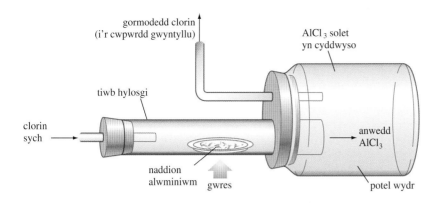

Ffigur 2.6.10 ▲ *CD-ROM*

Cyfarpar labordy ar gyfer cyfuno alwminiwm â chlorin. Sylwch ar bwysigrwydd sicrhau bod y clorin yn sych a hefyd rhwystro unrhyw leithder yn yr aer rhag mynd i'r cyfarpar (gweler tudalen 34). Bydd yr alwminiwm clorid yn sychdarthu ac yn cyddwyso i ffurfio solid yn y botel

Dyddodiad ïonig

Solid anhydawdd yw dyddodiad, sy'n gwahanu oddi wrth yr hydoddiant yn ystod adwaith. Bydd dyddodiad i'w weld ar ffurf llysnafedd seimllyd bob tro y bydd pobl yn golchi eu dwylo mewn dŵr caled. Dyddodiad o galsiwm stearad – un o halwynau asid stearig – yw'r llysnafedd lled wyn. Daw'r ïonau calsiwm o'r dŵr caled a'r ïonau stearad o'r sebon.

Profion am anïonau

Mae llawer o brofion syml yn dibynnu ar y dyddodion sy'n cael eu ffurfio, oherwydd bod modd adnabod dyddodion wrth eu lliw. Hydoddiant bariwm nitrad (neu glorid) yw'r adweithydd prawf ar gyfer ïonau sylffad (gweler tudalen 245). Defnyddir hydoddiant arian nitrad i brofi am gloridau, bromidau ac ïodidau (gweler tudalennau 244 – 245).

Mae ychwanegu arian nitrad at hydoddiant sy'n cynnwys ïonau clorid yn cynhyrchu dyddodiad gwyn o arian clorid. Wrth gymysgu'r ddau halwyn hydawdd ceir dau gyfuniad newydd posibl o ïonau: ïonau arian gydag ïonau clorid, ac ïonau sodiwm gydag ïonau nitrad. Mae arian clorid yn anhydawdd felly mae'n dyddodi. Mae sodiwm nitrad yn hydawdd felly mae'r ïonau sodiwm a'r ïonau nitrad yn aros yn eu lle mewn hydoddiant.

Ffigur 2.6.9 ▲
Grisialau'r mwyn fflworit (fflworsbar). Halwyn anhydawdd yw fflworit sy'n cynnwys calsiwm fflworid, CaF₂. Mae'r mwyn i'w gael mewn ogofâu yn ardal y Peak District, Swydd Derby, a'r enw arno yw 'Blue John'

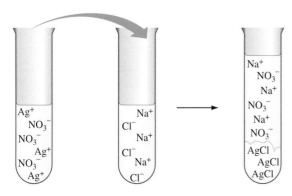

Ffigur 2.6.11 ◄
Dyddodi arian clorid

6 A fydd dyddodiad yn ffurfio pan fydd y parau hyn o hydoddiannau yn cael eu cymysgu? Os yr ateb yw 'bydd', beth yw enw a fformiwla'r dyddodiad?

a) sinc sylffad a bariwm nitrad

b) potasiwm nitrad a chopr(II) sylffad

c) sodiwm carbonad a chalsiwm chlorid

ch) plwm(II) nitrad a sodiwm clorid

d) sodiwm hydrocsid a chopr(II) sylffad

7 Dosbarthwch bob un o'r adweithiau canlynol yn:

rhydocs, asid-bas, dyddodiad neu hydrolysis. Ysgrifennwch hafaliad geiriau a hafaliad symbolau ar gyfer pob adwaith.

a) sinc yn llosgi mewn clorin

b) asid hydroclorig yn adweithio gyda chalsiwm hydrocsid

c) hydrogen yn adweithio gyda chopr(II) ocsid

ch) asid sylffwrig yn adweithio gyda chopr(II) ocsid

d) hydoddiant bariwm nitrad yn adweithio gyda hydoddiant sodiwm clorid

dd) gwresogi alwminiwm clorid gyda dŵr.

Ïonau segur

Mae ychwanegu arian nitrad at hydoddiant o botasiwm clorid yn cynhyrchu dyddodiad o arian clorid anhydawdd.

$$Ag^+(d) + \underbrace{NO_3^-(d)}_{} + \underbrace{K^+(d)}_{} + Cl^-(d) \rightarrow AgCl(s) + \underbrace{NO_3^-(d) + K^+(d)}_{}$$

ïonau segur   ïonau segur yn ddigyfnewid

Bydd yr ïonau potasiwm a'r ïonau nitrad yn aros yn eu lle yn ddigyfnewid mewn hydoddiant. Er mwyn eglurder, bydd cemegwyr yn gadael yr ïonau segur allan ac yn ysgrifennu hafaliad ïonig.

$$Ag^+(d) + Cl^-(d) \rightarrow AgCl(s)$$

Profion am gatïonau

Mae'r rhan fwyaf o hydrocsidau metel yn anhydawdd mewn dŵr. Yr eithriadau cyffredin yw hydrocsidau sodiwm, potasiwm a bariwm. Dyma sylfaen cynllun i adnabod ïonau metel cyffredin (gweler tudalen 244). Fel rheol, bydd ychwanegu hydoddiant o sodiwm hydrocsid at hydoddiant o halwyn metel yn cynhyrchu dyddodiad o'r hydrocsid metel. Gellir adnabod hydrocsidau metelau trosiannol, fel copr neu haearn, wrth edrych ar eu lliwiau. Mae angen mwy o brofion ar y dadansoddwr er mwyn medru gwahaniaethu rhwng hydrocsidau gwyn metelau megis alwminiwm, calsiwm a sinc.

Hydrolysis

Bydd adweithiau hydrolysis yn defnyddio dŵr i dorri bondiau cemegol, gyda chymorth asid neu alcali fel rheol yn gweithredu fel catalydd. Mae'r gair hydro-lysis yn dod o ddau air Groeg, sef 'hudor' yn golygu dŵr, a 'lysis' yn golygu rhyddhau.

Y rheswm mae'n rhaid cadw lleithder allan o'r cyfarpar gwneud alwminiwm clorid (gweler Ffigur 2.6.10) yw oherwydd bod dŵr yn hydrolysu alwminiwm clorid poeth i roi alwminiwm ocsid a hydrogen clorid.

Bydd llawer o adweithiau hydrolysis yn digwydd yn y coludd dynol wrth i'r system dreulio fynd ati i dorri bwyd i lawr. Mae hydrolysis yn hollti startsh yn siwgrau, proteinau yn asidau amino, a brasterau yn asidau brasterog. Mae ensymau ar gael yn y system i gyflymu'r holl adweithiau hyn.

2.7 Meintiau cemegol

Yn aml, mae'n rhaid i gemegwyr fesur faint o gemegyn sydd mewn sampl. Gwaith cyffredin i ddadansoddwyr mewn cwmnïau fferyllol yw profi samplau o dabledi er mwyn gwirio bod y swm cywir o gyffur ynddyn nhw. Bydd gwneuthurwyr bwyd yn gwirio purdeb y defnyddiau crai y byddan nhw'n eu prynu i wneud bwyd, a bydd ymchwilwyr cemegol yn dadansoddi cyfansoddion newydd i ddarganfod eu fformiwlâu ac i astudio adweithiau cemegol.

Swm cemegol

Pan fyddan nhw wrthi'n dod o hyd i fformiwlâu neu'n gweithio gyda hafaliadau, mae'n rhaid i gemegwyr fesur symiau o bethau sy'n cynnwys niferoedd cyfartal o atomau, moleciwlau neu ïonau. Mae gan gemegwyr gloriannau ar gyfer pennu màs mewn cilogramau a llestri gwydr graddedig ar gyfer mesur cyfaint mewn dm^3 (litrau), ond does dim offer mesur ar gyfer pennu symiau cemegol mewn modd uniongyrchol. Yn lle hynny, bydd cemegwyr yn mesur màs neu gyfaint yn gyntaf, ac yn cyfrifo'r swm cemegol wedyn.

Bydd cemegwyr yn defnyddio'r term môl ar gyfer 'pentwr o stwff' sy'n cynnwys nifer safonol o atomau, moleciwlau, ïonau neu ronynnau o unrhyw fath arall. Dechreuwyd defnyddio'r gair môl (molau) tua diwedd y bedwaredd ganrif ar bymtheg a dechrau'r ugeinfed ganrif. Mae'r gair môl yn seiliedig ar air Lladin sy'n golygu 'pentwr'.

Masau atomig cymharol

Mae gwybod masau cymharol yr atomau yn allweddol wrth weithio mewn molau gyda symiau cemegol. Y dechneg fanwl gywir ar gyfer pennu masau atomig cymharol yw sbectromedreg màs (gweler tudalennau 52–54).

Yn wreiddiol, byddai cemegwyr yn mesur màs atomig mewn cymhariaeth â hydrogen, yr elfen â'r atomau ysgafnaf. Ond y gwir yw bod modd cael canlyniadau mwy manwl gywir mewn sbectromedr màs drwy ddefnyddio isotop mwyaf cyffredin carbon yn safon. Erbyn hyn, felly, màs atomig, A_r, unrhyw elfen yw màs cymedrig atomau'r elfen o'u cymharu â màs atomau'r isotop carbon-12, sydd â'i A_r = 12 yn union. Mae'r gwerthoedd hyn yn rhai cymharol, felly does iddyn nhw ddim unedau.

Màs moleciwlaidd cymharol, M_r

Mae'r rhan fwyaf o anfetelau wedi eu gwneud o foleciwlau. Er enghraifft: ocsigen, O_2; sylffwr, S_8; hydrogen, H_2 a ffosfforws, P_4.

Mae'r rhan fwyaf o gyfansoddion anfetelau gydag anfetelau yn foleciwlaidd hefyd. Mae enghreifftiau'n cynnwys dŵr, H_2O, carbon deuocsid, CO_2, hydrogen clorid, HCl, a silicon tetraclorid, $SiCl_4$.

Ar gyfer ethanol, $M_r(CH_3CH_2OH) = (2 \times 12) + (6 \times 1) + 16 = 46$
$A_r(C)$ $A_r(H)$ $A_r(O)$

Nodyn

Màs atomig cymharol: Y symbol ar gyfer màs atomig cymharol yw A_r gyda'r 'r' yn cynrychioli'r Saesneg 'relative'; yn Gymraeg, bydd yn help i chi gofio'r 'r' yn 'cymharol'. Gwerth cyfartalog y cymysgedd o isotopau sy'n digwydd yn naturiol yw'r gwerthoedd ar gyfer A_r (gweler tudalennau 54–55). Golyga hyn nad yw gwerth màs atomig cymharol yn rhif cyfan bob amser. (Mae Tabl Masau Atomig Cymharol ar dudalen 239).

Prawf i chi   D

1 Sawl gwaith trymach yw:
   a) atomau Mg nag atomau C?
   b) atomau N nag atomau Li?
   ch) atomau S nag atomau He?
   d) atomau Fe nag atomau N?

Prawf i chi   D

2 Beth yw màs moleciwlaidd cymharol:
  a) ffosfforws, P_4?
  b) silicon tetraclorid, $SiCl_4$?
  c) asid sylffwrig, H_2SO_4?

Prawf i chi   D

3 Beth yw màs fformiwla cymharol:
  a) potasiwm clorid, KCl?
  b) alwminiwm bromid, $AlBr_3$?
  c) haearn(III) sylffad, $Fe_2(SO_4)_3$?

Màs fformiwla cymharol, M_r

Mae halwynau wedi eu gwneud o adeileddau ïonig enfawr. Er mwyn osgoi'r awgrym bod y fformiwlâu'n cynrychioli moleciwlau, bydd cemegwyr yn defnyddio'r term màs fformiwla cymharol ar gyfer cyfansoddion ïonig a hefyd ar gyfer cyfansoddion eraill ag adeileddau anferth, megis silicon deuocsid, SiO_2.

Ar gyfer magnesiwm nitrad anhydrus, $M_r[Mg(NO_3)_2]$

$$= 24 + (2\times14) + (6 \times 16) = 148$$

$$A_r(Mg) \qquad A_r(N) \qquad A_r(O)$$

Màs molar

Mewn cemeg, mae swm o unrhyw sylwedd yn cael ei ddiffinio mewn modd sy'n golygu bod màs un môl o unrhyw elfen yn hafal yn rhifiadol i'r màs atomig cymharol. Màs atomig cymharol carbon yw 12, felly màs molar atomau carbon = $12\ g\ mol^{-1}$.

Màs molar atomau hydrogen yw $M(H) = 1\ g\ mol^{-1}$. Màs molar moleciwlau hydrogen yw $M(H_2) = 2\ g\ mol^{-1}$.

Yn yr un modd, mae màs molar moleciwlau unrhyw elfen neu gyfansoddyn yn hafal yn rhifiadol i'r màs moleciwlaidd cymharol. Màs molar ethanol yw $46\ g\ mol^{-1}$. Felly hefyd gyda màs molar cyfansoddyn ïonig, sy'n hafal yn rhifiadol i'r màs fformiwla cymharol. Màs molar magnesiwm nitrad yw $148\ g\ mol^{-1}$.

Swm mewn molau

Y môl yw'r uned SI ar gyfer swm o unrhyw sylwedd. Un môl yw'r swm o'r sylwedd sydd â chynifer o atomau, moleciwlau, ïonau, electronau ac yn y blaen penodedig ag sydd o atomau mewn 12 g union o'r isotop carbon-12.

Mae swm o unrhyw sylwedd yn faint ffisegol (y symbol yw n) sy'n cael ei fesur yn yr uned môl (y symbol yw mol). Mewn cemeg, mae i'r gair 'swm' o unrhyw sylwedd yr ystyr penodol hwn. Ar gyfer unrhyw sylwedd pur:

$$\text{Swm y sylwedd (mol)} = \frac{\text{màs y sylwedd (g)}}{\text{màs molar (g mol}^{-1})}$$

Ffigur 2.7.1 ▶
Symiau o un môl o elfennau

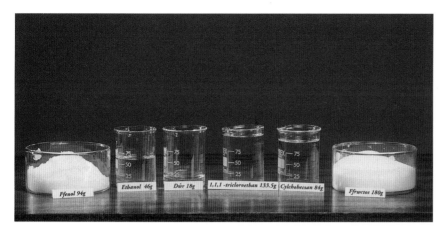

Ffigur 2.7.2 ▲
Symiau o 1 mol o foleciwlau rhai cyfansoddion

Mae'n bwysig bod yn drachywir wrth fesur symiau o sylweddau mewn molau. Er enghraifft, mewn calsiwm clorid, $CaCl_2$, mae dau ïon clorid, Cl^-, wedi eu cyfuno â phob ïon calsiwm, Ca^{2+}. Felly mewn un môl o galsiwm clorid mae un môl o ïonau calsiwm a dau fôl o ïonau clorid.

Cysonyn Avogadro

Cysonyn Avogadro, $L = 6.02 \times 10^{23}\,mol^{-1}$, yw nifer yr atomau, moleciwlau neu ïonau sydd mewn un môl o sylwedd. Mae'n rhif enfawr, sef 602 000 000 000 000 000 000 000 gronyn i bob môl.

swm y sylwedd/mol × cysonyn Avogadro/mol^{-1} = nifer y gronynnau penodedig

Mae'n bwysig pennu'r gronynnau bob tro. Er enghraifft, mae 0.25 môl o atomau carbon, C, yn cynnwys 1.50×10^{23} o atomau, tra bo 0.5 môl o foleciwlau ocsigen, O_2, yn cynnwys 3.01×10^{23} o foleciwlau.

Ffigur 2.7.3 ▲
Symiau o 1 mol o rai cyfansoddion ïonig

4 Beth yw swm y canlynol mewn molau:

  a) 20 g o atomau calsiwm?

  b) 4 g o atomau bromin?

  c) 160 g o foleciwlau bromin?

  ch) 6.4 g o foleciwlau sylffwr deuocsid?

  d) 10 g o sodiwm hydrocsid, NaOH?

5 Beth yw màs y canlynol:

  a) 0.1 mol o atomau ïodin?

  b) 0.25 mol o foleciwlau clorin?

  c) 2 mol o foleciwlau dŵr?

  ch) 0.01 mol o amoniwm clorid, NH_4Cl?

  d) 0.125 mol o ïonau sylffad, SO_4^{2-}?

6 Sawl môl o:

  a) ïonau sodiwm sydd mewn 1 mol o sodiwm carbonad, Na_2CO_3?

  b) ïonau bromid sydd mewn 0.5 mol o bariwm bromid, $BaBr_2$?

  c) atomau nitrogen sydd mewn 2 mol o amoniwm nitrad, NH_4NO_3?

7 Defnyddiwch gysonyn Avogadro i gyfrifo:

  a) nifer yr ïonau clorid sydd mewn 0.5 mol o sodiwm clorid, NaCl

  b) nifer yr atomau ocsigen sydd mewn 2 mol o foleciwlau ocsigen, O_2

  c) nifer yr ïonau sylffad sydd mewn 3 mol o alwminiwm sylffad, $Al_2(SO_4)_3$.

Sylfeini Cemeg

Adran dau

2.8 Darganfod fformiwlâu

Mae'n rhaid i fformiwlâu cemegol gael eu darganfod drwy arbrawf yn gyntaf. Mae hyn wedi ei wneud ar gyfer yr holl gyfansoddion cyffredin a gallwch chwilio am eu fformiwlâu mewn tablau data.

Fformiwlâu arbrofol

Gwybodaeth sy'n seiliedig ar brofiad neu arbrawf yw tystiolaeth empirig. Felly bydd cemegwyr yn defnyddio'r term empirig am fformiwlâu sydd wedi eu cyfrifo'n uniongyrchol ar sail canlyniadau arbrofion.

Mae cynnal arbrawf i ddarganfod fformiwla yn golygu mesur màs yr elfennau sy'n cyfuno mewn cyfansoddyn. Ar gyfer cyfansoddion carbon, dadansoddi hylosgiad fydd cemegwyr er mwyn gwneud hyn (gweler tudalen 180).

Mae'r fformiwla empirig yn dangos cymhareb symlaf y swm mewn molau o'r elfennau sy'n bresennol yn y cyfansoddyn; hynny yw, mae'n rhoi cymarebau nifer yr atomau.

Datrysiad enghreifftiol

Mae dadansoddiad o halwyn yn dangos ei fod yn cynnwys 0.378 g o haearn wedi ei gyfuno ag 1.622 g o fromin. Beth yw fformiwla'r halwyn?

Nodiadau ar y dull

Daw masau molar yr elfennau o dabl data.

Cofiwch:

$$\text{swm y sylwedd / mol} = \frac{\text{màs y sylwedd / g}}{\text{màs molar / g mol}^{-1}}$$

Ateb

	haearn	bromin
Masau sy'n cyfuno	0.378 g	1.622 g
Masau molar yr elfennau	56 g mol^{-1}	80 g mol^{-1}
Symiau sy'n cyfuno	$\dfrac{0.378 \text{ g}}{56 \text{ g mol}^{-1}}$	$\dfrac{1.622 \text{ g}}{80 \text{ g mol}^{-1}}$
	= 0.00675 mol	= 0.0203 mol
Cymhareb symlaf y symiau hyn	1	3

Y fformiwla yw $FeBr_3$.

Canran cyfansoddiad

Dyma'r canran yn ôl eu màs o bob un o'r elfennau sydd mewn cyfansoddyn. Un ffordd o fynegi canlyniadau dadansoddiad cemegol yw canran cyfansoddiad. Mae modd cyfrifo fformiwla empirig y cyfansoddyn o'r canlyniadau hyn.

Datrysiad enghreifftiol

Beth yw fformiwla empirig pyrit copr sydd â'r dadansoddiad 34.6% copr, 30.5% haearn a 34.9% sylffwr?

Nodiadau ar y dull

Dilynwch y drefn yn y datrysiad enghreifftiol i ddarganfod fformiwla empirig. Mae'r canrannau yn dangos y masau sy'n cyfuno mewn sampl o 100 g.

Ateb

	copr	haearn	sylffwr
Masau sy'n cyfuno	34.6 g	30.5 g	34.9 g
Masau molar yr elfennau	64 g mol^{-1}	56 g mol^{-1}	32 g mol^{-1}
Symiau sy'n cyfuno	$\dfrac{34.6 \text{ g}}{64 \text{ g mol}^{-1}}$	$\dfrac{30.5 \text{ g}}{56 \text{ g mol}^{-1}}$	$\dfrac{34.9 \text{ g}}{32 \text{ g mol}^{-1}}$
	= 0.54 mol	= 0.54 mol	= 1.09 mol
Cymhareb symlaf y symiau hyn	1	1	2

Y fformiwla yw $CuFeS_2$.

Mae modd cyfrifo canran cyfansoddiad unrhyw gyfansoddyn o'i fformiwla gemegol. Dyma'r canllaw i bobl sy'n fformiwleiddio cynnyrch fel gwrteithiau, meddyginiaethau a chyfryngau glanhau.

Datrysiad enghreifftiol

Mae wrea, $(H_2N)_2CO$, ac amoniwm nitrad, NH_4NO_3, yn ddau wrtaith nitrogen cyffredin. Cymharwch ganran y nitrogen sydd yn y ddau gyfansoddyn.

Nodiadau ar y dull

Pan fydd rhan o'r fformiwla rhwng cromfachau, sylwch fod y rhif y tu allan i'r cromfachau yn cyfeirio at yr holl atomau sydd rhwng y cromfachau.

Ateb

Màs fformiwla cymharol wrea = 2 × (2 + 14) + 12 + 16 = 60 ac yn hwn mae (2 × 14) = 28 yn nitrogen

Y canran o nitrogen sydd mewn wrea = $\dfrac{28}{60}$ × 100% = 46.7%

Màs fformiwla cymharol amoniwm nitrad = 14 + 4 + 14 + (3 × 16) = 80 ac yn hwn mae (2 × 14) = 28 yn nitrogen

Y canran o nitrogen sydd mewn amoniwm nitrad = $\dfrac{28}{80}$ × 100% = 35%

Wrea sy'n cynnwys y canran uchaf o nitrogen.

Prawf i chi D

2 Beth yw fformiwla empirig y canlynol:
 a) asid sydd â'r dadansoddiad 2.04% H, 32.46% S a 65.4% O?
 b) alcohol sydd â'r dadansoddiad 52.2% C, 13.0% H a 34.8% O?

Prawf i chi D

3 Beth yw canran y copr ym mhob un o'r mwynau hyn:
 a) cwprit, Cu_2O?
 b) malachit, $Cu_2(OH)_2CO_3$?
 c) bornit, Cu_5FeS_4?

Adran dau Sylfeini Cemeg

2.9 Cyfrifiadau o hafaliadau

Nid dim ond llaw-fer ddefnyddiol ar gyfer disgrifio'r hyn sy'n digwydd yn ystod adwaith yw hafaliad. Bydd cemegwyr yn defnyddio hafaliadau hefyd er mwyn cyfrifo'r cyfrannau cywir ar gyfer cymysgu'r adweithyddion gyda'i gilydd, a hefyd i gyfrifo maint y cynnyrch a ddisgwylir (gweler tudalen 217).

Cyfrifo masau adweithyddion a chynnyrch

Dilynwch y pedwar cam hwn i ddatrys problemau yn seiliedig ar hafaliadau:

1 Ysgrifennwch yr hafaliad cytbwys ar gyfer yr adwaith.
2 Ysgrifennwch y symiau mewn molau ar gyfer yr adweithyddion a'r cynhyrchion sydd o ddiddordeb.
3 Trawsnewidiwch y symiau mewn molau yn fasau.
4 Graddiwch y masau yn ôl y meintiau sydd eu hangen.

Datrysiad enghreifftiol

Beth yw màs yr ethanol sy'n ffurfio pan fydd 9 g o glwcos yn eplesu?

Nodiadau ar y dull

Cyfrifwch y masau molar, M, mewn $g\,mol^{-1}$.

Yma, gellir anwybyddu'r carbon deuocsid.

Ateb

Cam 1: $C_6H_{12}O_6(d) \rightarrow 2C_2H_5OH(d) + 2CO_2(n)$

Cam 2: 1 mol $C_6H_{12}O_6(d)$ yn eplesu i wneud 2 mol $C_2H_5OH(d)$

Cam 3: $M\,(C_6H_{12}O_6)$
$$= (6 \times 12\ g\,mol^{-1}) + (12 \times 1\ g\,mol^{-1}) + (6 \times 16\ g\,mol^{-1})$$
$$= 180\ g\,mol^{-1}$$

$M\,(C_2H_5OH)$ $= (2 \times 12\ g\,mol^{-1}) + (6 \times 1\ g\,mol^{-1}) + 16\ g\,mol^{-1}$
$$= 46\ g\,mol^{-1}$$

Felly $(1\ mol \times 180\ g\,mol^{-1}) = 180$ g o glwcos
yn eplesu i roi $(2\ mol \times 46\ g\,mol^{-1})$
$= 92$ g o ethanol

Cam 4: Felly mae 9 g o glwcos yn cynhyrchu $= \dfrac{9}{180} \times 92\ g = 4.6$ g ethanol

Cyfaint nwyon

Mae cyfaint sampl o nwy yn dibynnu ar dri pheth:

■ y tymheredd
■ y gwasgedd
■ swm y nwy mewn molau.

Deddf Avogadro

Ar wasgedd a thymheredd penodol bydd cyfaint nwy ond yn dibynnu ar nifer y moleciwlau nwy. Nid yw'r math o nwy o unrhyw bwys. Y cyntaf i awgrymu'r syniad hwn oedd gwyddonydd o'r Eidal o'r enw Amadeo Avogadro (1776 – 1856). Dangosodd y gallai'r ddamcaniaeth hon egluro cyfeintiau adweithiol nwyon.

Mae deddf Avogadro'n datgan bod cyfeintiau hafal o nwyon o dan yr un amodau tymheredd a gwasgedd yn cynnwys nifer hafal o foleciwlau (ac felly symiau hafal mewn molau).

Cyfaint molar nwy

Ystyr deddf Avogadro yw bod un môl o unrhyw nwy yn llenwi'r un cyfaint o dan yr un amodau. Dyma yw cyfaint molar nwy o dan yr amodau a roddir.

Y cyfaint a lenwir gan un môl o nwy ar 273 K (0°C) a gwasgedd o 1 atmosffer (101.3 kPa) yw tua 22.4 dm³ (22 400 cm³). Dyma amodau tymheredd a gwasgedd safonol (tgs).

Mewn labordy gweddol gynnes ar 298 K (25°C) cyfaint un môl o nwy yw tua 24 dm³ (24 000 cm³) ar wasgedd o 1 atmosffer.

cyfaint y nwy/ cm³ = swm y nwy/mol × cyfaint molar/cm³ mol⁻¹

Felly, o dan amodau labordy gellir amcangyfrif cyfaint y nwy a fydd yn cael ei ffurfio mewn adwaith drwy ddefnyddio'r berthynas hon:

cyfaint y nwy/ cm³ = swm y nwy/mol × 24 000 cm³ mol⁻¹

Deddf Cyfeintiau Cyfunol Gay–Lussac

Drwy arbrawf, dangosodd y cemegydd o Ffrainc, Joseph Gay–Lussac (1778–1850) fod cymarebau cyfeintiau nwyon, pan fydd nwyon yn rhan o adwaith, yn rhifau cyfan syml cyhyd â bod yr holl waith mesur yn digwydd ar yr un tymheredd a gwasgedd.

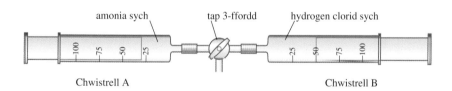

amonia sych tap 3-ffordd hydrogen clorid sych

Chwistrell A   Chwistrell B

Mae deddf Avogadro'n esbonio arsylwadau Gay-Lussac. Os yw cyfeintiau hafal o nwyon yn cynnwys nifer hafal o foleciwlau o dan yr un amodau, mae'n dilyn bod cymarebau'r cyfeintiau yn hafal i gymarebau nifer y moleciwlau, sydd yr un peth â chymarebau'r meintiau mewn molau.

$$NH_3(n)\ +\ HCl(n) \rightarrow NH_4Cl(s)$$
1 mol   1 mol
1 cyfaint   1 cyfaint

Cyfrifo cyfeintiau nwyon

Mae cyfrifo cyfeintiau nwyon yn bur rhwydd pan fydd yr adweithyddion a'r cynhyrchion i gyd yn nwyon. Rhaid i gymhareb y cyfeintiau nwy mewn adwaith fod yr un peth â chymhareb nifer y molau yn yr hafaliad.

Sylfeini Cemeg

Adran dau

Prawf i chi

4 Beth, mewn molau, yw swm y moleciwlau nwy yn y canlynol ar dymheredd a gwasgedd ystafell?

  a) 240 000 cm³ o glorin

  b) 48 cm³ o hydrogen

  c) 3 dm³ o amonia

5 Beth yw cyfaint y symiau canlynol o nwy ar dymheredd a gwasgedd ystafell?

  a) 2 mol o nitrogen

  b) 0.0002 mol o neon

  c) 0.125 mol o garbon deuocsid

Ffigur 2.9.1 ◄
Offer ar gyfer mesur y cyfeintiau adweithiol pan fydd 30 cm³ o amonia sych yn cael ei gymysgu gyda 50 cm³ o hydrogen clorid sych. Wrth eu cymysgu, bydd solid gwyn yn ffurfio. Mae cyfaint y solid yn ddibwys. Cyfaint y nwy sydd ar ôl, sef gormodedd o hydrogen clorid, yw 20 cm³. Felly bydd 30 cm³ o amonia yn adweithio gyda 30 cm³ o hydrogen clorid. Cymhareb y cyfeintiau yw 1:1

Datrysiad enghreifftiol

Pa gyfaint o ocsigen sy'n adweithio gyda 60 cm³ o fethan a pha gyfaint o garbon deuocsid sy'n ffurfio os caiff yr holl gyfeintiau nwy eu mesur o dan yr un amodau?

Nodiadau ar y dull

Ysgrifennwch yr hafaliad cytbwys.

Sylwch fod y dŵr a gaiff ei ffurfio o dan 100°C yn cyddwyso i roi cyfaint dibwys o hylif.

Ateb

Yr hafaliad ar gyfer yr adwaith:

$$CH_4(n) + 2O_2(n) \rightarrow CO_2(n) + 2H_2O(h)$$
$$\text{1 mol} \qquad \text{2 mol} \qquad \text{1 mol}$$

Felly bydd 60 cm³ o fethan yn adweithio gyda 120 cm³ o ocsigen i ffurfio 60 cm³ o garbon deuocsid.

Mae'r dull arall o wneud cyfrifiadau cyfaint nwy yn seiliedig ar y ffaith bod cyfaint nwy, o dan amodau penodedig, yn dibynnu'n unig ar swm y nwy mewn molau.

Prawf i chi

6 O gymryd bod yr holl gyfeintiau nwy yn cael eu mesur o dan yr un amodau tymheredd a gwasgedd, pa gyfaint o:

a) nitrogen sy'n ffurfio pan fydd 2 dm³ o amonia, NH₃, yn dadelfennu'n llwyr i'w elfennau?

b) ocsigen sydd ei angen i adweithio gyda 50 cm³ o ethan, C₂H₆, pan fydd yn llosgi, a pha gyfaint o garbon deuocsid fydd yn ffurfio?

Ffigur 2.9.2 ▶

Offer ar gyfer mesur cyfaint y nwy sy'n ffurfio pan fydd metel yn adweithio gydag asid

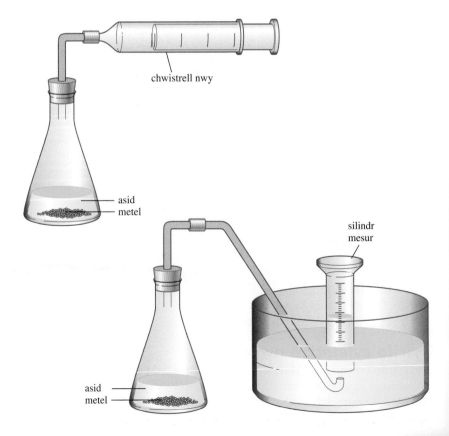

chwistrell nwy

asid
metel

silindr mesur

asid
metel

Datrysiad enghreifftiol

Pa gyfaint o hydrogen sy'n cael ei gynhyrchu o dan amodau labordy pan fydd 0.024 g o fagnesiwm yn adweithio gyda gormodedd o asid hydroclorig?

Nodiadau ar y dull

Dechreuwch drwy ysgrifennu'r hafaliad ar gyfer yr adwaith. Trawsnewidiwch faint y magnesiwm i'w swm mewn molau.

Ateb

Yr hafaliad ar gyfer yr adwaith yw:

$$Mg(s) + 2HCl(d) \rightarrow MgCl_2(d) + H_2(n)$$

Y swm o fagnesiwm = 0.024 g ÷ 24 g mol^{-1} = 0.001 mol

Mae 1 mol magnesiwm yn cynhyrchu 1 mol hydrogen.

Cyfaint yr hydrogen = 0.001 mol × 24 000 cm^3 mol^{-1} = 24 cm^3

Cyfrifo crynodiad hydoddiant

Fel rheol, bydd crynodiad hydoddiant yn cael ei fesur mewn molau i bob litr o'r hydoddiant (mol dm^{-3}). Bydd cemegwyr yn cyfeirio at y 'molaredd' sydd i hydoddiannau. Yn aml, bydd crynodiad o 1.0 mol dm^{-3} yn cael ei ysgrifennu ar ei ffurf fer, 1.0 M.

$$crynodiad/mol\ dm^{-3} = \frac{Swm\ yr\ hydoddyn/mol}{cyfaint\ yr\ hydoddiant/dm^3}$$

Pan fydd grisialau ïonig yn hydoddi, bydd yr ïonau'n gwahanu ac yn mynd yn annibynnol.

$$CaCl_2(s) + d \rightarrow Ca^{2+}(d) + 2Cl^-(d)$$

Felly, pan fydd crynodiad $CaCl_2$ yn 0.1 mol dm^{-3}, yna bydd crynodiad Ca^{2+} yn 0.1 mol dm^{-3} hefyd, ond crynodiad Cl^- fydd 0.2 mol dm^{-3}.

Prawf i chi

7 Pa gyfaint o nwy, o'i fesur o dan amodau cyffredin yn y labordy, sy'n cael ei ffurfio pan fydd:

a) 0.35 g o lithiwm yn adweithio gyda dŵr?

b) 0.65 g o sinc yn adweithio gyda gormodedd o asid hydroclorig gwanedig?

c) 0.76 g o botasiwm nitrad, KNO_3, yn dadelfennu'n botasiwm nitrit, KNO_2, wrth ei wresogi?

Nodyn

Pan fydd cemegion yn hydoddi mewn dŵr, bydd newidiadau bychain yn y cyfaint, felly mae'n bwysig nodi bod crynodiadau'n cyfeirio fel rheol at litrau o'r hydoddiant, nid at litrau o'r hydoddydd.

Sylfeini Cemeg

Adran dau

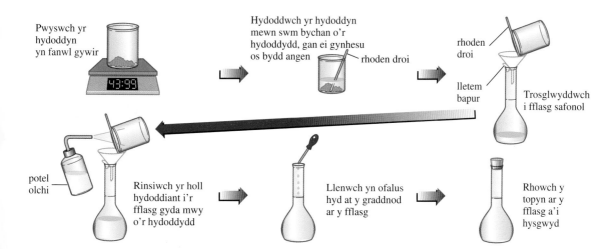

Pwyswch yr hydoddyn yn fanwl gywir

Hydoddwch yr hydoddyn mewn swm bychan o'r hydoddydd, gan ei gynhesu os bydd angen

rhoden droi

rhoden droi

lletem bapur

Trosglwyddwch i fflasg safonol

potel olchi

Rinsiwch yr holl hydoddiant i'r fflasg gyda mwy o'r hydoddydd

Llenwch yn ofalus hyd at y graddnod ar y fflasg

Rhowch y topyn ar y fflasg a'i hysgwyd

Ffigur 2.9.3 ▲ Defnyddio fflasg raddedig i baratoi hydoddiant sydd â chrynodiad hysbys

8 Mewn mol dm^{-3}, beth yw crynodiad hydoddiant sy'n cynnwys:

a) 4.0 g o sodiwm hydrocsid, NaOH, mewn 500 cm^3 o hydoddiant?

b) 20.75 g o botasiwm ïodid mewn 250 cm^3 o hydoddiant?

9 Beth yw màs yr hydoddyn sy'n bresennol mewn:

a) 50 cm^3 o asid sylffwrig 2.0 mol dm^{-3}?

b) 100 cm^3 o botasiwm manganad (VII), KMnO$_4$, 0.01 mol dm^{-3} ?

10 Cyfrifwch fàs:

a) arian clorid, AgCl, sy'n dyddodi pan ychwanegir gormodedd o hydoddiant sodiwm clorid, NaCl, at 20 cm^3 o arian nitrad, AgNO$_3$, 0.1 mol dm^{-3} .

b) copr(II) ocsid, CuO, sy'n hydoddi mewn 25 cm^3 o asid sylffwrig, H$_2$SO$_4$, 1.0 mol dm^{-3} i wneud hydoddiant o gopr(II) sylffad, CuSO$_4$?

11 Cyfrifwch gyfaint y canlynol ar dymheredd a gwasgedd ystafell:

a) asid hydroclorig, HCl(d), 1.0 mol dm^{-3} y gall tabled llaeth magnesia sy'n cynnwys 0.29 g o fagnesiwm ocsid ei niwtralu

b) y carbon deuocsid sy'n cael ei ryddhau wrth ychwanegu gormodedd o galsiwm carbonad, CaCO$_3$, at 25 cm^3 o asid hydroclorig, HCl(d), 4.0 mol dm^{-3}.

Datrysiad enghreifftiol

Beth yw crynodiad hydoddiant o arian nitrad sy'n cael ei baratoi drwy hydoddi 4.25 g o'r solid mewn dŵr ac yna ychwanegu at yr hydoddiant i wneud 500 cm^3?

Ateb

Màs molar arian nitrad, AgNO$_3$ = 170 g mol^{-1}

Swm yr AgNO$_3$ sydd yn yr hydoddiant = $\dfrac{4.25 \text{ g}}{170 \text{ g mol}^{-1}}$ = 0.025 mol

Cyfaint yr hydoddiant = $\dfrac{500}{1000}$ dm^3 = 0.5 dm^3

Crynodiad yr hydoddiant = $\dfrac{0.025 \text{ mol}}{0.5 \text{ dm}^3}$ = 0.05 mol dm^{-3}

Cyfrifiadau o hafaliadau

Bydd cyfrifiad o hafaliad sy'n ymwneud â hydoddiant yn cael ei wneud mewn ffordd debyg i gyfrifiad sy'n ymwneud â màs solidau neu gyfaint nwyon.

Datrysiad enghreifftiol

Beth yw màs y dyddodiad pan fydd gormodedd o blwm(II) nitrad yn cael ei ychwanegu at 20 cm^3 o hydoddiant potasiwm ïodid 0.5 mol dm^{-3}?

Ateb

$$Pb(NO_3)_2(d) + 2KI(d) \rightarrow PbI_2(s) + 2KNO_3(d)$$

Mae gormodedd o'r plwm(II) nitrad, felly bydd swm y dyddodiad yn cael ei benderfynu gan swm y potasiwm ïodid.

Yn ôl yr hafaliad, mae 2 mol KI yn cynhyrchu 1 mol PbI$_2$(s).

Màs molar PbI$_2$(s) = 461 g mol^{-1}

Felly, màs y PbI$_2$(s) a gaiff ei ffurfio o 1 mol KI(d) = 0.5 × 461 g = 230.5 g mol^{-1}

Swm y KI(d) = $\dfrac{20}{1000}$ dm^3 × 0.5 mol dm^3

$= 0.01$ mol

Felly, màs y dyddodiad a gaiff ei ffurfio = 0.01 mol × 230.5 g mol^{-1}

$= 2.3$ g

2.10 Titradiadau

Bydd cemegwyr yn defnyddio titradiadau i ddadansoddi hydoddiant ac i ymchwilio i adweithiau. Mae titradiadau yn gyffredin oherwydd eu bod yn gyflym, yn hwylus, yn fanwl gywir ac yn hawdd i'w hawtomeiddio.

Y drefn

Dim ond pan fydd yr adwaith yn gyflym ac yn cael ei ddisgrifio'n gywir yn yr hafaliad cemegol (sy'n golygu ei fod yn stoichiometrig) y bydd titradiad yn rhoi canlyniadau manwl gywir.

Bydd y dadansoddwr yn rhoi cyfaint mesuredig o un hydoddiant mewn fflasg gyda phibed, yna'n ychwanegu'r hydoddiant safonol yn ofalus o fwred. Caiff y diweddbwynt ei bennu drwy ychwanegu ychydig ddiferion o ddangosydd neu drwy ddefnyddio offer megis mesurydd pH.

Y cyfrifiad

Mae Ffigur 2.10.1 yn dangos yr offer ar gyfer titradiad yn defnyddio hydoddiant A i adweithio gyda hydoddiant B. Tybiwch fod yr hafaliad ar gyfer yr adwaith ar y ffurf:

$$n_A A + n_B B \rightarrow cynhyrchion$$

Mae hyn yn golygu fod n_A môl o A yn adweithio gyda n_B môl o B.

Yn y labordy, bydd cyfaint hydoddiant yn cael ei fesur fel rheol mewn cm^3 ond, mewn cyfrifiad, dylid ei drawsnewid fel rheol yn dm^3 er mwyn cael cysondeb rhwng y cyfaint a'r uned a ddefnyddir i fesur crynodiad (1 dm^3 = 1000 cm^3).

Crynodiad B yn y fflasg yw c_B mol dm^{-3} a'i gyfaint yw V_B dm^3.

Crynodiad A yn y fwred yw c_A mol dm^{-3}. Mae V_A dm^3 o hydoddiant A yn cael ei ychwanegu nes cyrraedd y diweddbwynt yn ôl y dangosydd.

Y swm o B sydd yn y fflasg i ddechrau = $V_B \times c_B$ mol

Y swm o A a ychwanegwyd o'r fwred = $V_A \times c_A$ mol

Rhaid i gymhareb y symiau hyn fod yr un peth â chymhareb y symiau sydd i'w gweld yn yr hafaliad.

$$\frac{V_A \times c_A}{V_B \times c_B} = \frac{n_A}{n_B}$$

Mewn unrhyw ditradiad mae pob un o'r gwerthoedd yn y fformiwla hon yn hysbys, heblaw un. Caiff yr un anhysbys ei gyfrifo o'r canlyniadau.

Dadansoddi hydoddiannau

Yn aml, caiff titradiad ei ddefnyddio i fesur crynodiad hydoddiant anhysbys. Dim ond pan fydd hafaliad yr adwaith yn hysbys eisoes y bydd hyn yn bosibl, oherwydd mai felly y bydd cymhareb n_A/n_B yn hysbys hefyd. Bydd y dadansoddwr yn gwybod hefyd beth yw crynodiad un o'r hydoddiannau (sef yr hydoddiant safonol). Mae'r titradiad yn rhoi gwerthoedd ar gyfer V_A a V_B felly y cyfan sydd ar ôl i'w wneud yw cyfrifo crynodiad yr hydoddiant anhysbys.

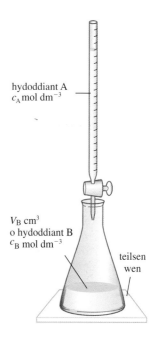

hydoddiant A
c_A mol dm^{-3}

V_B cm^3
o hydoddiant B
c_B mol dm^{-3}

teilsen wen

Ffigur 2.10.1 ▲
Offer ar gyfer titradiad

Ymchwilio i adweithiau

Y broblem mewn titradiad sy'n ymchwilio i adwaith yw pennu'r gymhareb n_A/n_B. Mae crynodaid y ddau hydoddiant, c_A ac c_B, yn hysbys. Daw gwerthoedd V_A a V_B o'r titradiad. Felly mae modd cyfrifo'r gymhareb sydd ei hangen, gan ddynodi'r hyn sy'n mynd ar ochr chwith yr hafaliad ar gyfer yr adwaith.

Datrysiad enghreifftiol

Hydoddiant dirlawn o galsiwm hydrocsid mewn dŵr yw dŵr calch. Cafodd 20.0 cm³ o ddŵr calch ei niwtralu gan 25 cm³ o asid hydroclorig 0.04 mol dm⁻³ o fwred. Beth oedd crynodiad y dŵr calch?

Nodiadau ar y dull

Dechreuwch drwy ysgrifennu'r hafaliad ar gyfer yr adwaith.

Oherwydd bod y ddau gyfaint ar ffurf cymhareb, does dim angen trawsnewid cyfaint mewn cm³ yn gyfaint mewn dm³.

Yn yr achos hwn, y gwerth anhysbys yw crynodiad y dŵr calch, c_A.

Ateb

Yr hafaliad ar gyfer yr adwaith yw

$$Ca(OH)_2(d) + 2HCl(d) \rightarrow CaCl_2(d) + 2H_2O(h)$$

Cyfaint y calsiwm hydrocsid yn y fflasg, V_A = 20.0 cm³

Boed crynodiad y calsiwm hydrocsid yn c_A.

Cyfaint yr asid hydroclorig a ychwanegwyd o'r fwred, V_B = 25.0 cm³

Crynodiad yr asid hydroclorig, c_B = 0.04 mol dm⁻³

$$\frac{V_A \times c_A}{V_B \times c_B} = \frac{n_A}{n_B}$$

$$\frac{20 \text{ cm}^3 \times c_A}{25.0 \text{ cm}^3 \times 0.04 \text{ mol dm}^{-3}} = \frac{1}{2}$$

Felly, c_A = $\dfrac{25.0 \text{ cm}^3 \times 0.04 \text{ mol dm}^{-3}}{2 \times 20.0 \text{ cm}^3}$ = 0.025 mol dm⁻³

Crynodiad y dŵr calch oedd 0.025 mol dm⁻³

Diffiniadau

Stoichiometreg
Mae'r gair 'stoichiometreg' i'w weld yn air rhyfedd iawn, ond mae ei ystyr yn syml yn dod o eiriau Groeg sy'n golygu 'elfen' a 'mesur'. Mae stoichiometreg yn sail i ddadansoddi meintiol pan fydd symiau o bethau'n cael eu mesur mewn molau. Adwaith stoichiometrig yw adwaith sy'n defnyddio adweithyddion ac yn rhoi cynhyrchion yn y math o symiau sy'n cyfateb yn union i ragfynegiad yr hafaliad cytbwys.

Hydoddiant safonol
Hydoddiant sydd â'i grynodiad yn hysbys ac yn fanwl gywir. Y dull uniongyrchol o baratoi hydoddiant safonol yw drwy bwyso sampl o solid addas a'i hydoddi mewn dŵr ac yna, mewn fflasg raddedig, ychwanegu at yr hydoddiant hyd at gyfaint penodedig.

Safonyn cynradd
Cemegyn yw'r safonyn cynradd y mae modd ei bwyso'n fanwl gywir i roi hydoddiant safonol. Rhaid i'r safonyn cynradd fod yn bur iawn, rhaid iddo beidio â chynyddu na cholli màs pan fydd mewn aer, rhaid iddo fod yn hydawdd mewn dŵr, a rhaid iddo adweithio'n union fel y disgrifir yr adwaith yn yr hafaliad cemegol.

Diweddbwynt
Dyma'r pwynt yn ystod titradiad pan fydd newid lliw yn dangos bod digon o'r hydoddiant yn y fwred wedi ei ychwanegu i adweithio'n union gyda swm y cemegyn sydd yn y fflasg.

Prawf i chi D

1 Cafodd sampl 25 cm³ o asid nitrig ei niwtralu gan 18 cm³ o hydoddiant sodiwm hydrocsid 0.15 mol dm⁻³. Cyfrifwch grynodiad yr asid nitrig.

2 Cafodd sampl 2.65 g o sodiwm carbonad anhydrus ei hydoddi mewn dŵr ac ychwanegwyd at yr hydoddiant i roi 250 cm³. Yn y titradiad, rhoddwyd 25 cm³ o'r hydoddiant hwn mewn fflasg a chyrhaeddwyd y diweddbwynt ar ôl ychwanegu 22.5 cm³ o asid hydroclorig. Cyfrifwch grynodiad yr asid hydroclorig.

3 Cafodd sampl 41 g o'r asid H_3PO_4 ei hydoddi mewn dŵr ac ychwanegwyd at yr hydoddiant i roi cyfaint o 1 dm³. Roedd angen 20.0 cm³ o'r hydoddiant hwn i adweithio gyda 25.0 cm³ o hydoddiant 0.8 mol dm⁻³ o sodiwm hydrocsid. Beth yw'r hafaliad ar gyfer yr adwaith hwn?

Adolygu

Bydd y canllaw hwn yn eich helpu i drefnu eich nodiadau a'ch gwaith adolygu. Cymharwch y termau a'r pynciau â manyleb eich maes astudio, i wirio a yw eich cwrs chi yn cynnwys y cyfan. Efallai na fydd angen i chi astudio popeth.

Termau allweddol

Dangoswch eich bod yn deall ystyr y termau hyn drwy roi enghreifftiau. Un syniad posibl fyddai i chi ysgrifennu term allweddol ar un ochr i gerdyn mynegai ac yna ysgrifennu ystyr y term ac enghraifft ohono ar yr ochr arall. Gwaith hawdd wedyn fydd i chi roi prawf ar eich gwybodaeth pan fyddwch yn adolygu. Neu gallech ddefnyddio cronfa ddata ar gyfrifiadur, gyda meysydd ar gyfer y term allweddol, y diffiniad a'r enghraifft. Rhowch brawf ar eich gwybodaeth drwy ddefnyddio adroddiadau sy'n dangos dim ond un maes ar y tro.

- Solidau
- Hylifau
- Nwyon
- Anweddau
- Newid cyflwr
- Ymdoddi
- Berwi
- Atom
- Moleciwl
- Ïon
- Asid

- Bas
- Alcali
- Halwyn
- Màs atomig cymharol
- Màs fformiwla cymharol
- Màs moleciwlaidd cymharol
- Cysonion Avogadro
- Swm o sylwedd
- Môl
- Màs molar
- Cyfaint molar

Symbolau a chonfensiynau

Gwnewch yn siŵr eich bod yn deall y symbolau a'r confensiynau a ddefnyddir gan gemegwyr i ysgrifennu hafaliadau. Rhowch enghreifftiau eglur o'r rhain yn eich nodiadau.

- Y symbolau ar gyfer atomau, moleciwlau ac ïonau
- Hafaliadau cytbwys cyflawn
- Hanner-hafaliadau
- Hafaliadau ïonig

Patrymau ac egwyddorion

Gallwch ddefnyddio tabl, siart, map cysyniadau neu fap meddwl i lunio crynodeb o syniadau allweddol. Ychwanegwch dipyn o liw at eich nodiadau yma ac acw i'w gwneud yn fwy cofiadwy.

- Nodweddion elfennau metel ac elfennau anfetel
- Nodweddion cyfansoddion: anfetelau wedi cyfuno ag anfetelau, metelau wedi cyfuno ag anfetelau.
- Y gwefrau ar ïonau metel ac anfetel
- Mathau o newid cemegol: dadelfennu thermol, ocsidiad-rhydwythiad, asid-bas, dyddodiad ïonig, hydrolysis

Sylfeini Cemeg

Adran dau

Technegau yn y labordy

Lluniwch ddiagramau llif i ddangos y camau allweddol sydd i drefn y prosesau ymarferol hyn:

■ Paratoi hydoddiant safonol
■ Gwneud titradiadau asid-bas

Cyfrifiadau

Lluniwch eich datrysiadau enghreifftiol eich hun i ddangos eich bod yn gallu gwneud cyfrifiadau a fydd yn cyfrifo'r canlynol o ddata a roddir. Gallwch ddefnyddio'r cwestiynau sydd yn yr adrannau 'Prawf i chi' i'ch helpu.

■ Fformiwla empirig
■ Fformiwla foleciwlaidd
■ Canran cyfansoddiad
■ Masau adweithyddion a chynhyrchion
■ Cyfaint nwyon sy'n adweithio
■ Crynodiad hydoddiannau
■ Canlyniadau titradiad asid-bas

Sgiliau Allweddol

Gwella eich dysgu a'ch perfformiad eich hunan

Mae dechrau cwrs Safon Uwch Gyfrannol yn amser da i ganolbwyntio ar ddatblygu'ch dull o ddysgu. Ar gyfer pob topig, edrychwch ar fanyleb eich cwrs Safon Uwch Gyfrannol a gwiriwch faint o'r rhan hon o'r llyfr y bydd angen i chi ei wybod a'i ddeall. Gofynnwch am gyngor gan eich tiwtor cemeg ynghylch ffyrdd effeithiol o gymryd nodiadau a dysgu am y pwnc. Paratowch amserlen wythnosol ar gyfer eich gwaith astudio preifat. Defnyddiwch y rhestrau gwirio ar dudalennau 121–122, 175–176 a 235–237 i gadw llygad ar y ffordd y mae eich gwybodaeth o'r pwnc yn cynyddu. Meddyliwch yn ofalus am eich dulliau o ddysgu confensiynau, ffeithiau, patrymau ac egwyddorion cemeg.

Cymhwyso rhif

Mae'r gwahanol gyfrifiadau cemegol yn y rhan hon o'r cwrs yn gyfle da i ymarfer y sgiliau arbennig sydd eu hangen ar gyfer cymhwyso rhif yn llwyddiannus.

Tasg gymhleth yw cynnal ymchwiliad sy'n ymwneud â thitradiad, ac mae angen paratoi'n ofalus. Mae camau niferus y cyfrifiadau yn ymwneud â symiau a chyfrannau o bethau ac efallai y bydd yn rhaid i chi ad-drefnu fformiwlâu. Bydd yn rhaid i chi ddehongli canlyniadau hefyd, a'u cysylltu â phwrpas yr ymchwiliad, gan ystyried ffynonellau ansicrwydd mewn arbrofion.

Technoleg Gwybodaeth

Ar ddechrau'r cwrs gallwch ddechrau dysgu sut i ddod o hyd i wybodaeth gemegol o amryw ffynonellau, a dethol pa rannau o'r wybodaeth honno fydd yn ddefnyddiol i chi. Er enghraifft, dewiswch elfen a chymharwch wybodaeth am yr elfen honno a gaed o lyfr data, mewn gwerslyfr, ar CD-ROM â delweddau, fideo a data, ac ar wefan cemeg.

At hyn, fel yr awgrymir ar dudalen 47 yn yr adran adolygu hon, gallwch ddechrau creu eich cronfa ddata gemeg eich hunan i ddarparu casgliad o dermau allweddol, gydag enghreifftiau gweledol, y bydd modd i chi ei ddefnyddio ar gyfer dysgu ac adolygu.

Adran tri

Cemeg Ffisegol

Cynnwys

3.1 Beth yw cemeg ffisegol?

Yn draddodiadol, bydd cemegwyr yn rhannu eu pwnc yn dri phrif faes: cemeg ffisegol, cemeg anorganig a chemeg organig. Er bod y rhaniadau hyn yn ddefnyddiol o hyd efallai eu bod yn llai pwysig heddiw. Mae damcaniaethau cemeg ffisegol yn helpu i egluro yr holl newidiadau sy'n digwydd mewn cemeg anorganig ac organig. Dyma rai o brif agweddau cemeg ffisegol.

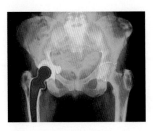

Ffigur 3.1.1 ▲
Llun lliw pelydr X o gymal prosthetig mewn clun

Adeiledd a phriodweddau defnyddiau

Damcaniaeth ginetig mater yw'r man cychwyn ar gyfer deall pam mae'r defnyddiau sydd o'n cwmpas yn ymddwyn mewn ffyrdd arbennig. Y ddamcaniaeth yw bod solidau, hylifau a nwyon wedi eu gwneud o ronynnau bychain sy'n symud yn gyflym. Mae'r ddamcaniaeth ginetig yn gweithio'n arbennig o dda yn achos nwyon ac yn caniatáu i wyddonwyr ragfynegi ymddygiad nwyon mewn adweithiau.

Diolch i'r datblygiad a fu yn nealltwriaeth gwyddonwyr o adeiledd a bondio mewn metelau, polymerau, ceramigau a gwydrau, gall dylunwyr ddewis o blith amrywiaeth eang o bob math o ddefnyddiau. Erbyn hyn, mae gwyddonwyr yn deall yn fanwl beth yw trefn atomau mewn llawer o ddefnyddiau (adeiledd) a'r grymoedd sy'n eu cadw at ei gilydd (bondio). Mae hyn yn ei gwneud yn bosibl i greu defnyddiau newydd at ddibenion arbennig.

Pelydriad a mater

Mae cysylltiad clòs rhwng golau a newid cemegol. Er enghraifft, mae bywyd i gyd yn seiliedig ar gemeg ffotosynthesis. Mae golwg pobl hefyd yn dibynnu ar newidiadau cemegol, yn digwydd y tro hwn yn y retina pan fydd golau'n taro moleciwlau yn y rhodenni a'r conau.

Yn ystod y ganrif a aeth heibio, mae cemegwyr wedi darganfod eu bod yn gallu defnyddio llawer math o belydriad i ddod o hyd i wybodaeth am atomau a'r grymoedd sydd rhyngddyn nhw.

Sbectrosgopeg yw'r dechneg a ddefnyddir gan wyddonwyr i ddadansoddi pelydriad. Un o lwyddiannau cynnar sbectrosgopeg oedd darganfod elfen newydd yn yr Haul cyn ei darganfod ar y Ddaear. Diolch i eclips yr Haul yn 1868, sylwodd seryddwr o'r enw Joseph Lockyer ar linell felen yn sbectrwm golau'r haul nad oedd modd ei chydweddu â sbectra unrhyw un arall o'r elfennau hysbys. Yr elfen anhysbys oedd heliwm – gair a ddaeth o'r iaith Roeg am 'haul', sef 'helios'. Wnaeth cemegwyr ddim darganfod heliwm ar y Ddaear tan 1895.

Dydy sbectrosgopeg ddim yn gyfyngedig i olau gweladwy. Er enghraifft, gall gwyddonwyr astudio niwclysau atomau drwy ddefnyddio tonnau radio; hefyd, mae microdonnau yn ei gwneud yn bosibl i astudio moleciwlau sy'n cylchdroi, a phelydriad isgoch yn ei gwneud yn bosibl i adnabod bondiau arbennig mewn moleciwlau. Yn ogystal, gall sbectrosgopwyr astudio'r electronau sydd mewn atomau gyda help golau uwchfioled.

Egni a newid

Daw'r rhan fwyaf o egni defnyddiol o adweithiau cemegol. Ar raddfa fawr, bydd y tanwydd sy'n llosgi mewn gorsafoedd pŵer yn troi dŵr yn ager ar wasgedd uchel ac yn gyrru tyrbinau i gynhyrchu trydan. Ar raddfa lai, yr egni a ddaw o adweithiau cemegol yw 'foltedd' celloedd a batrïau.

Mae angen egni i dorri bondiau cemegol. Caiff egni ei ryddhau pan fydd bondiau newydd yn ffurfio. Felly mae pob adwaith cemegol yn golygu newidiadau mewn egni. Bydd astudio'r newidiadau egni hyn yn helpu cemegwyr i ddeall pa newidiadau cemegol sy'n debyg o ddigwydd.

Yr enw a roddir ar astudiaeth trydan a chemegion yw electrocemeg. Mae electrolysis yn defnyddio cerrynt trydan i hollti cemegion. Mae nifer o brosesau diwydiannol pwysig yn dibynnu ar electrolysis, gan gynnwys gweithgynhyrchu sodiwm, magnesiwm, clorin a sodiwm hydrocsid.

Mae celloedd cemegol sy'n cynhyrchu trydan ym mhob batri. Ar hyn o bryd, mae gwaith ymchwil a datblygu aruthrol ar y gweill gyda'r gobaith o greu celloedd cemegol ailwefradwy. Y nod yw cynllunio celloedd ailwefradwy a fydd yn ysgafnach a hefyd â gwell cynhwysedd storio na'r celloedd traddodiadol plwm-asid sy'n rhoi'r pŵer i'r modur cychwyn mewn injan car.

Adran tri Cemeg Ffisegol

Ffigur 3.1.2 ◄
Mae'r camera hwn yn defnyddio batri sy'n creu trydan trwy newid cemegol

Pa mor bell?

Mae llawer adwaith yn gildroadwy. Yn dibynnu ar yr amodau, gall adwaith fynd y naill ffordd neu'r llall, ac mae astudio pa mor bell ac i ba gyfeiriad y bydd adwaith yn mynd yn thema bwysig mewn cemeg ffisegol.

Bydd adweithiau cildroadwy yn cyrraedd ecwilibriwm. Mewn ecwilibriwm, mae'r adwaith sy'n rhoi'r cynhyrchion yn dal i fynd ymlaen ond caiff ei effaith ei ddiddymu oherwydd bod y cynhyrchion wrth adweithio yn troi'n ôl yn adweithyddion ar yr un gyfradd. Er bod yr holl weithgaredd yma'n digwydd ar lefel foleciwlaidd, fydd arsylwyr yn gweld dim byd. Macrosgopig yw'r gair am rywbeth sy'n weladwy i'r llygad ac, ar y lefel facrosgopig, ymddengys nad oes dim byd o gwbl yn digwydd.

Cyfraddau newid

Mae adweithiau cemegol yn digwydd ar bob mathau o gyflymder. Bydd powdr gwn yn ffrwydro'n gyflym dros ben, tra bydd haearn yn rhydu'n eithaf araf.

Mae codi'r tymheredd yn cyflymu'r rhan fwyaf o adweithiau. Ffordd arall o gyflymu adwaith yw drwy wneud cemegion yn fwy crynodedig mewn hydoddiant neu, os nwyon ydyn nhw, eu cywasgu drwy gynyddu'r gwasgedd.

Mae catalysis yn un o feysydd cemeg fodern lle mae cryn arloesi'n digwydd. Mae gwyddonwyr yn chwilio am gatalyddion newydd a fydd yn caniatáu adweithiau cyflymach ar dymheredd is. Gall catalyddion newydd arwain hefyd at brosesau mwy effeithlon a fydd yn gwneud gwell defnydd o'r cemegion angenrheidiol ac yn cynhyrchu llai o wastraff diwerth.

3.2 Adeiledd atomig

Mae cemeg elfennau'n dibynnu ar eu helectronau, yn enwedig yr electronau sydd yn y plisg allanol. Fydd niwclews atom ddim yn newid yn ystod adwaith cemegol. Serch hynny, mae gan gemegwyr ddiddordeb mewn niwclysau atomig oherwydd eu bod yn gallu newid. Mae'r newid yn digwydd yn ystod dadfeiliad ymbelydrol a hefyd yn ystod adweithiau niwclear pan fydd atomau'n cael eu peledu (eu taro'n galed) gan ronynnau egni uchel, o adweithydd niwclear neu gyflymydd gronynnau, i ffurfio elfennau cwbl newydd.

Isotopau

Mae gan y rhan fwyaf o elfennau atomau sydd yr un peth yn gemegol, ond yn wahanol o ran eu màs. Dyma isotopau (neu niwclidau) yr elfen. Mae gan hydrogen dri isotop sydd â'r masau cymharol 1, 2 a 3. Maen nhw i gyd yn cynnwys yr un nifer o brotonau ac electronau, felly mae ganddyn nhw i gyd yr un priodweddau cemegol. Mae eu masau'n wahanol o ganlyniad i nifer gwahanol o niwtronau. Mae hydrogen sy'n digwydd yn naturiol yn cynnwys 99.9% o hydrogen–1. Ar y tu allan, mae isotopau i gyd yr un peth ond yn eu canol mae gwahaniaethau. Mae trefn yr electronau yr un peth felly mae ganddyn nhw'r un priodweddau cemegol. Y niwclysau ar y tu mewn sy'n gwahaniaethu o ran eu màs.

hydrogen -1   hydrogen-2 (deuteriwm)   hydrogen-3 (tritiwm)

Ffigur 3.2.1 ▲
Y tri math o atom hydrogen

Elfennau o'r sêr

Mewn seren gawr y ffurfiwyd yr elfennau sy'n gwneud y Ddaear a'r holl bethau byw sydd ar y blaned.

Ar dymheredd aruthrol y sêr, mae'r electronau'n cael eu tynnu oddi ar atomau. Adweithiau ymasiad y niwclysau atomig yw'r newidiadau yn y sêr sy'n rhyddhau egni.

Mae'r rhan fwyaf o sêr wedi eu gwneud yn bennaf o hydrogen. Ar dymheredd o 10 miliwn °C neu fwy, mae'r tu mewn i seren yn ddigon poeth i niwclysau'r atomau hydrogen uno â'i gilydd (ymasiad) i ffurfio deuteriwm ac yna heliwm. Y peth nesaf sy'n digwydd yw ymasiad niwclysau heliwm i ffurfio elfennau trymach, gan gynnwys carbon ac ocsigen. Mae adweithiau ymasiad yr elfennau ysgafn hyn yn rhyddhau symiau anferth o egni.

Yn y pen draw, bydd y cyfan o'r hydrogen mewn seren wedi cael ei ddefnyddio. Pan fydd hyn yn digwydd i sêr bychain (fel ein Haul ni) fe fyddan nhw'n ehangu ac yn troi'n gewri coch, yna'n raddol ddiflannu wrth i'r adweithiau ymasiad niwclear ddod i ben.

Mewn sêr mwy, mae'n stori wahanol. Mae'r sêr hyn yn ddigon poeth i greu elfennau mor drwm â haearn yn eu craidd. Pan fydd ymasiad yn gorffen, bydd seren sydd ar ddarfod yn chwalu'n fewnol dan bwysau disgyrchiant; bydd yn

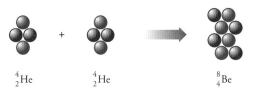

$$^4_2\text{He} \qquad ^4_2\text{He} \qquad ^8_4\text{Be}$$

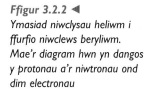

Ffigur 3.2.2 ◄
Ymasiad niwclysau heliwm i ffurfio niwclews beryliwm. Mae'r diagram hwn yn dangos y protonau a'r niwtronau ond dim electronau

mynd yn boeth dros ben a bydd y seren yn chwythu i fyny yn y ffrwydriad mwyaf anhygoel – sef uwchnofa.

Bydd craidd chwâl y seren yn troi'n fâs dwys o niwtronau, neu hyd yn oed yn dwll du, lle mae disgyrchiant mor gryf fel nad yw golau'n gallu dianc. Yn y cyfamser, bydd yr haenau allanol yn mynd mor boeth fel bo'r elfennau trymaf (y tu hwnt i haearn) yn gallu ffurfio.

Ffigur 3.2.3 ◄
Ôl yr uwchnofa Vela yng nghytser Vela

Prawf i chi

1 Sawl proton, niwtron ac electron sydd yn yr atomau neu'r ïonau hyn?

a) ^9_4Be

b) $^{39}_{19}\text{K}$

c) $^{235}_{92}\text{U}$

ch) $^{127}_{53}\text{I}^-$

d) $^{40}_{20}\text{Ca}^{2+}$

2 Ysgrifennwch y symbolau a fydd yn dangos y rhif màs a'r rhif atomig ar gyfer yr atomau neu'r ïonau hyn:

a) atom o ocsigen gydag 8 proton, 8 niwtron ac 8 electron

b) atom o argon gydag 18 proton, 22 niwtron ac 18 electron

c) ïon o sodiwm gyda gwefr 1+ a niwclews o 11 proton a 12 niwtron

ch) ïon o sylffwr gyda gwefr 2- a niwclews gydag 16 proton ac 16 niwtron.

Sbectromedreg màs

Mae sbectromedreg màs yn dechneg fanwl gywir sy'n defnyddio offer i ganfod màs atomig cymharol a màs moleciwlaidd cymharol. Hefyd, gall sbectromedreg màs helpu i fesur helaethrwydd isotopau, canfod adeileddau moleciwlaidd, ac adnabod cyfansoddion anhysbys. (Gweler tudalen 55 i weld sut y caiff sbectromedreg màs ei ddefnyddio i astudio moleciwlau.)

Y tu mewn i sbectromedr màs mae gwactod eithaf sy'n ei gwneud yn bosibl i gynhyrchu ac astudio atomau a moleciwlau ïoneiddiedig gan gynnwys darnau o foleciwlau nad ydyn nhw'n bod fel arall.

Dyma'r camau sy'n rhaid eu cymryd i gynhyrchu sbectrwm màs:

- chwistrellu sampl bychan i'r offer, lle bydd yn anweddu
- peledu'r sampl â phaladr o electronau egni uchel sy'n newid yr atomau neu'r moleciwlau yn ïonau positif drwy fwrw electronau allan
- cyflymu'r ïonau positif mewn maes trydanol
- allwyro'r ffrwd symudol o ïonau gyda maes magnetig er mwyn ffocysu'r ïonau sydd â màs penodol ar y canfodydd
- bwydo'r signal o'r canfodydd i gyfrifiadur sy'n argraffu sbectrwm màs wrth i'r maes magnetig newid yn raddol dros amrediad o werthoedd fel ei fod yn ffocysu cyfres o ïonau â masau gwahanol fesul un ar y canfodydd.

Cemeg Ffisegol

Adran tri

Ffigur 3.2.4 ▶
Diagram o sbectromedr màs

Nodyn

Mae'r sbectromedr màs modern yn sensitif dros ben erbyn hyn, gan ei gwneud yn bosibl i ganfod ac adnabod mymryn o elfen mewn sampl hyd at gyfran mor isel â 10^{-12} g g^{-1}.

Ffigur 3.2.5 ▶
Gwyddonydd yn chwistrellu sampl i sbectromedr màs

Prawf i chi

3 Defnyddiwch Ffigur 3.2.6 i amcangyfrif cyflenwad y ddau isotop o fagnesiwm. Cyfrifwch beth yw màs atomig cymharol cyfartalog magnesiwm.

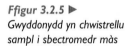

Màs yr ïonau positif a ganfyddwyd

Ffigur 3.2.6 ▲
Sbectrwm màs magnesiwm

Caiff y teclyn ei raddnodi drwy ddefnyddio cyfansoddyn cyfeiriol sydd ag adeiledd a màs moleciwlaidd hysbys, er mwyn i'r cyfrifiadur allu argraffu graddfa ar y sbectrwm màs.

Bydd sbectrwm màs ar gyfer elfen yn dangos cyflenwad cymharol isotopau'r elfen. Dyma sy'n ei gwneud hi'n bosibl i gyfrifo màs atomig cymharol yr elfen.

Màs atomig cymharol cyfartalog

Y rheswm pam nad yw'r gwerthoedd ar gyfer masau atomig cymharol mewn tablau data yn rhifau cyfain bob amser yw bod y rhan fwyaf o elfennau yn gymysgedd o isotopau.

Er enghraifft, mae gan glorin ddau isotop: clorin-35 a chlorin-37. Mae clorin sydd i'w gael yn naturiol yn cynnwys 75% o glorin-35 a 25% o glorin-37. Felly cymhareb clorin-35 i clorin-37 yw 3:1.

Màs atomig cymharol cyfartalog clorin

$$= \frac{(3 \times 35) + (1 \times 37)}{4} = 35.5$$

Ffigur 3.2.7 ▲
Ar gyfartaleddd, clorin-35 yw tri o bob pedwar atom clorin; clorin-37 yw un o bob pedwar

Màs moleciwlaidd cymharol

Gellir defnyddio sbectromedr màs hefyd i astudio moleciwlau. Ar ôl chwistrellu'r moleciwlau i'r offer, bydd yr electronau sy'n eu peledu nid yn unig yn ïoneiddio'r moleciwlau ond yn eu torri'n ddarnau hefyd. Oherwydd y gwactod eithaf mae'n bosibl cynhyrchu ac astudio ïonau a darnau o foleciwlau nad ydyn nhw'n bod fel rheol.

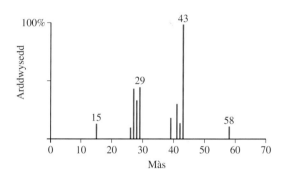

Ffigur 3.2.8 ◄
Sbectrwm màs hydrocarbon yn dangos y patrwm darniadol

Fel rheol yn y sbectrwm, caiff y brig â'r màs uchaf ei gynhyrchu drwy ïoneiddio'r moleciwl heb ei dorri'n ddarnau llai. Felly, màs yr ïon moleciwlaidd hwn, M^+, yw màs cymharol y cyfansoddyn.

M(n)	+	e^-	→	M^+ (n)	+	$e^- + e^-$
moleciwl yn y sampl		yr electron sy'n peledu		ïon moleciwlaidd		electronau

Wrth syntheseiddio cyfansoddyn newydd, gall cemegydd astudio ei batrwm darnio er mwyn adnabod y darnau o'u masau ac yna rhoi adeileddau tebygol at ei gilydd, gyda help llaw dulliau dadansoddi eraill megis sbectrosgopeg isgoch (gweler tudalen 90).

Mewn dadansoddi cemegol modern, mae cyfuno cromatograffaeth nwy hylif (*glc – gas-liquid chromatography*) â sbectromedreg màs yn hynod o bwysig. Yn gyntaf, bydd cromatograffaeth yn rhannu'r cemegion mewn cymysgedd anhysbys – sampl o ddŵr sydd wedi cael ei lygru, er enghraifft – yna bydd sbectromedreg màs yn canfod ac yn adnabod y cydrannau.

Egnïon ïoneiddiad

Mewn sbectromedr màs bydd paladr o electronau yn peledu'r sampl gan droi atomau yn ïonau positif. Mae'n rhaid bod gan y paladr electron ddigon o egni i daro electronau oddi ar atomau'r sampl. Drwy amrywio arddwysedd y paladr mae'n bosibl amcangyfrif lleiafswm yr egni sydd ei angen i dynnu electronau oddi ar yr atomau yn y sampl.

Yr egni sydd ei angen i dynnu electron oddi ar atom neu ïon nwyol yw ei egni ïoneiddiad.

Egni ïoneiddiad cyntaf elfen yw'r egni sydd ei angen i dynnu un môl o

Prawf i chi

4 Mae gan silicon (rhif atomig 14) dri isotop sy'n digwydd yn naturiol, gyda'r rhifau màs 28, 29 a 30.
   a) Ysgrifennwch y symbolau ar gyfer tri isotop silicon.
   b) Ar gyfer pob isotop, cyfrifwch nifer y protonau a'r niwtronau yn y niwclews.
   c) Beth yw màs atomig cymharol silicon sydd, fel rheol, yn cynnwys 93% silicon-28, 5% silicon-29, a 2% silicon-30?
5 Defnyddiwch Ffigur 3.2.8 i ganfod màs moleciwlaidd cymharol yr hydrocarbon.

6 Dyma bump egni ïoneiddiad cyntaf elfen mewn kJ mol⁻¹: 738, 1451, 7733, 10 541, a 13 629. Sawl electron sydd ym mhlisgyn allanol atomau'r elfen hon? I ba grŵp yn y tabl cyfnodol y mae'r elfen hon yn perthyn?

7 Lluniwch graff o log (egni ïoneiddiad/kJ mol⁻¹) yn erbyn nifer yr electronau sy'n cael eu tynnu pan gaiff pob electron yn ei dro ei dynnu oddi ar atom alwminiwm.

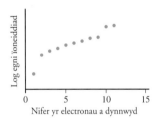

Ffigur 3.2.9 ▲
Plot o log (egni ïoneiddiad) yn erbyn nifer yr electronau a dynnwyd, ar gyfer sodiwm

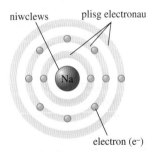

Ffigur 3.2.10 ▲
Yr electronau mewn plisg ar gyfer atom sodiwm

electronau oddi ar un môl o atomau nwyol. Mae egnïon ïoneiddiad pellach ar gyfer yr un elfen yn mesur yr egni fyddai ei angen ar gyfer pob môl i dynnu ail, trydydd a phedwerydd electron, ac yn y blaen.

Nid trwy ddefnyddio sbectromedr màs yn unig y bydd gwyddonwyr yn mesur egnïon ïoneiddiad ond hefyd drwy astudio sbectra allyru atomau. Fel hyn, mae'n bosibl mesur newidiadau egni sy'n ymwneud ag ïonau â gwefrau uwch, na fydd yn ymddangos mewn adweithiau cemegol o dan amodau arferol.

$$Na(n) \rightarrow Na^+ (n) + e^- \quad \text{egni ïoneiddiad cyntaf} \quad = +496 \text{ kJ mol}^{-1}$$
$$Na^+(n) \rightarrow Na^{2+} (n) + e^- \quad \text{ail egni ïoneiddiad} \quad = +4563 \text{ kJ mol}^{-1}$$
$$Na^{2+}(n) \rightarrow Na^{3+} (n) + e^- \quad \text{trydydd egni ïoneiddiad} \quad = +6913 \text{ kJ mol}^{-1}$$

Mae 11 electron mewn atom sodiwm, felly mae 11 egni ïoneiddiad olynol ar gyfer yr elfen hon.

Bydd yr egnïon ïoneiddiad pellach ar gyfer elfen yn mynd yn fwy ac yn fwy. Dydy hyn ddim yn syndod oherwydd ar ôl tynnu un electron mae'n fwy anodd tynnu ail electron oddi ar yr ïon positif a ffurfiwyd.

Mae'r graff yn Ffigur 3.2.9 yn dystiolaeth o blaid y ddamcaniaeth bod yr electronau mewn atom wedi eu trefnu'n gyfres o lefelau egni neu blisg o amgylch y niwclews (gweler tudalen 22). Mae yna naid fawr yn y gwerthoedd bob tro y bydd electronau'n dechrau cael eu tynnu oddi ar y plisgyn neu'r lefel egni nesaf i mewn tuag at y niwclews.

Felly, ar gyfer atom sodiwm, mae yna un electron yn y plisgyn allanol sydd bellaf oddi wrth y niwclews. Mae'r electron allanol hwn yn cael ei gysgodi gan 10 electron mewnol rhag atyniad llawn y niwclews positif. Yn yr ail blisgyn mae wyth electron sy'n agosach at y niwclews ond dim ond dau electron mewnol sydd gan y rhain i'w cysgodi. Y ddau electron mewnol sy'n teimlo atyniad llawn y wefr niwclear a'r rhain sydd agosaf at y niwclews. Yr electronau hyn yw'r rhai mwyaf anodd i'w tynnu. (Gweler tudalennau 129-130 am drafodaeth bellach ar gysgodi ac egnïon ïoneiddiad.)

Sbectra atomig

Bydd atomau'n allyru pelydriad pan fyddan nhw'n cael eu cynhyrfu gan wres neu drydan. Mae sbectrosgop yn cynnwys prism neu gratin diffreithiant, i hollti'r pelydriad yn ôl tonfedd gan ddatgelu patrwm o linellau.

Bydd rhai elfennau'n allyru pelydriad yn rhanbarth gweladwy'r sbectrwm; dyma'r elfennau sy'n rhoi fflamau lliw mewn profion fflam. Mae cynnal prawf fflam ac archwilio golau lliw y fflam gyda sbectrosgop llaw yn arddangosiad syml o'r math hwn o sbectrosgopeg.

Mae sbectra atomig elfennau'n rhoi'r dystiolaeth sydd ei hangen ar gemegwyr i bennu trefn electronau mewn atomau, ac mae sbectra atomig yn rhoi llawer mwy o wybodaeth nag egnïon ïoneiddiad.

Bydd gosod foltedd uchel ar draws yr electrodau ar ddau ben tiwb gwydr o hydrogen ar wasgedd isel yn cynhyrchu gwawr las. Mae sbectrosgop yn dangos bod y golau a ddaw o'r gloywder glas wedi ei wneud o belydriadau ar donfeddi neilltuol - dydy'r golau hwn ddim yn debyg i enfys. Mae sbectrosgop yn cynhyrchu sbectrwm llinell, ac mae modd cadw cofnod ffotograffig ohono.

Y ddamcaniaeth cwantwm

Y ddamcaniaeth cwantwm wnaeth helpu gwyddonwyr i egluro sbectra atomig. Syniad sylfaenol y ddamcaniaeth yw bod pelydriad yn cael ei allyru neu ei amsugno mewn symiau arwahanol o'r enw 'cwanta'. Max Planck (1858–1947), ffisegydd o'r Almaen, oedd y person cyntaf i gyflwyno'r ddamcaniaeth, mewn papur a gyhoeddwyd yn 1900. Aeth Albert Einstein (1879–1955) ati i

Ffigur 3.2.11 ◄
Y sbectrwm llinell ar gyfer hydrogen yn rhanbarthau gweladwy ac uwchfioled (UV) y sbectrwm yn unig

ymestyn y ddamcaniaeth i egluro beth sy'n digwydd pan fydd electronau'n amsugno ac yn allyrru pelydriad.

Aeth Niels Bohr (1885–1962), ffisegydd o Ddenmarc, â'r ddamcaniaeth cwantwm ymhellach i egluro'r llinellau yn sbectra atomig hydrogen. Gallai damcaniaeth Bohr roi rhesymau da iawn dros amleddau'r llinellau hyn yn sbectrwm atom hydrogen drwy dybio fel a ganlyn:

- dim ond ar lefelau egni pendant y gall electronau fod mewn atom hydrogen
- bydd cwantwm o olau (sef ffoton) yn cael ei allyrru neu ei amsugno pan fydd electron yn neidio o un lefel egni i'r llall
- mae egni'r cwanta golau (y ffotonau) yn hafal i'r gwahaniaeth, ΔE, rhwng y ddwy lefel egni
- mae amledd y pelydriad a gaiff ei allyrru neu ei amsugno yn perthyn i egni'r ffoton yn ôl $\Delta E = h\nu$. Yma, cysonyn Planck yw h, a ν yw amledd y pelydriad.

Mae'r ddamcaniaeth cwantwm yn egluro pam mai cyfres o linellau eglur yw sbectra allyrru atomig. Wrth i'r electronau ddisgyn o lefel egni uchel i lefel egni is, bydd pob llinell mewn sbectrwm allyrru yn cyfateb i naid egni o faint pendant.

Mae llinellau cyfres Balmer (gweler Ffigur 3.2.12) yn rhan weladwy'r sbectrwm. Po fwyaf yw'r naid egni, uchaf fydd amledd y pelydriad electromagnetig a gaiff ei allyrru.

Bydd y bylchau egni rhwng lefelau egni yn mynd yn llai wrth iddyn nhw fynd yn bellach oddi wrth y niwclews. O ganlyniad, ym mhob cyfres, bydd y gwahaniaethau rhwng y neidiau egni yn mynd yn llai ac yn llai nes eu bod nhw'n cydgyfeirio, a bydd y cydgyfeirio hwnnw'n digwydd yn y pen lle mae'r amledd uchaf (naid fawr). Y naid fwyaf yng nghyfres Lyman yw'r un ar gyfer electron yn disgyn yn ôl o ymyl eithaf atom i lawr i'r lefel egni isaf (gweler Ffigur 3.2.13). Maint y naid hon yw'r egni sydd ei angen i ïoneiddio un electron mewn atom hydrogen. Felly mae modd cyfrifo egni ïoneiddiad hydrogen o wybod ei amledd terfan cydgyfeiriant yng nghyfres Lyman oherwydd (yn ôl y ddamcaniaeth cwantwm) $\Delta E = h\nu$.

Electronau mewn lefelau egni

Dim ond un electron sydd mewn atom hydrogen, felly dyma'r atom symlaf gyda'r sbectrwm symlaf. Mae astudio sbectra atomau eraill yn dangos bod patrwm y lefelau egni yn tyfu'n fwy cymhleth wrth i nifer yr electronau gynyddu.

Mae'r prif lefelau neu blisg egni yn rhannu'n is-lefelau wedi eu labelu s, p, d ac f. Labeli yw'r rhain sy'n dod o ddyddiau cynnar astudio sbectra atomig, pan ddisgrifiwyd gwahanol gyfresi o linellau fel rhai eglur, blaenaf, gwasgarog a sylfaenol. (Y geiriau Saesneg am hyn oedd *sharp*, *principal*, *diffuse* a *fundamental* (*s*,*p*,*d*,*f*)).

Erbyn heddiw, does dim arwyddocâd arbennig i'r termau hyn.

Prawf i chi

8 Y naid egni ar gyfer un electron o'r lefel egni isaf i'r lefel egni uchaf mewn atom hydrogen yw 2.18×10^{-18} J. Cyfrifwch:

a) amledd y terfan cydgyfeiriant ar gyfer cyfres Lyman

b) egni ïoneiddiad hydrogen mewn kJ mol^{-1}.

Nodyn

Bydd cemegwyr yn defnyddio priflythyren o iaith Groeg, Δ, sef 'delta' i gyfeirio at newid neu wahaniaeth mawr. Fe fyddan nhw'n defnyddio'r llythyren fach yn iaith Groeg am 'delta', δ, ar gyfer maint neu newid bychan (gweler tudalen 81).

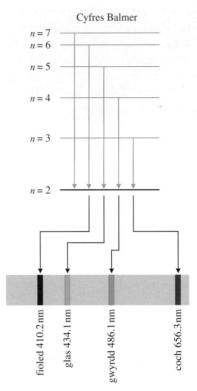

Cyfres Balmer

Ffigur 3.2.12 ▲
Wrth i electron neidio rhwng lefelau egni yn yr atom hydrogen cynhyrchir cyfres Balmer yn y sbectrwm allyrru. Cafodd y cyfresi o linellau eu henwi ar ôl y bobl gyntaf i'w darganfod neu eu hastudio

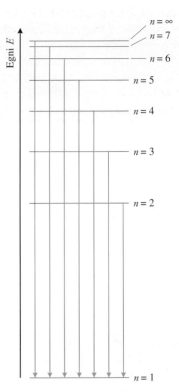

Ffigur 3.2.13 ▲
Cyfres Lyman ar gyfer atom hydrogen. Yn y gyfres hon, mae trosiannau'r electron ar gyfer n = 1. Mae tonfeddi'r llinellau sbectrol yn rhanbarth uwchfioled y sbectrwm

Ffigur 3.2.14 ▶
Egnïon yr orbitalau atomig mewn atomau. Yn aml, bydd y termau 'lefel egni' ac 'orbital' yn cael eu defnyddio i olygu'r un peth. Mewn atom rydd, mae gan yr holl orbitalau sydd mewn is-blisgyn yr un egni

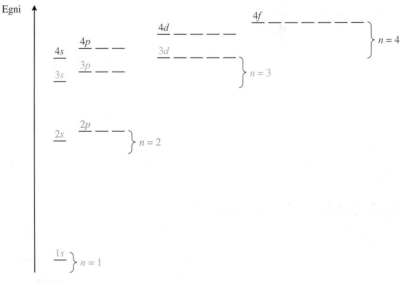

Mae'r is-lefelau'n cael eu rhannu eto yn orbitalau atomig.

Mae pob orbital yn cael ei ddiffinio yn ôl:

- ei egni
- ei siâp
- ei gyfeiriad mewn gofod.

Daw siapiau orbitalau o'r ddamcaniaeth amdanyn nhw. Mae'r siapiau'n cael eu pennu drwy ddatrys hafaliad mathemategol (hafaliad tonffurf Schrödinger) sy'n ei gwneud yn bosibl i gyfrifo'r tebygolrwydd o ddarganfod electron mewn unrhyw safle yn yr atom. Mae'r un orbital sydd yn y plisgyn cyntaf yn sfferig ei siâp, sef enghraifft o orbital s (1s). Mae'r pedwar orbital yn yr ail blisgyn yn cynnwys un orbital s (2s) a thri orbital p sydd â'u siâp fel dymbel. Mae'r tri orbital p (2p$_x$, 2p$_y$, 2p$_z$) wedi eu trefnu ar onglau sgwâr i'w gilydd.

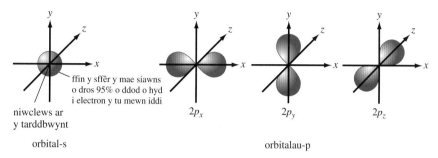

orbital-s

orbitalau-p

Ffigur 3.2.15 ▲
Siapiau orbitalau atomig s a p

Rhifau cwantwm

Mae pob electron mewn atom yn unigryw. Yn ôl y ddamcaniaeth, pedwar rhif yw'r cyfan sydd eu hangen i adnabod pob electron mewn atom. Y rhifau cwantwm hyn sy'n labelu'r lefel egni neu'r orbital y mae'r electron ynddo mewn atom.

Mae'r pedwerydd rhif cwantwm yn cyflwyno'r syniad o 'sbin electronau'. Sbin yw'r priodwedd sydd gan electronau sy'n esbonio'r ffordd y byddan nhw'n ymddwyn mewn maes magnetig.

Mae electronau'n ymddwyn fel magnetau bychain. Mewn maes magnetig fe fyddan nhw naill ai'n unioni eu hunain gyda'r maes neu yn erbyn y maes, a bydd gwahaniaeth egni bychan rhwng y ddau aliniad.

Dim ond dau electron gall orbital atomig eu dal, ac mae'n rhaid i'r ddau feddu ar sbiniau dirgroes. Mewn diagramau o lefelau egni, mae saethau'n pwyntio ar i fyny neu ar i lawr i gynrychioli electronau â sbiniau dirgroes.

Dyma'r pedwar rhif cwantwm:

- y prif rif cwantwm sy'n dynodi'r prif blisgyn
- yr ail rif cwantwm sy'n dynodi'r is-blisgyn – s, p, d neu f
- y trydydd rhif cwantwm sy'n dangos yr orbital y tu mewn i is-blisgyn – p$_x$, p$_y$ neu p$_z$
- y pedwerydd rhif cwantwm sy'n dweud beth yw aliniad y sbin – sbin ar i fyny neu sbin ar i lawr.

Ffurfweddau electronau

Mae ffurfwedd electronau atom yn disgrifio nifer a threfn electronau mewn atom o elfen.

Mae'r electronau mewn atom yn llenwi'r lefelau egni yn unol â set o reolau. Dyma'r tair rheol:

- bydd electronau'n mynd i'r orbital ar y lefel egni isaf sydd ar gael
- dim ond dau electron ar y mwyaf (â sbiniau dirgroes) y gall pob orbital eu dal
- pan fydd dau neu fwy o orbitalau ar yr un lefel egni, fe fyddan nhw'n llenwi fesul un cyn i'r electronau baru.

Nodyn

Mae modd datrys hafaliadau mudiant Newton er mwyn rhagfynegi orbitau'r lleuadau a'r planedau yn drachywir. Nid yw damcaniaethau Newton yn gweithio ar gyfer gronynnau bychain iawn fel electronau mewn atomau. Heddiw, bydd cemegwyr damcaniaethol yn seilio eu hesboniadau ar ddatblygiad o'r ddamcaniaeth cwantwm sy'n cael ei alw'n fecaneg cwantwm. Dim ond dangos y tebygolrwydd o ddod o hyd i ronynnau mewn gwahanol leoliadau y bydd hafaliadau mecaneg cwantwm. Mae orbitalau atomig yn ganlyniad i gyfrifiadau mecaneg cwantwm; maen nhw'n dangos y tebygolrwydd o ddod o hyd i electronau mewn rhanbarthau arbennig. Erbyn hyn, felly, mae cemegwyr yn defnyddio'r term orbital, sy'n fwy amhendant yn lle'r term orbit, sy'n derm 'clir'.

Nodyn

Gall y plisgyn cyntaf (n = 1) sydd ag un orbital ddal dau electron, mae'r ail blisgyn (n = 2) yn dal hyd at wyth electron, a'r trydydd plisgyn (n = 3) sydd â naw orbital yn dal hyd at 18 o electronau. Felly mae 2n^2 yn rhoi uchafswm yr electronau sydd mewn plisgyn.

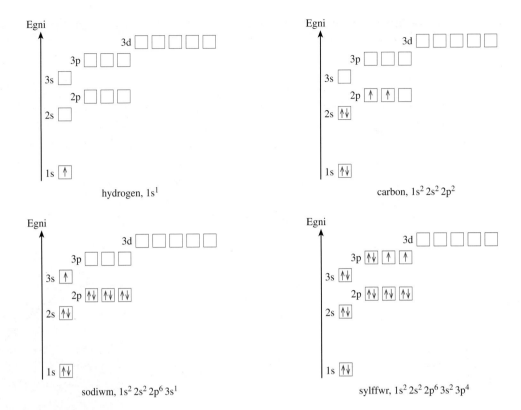

Ffigur 3.2.16 ▲

Electronau mewn lefelau egni ar gyfer cyfres o atomau i ddangos sut caiff egwyddor adeiladu ffurfwedd ei gymhwyso

Nodyn

Weithiau, bydd cemegwyr yn defnyddio'r term 'egwyddor aufbau' i ddisgrifio'r rheolau hyn. Un ystyr i'r gair Almaeneg 'aufbau' yw 'adeiladu ar i fyny'. Mae'n ffordd o gofio bod ffurfwedd electronau'n cael ei adeiladu o'r gwaelod, gan ddechrau gyda'r lefel egni isaf.

Prawf i chi

9 Ysgrifennwch y ffurfweddau electronau ar gyfer yr elfennau hyn:
   a) beryliwm
   b) ocsigen
   c) silicon
   ch) ffosfforws

10 Enwch yr elfennau sydd â'r ffurfweddau electronau hyn yn eu plisg allanol eithaf:
   a) $2s^2$
   b) $3s^2 3p^1$
   c) $3s^2 3p^5$

Mae ffurfwedd electronau yn helpu i wneud synnwyr o gemeg elfen. Yr electronau yn y plisgyn allanol sy'n bennaf gyfrifol am bennu priodweddau cemegol elfen. Mae gan elfennau sydd yn yr un grŵp o'r tabl cyfnodol briodweddau tebyg oherwydd bod yr un ffurfwedd i'w helectronau allanol. Mae tueddiadau yn y priodweddau i lawr grŵp oherwydd bod nifer y plisg mewnol sy'n llawn yn cynyddu, gan greu effaith gysgodi.

Mae nifer o gonfensiynau cyffredin ar gyfer ysgrifennu ffurfweddau electronau (gweler Ffigur 3.2.17).

Mae un ffordd fer o wneud hyn yn defnyddio symbol y nwy nobl blaenorol i gynrychioli'r plisg mewnol llawn, ar gyfer ffurfwedd yr electronau. Yn ôl y confensiwn hwn, ffurfwedd electronau sodiwm yw $[\text{Ne}]3s^1$.

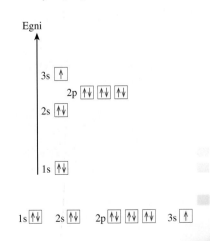

Ffigur 3.2.17 ▶

Cynrychioli ffurfwedd electronau sodiwm, $1s^2\ 2s^2 2p^6\ 3s^1$

3.3 Damcaniaeth ginetig a nwyon

Mae cemegwyr wedi datblygu model sy'n egluro priodweddau nwyon a hefyd yn rhoi disgrifiad da o'r ffordd mae nwyon real yn ymddwyn. Mae'r model hwn wedi ei seilio ar ddarlun o nwyon sy'n dangos moleciwlau mewn mudiant afreolus ar hap (neu hapfudiant). Damcaniaeth feintiol yw hon, sy'n egluro nid yn unig ymddygiad nwyon ond hefyd y ffactorau sy'n pennu cyfradd newid cemegol a pha mor bell mae wedi mynd (cineteg ac ecwilibriwm). Fydd nwyon real ddim yn ymddwyn yn union fel mae'r model yn ei ragfynegi, ond bydd y gwyriadau'n rhoi ychydig o syniad i gemegwyr o'r grymoedd atynnol gwan sydd rhwng moleciwlau (grymoedd rhyngfoleciwlaidd).

Cyfaint nwy

Ar ddiwedd y ddeunawfed ganrif, roedd teithiau balwnau aer poeth y brodyr Montgolfier wedi ysbrydoli gwyddonwyr i astudio ymddygiad nwyon. Ffrancwyr oedd dau o'r gwyddonwyr hyn: Joseph Gay–Lussac (1778–1850) a Jacques Charles (1746–1823). Eu diddordeb arbennig oedd yr amrywiaeth yng nghyfaint nwyon, yn dibynnu ar y tymheredd. Rhoddodd Jacques Charles brawf ar ei ddamcaniaethau ac, yn 1783, ef oedd y cyntaf i fynd i fyny i'r awyr mewn balŵn hydrogen.

Dros ganrif cyn hynny, roedd y cemegydd o Iwerddon, Robert Boyle (1627–1691) wedi ymchwilio i effaith gwasgedd ar gyfaint nwyon.

Erbyn heddiw gwyddom fod cyfaint sampl o nwy yn dibynnu ar dri pheth:

- y tymheredd, T
- y gwasgedd, p
- swm y nwy mewn molau, n

Effaith y tymheredd ar gyfaint nwy

Wrth i'r tymheredd godi, bydd nwyon yn ehangu. Maen nhw'n ehangu mewn modd rheolaidd, fel sydd i'w weld yn Ffigur 3.3.2.

Mae Ffigur 3.3.2 yn dangos hefyd bod cyfaint nwy mewn cyfrannedd â'r tymheredd ar raddfa Kelvin.

Felly mae cyfaint swm penodol o nwy, V, mewn cyfrannedd â'r tymheredd, T, ar raddfa Kelvin cyhyd â bod y gwasgedd, p, yn para'n gyson.

$$V \propto T \text{ pan fydd } p \text{ yn gyson}$$

Gelwir hyn weithiau yn 'Ddeddf Charles'.

Ffigur 3.3.1 ▲
Balŵn Montgolfier yn codi i'r awyr

Nodyn
Bydd gwyddonwyr yn mesur cyfaint nwy mewn cm³, dm³ a m³.

$$1 \text{ dm}^3 = (10 \text{ cm})^3$$
$$= 1000 \text{ cm}^3$$
$$= 1 \text{ litr}$$
$$1 \text{ m}^3 = (100 \text{ cm})^3$$
$$= 10^6 \text{ cm}^3$$

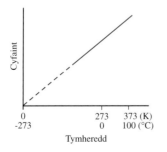

Ffigur 3.3.2 ◄
Mae plot o gyfaint sampl o nwy yn erbyn y tymheredd ar wasgedd cyson yn llinell syth a'r allosodiad yn torri echelin y tymheredd ar −273.15 °C

Prawf i chi

1 Ar raddfa Kelvin, beth yw gwerthoedd y tymereddau hyn?
   a) berwbwynt nitrogen, −196 °C
   b) berwnwynt bwtan, −0.5 °C
   c) ymdoddbwynt swcros, 186 °C
   ch) ymdoddbwynt haearn, 1540 °C

Diffiniad

Uned safonol ryngwladol (uned SI – *Système International d'Unités*) yw'r **celfin**, sy'n mesur tymheredd ar y raddfa absoliwt neu raddfa Kelvin. Y symbol am celfin yw K. Bydd tymheredd uwchlaw sero absoliwt yn cael ei fesur mewn celfin. Ar y raddfa hon bydd dŵr yn rhewi ar dymheredd o 273 K, ac yn berwi ar dymheredd o 373 K.

Mae *gwahaniaethau* mewn tymheredd yr un peth p'un ai ydyn nhw'n cael eu mesur ar raddfa Kelvin neu raddfa Celsius, ac yn cael eu cofnodi mewn celfin (K).

Tymheredd mewn celfin = tymheredd mewn °C + 273

Sero absoliwt (0 K) yw'r tymheredd pan fydd atomau a moleciwlau mewn grisialau yn llonydd i bob diben. Dyma'r tymheredd isaf ar y raddfa tymheredd absoliwt neu raddfa Kelvin.

Mae llawer o'r nwyon sydd wedi cael eu hastudio ar dymheredd ystafell yn ymddwyn i bob ymddangosiad fel pe bai ganddyn nhw gyfaint o sero ar dymheredd o sero absoliwt. Mewn gwirionedd bydd nwyon real yn troi'n hylifau ac yn solidau ac yn llenwi cyfaint pendant cyn i'r tymheredd gyrraedd sero absoliwt.

Effaith gwasgedd ar gyfaint nwy

Wrth i'r gwasgedd godi, mae cyfaint nwy yn mynd i lawr. Robert Boyle oedd y gwyddonydd wnaeth ddarganfod, pe bai'n cadw'r tymheredd yn gyson ac yn gweithio gyda swm pendant o nwy, y byddai'n haneru'r cyfaint wrth ddyblu'r gwasgedd. Deddf Boyle yw hyn.

$$p \propto 1/V \text{ pan fydd } T \text{ yn gyson}$$
$$\text{neu } pV = \text{cysonyn}$$

Nodyn

Mae un newidyn mewn cyfrannedd â newidyn arall pan fydd y graff yn llinell syth drwy'r tarddbwynt.

Diffiniad

Mae **gwasgedd** yn cael ei ddiffinio fel grym i bob uned o arwynebedd. Uned SI gwasgedd yw'r pascal (Pa) sef gwasgedd o un newton i bob metr sgwâr (1 N m^{-2}). Uned fechan iawn yw'r pascal, felly bydd gwasgeddau'n cael eu mynegi'n aml mewn cilopascalau, kPa.

Wrth astudio nwyon, y gwasgedd safonol yw gwasgedd atmosfferig, sef 101.3×10^3 Nm^{-2} = 101.3 kPa.

Y gwasgedd safonol bellach ar gyfer diffiniadau mewn thermocemeg yw 1 bar, sef 100 000 Nm^{-2} = 100 kPa.

Effaith swm y nwy ar ei gyfaint

Os bydd y gwasgedd a'r tymheredd yn sefydlog, yna bydd cyfaint nwy yn dibynnu ar nifer y moleciwlau nwy sy'n bresennol. Mewn geiriau eraill, mae cyfaint nwy'n dibynnu ar swm y nwy mewn molau. Dyma ddeddf Avogadro (gweler tudalen 41)

$$V \propto n \text{ pan fydd } T \text{ a } p \text{ yn gyson}$$

Mae cyfaint un môl o nwy (y cyfaint molar) yn dibynnu ar y tymheredd a'r gwasgedd. Yn aml, caiff dwy set o amodau eu defnyddio i gymharu un nwy ag un arall:

▓ tymheredd a gwasgedd safonol, tgs, sef 273 K a gwasgedd o 1 atmosffer. O dan yr amodau hyn, cyfaint un môl o unrhyw nwy yw 22.4 dm^3, a hefyd

▓ tymheredd a gwasgedd ystafell, sef 298 K a gwasgedd o 1 atmosffer. O dan yr amodau hyn, cyfaint un môl o unrhyw nwy yw 24 dm^3.

Mae'r cyfaint molar yr un peth ar gyfer unrhyw nwy o dan amodau tymheredd a gwasgedd penodol.

Nwyon real a delfrydol

Yn eu dychymyg, mae gan wyddonwyr 'nwy delfrydol' sy'n ufuddhau'n llwyr i'r deddfau nwy. Mewn gwirionedd, dydy nwyon real ddim yn ufuddhau i'r deddfau o dan bob amodau posibl. Serch hynny, o dan amodau'r labordy, mae yna nwyon sy'n dod yn agos iawn at ymddwyn fel 'nwy delfrydol'. Dyma'r nwyon sydd ymhell uwchlaw eu berwbwyntiau ar dymheredd ystafell – nwyon fel heliwm, nitrogen, ocsigen a hydrogen.

Yn gyffredinol, profiad cemegwyr yw bod y deddfau nwy yn rhagfynegi ymddygiad nwyon real yn ddigon cywir i'w gwneud yn ganllaw defnyddiol yn ymarferol, ond mae'n bwysig cadw mewn cof bod nwyon fel amonia, bwtan, sylffwr deuocsid a charbon deuocsid yn gallu arddangos gwyriadau sylweddol oddi wrth yr ymddygiad delfrydol. Dyma'r nwyon sy'n berwi ychydig islaw tymheredd ystafell; mae modd eu hylifo dim ond drwy gynyddu'r gwasgedd.

Hafaliad nwy delfrydol

Mae modd crynhoi ymddygiad nwy delfrydol drwy gyfuno'r deddfau nwy yn un hafaliad sy'n cael ei alw yn hafaliad nwy delfrydol: $pV = nRT$.

R yw'r cysonyn nwy. Mae gwerth R yn dibynnu ar yr unedau sy'n cael eu defnyddio ar gyfer gwasgedd a chyfaint. Os yw pob un o'r meintiau hyn yn unedau SI, yna
$R = 8.314$ J^{-1} mol^{-1}.

Mae'r hafaliad nwy delfrydol yn ymgorffori'r holl ddeddfau nwy. Er enghraifft, gyda swm penodol o nwy mae n yn gyson ac R yn gysonyn. Felly ar dymheredd cyson, T, pV = cysonyn, sef Deddf Boyle.

Mesur masau molar

Yn y dyddiau cyn sbectromedreg màs (gweler tudalennau 53–55) byddai cemegwyr yn defnyddio'r hafaliad nwy delfrydol i fesur masau molar nwyon, a hefyd masau sylweddau eraill sy'n anweddu'n hawdd.

Mae'r dull yn ddigon cywir i bennu fformiwla foleciwlaidd elfennau a chyfansoddion.

Un dull ymarferol yw chwistrellu sampl o hylif, ar ôl ei bwyso, i chwistrell a wresogwyd mewn popty. Bydd y mesuriadau'n cynnwys cyfaint yr anwedd, tymheredd yr anwedd a'i wasgedd (y gwasgedd atmosfferig), a chaiff y mesuriadau hyn eu newid yn unedau SI. Yna, yn yr hafaliad nwy delfrydol, bydd y mesuriadau'n cael eu hamnewid i ddod o hyd i'r swm mewn molau, n.

Prawf i chi

2 Dangoswch fod yr hafaliad nwy delfrydol yn gyson â'r canlynol:
  a) deddf Charles pan fydd n a p yn gyson
  b) deddf Avogadro pan fydd p a T yn gyson.

Ffigur 3.3.3 ▲
Can o danwydd taniwr, sef bwtan hylifol. Nwy yw bwtan ar dymheredd a gwasgedd ystafell ond, o dan wasgedd, mae modd ei storio ar ffurf hylif. Dydy bwtan ddim yn ymddwyn fel nwy delfrydol

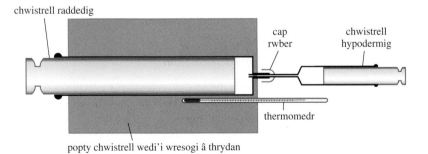

chwistrell raddedig / cap rwber / chwistrell hypodermig / thermomedr / popty chwistrell wedi'i wresogi â thrydan

Ffigur 3.3.4 ◄
Dull chwistrell o bennu masau molar hylifau anweddol

Adran tri Cemeg Ffisegol

Datrysiad enghreifftiol

Mae sampl 0.124 g o hylif sydd â'r fformiwla empirig (gweler tudalennau 38 a 180) C_3H_7 yn anweddu i roi 45 cm^3 o anwedd ar dymheredd o 100 °C a gwasgedd o 1 atmosffer. Beth yw fformiwla foleciwlaidd yr hylif?

Nodiadau ar y dull
Trawsnewidiwch yr holl unedau yn unedau SI.
Amnewidiwch yn yr hafaliad $pV = nRT$ i ddarganfod n (y swm mewn molau).

Ateb
Gwasgedd = 101.3×10^3 Nm^{-2}

Cyfaint = 45×10^{-6} m^3

Tymheredd = 373 K

Y cysonyn nwy = 8.31 J mol^{-1} K^{-1}

$$n = \frac{pV}{RT} = \frac{101.3 \times 10^3 \text{ Nm}^{-2} \times 45 \times 10^{-6} \text{ m}^3}{8.31 \text{ J mol}^{-1} \text{ K}^{-1} \times 373 \text{ K}} = 1.47 \times 10^{-3} \text{ mol}$$

$$\frac{\text{màs}}{\text{molar}} = \frac{\text{màs y sampl}}{\text{y swm mewn molau}} = \frac{0.124 \text{ g}}{1.47 \times 10^{-3} \text{ mol}} = 84 \text{ g mol}^{-1}$$

Mae fformiwla foleciwlaidd bob amser yn lluosrif syml o'r fformiwla empirig (gweler tudalen 181).

Màs cymharol y fformiwla empirig,
$M_r (C_3H_7) = (3 \times 12) + (7 \times 1) = 43$.

Er nad yw anwedd y cyfansoddyn yn ymddwyn fel nwy delfrydol, mae'r canlyniad yn ddigon cywir i ddangos bod y fformiwla foleciwlaidd ddwywaith gymaint â'r fformiwla empirig. Fformiwla foleciwlaidd y cyfansoddyn yw C_6H_{14}.

Prawf i chi
3 Mae sampl 0.163 g o hylif yn anweddu i roi 65.0 cm^3 o anwedd ar dymheredd o 101°C a gwasgedd o 10^5 kPa. Beth yw màs molar yr hylif?

Damcaniaeth ginetig nwyon

Mae'r deddfau nwy yn seiliedig ar arsylwadau arbrofol. Fe wnaeth gwyddonwyr ymateb i'r her o egluro pam mae nwyon yn dilyn set gyffredin o reolau, gan ddechrau gyda'r syniad bod nwyon wedi eu gwneud o foleciwlau mewn hapfudiant cyson yn taro yn erbyn ei gilydd. Yr enw a roddwyd gan wyddonwyr ar eu model o'r gronynnau-mewn-mudiant oedd y ddamcaniaeth ginetig. Mae'r gair cinetig yn dod o air yn iaith Groeg am 'symudiad', sef *kinetikos*.

Roedd gan y gwyddonwyr nifer o dybiaethau ynghylch moleciwlau nwy. Roedden nhw'n gallu deillio'r hafaliad nwy delfrydol o'r model drwy gymhwyso deddfau mudiant Newton i'r casgliad o ronynnau.

Dyma nodweddion y model ar gyfer y ddamcaniaeth ginetig:

■ mae gwasgedd yn ganlyniad i wrthdaro'r moleciwlau yn erbyn ochrau'r cynhwysydd
■ does dim egni'n cael ei golli pan fydd y moleciwlau'n taro yn erbyn ochrau'r cynhwysydd
■ mae'r moleciwlau mor bell oddi wrth ei gilydd fel bo cyfaint y moleciwlau'n ddibwys o'i gymharu â chyfanswm cyfaint y nwy
■ does dim atyniad rhwng y moleciwlau â'i gilydd

Nodyn
Mae'n bwysig bod yr holl feintiau'n cael eu trawsnewid yn unedau SI cyn amnewid gwerthoedd yn yr hafaliad nwy delfrydol. Yn yr hafaliad, p yw'r gwasgedd mewn N m^{-2} (pascalau), V yw'r cyfaint mewn m^3, T yw'r tymheredd mewn K ar raddfa Kelvin, n yw'r swm mewn molau, ac R yw'r cysonyn nwy.

■ mae egni cinetig cyfartalog moleciwlau mewn cyfrannedd â'r tymheredd ar raddfa Kelvin.

Mae'r tybiaethau hyn yn helpu i egluro pam mae nwyon real yn dod yn agos at ymddwyn yn ddelfrydol ar dymheredd uchel a gwasgedd isel. Ar dymheredd uchel, mae'r moleciwlau yn symud mor gyflym fel bo modd anwybyddu unrhyw rymoedd atyniadol bychain sydd ryngddynt. Ar wasgedd isel mae'r cyfeintiau mor fawr nes gwneud y gwagle a gaiff ei lenwi gan y moleciwlau yn ddibwys.

Mae'r ddamcaniaeth yn helpu i egluro hefyd pam mae nwyon real yn gwyro oddi wrth ymddygiad nwy delfrydol wrth iddyn nhw fynd yn fwyfwy agos at droi'n hylif. Pan fydd nwy yn troi'n hylif bydd y moleciwlau'n mynd yn agos iawn at ei gilydd ac mae'n amhosibl anwybyddu cyfaint y moleciwlau. Hefyd, fyddai nwyon ddim yn gallu troi'n hylif pe na bai grymoedd atyniadol (rhyngfoleciwlaidd) rhwng y moleciwlau i'w dal ynghyd.

Y ffisegydd o'r Iseldiroedd, Johannes van der Waals (1837–1923), ddatblygodd ei ddamcaniaeth grymoedd rhyngfoleciwlaidd (gweler tudalennau 84–85) drwy astudio ymddygiad nwyon real a'r ffordd maen nhw'n gwyro oddi wrth yr hafaliad nwy delfrydol.

Dosraniad Maxwell–Boltzmann

Datblygwyd y ddamcaniaeth ginetig ymhellach gan ddau ffisegydd, yn annibynnol i'w gilydd, sef James Maxwell (1831–1879) ym Mhrydain, a Ludwig Boltzmann (1844–1906) yn Awstria. Yn fwyaf arbennig, fe archwiliodd y ddau ohonyn nhw ddosraniad egnïon mewn nwy, i gyfrifo faint o foleciwlau sydd ag egni penodol. Mae Ffigur 3.3.5 yn dangos y dosraniad egni ar gyfer moleciwlau nwy o dan ddwy set o amodau.

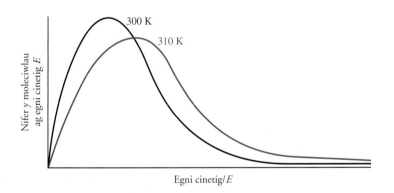

Ffigur 3.3.5 ▲
Dosraniad Maxwell–Boltzmann o egnïon cinetig moleciwlaidd mewn nwy ar ddau dymheredd

Cemeg Ffisegol · Adran tri

3.4 Adeiledd a bondio

Nod canolog mewn cemeg fodern yw egluro priodweddau elfennau a chyfansoddion o ran adeiledd a bondio. Disgrifiad o drefniant yr atomau, y moleciwlau neu'r ïonau yw adeiledd defnydd. Mae damcaniaethau bondio yn ceisio esbonio'r grymoedd sy'n dal atomau ynghyd. Bydd gwyddonwyr yn gwneud defnydd helaeth o ffiseg a modelau mathemategol a chyfrifiadurol i egluro adeiledd a bondio.

CD-ROM

Ymchwilio i adeiledd a bondio

Mewn gwyddoniaeth, mae sawl lefel i ystyr adeiledd pethau. Ar raddfa fawr, bydd peirianwyr yn cynllunio adeiladwaith ar gyfer adeiladau a phontydd. Ar y raddfa leiaf bydd gwyddonwyr yn archwilio adeiledd mewnol atomau. Mae'r adran hon yn canolbwyntio ar ffurfiad grisialog, sy'n disgrifio adeiledd atomau a moleciwlau mewn grisialau.

Mae siapiau rheolaidd grisialau yn awgrymu trefn waelodol ond, tan ddechrau'r ugeinfed ganrif, doedd dim modd i wyddonwyr wneud dim mwy na dyfalu beth oedd trefn atomau anweladwy. Syr Lawrence Bragg (1890–1971), a oedd yn gweithio yng Nghaergrawnt, oedd y person cyntaf i sylweddoli y gallai pelydrau X gael eu defnyddio i ymchwilio i ffurfiad grisialog. Helpodd ei dad, Syr William Bragg (1862–1942), ef drwy ddyfeisio'r offer cyntaf a ddefnyddiwyd i astudio ffurfiad grisialog.

Mae modd defnyddio pelydrau X i astudio adeiledd oherwydd bod eu tonfeddi tua'r un hyd â'r pellter rhwng yr atomau mewn grisial. Bydd yr atomau mewn grisial yn gwasgaru'r pelydrau X gan greu patrwm diffreithiant. I ddechrau, roedd yn rhaid tynnu llun i gael ffotograff o'r patrwm hwn ond, erbyn heddiw, mae modd creu cofnod electronig ohono. Yr her yw defnyddio'r patrwm o ddotiau i ddehongli'r patrwm diffreithiant a diddwytho ffurfiad grisialog mewn tri dimensiwn o'r dotiau hyn.

Mae nifer o wyddonwyr eraill wedi dilyn camau'r ddau Bragg a pharhau â'u gwaith. Fe wnaeth un o'r gwyddonwyr hynny, Dorothy Hodgkin (1910–1994) ymestyn y defnydd a wnaed o ddiffreithiant pelydr X i ddatrys adeiledd cymhleth moleciwlau biolegol gan gynnwys penisilin a fitamin B12.

Ffigur 3.4.1 ▲ ▶
a) Dorothy Hodgkin
b) Patrwm diffreithiant pelydr X mewn lysosym

Dechreuodd ei gwaith ar adeiledd inswlin yn y 1930au ond ni ddaeth i ben tan 1972. Erbyn hynny roedd cynnydd enfawr wedi bod ym mhŵer y cyfrifiaduron oedd ar gael, felly gallai ddisgrifio'n fanwl safle dros 800 o atomau ym moleciwl cymhleth inswlin.

Amser allweddol yn hanes bioleg foleciwlaidd oedd darganfod adeiledd DNA yn 1954. Bryd hynny, roedd Francis Crick (ganed yn 1916) a James Watson (ganed yn 1928) yn gweithio yng Nghaergrawnt. Defnyddiodd y ddau gyfuniad o gyfrifiadureg, dawn gemegol a'r gallu i adeiladu modelau er mwyn dehongli'r ffotograffau diffreithiant pelydr X a gynhyrchwyd yn Llundain gan Rosalind Franklin (1920–1958) a Maurice Wilkins (ganed yn 1916) i ddatrys siâp y moleciwlau helics dwbl.

Yn fwy diweddar, cafodd diffreithiant pelydr X ei ddefnyddio i gadarnhau adeiledd ffurf newydd ar garbon, ffwleren Buckminster (gweler tudalen 88).

Dau fath o adeiledd

A siarad yn fras, mae dau fath o adeiledd: adeileddau enfawr ac adeileddau moleciwlaidd.

Mae gan ddefnyddiau ag adeileddau enfawr adeiledd grisialog gyda chysylltiadau cadarn rhwng yr atomau neu'r ïonau ar ffurf rhwydwaith o fondiau yn ymestyn drwy'r grisial i gyd.

Yn gyffredinol, mae gan sylweddau ag adeileddau enfawr ymdoddbwyntiau a berwbwyntiau uchel.

Prawf i chi D

I Chwiliwch am ymdoddbwyntiau a berwbwyntiau'r elfennau hyn a phenderfynwch a oes ganddyn nhw adeiledd enfawr neu adeiledd moleciwlaidd:

beryliwm, boron, fflworin, silicon, ffosfforws gwyn, sylffwr, calsiwm, cobalt, ïodin.

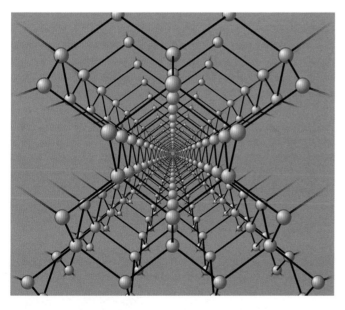

Ffigur 3.4.2 ◄
Agoslun o adeiledd enfawr diemwnt. Mae pob atom carbon wedi ei fondio â phedwar atom arall ac mae'r bondio'n mynd yn ei flaen drwy'r grisial i gyd. Does dim cyswllt gwan yn unlle

Mae sylweddau ag adeileddau moleciwlaidd wedi eu gwneud o grwpiau bychain o atomau. Mae'r bondiau sy'n cysylltu'r atomau yn y moleciwlau yn gymharol gryf (grymoedd mewnfoleciwlaidd). Mae'r grymoedd rhwng y moleciwlau (grymoedd rhyngfoleciwlaidd) yn wan. Mae gan sylweddau moleciwlaidd ymdoddbwyntiau a berwbwyntiau isel oherwydd gwendid y grymoedd rhyngfoleciwlaidd.

Adran tri **Cemeg Ffisegol**

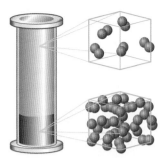

Ffigur 3.4.3 ▲

Moleciwlau bromin. Mae llawer o elfennau a chyfansoddion moleciwlaidd yn hylifau neu'n nwyon ar dymheredd ystafell oherwydd mai dim ond ychydig o egni sydd ei angen i wrthsefyll y grymoedd gwan rhwng y moleciwlau

Ffigur 3.4.5 ▲

Ceblau metel yn y grid trydan yn cael eu cynnal gan beilonau metel. Mae hyn yn ein hatgoffa bod metelau yn gryf, yn blygadwy ac yn gallu dargludo trydan. Ynsyddion ceramig rhwng y ceblau dargludol a'r peilonau sy'n cadw'r cerrynt trydan rhag gollwng i'r tir

Tri math o fondio cryf

Y prif fathau o ddefnyddiau solet yw metel, polymer, ceramigau a gwydr. Mae cryfder pob un o'r defnyddiau hyn yn dibynnu ar un o dri math o fondio cryf.

Ym mhob math mae cryfder y bond yn dibynnu ar atyniadau electrostatig rhwng gwefrau positif a negatif.

Bondio metelig

Mewn grisial metel mae pob atom metel yn ffurfio ïon positif drwy roi un neu ddau electron i 'fôr' o electronau negatif. Canlyniad yr atyniad rhwng yr ïonau metel positif a'r electronau negatif yw bondio metelig. Does gan yr electronau ddim lleoliad pendant; maen nhw'n rhydd i symud drwy'r grisial. Hynny yw, mae'r electronau wedi eu dadleoli.

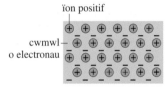

ïon positif

cwmwl o electronau

Ffigur 3.4.4 ▲

Bondio metelig. Ïonau positif metel yn cael eu dal ynghyd gan 'fôr' o electronau negatif

Bondio cofalent

Mae bond cofalent sengl wedi ei wneud o bâr o electronau sy'n cael eu rhannu. Daw'r bond o'r atyniad rhwng yr electronau a niwclysau'r atomau, sydd wedi eu gwefru'n bositif. Caiff yr electronau sy'n cael eu rhannu eu cadw yn eu lle rhwng y ddau atom – maen nhw'n lleoledig. Dydy'r electronau yma ddim yn gallu symud a does dim gronynnau wedi'u gwefru felly, fel rheol, ynysyddion yw defnyddiau sydd â bondio cofalent.

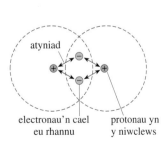

atyniad

electronau'n cael eu rhannu

protonau yn y niwclews

Ffigur 3.4.7 ▲

Bond cofalent rhwng dau atom

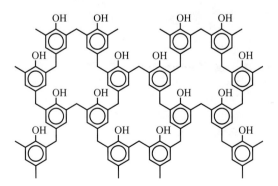

Ffigur 3.4.6 ▲

Polymer thermosodol lle mae'r moleciwlau cadwyn hir wedi eu trawsgysylltu i greu adeiledd sy'n rhwydwaith parhaus o fondiau cofalent

Bondio ïonig

Mae bondio ïonig yn dal ïonau gyda'i gilydd yng ngrisialau cyfansoddion o fetelau gydag anfetelau. Atyniad electrostatig rhwng ïonau positif a negatif yw'r bondio.

Ffigur 3.4.8 ▲
Atyniad electrostatig rhwng ïonau positif a negatif yw bondio ïonig

Ffigur 3.4.9 ▲
Brics magnesiwm ocsid yn cael eu defnyddio mewn odyn sment gylchdro. Ceramig ïonig gydag ymdoddbwynt uchel iawn yw magnesiwm ocsid, felly mae'n ddefnydd addas ar gyfer leinin ffwrneisi. Fel y rhan fwyaf o bethau ceramig, mae'r brics yma'n frau dros ben

Ffigur 3.4.10 ▲
Defnyddiwyd gwydr i wneud y bont hon yn yr Amgueddfa Wyddoniaeth. Mae dau fath o fondio mewn gwydr: bondio cofalent mewn dellten silicon-ocsigen enfawr, a bondio ïonig rhwng gwefrau ar y ddellten Si-O ac ïonau metel

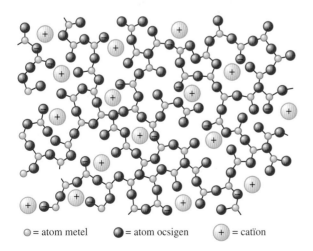

○ = atom metel   ● = atom ocsigen   (+) = catïon

Ffigur 3.4.11 ▲
Bondio cofalent a bondio ïonig mewn gwydr. Sylwch ar drefniant afreolaidd yr atomau a'r ïonau. Dydy gwydr ddim yn risialog, mae'n amorffaidd

3.5 Adeiledd a bondio mewn metelau

Metelau yw'r rhan fwyaf o'r elfennau – mwy na'u tri chwarter. Mae rhai cyfnodau hanes wedi eu henwi ar ôl metelau – yr Oes Efydd ac Oes yr Haearn, er enghraifft. Bydd pobl yn trysori aur ac arian oherwydd eu bod yn brin a'u bod mor hardd. Mae'r oes dechnolegol sydd ohoni yn dibynnu ar briodweddau arbennig metelau fel platinwm, sirconiwm a thitaniwm. Er bod rhai metelau'n ddefnyddiol yn eu ffurf bur, mae llawer o rai eraill yn well o'u troi'n aloiau fel efydd, sodr a dur.

CD-ROM

Grisialau metel

Màs o ronynnau grisial sy'n gwneud metelau – maen nhw'n amlrisialog. Mae'r grisialau yn anodd eu gweld oherwydd eu bod yn tueddu i fod yn fychan dros ben; fel rheol, maen nhw'n rhy fach i'w gweld heb gymorth microsgop. Mae rhai eithriadau i'w cael, fel y grisialau sinc mawr sy'n weladwy ar arwyneb haearn galfanedig.

Ffigur 3.5.1 ▶
Grisialau sinc ar arwyneb haearn galfanedig. Mae'r atomau yn y grisialau wedi eu trefnu'n ddellten reolaidd. Wrth i'r metel ymsolido, bydd y grisialau'n tyfu i mewn i'w gilydd, felly dydy eu siâp ddim fel siâp grisialau eraill

Yn aml, bydd haen o ocsid metel yn cuddio arwyneb metel. Bydd rhwd ar haearn a'r lliw gwyrdd ar gopr sydd wedi hindreulio yn cuddio'r metelau sydd oddi tanodd.

Mae metelegwyr yn astudio grisialau metel drwy gael gwared ar unrhyw haen ocsid, llathru'r arwyneb nes ei fod yn sgleinio ac yna gollwng y sampl i hydoddiant sy'n ysgythru'r arwyneb i ddangos y ffiniau rhwng y gronynnau grisial (gweler Ffigur 3.5.2).

Adeiledd metelau

Mae astudiaethau diffreithiant pelydrau X (gweler tudalen 66) a microsgopau electron grymus yn cadarnhau bod gan risialau metel adeileddau rheolaidd. Mae'r holl fetelau wedi eu gwneud o adeileddau enfawr o atomau gyda bondio metelig yn eu dal ynghyd.

Adeileddau wedi'u pacio'n dynn

Mewn llawer o fetelau mae'r atomau wedi eu pacio mor dynn â phosibl at ei gilydd. Mewn haen o sfferau pacio-tynn mae gan bob atom chwe sffêr arall yn ei gyffwrdd.

70

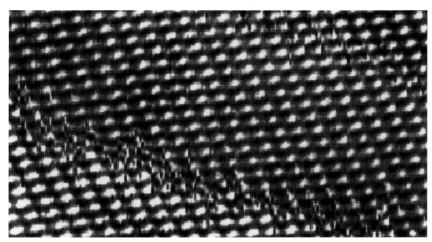

Ffigur 3.5.3 ▲
Ffotograff a dynnwyd gan ficrosgop electron, yn dangos trefniant rheolaidd atomau mewn grisial aur (chwyddhad 20 × 10^6)

Mewn tri dimensiwn, mae haenau o atomau pacio-tynn yn pentyrru mewn dwy ffordd bosibl. Pan fydd y drydedd haen yn union uwchben yr haen gyntaf (trefn aba), pacio-tynn hecsagonol yw'r enw ar y trefniant. Mewn pacio-tynn ciwbig wyneb-ganolog, y bedwaredd haen sy'n cyfateb i'r haen gyntaf (trefn abca). Yn y ddau adeiledd, mae pob un atom yn cyffwrdd â'r 12 cymydog agosaf.

Yr adeiledd ciwbig corff-ganolog

Mae gan rai metelau adeiledd mwy agored na'r ddau adeiledd pacio-tynn. Yn yr adeiledd hwn, mae atom ar bob cornel i giwb yn amgylchynu un atom ar ganol y ciwb.

Y metelau sydd ag adeiledd ciwbig corff-ganolog yw'r metelau o grŵp 1, sef lithiwm, sodiwm a photasiwm, a metelau o floc-d hefyd, sef cromiwm, fanadiwm a thwngsten.

Priodweddau metelau

Gall metelau blygu heb dorri oherwydd nad yw bondio metelig yn gyfeiriadol iawn. Gall llinellau neu haenau o atomau metel symud eu lleoliad mewn grisial heb i'r bondiau dorri. Gall haenau'r atomau sydd mewn metel lithro dros ei gilydd felly mae'r metelau'n hydrin ac yn hydwyth.

Mae metelau'n dargludo oherwydd bod yr electronau bondio sy'n cael eu rhannu yn gallu symud drwy adeiledd y grisial o atom i atom pan fydd gwahaniaeth potensial trydan. Mae'r rhain yn electronau dadleoledig.

Prawf i chi **D**

1 Chwiliwch am enghreifftiau o ddibenion metelau ac aloiau sy'n dangos eu priodweddau nodweddiadol. Enwch y metel neu'r aloi sy'n cael ei ddefnyddio ym mhob enghraifft. Mae metelau:
   a) yn sgleiniog
   b) yn dargludo trydan
   c) yn plygu ac yn ymestyn heb dorri
   ch) yn meddu ar gryfder tynnol uchel.
2 Archwiliwch batrwm y priodweddau metel yn y tabl cyfnodol.
   a) Pa fetelau sydd â dwysedd cymharol uchel? Pa rai sydd â dwysedd cymharol isel?
   b) Pa fetelau sydd ag ymdoddbwyntiau a berwbwyntiau cymharol uchel? Pa rai sydd ag ymdoddbwyntiau a berwbwyntiau cymharol isel?

Ffigur 3.5.2 ▲
Gronynnau grisial yn adeiledd copr

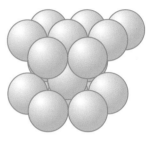

Ffigur 3.5.4 ▲
Pacio-tynn hecsagonol mewn atomau metel. Rhai metelau â'r adeiledd hwn yw magnesiwm, titaniwm a sinc

CD-ROM

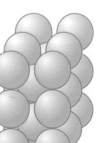

Ffigur 3.5.5 ▲
Adeiledd ciwbig corff-ganolog. Mae pob un atom metel wedi ei amgylchynu gan wyth cymydog agosaf

CD-ROM

Diffiniad

Electronau bondio yw **electronau dadleoledig**. Dydyn nhw ddim mewn safle sefydlog rhwng dau atom mewn bond; yn hytrach, maen nhw'n cael eu rhannu rhwng sawl atom, neu lawer o atomau.

3.6 Adeileddau ïonig enfawr

> Sut mae cemegwyr yn egluro'r gwahaniaeth rhyfeddol rhwng sodiwm clorid – sef halen cyffredin – a'r ddwy elfen sodiwm a chlorin? Metel sy'n adweithio'n egnïol yw sodiwm, tra bo clorin yn nwy gwenwynig iawn.

Atomau'n troi'n ïonau

Cyfansoddion o fetelau gydag anfetelau yw halwynau fel sodiwm clorid. Mae'r metelau ar ochr chwith y tabl cyfnodol (gweler tudalen 239); dim ond ychydig o electronau sydd ganddyn nhw yn eu plisg allanol. Mae gan yr anfetelau, ar ochr dde y tabl cyfnodol, is-blisg sydd bron yn llawn. Pan fydd cyfansoddion yn ffurfio rhwng metelau ac anfetelau, bydd yr atomau metel yn colli eu helectronau allanol ac yn troi'n ïonau positif. Bydd yr atomau anfetel yn ennill yr electronau ac yn troi'n ïonau negatif.

Pan fydd sodiwm yn adweithio gyda chlorin, bydd yr atom sodiwm yn colli'r un electron allanol gan ffurfio ïon Na$^+$ a fydd wedyn â'r un nifer o electronau, yn yr un drefn, â'r nwy nobl neon. Bydd pob atom clorin yn ennill un electron gan ffurfio ïon Cl$^-$ gyda'r un ffurfwedd electronau â'r nwy nobl argon.

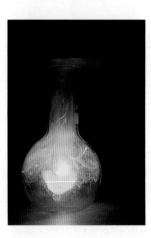

Ffigur 3.6.1 ▲
Sodiwm poeth yn adweithio gyda nwy clorin

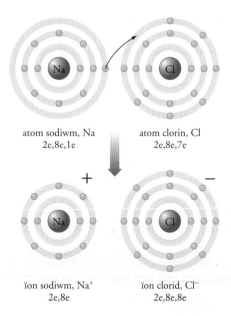

atom sodiwm, Na
2e,8e,1e

atom clorin, Cl
2e,8e,7e

ïon sodiwm, Na$^+$
2e,8e

ïon clorid, Cl$^-$
2e,8e,8e

Ffigur 3.6.2 ▶
Ffurfiant pâr o ïonau mewn sodiwm clorid

Mewn nifer o achosion, pan fydd atomau'n adweithio i ffurfio ïonau, byddan nhw'n colli neu'n ennill electronau mewn modd sy'n golygu bod gan yr ïonau a gaiff eu ffurfio yr un ffurfwedd electronau â nwy nobl. Bydd atomau adweithiol yn troi'n ïonau. Mae sodiwm clorid yn wahanol iawn i sodiwm a chlorin oherwydd bod yr ïonau yn yr halwyn yn gwbl wahanol yn gemegol i atomau sodiwm a moleciwlau clorin. Mae'r ïonau yn llawer llai adweithiol na'r atomau neu'r moleciwlau.

Na$^\bullet$ + $\overset{\times\times}{\underset{\times\times}{\times}}\text{Cl}\overset{\times}{\times}$ $\longrightarrow$ Na$^+$ + $\overset{\bullet\times\times}{\underset{\times\times}{\text{Cl}}}\overset{-}{\times}$

atom sodiwm   atom clorin   ïon sodiwm   ïon clorid

(2.8.1)   (2.8.7)   (2.8)   (2.8.8)

Ffigur 3.6.3 ▲
Diagram dot a chroes ar gyfer ffurfiant ïonau sodiwm a chlorid yn dangos yr electronau yn y plisg allanol yn unig

Ca$^\bullet_\bullet$ + $\overset{\times\times}{\underset{\times\times}{\times}}\text{F}\overset{\times}{\times}$ $\overset{\times\times}{\underset{\times\times}{\times}}\text{F}\overset{\times}{\times}$ $\longrightarrow$ Ca$^+$ + $\overset{\times\times}{\underset{\times\times}{\bullet}}\text{F}\overset{\times}{\times}$ $\overset{\times\times}{\underset{\times\times}{\bullet}}\text{F}\overset{\times}{\times}$

atom calsiwm   dau atom fflworin   ïon calsiwm   dau ïon fflworid

(2.8.8.2)   (2.7)   (2.8.8)   (2.8)

Ffigur 3.6.4 ▲
Diagram dot a chroes ar gyfer ffurfiant ïonau calsiwm a fflworid yn dangos yr electronau yn y plisg allanol yn unig

Bondio ïonig

Mae bondio ïonig yn ganlyniad i rymoedd atyniad electrostatig rhwng ïonau metel positif ac ïonau anfetel negatif. Mewn halwyn solet mae'r ïonau'n adeiladu i fyny'n ddellten risial gydag ïonau negatif yn amgylchynu pob ïon positif ac ïonau positif yn amgylchynu pob ïon negatif.

Adeiledd sodiwm clorid

Ciwbiau yw grisialau sodiwm clorid. Mae hyn yn adlewyrchu trefn giwbig waelodol yr ïonau (gweler Ffigur 2.3.12 ar dudalen 24). Mae chwech o ïonau clorid yn amgylchynu pob ïon positif, a chwech o ïonau positif yn amgylchynu pob ïon clorid. Cyd-drefniant 6:6 yw hyn.

Mae gan lawer o gyfansoddion eraill yr un adeiledd â sodiwm clorid, gan gynnwys: cloridau, bromidau ac ïodidau Li, Na a K; ocsidau a sylffidau Mg, Ca, Sr, Ba; yn ogystal â fflworidau, cloridau a bromidau Ag.

Adeiledd cesiwm clorid

Halwyn arall gydag adeiledd grisial ciwbig yw'r cyfansoddyn ïonig cesiwm clorid, Cs$^+$Cl$^-$. Yn yr adeiledd hwn, mae pob ïon positif wedi ei amgylchynu gan wyth cymydog agosaf yng nghorneli'r ciwb ac, yn yr un modd, mae pob ïon negatif wedi ei amgylchynu gan wyth o ïonau positif.

Cyfansoddion eraill sydd ag adeiledd fel cesiwm clorid yw CsBr, CsI ac NH$_4$Cl.

Mewn grisial ïonig, bydd yr ïonau'n ymddwyn fel sfferau wedi'u gwefru mewn cyswllt. Dim ond pan fydd pob ïon mewn cyswllt â'i gymdogion agosaf y bydd yr adeiledd yn sefydlog.

Mae ïon cesiwm yn ddigon mawr i fod ag wyth ïon clorid yn ei amgylchynu, fel yn adeiledd cesiwm clorid. Mae ïonau sodiwm yn llai o faint, felly dydyn nhw ddim ond yn ddigon mawr i gyffwrdd â chwech o'r ïonau clorid sydd agosaf atyn nhw, fel yn adeiledd sodiwm clorid.

Newidiadau egni

Mae angen egni i dynnu electronau oddi ar ïonau metel (gweler Egni Ïoneiddiad ar dudalennau 55–56). Pan fydd electronau'n cael eu hychwanegu at atomau anfetel, bydd y newidiadau egni (affinedd electronol) yn llawer iawn

---

Prawf i chi   **D**

1. Lluniwch ddiagramau dot a chroes ar gyfer:
   a) lithiwm fflworid
   b) magnesiwm clorid
   c) lithiwm ocsid
   ch) calsiwm ocsid.

2. Gyda chymorth y tabl cyfnodol, rhagfynegwch y gwefrau ar ïonau'r elfennau hyn: cesiwm, strontiwm, galiwm, seleniwm ac astatin.

3. Pam mae metelau'n ffurfio ïonau positif tra bo anfetelau'n ffurfio ïonau negatif?

4. Cyfrifwch nifer y protonau, niwtronau ac electronau yn y parau canlynol o ronynnau. Ym mha ffyrdd mae'r gronynnau ym mhob pâr yr un peth â'i gilydd, ac ym mha ffyrdd maen nhw'n wahanol?
   a) ïon sodiwm ac atom neon,
   b) ïon clorid ac atom argon.

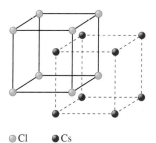

○ Cl   ● Cs

Ffigur 3.6.5 ▲
Adeiledd cesiwm clorid. Mae'r adeiledd ar ffurf arae giwbig syml o ïonau positif yn cydymdreiddio â threfn giwbig o ïonau negatif. Mae pob ïon cesiwm yn cyffwrdd ag wyth o ïonau clorid. Mae pob ïon clorid yn cyffwrdd ag wyth o ïonau cesiwm. Cyd-drefniant 8:8 yw hyn

Diffiniad

Rhif cyd-drefnol
Nifer y cymdogion agosaf sydd gan atom neu ïon mewn adeiledd grisial.

llai. Felly, o ble y daw'r egni i newid atomau yn ïonau? Y gwir yw bod grisialau ïonig yn sefydlog oherwydd yr egni mawr sy'n cael ei ollwng wrth i'r ïonau, sy'n atynnu ei gilydd, ddod ynghyd i ffurfio dellten risial.

Daw cryfder y bond ïonig, sy'n cael ei fesur mewn $kJ\,mol^{-1}$, o'r egni sy'n cael ei ryddhau wrth i filiynau ar filiynau o ïonau positif a negatif ddod ynghyd i ffurfio dellten risial. Po fwyaf y gwefrau ar yr ïonau, mwyaf fydd y grym atynnu rhyngddyn nhw, a mwyaf fydd maint yr egni a gaiff ei ryddhau. Po leiaf yr ïonau, agosaf fydd y gwefrau at ei gilydd, cryfaf fydd grym yr atyniad a mwyaf fydd maint yr egni a gaiff ei ryddhau.

Radiysau ïonig

Bydd grisialegwyr yn defnyddio dulliau diffreithiant pelydr X i fesur y pellter rhwng ïonau mewn grisialau. O'u canlyniadau, fe allan nhw gyfrifo radiysau ïonig. Mae radiws ïon positif mewn elfen yn llai na'i radiws atomig oherwydd bod yr atom yn colli ei blisgyn allanol wrth droi'n ïon. Mae radiws ïon negatif elfen yn fwy na'i radiws atomig oherwydd bod electronau'n cael eu hychwanegu at y plisgyn allanol.

Ffigur 3.6.6 ▶
Cymharu radiysau atomau ac ïonau

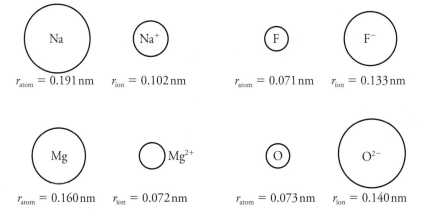

Na $r_{atom} = 0.191\,nm$ Na$^+$ $r_{ion} = 0.102\,nm$ F $r_{atom} = 0.071\,nm$ F$^-$ $r_{ion} = 0.133\,nm$

Mg $r_{atom} = 0.160\,nm$ Mg^{2+} $r_{ion} = 0.072\,nm$ O $r_{atom} = 0.073\,nm$ O^{2-} $r_{ion} = 0.140\,nm$

Priodweddau cyfansoddion ïonig

Dyma brif briodweddau cyfansoddion ag adeiledd enfawr:

▨ maent yn risialog ac yn galed
▨ mae ganddynt ymdoddbwyntiau a berwbwyntiau uchel
▨ maent yn aml yn hydawdd mewn dŵr (gweler tudalen 89) ond yn anhydawdd mewn hydoddyddion amholar (gweler tudalen 83)
▨ ni allant ddargludo trydan pan fyddant yn eu ffurf solid ond gallant ddargludo trydan pan fyddant yn eu ffurf dawdd neu mewn hydoddiant.

Mae halwynau solet, fel sodiwm clorid, yn ynysyddion. Fydd ïonau wedi'u gwefru ddim yn gallu symud mewn solid, felly does dim gwefrau symudol i gludo'r cerrynt.

Pan fydd sodiwm clorid yn ymdoddi, bydd yr ïonau'n rhydd i symud wedyn. Mae sodiwm clorid tawdd yn ddargludydd. Gall ïonau sodiwm positif symud tuag at yr electrod negatif (catod) tra bydd ïonau clorid negatif yn symud tuag at yr electrod positif (anod). Bydd cerrynt trydan yn dadelfennu cyfansoddyn ïonig fel sodiwm clorid. Electrolysis yw hyn. Pan fydd yr ïonau sodiwm yn cyrraedd y catod, fe fyddan nhw'n ennill electronau ac yn troi'n ôl yn atomau sodiwm. Pan fydd yr ïonau clorid yn cyrraedd yr anod, fe fyddan nhw'n colli electronau ac yn troi'n ôl yn foleciwlau clorin. Felly mae electrolysis yn cildroi'r newidiadau sy'n digwydd pan fydd sodiwm clorid yn cael ei ffurfio o'i elfennau (gweler tudalen 72).

3.7 Moleciwlau cofalent ac adeileddau enfawr

Mae pethau byw wedi eu gwneud yn bennaf o ddŵr, ac amrywiaeth anferth hefyd o gyfansoddion carbon gydag elfennau fel hydrogen, ocsigen, nitrogen a sylffwr. Mae'r rhain i gyd yn gyfansoddion moleciwlaidd o elfennau anfetel, ac yn gyfansoddion gwahanol iawn i'r mwynau sydd yng nghreigiau cramen y Ddaear. Mae'r rhan fwyaf o'r mwynau hyn wedi eu gwneud o rwydweithiau enfawr o'r ddau anfetel silicon ac ocsigen, ynghyd ag elfennau eraill. Felly, mae'n rhaid i gemegwyr ddeall adeiledd a bondio anfetelau a'u cyfansoddion os ydyn nhw am esbonio priodweddau'r byd organig a'r byd anorganig.

Adeileddau moleciwlaidd

Yn y rhan fwyaf o elfennau anfetel, mae'r atomau'n uno gyda'i gilydd mewn moleciwlau bychain. Mae hydrogen, nitrogen, ffosfforws, sylffwr, clorin, bromin ac ïodin i gyd yn enghreifftiau o elfennau moleciwlaidd.

Y tu mewn i'r moleciwlau, mae'r bondiau cofalent sy'n dal yr atomau ynghyd yn gryf, felly nid yw'n hawdd iawn i'r moleciwlau rannu'n atomau. Serch hynny, mae'r grymoedd rhyngfoleciwlaidd (gweler tudalennau 83–84) yn wan, felly gwaith eithaf hawdd yw eu gwahanu. Mae hyn yn golygu bod sylweddau moleciwlaidd yn aml yn hylifau neu'n nwyon ar dymheredd ystafell. Yn nodweddiadol mae solidau moleciwlaidd yn ymdoddi neu'n anweddu yn hawdd iawn.

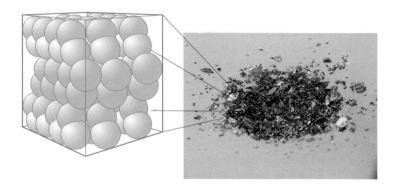

Ffigur 3.7.1 ◄
Adeiledd ïodin yn dangos trefn moleciwlau ïodin

Mae'r rhan fwyaf o gyfansoddion anfetelau gydag anfetelau eraill yn foleciwlaidd hefyd. Mae hyn yn wir am gyfansoddion syml fel dŵr, carbon deuocsid, amonia, methan a hydrogen clorid, a hefyd am filoedd lawer o gyfansoddion carbon, sy'n cael eu trafod yn Adran 5 (gweler tudalen 178).

Dydy moleciwlau ddim yn cario gwefr drydan, a does dim electronau rhydd mewn sylweddau moleciwlaidd; felly, ni all defnyddiau sydd wedi eu gwneud o foleciwlau ddargludo trydan. Dyma'r priodweddau sy'n nodweddiadol o elfennau neu gyfansoddion moleciwlaidd cofalent:

- ■ mae ganddyn nhw ymdoddbwyntiau a berwbwyntiau cymharol isel
- ■ mae'r egni sy'n angenrheidiol i rannu'r moleciwlau yn isel (gweler tudalennau 18–19)
- ■ dydyn nhw ddim yn dargludo trydan pan fyddan nhw ar ffurf solid, hylif neu nwy

Adran tri **Cemeg Ffisegol**

Ffigur 3.7.2 ▲
Darn o adeiledd enfawr diemwnt. Sylwch fod pob atom carbon wedi'i gysylltu â phedwar atom arall. Mae'r rhwydwaith bondio hwn yn ymestyn ledled yr adeiledd enfawr. (Gweler Ffigur 3.4.2 ar dudalen 67)

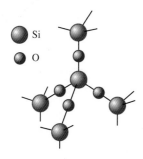

Ffigur 3.7.3 ▲
Darn o adeiledd enfawr silicon deuocsid yn y mwyn cwarts. Mae pob atom Si yn ganolog i detrahedron o atomau ocsigen. Mae trefn yr atomau silicon yr un fath â threfn yr atomau carbon mewn diemwnt, ond bod atom ocsigen rhwng pob atom silicon. Cwarts grisialog yw amethyst, sydd â lliw porffor oherwydd bod ïonau haearn(III) yn bresennol. Mae tywodfaen a thywod wedi'u gwneud yn bennaf o silica

■ maen nhw'n fwy hydawdd mewn hydoddyddion amholar megis hecsan nag mewn dŵr, a dydy'r hydoddiannau ddim yn dargludo trydan

Dydy'r rhain ddim yn rheolau llym. Mae rhai cyfansoddion cofalent yn hydawdd iawn mewn dŵr. Bydd siwgr ac ethanol, er enghraifft, yn hydoddi i roi hydoddiannau sydd ddim yn dargludo trydan. Y bondio hydrogen (gweler tudalennau 85–86) sy'n gyfrifol am hyn.

Mae hydrogen clorid a sylffwr deuocsid yn foleciwlaidd hefyd, ac yn hydawdd iawn. Fe fyddan nhw'n adweithio gyda dŵr wrth iddyn nhw hydoddi a ffurfio ïonau (gweler tudalen 30) felly mae'r hydoddiannau hyn yn gallu dargludo trydan.

Adeileddau cofalent enfawr

Mae yna ychydig o elfennau anfetel sydd wedi eu gwneud o adeileddau enfawr o atomau a ddelir ynghyd gan fondio cofalent. Mae carbon a silicon yn enghreifftiau o hyn.

Mae'r bondiau cofalent sydd mewn diemwnt yn gryf ac yn pwyntio i gyfeiriad pendant. Felly mae diemyntau'n galed iawn a hefyd mae ganddyn nhw ymdoddbwynt uchel iawn.

Dydy diemwnt ddim yn dargludo trydan oherwydd bod yr electronau mewn bondiau cofalent wedi eu sefydlogi (yn lleoledig) rhwng parau o atomau.

Mae gan rai cyfansoddion anfetelau ag anfetelau eraill, megis silicon deuocsid a boron nitrid, adeileddau enfawr gyda bondio cofalent. Mae'r cyfansoddion hyn hefyd yn galed ac yn annargludol.

Bondio cofalent

Mae bondio cofalent yn dal atomau anfetelau ynghyd mewn moleciwlau ac mewn adeileddau enfawr.

Mae bondiau cofalent yn ffurfio pan fydd atomau yn rhannu electronau. Caiff yr atomau eu dal ynghyd gan yr atyniad rhwng y gwefrau positif ar eu niwclysau, a'r wefr negatif sydd ar yr electronau a rennir (gweler tudalen 68).

Ffurfwedd electronau fflworin yw $1s^2 2s^2 2p^5$. Mae gan atom fflworin saith electron yn ei blisgyn allanol. Pan fydd dau atom fflworin yn cyfuno i ffurfio moleciwl, yna maen nhw'n rhannu dau electron. Yna bydd ffurfwedd electronau pob atom yn debyg i un neon, y nwy nobl agosaf.

Bydd cemegwyr yn rhoi llinell rhwng symbolau i gynrychioli bond cofalent. Felly F—F yw eu ffordd o ysgrifennu moleciwl fflworin; dyma'r fformiwla adeileddol, yn dangos yr atomau a'r bondio. Fformiwla foleciwlaidd fflworin yw F_2.

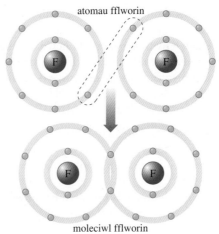

Ffigur 3.7.4 ▶
Bondio cofalent mewn moleciwl fflworin

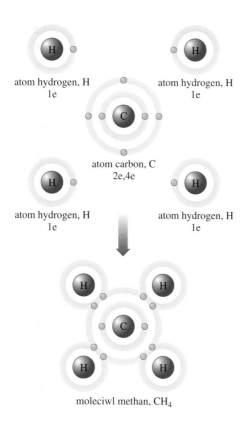

atom hydrogen, H
1e

atom hydrogen, H
1e

atom carbon, C
2e,4e

atom hydrogen, H
1e

atom hydrogen, H
1e

moleciwl methan, CH$_4$

Ffigur 3.7.5 ◄
Bondio cofalent mewn methan

Bydd bondiau cofalent yn cysylltu atomau mewn cyfansoddion anfetel hefyd. Mae Ffigur 3.7.5 yn dangos bondio cofalent mewn methan.

Mae diagramau dot a chroes yn ffordd syml o gynrychioli bondio cofalent. Dim ond yr electronau yn y plisg allanol sydd i'w gweld yn y diagramau hyn.

Cl—Cl
clorin

H—O
dŵr

H—N—H
amonia

Ffigur 3.7.6 ◄
Diagramau dot a chroes yn dangos bondio cofalent sengl mewn moleciwlau. Dangosir hefyd ffordd symlach o ddangos y bondio mewn moleciwlau. Mae llinell rhwng dau symbol yn cynrychioli'r bond cofalent

Ar y cyfan, bydd yr anfetelau sy'n gyffredin mewn cemeg organig yn ffurfio nifer penodol o fondiau cofalent. Mae hyn yn help wrth geisio penderfynu beth yw adeiledd moleciwlau (Ffigur 3.7.7).

Bondio lluosog

Pan fydd un pâr o electronau yn cael ei rannu mae'n creu bond sengl. Mae bondiau dwbl a bondiau triphlyg yn bosibl hefyd pan gaiff dau neu dri phâr eu rhannu.

Mewn ocsigen ac mewn carbon deuocsid, mae dau fond cofalent rhwng dau atom. Oherwydd bod dau bâr o electronau yn rhan o'r bondio, ceir ardal o ddwysedd electronol uchel rhwng dau atom sydd wedi'u cysylltu â bond dwbl.

Ffigur 3.7.7 ▶
Nifer y bondiau cofalent sy'n cael eu ffurfio gan atomau

Elfen	Nifer y bondiau cofalent
carbon, C	4
hydrogen, H	1
ocsigen, O	2
nitrogen, N	3
halogenau, F, Cl, Br, I	1

Ffigur 3.7.8 ▶
Enghreifftiau o foleciwlau â bondiau dwbl. Sylwch ar nifer y bondiau sy'n cael eu ffurfio gan bob atom. Sut mae hyn yn cymharu â'r niferoedd yn Ffigur 3.7.7?

ocsigen

$$O = O$$

carbon deuocsid

$$O = C = O$$

ethen

Parau unig o electronau

Mae gan rai atomau barau o electronau yn eu plisg allanol sydd ddim yn cael eu cynnwys yn y bondio rhwng yr atomau yn y moleciwl. Bydd cemegwyr yn galw'r rhain yn 'barau unig' o electronau.

Mae parau unig o electronau:

■ yn effeithio ar siâp moleciwlau
■ yn ffurfio bondiau cofalent datif (cyd-drefnol)
■ yn bwysig yn ystod adweithiau cemegol cyfansoddion megis dŵr ac amonia.

Ffigur 3.7.9 ▲
Enghreifftiau o foleciwlau â bondiau triphlyg

$$N \equiv N \qquad H - C \equiv C - H$$

3 Lluniwch ddiagramau yn dangos yr holl electronau mewn plisg er mwyn disgrifio sut mae bondiau cofalent yn cysylltu'r atomau mewn:
  a) hydrogen, H_2
  b) hydrogen clorid, HCl
  c) amonia, NH_3

4 Lluniwch ddiagramau dot a chroes i ddangos y bondio cofalent mewn:
  a) hydrogen bromid, HBr
  b) hydrogen sylffid, H_2S
  c) ethan, C_2H_6
  ch) sylffwr deuocsid, SO_2
  d) carbon deusylffid, CS_2

5 Enwch yr atomau sydd â pharau unig yn y moleciwlau hyn a rhowch nifer y parau unig:
  a) amonia
  b) dŵr
  c) hydrogen fflworid.

Ffigur 3.7.10 ▲
Enghreifftiau o foleciwlau ac ïonau sydd â pharau unig o electronau

Bondiau cyd-drefnol, neu fondiau cofalent datif

Mewn unrhyw fond cofalent mae dau atom yn rhannu pâr o electronau. Fel rheol, bydd y naill atom a'r llall yn rhoi un electron yr un i greu'r pâr. Fodd bynnag, weithiau bydd un atom yn rhoi'r ddau electron. Yr enw a roddir gan gemegwyr ar y bond hwn yw bond cofalent datif. Daw'r gair 'datif' o air Lladin sy'n golygu 'rhoi'. Enw arall ar y math hwn o fond yw bond cyd-drefnol.

Ffigur 3.7.11 ▲
Ffurfio ïon amoniwm

Unwaith y bydd wedi ei ffurfio, does dim gwahaniaeth rhwng bond datif ac unrhyw fond cofalent arall.

Bydd amonia'n ffurfio bond cofalent datif wrth adweithio gydag ïon hydrogen i greu ïon amoniwm.

Bondio cofalent datif (cyd-drefnol) sy'n gyfrifol am adeileddau carbon monocsid a beryliwm clorid solet (gweler tudalen 144).

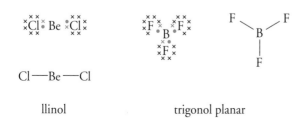

ïon ocsoniwm   asid nitrig   carbon monocsid

Y rheol wythawdau a'i chyfyngiadau

Gilbert Lewis, cemegydd o Unol Daleithiau America, oedd y person cyntaf i awgrymu'r rheol wythawdau yn 1916. Dywed y rheol fod atomau'n tueddu i ennill, colli neu rannu electronau pan fyddan nhw'n cyfuno gydag atomau eraill er mwyn creu wythawd sefydlog o electronau. Yr 'wythawd sefydlog' yw'r wyth electron, s^2p^6, sy'n cyfateb i ffurfwedd electronau allanol y nwy nobl agosaf atynt yn y tabl cyfnodol (gweler Ffigurau 3.7.6 a 3.7.8–10).

Dydy'r rheol wythawdau ddim yn ganllaw diogel oherwydd bod cymaint o eithriadau iddi. Yn achos yr elfennau Li hyd at F yng nghyfnod 2 mae'r rheol yn gweithio'n eithaf da oherwydd mai dim ond cyfanswm o bedwar orbital 's' a 'p' sydd yn yr ail blisgyn, a phob un ohonyn nhw'n gallu dal dau electron. Mae'r rheol wythawdau'n gweithio hefyd yn achos cyfansoddion ïonig o fetelau grwpiau 1 a 2 gyda'r halogenau, ocsigen a sylffwr.

Hyd yn oed yng nghyfnod 2 ceir rhai eithriadau. Un cnghraifft yw'r moleciwl BCl_3 pan fydd y clorid yn nwy. Dim ond chwe electron sydd o amgylch yr atom boron canolog (gweler Ffigur 3.7.13).

Daw mwy o eithriadau o gyfnod 3 a thu hwnt, oherwydd bod yr orbitalau 'd' yn y trydydd plisgyn yn gallu cymryd rhan mewn bondio. Mae Ffigurau 3.7.14 a 3.7.16 yn dangos moleciwlau gyda mwy nag wyth electron ym mhlisgyn allanol yr atom canolog. Weithiau, bydd cemegwyr yn sôn am 'ymestyn yr wythawd' wrth ddisgrifio atom sydd â rhan mewn mwy nag wyth o electronau sy'n bondio.

Siapiau moleciwlau

Mae diffreithiant pelydr X a dulliau eraill sy'n defnyddio offer mesur wedi ei gwneud yn bosibl i fesur onglau bondiau'n fanwl gywir, a'r canlyniadau'n dangos bod gan fondiau cofalent gyfeiriad a hyd penodol.

Mae damcaniaeth sy'n seiliedig ar wrthyriad rhwng parau o electronau yn ei gwneud yn bosibl i ragfynegi siapiau moleciwlau ac onglau bondiau gyda manwl gywirdeb syfrdanol.

llinol   trigonol planar

Ffigur 3.7.14 ▲
Moleciwl o anwedd ffosfforws pentaclorid. Moleciwl â phum pâr o electronau o amgylch yr atom canolog

Ffigur 3.7.15 ▶
Onglau'r bondiau mewn moleciwlau â phedwar pâr o electronau o amgylch yr atom canolog. Golyga'r cynnydd yn y gwrthyriad rhwng parau unig, a rhwng parau unig a pharau bond, bod yr onglau rhwng y bondiau cofalent yn mynd yn llai wrth i nifer y parau unig gynyddu

Ffigur 3.7.16 ▲
Moleciwl octahedrol. Dau byramid â'u sylfeini sgwâr yn unedig yw octahedron

Drwy archwilio plisgyn allanol yr atom canolog i ddarganfod nifer y parau unig o electronau sydd wedi'u bondio neu heb eu bondio, mae cemegwyr yn gallu rhagfynegi siapiau moleciwlau ac ïonau. Y siâp a ddisgwylir ar gyfer moleciwl yw'r un sy'n lleihau'r gwrthyriad rhwng parau o electronau, drwy eu cadw mor bell oddi wrth ei gilydd â phosibl mewn tri dimensiwn.

Mae parau unig sydd heb eu bondio yn cael eu dal yn agosach at yr atom canolog. O ganlyniad, dyma drefn y gwrthyriad rhwng parau o electronau:

pâr unig– pâr unig > pâr unig–pâr bond > pâr bond–pâr bond

Bydd moleciwl sydd â phum pâr o electronau o amgylch yr atom canolog yn cymryd siâp dau detrahedon wedi'u cysylltu â'i gilydd. Enw'r siâp hwn yw deubyramid trigonol.

Mae moleciwl â chwe phâr o electronau o amgylch yr atom canolog yn octahedrol. Mae gan octahedron wyth wyneb ond dim ond chwe chornel.

Wrth ragfynegi siapiau moleciwlau, bydd bond dwbl yn cyfrif fel un rhanbarth o electronau. Mae'r un peth yn wir am fond triphlyg.

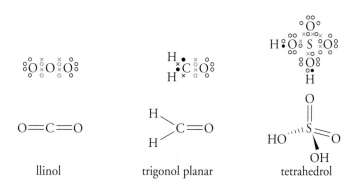

Ffigur 3.7.17 ▲
Siapiau moleciwlau gyda bondiau lluosog

llinol   trigonol planar   tetrahedrol

Prawf i chi

7 Lluniwch ddiagramau dot a chroes ar gyfer y moleciwlau neu'r ïonau hyn ac yna rhagfynegwch eu siapiau:
a) BCl_3 a PH_3
b) CO_2 ac SO_2
c) NH_4^+ ac NH_2^-
ch) SO_4^{2-} ac CO_3^{2-}

3.8 Mathau rhyngol o fondio

Mae pob tystiolaeth yn awgrymu mai ïonig yw'r bondio mewn cesiwm fflworid, Cs^+F^-. Cyfansoddyn yw hwn o fetel adweithiol iawn a'r anfetel mwyaf adweithiol. Mewn moleciwl fel clorin, lle mae'r ddau atom yn union yr un fath, mae'r bondio yn gofalent pur. Yn y rhan fwyaf o gyfansoddion, serch hynny, dydy'r bondio ddim yn gwbl ïonig nac yn gwbl gofalent. Felly, sut mae cemegwyr yn penderfynu pa fath o fondio i'w ddisgwyl mewn cyfansoddyn?

Bondiau cofalent polar

Dydy'r pâr o electronau mewn bond cofalent ddim yn cael eu rhannu'n gyfartal os yw'r ddau atom a unir gan y bond yn atomau gwahanol i'w gilydd. Bydd niwclews un o'r atomau yn atynnu'r electronau yn fwy pwerus na niwclews y llall. Golyga hyn fod ychydig o ormodedd electronau ($\delta-$) yn un pen i'r bond. Ym mhen arall y bond, mae ychydig ddiffyg electronau felly nid yw cwmwl gwefr yr electronau'n diddymu'r wefr bositif ar y niwclews ($\delta+$).

Na⁺Cl⁻ ← $\overset{\delta+ \quad \delta-}{H—Cl}$ → Cl—Cl

Bondio ïonig:
trosglwyddo electron
o fetel adweithiol i
anfetel electronegatif
iawn

Bondio cofalent polar:
rhwng atomau â
gwerthoedd electronegatifedd
gwahanol i'w gilydd

Bondio cofalent:
electronau wedi'u rhannu'n
gyfartal rhwng dau atom
unfath

Ffigur 3.8.1 ◄
Sbectrwm o fondio ïonig pur i fondio cofalent pur

Bydd cemegwyr yn defnyddio gwerthoedd electronegatifedd yn ganllaw i'r graddau y bydd y bondiau rhyngddynt yn bolar. Po gryfaf fydd pŵer tyniad atom, uchaf fydd ei electronegatifedd.

Mae dwy raddfa feintiol ar gyfer electronegatifedd; dyfeisiwyd un gan Linus Pauling (1901–1994) a'r llall gan Robert Mulliken (1896–1986). Yn gyffredinol, serch hynny, bydd y term electronegatifedd yn cael ei ddefnyddio i wneud cymhariaeth feintiol rhwng un elfen a'r llall, felly mae gwybod y tueddiadau yn y gwerthoedd ar draws ac i lawr y tabl cyfnodol yn ddigon mewn gwirionedd.

Mae'r elfennau electronegatif iawn, megis fflworin ac ocsigen, ar frig ochr dde'r tabl cyfnodol. Mae'r elfennau lleiaf electronegatif, fel cesiwm, ar waelod ochr chwith y tabl.

$\overset{\delta+ \quad \delta-}{\text{H} \quad \text{Cl}}$

Ffigur 3.8.2 ▲
Bond cofalent polar mewn hydrogen clorid

Nodyn

Llythyren o wyddor iaith Groeg yw'r symbol δ, sef 'delta'. Bydd cemegwyr yn defnyddio'r symbol hwn ar gyfer maint neu newid bychan. Maen nhw'n defnyddio'r symbolau $\delta+$ a $\delta-$ ar gyfer y gwefrau bychain sydd wrth ddau ben bond polar. Bydd cemegwyr yn defnyddio priflythyren o iaith Groeg, Δ, sef 'delta' ar gyfer newidiadau neu wahaniaethau mwy (gweler tudalen 57).

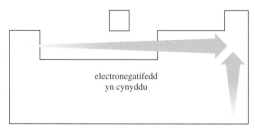

electronegatifedd
yn cynyddu

Ffigur 3.8.3 ▲
Tueddiadau mewn electronegatifedd ar gyfer elfennau bloc 's' a 'p'. Ffordd o fesur y pŵer sydd gan atom mewn moleciwl i dynnu electronau tuag ato ei hun ac oddi wrth atomau eraill yw electronegatifedd

Po fwyaf y gwahaniaeth rhwng electronegatifedd yr elfennau sy'n ffurfio bond, mwyaf polar fydd y bond. Mae ocsigen yn fwy electronegatif na hydrogen, felly mae bond O–H yn un polar, gydag ychydig o wefr negatif ar yr atom ocsigen, ac ychydig o wefr bositif ar yr atom hydrogen.

Yn ei hanfod, bydd bondio mewn cyfansoddyn yn troi'n ïonig os bydd y gwahaniaeth yn yr electronegatifedd yn ddigon mawr i'r elfen fwyaf electronegatif dynnu'r electronau'n gyfan gwbl oddi ar yr elfen arall. Dyma sy'n digwydd mewn cyfansoddion fel sodiwm clorid, magnesiwm ocsid neu galsiwm fflworid.

Polareiddiad ïonau

Ar y pen arall i'r sbectrwm bondio (gweler Ffigur 3.8.1), bydd cemegwyr yn dechrau gyda darlun o fondio ïonig pur rhwng dau atom ac yna'n ystyried i ba raddau y bydd yr ïon metel positif yn aflunio'r ïonau negatif cyfagos, gan achosi ychydig o rannu electronau (hynny yw, peth bondio cofalent).

Mae cemegwyr wedi darganfod mai o dan yr amodau canlynol y bydd bondio ïonig debycaf o ddigwydd:

■ mae'r gwefrau ar yr ïonau yn fychain (1+ neu 2+, 1– neu 2–)
■ mae radiws yr ïonau positif yn fawr a radiws yr ïonau negatif yn fychan.

Ffigur 3.8.4 ▲
Enghreifftiau o fondiau polar rhwng atomau sydd ag electronegatifeddau gwahanol i'w gilydd

Ffigur 3.8.6 ▲
Radiysau ïonig ar gyfer ïonau metel yn y trydydd cyfnod

Ffigur 3.8.5 ▶
Bondio ïonig. Bondio ïonig gyda rhannu electronau yn cynyddu oherwydd bod yr ïon positif wedi aflunio'r ïon negatif cyfagos. Mae'r cylchoedd o ddotiau yn dangos ïonau heb eu polareiddio

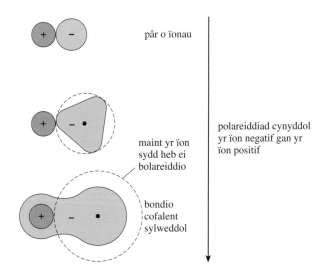

pâr o ïonau

maint yr ïon sydd heb ei bolareiddio

bondio cofalent sylweddol

polareiddiad cynyddol yr ïon negatif gan yr ïon positif

Mae anïon sfferig yn amholar. Pan fydd ïon positif yn tynnu'r cwmwl electronau tuag ato'i hun, mae'n troi'r ïon negatif yn ddeupol bychan (gydag un pôl positif ac un pôl negatif). Felly dywed cemegwyr fod yr ïon positif yn polareiddio'r ïon negatif. Po leiaf yw'r ïon positif a'r mwyaf ei wefr, yna mwyaf fydd y graddau y bydd yn tueddu i bolareiddio ïon negatif. Felly mae pŵer polareiddio yn cynyddu ar hyd y gyfres: Na^+, Mg^{2+}, Al^{3+}, Si^{4+} wrth i'r ïonau fynd yn llai a'u gwefr yn fwy. Mae sodiwm clorid yn solid ïonig, grisialog. Ar y cyfan, cofalent yw'r bondio mewn alwminiwm clorid anhydrus. Hylif cofalent, moleciwlaidd yw silicon clorid. Fydd yr ïon Si^{4+} byth yn bodoli fel ïon syml oherwydd bod ei bŵer polareiddio mor fawr.

Po fwyaf yr ïon negatif a'r mwyaf ei wefr, mwyaf polareiddiadwy fydd yr ïon hwnnw. Felly mae ïonau ïodid yn fwy polareiddiadwy nag ïonau fflworid. Bydd fflworin, sy'n ffurfio'r ïon fflworid bychan â gwefr sengl, hefyd yn ffurfio mwy o gyfansoddion ïonig nag unrhyw anfetel arall. Mae ïonau sylffid, S^{2-}, yn fwy polareiddiadwy nag ïonau clorid, Cl^-.

Prawf i chi

1 Defnyddiwch Ffigur 3.8.3 i ragfynegi polaredd y bondiau yn y moleciwlau hyn: H_2S, NO, CCl_4, ICl.

2 Trefnwch y setiau hyn o gyfansoddion yn ôl natur y bondio, gyda'r mwyaf ïonig ar y chwith a'r mwyaf cofalent ar y dde:
a) $NaCl$, NaI, NaF, $NaBr$
b) Al_2O_3, Na_2O, MgO, SiO_2
c) LiI, NaI, KI, CsI

3.9 Grymoedd rhyngfoleciwlaidd

Grymoedd atynnol gwan rhwng moleciwlau yw grymoedd rhyngfoleciwlaidd. Heb y grymoedd rhyngfoleciwlaidd hyn, fyddai yna ddim hylifau na solidau moleciwlaidd; byddai nwyon real yn ymddwyn yn debycach i nwyon delfrydol (gweler tudalen 63) a fyddai rhai pethau defnyddiol, megis bagiau polythen a haenen lynu i lapio pethau, ddim mewn bodolaeth.

Mae grymoedd rhyngfoleciwlaidd gwan yn dod o'r atyniadau electrostatig rhwng deupolau. Gall yr atyniad ddigwydd rhwng:

- moleciwlau sydd â deupolau parhaol
- deupolau enydaidd sy'n cael eu creu am ennyd fer mewn atomau neu foleciwlau amholar.

Moleciwlau polar

Deupolau bychain trydanol yw moleciwlau polar (mae ganddyn nhw un pôl positif ac un pôl negatif). Mewn maes trydanol, bydd deupolau'n tueddu i alinio. Po fwyaf y deupol, mwyaf fydd yr effaith dirdroi (moment deupol). Drwy ddefnyddio sylwedd polar i wneud y mesuriadau rhwng dau electrod mae'n bosibl cyfrifo momentau deupol. Yr unedau yw unedau debye, a gafodd eu henwi ar ôl y cemegydd ffisegol Peter Debye (1884–1966).

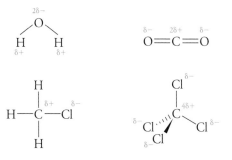

polar yn gyffredinol   amholar yn gyffredinol

Ffigur 3.9.1 ◄
Moleciwlau â bondiau polar. Sylwch yn yr enghreifftiau ar y chwith mai effaith net yr holl fondiau yw moleciwl polar. Yn yr enghreifftiau ar y dde yr effaith net yw moleciwl amholar

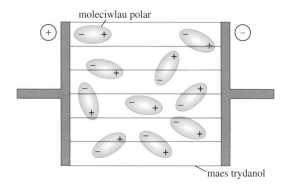

Ffigur 3.9.2 ◄
Moleciwlau polar mewn maes trydanol. Bydd y grymoedd electrostatig yn tueddu i alinio'r moleciwlau yn unol â'r maes. Mae hapsymudiadau oherwydd egni cinetig y moleciwlau yn tarfu ar y drefn

Ffigur 3.9.3 ▼

Moleciwl	Moment deupol (mewn unedau debye)
HCl	1.08
H_2O	1.94
CH_3Cl	1.86
$CHCl_3$	1.02
CCl_4	0
CO_2	0

Rhyngweithiadau deupol–deupol

Mae moleciwlau â deupolau parhaol yn atynnu ei gilydd. Bydd pen positif un moleciwl yn tueddu i atynnu pen negatif moleciwl arall.

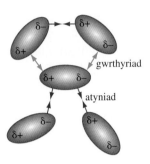

Ffigur 3.9.4 ▲
Atyniadau rhwng moleciwlau sydd â deupolau parhaol

Atyniadau rhwng deupolau dros dro

Wrth astudio nwyon, dangosodd van der Waals fod bodolaeth grymoedd rhyngfoleciwlaidd yn un o'r rhesymau pam mae nwyon real yn gwyro oddi wrth ymddygiad nwy delfrydol (gweler tudalennau 63 a 65).

Y broblem yw esbonio'r atyniadau gwan rhwng moleciwlau amholar sydd heb eu gwefru'n drydanol, megis moleciwlau ïodin, hydrocarbonau ac atomau nwyon nobl. Enw'r ffisegydd a ddatblygodd y ddamcaniaeth i egluro'r grymoedd hyn oedd Fritz London (1900–1954), felly yr enw a roddir arnynt weithiau yw 'grymoedd London'.

Yr hyn sy'n digwydd pan fydd atomau neu foleciwlau amholar yn cwrdd â'i gilydd yw bod gwrthyriadau ac atyniadau am ennyd rhwng niwclysau'r atomau a'r cwmwl electronau sydd o'u cwmpas. Bydd dadleoliad dros dro yr electronau yn arwain at ddeupolau dros dro. Mae'r deupolau enydaidd hyn yn gallu anwytho deupolau mewn moleciwlau cyfagos.

Y grymoedd rhyngfoleciwlaidd gwannaf yw'r atyniadau rhwng y deupolau enydaidd a'r deupolau anwythol ac mae hyn yn arwain at dueddiad i'r moleciwlau lynu yn ei gilydd. Mae grymoedd o'r math hyn oddeutu can gwaith gwannach na bondiau cofalent.

Po fwyaf fydd nifer yr electronau, mwyaf fydd polareiddiadwyedd y moleciwl, a mwyaf fydd y posibilrwydd o gael deupolau dros dro, anwythol. Mae hyn yn egluro pam mae'r berwbwyntiau'n codi wrth fynd i lawr

Ffigur 3.9.5 ▶
Tarddiad deupolau anwythol dros dro

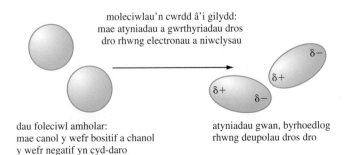

moleciwlau'n cwrdd â'i gilydd: mae atyniadau a gwrthyriadau dros dro rhwng electronau a niwclysau

dau foleciwl amholar: mae canol y wefr bositif a chanol y wefr negatif yn cyd-daro

atyniadau gwan, byrhoedlog rhwng deupolau dros dro

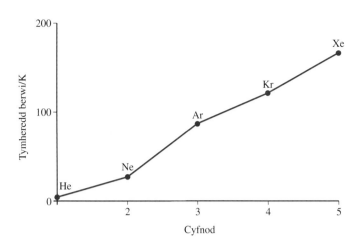

Ffigur 3.9.6 ◄
Y tueddiad ym merwbwyntiau'r nwyon nobl â rhif atomig cynyddol

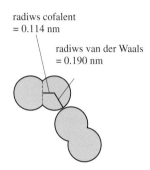

radiws cofalent = 0.114 nm

radiws van der Waals = 0.190 nm

Ffigur 3.9.7 ▲
Radiws cofalent a radiws van der Waals ar gyfer bromin

grŵp 7 (yr halogenau) a grŵp 8 (y nwyon nobl). Am yr un rheswm, bydd y berwbwyntiau yn yr alcanau'n codi gyda'r nifer cynyddol o atomau carbon yn y moleciwlau hydrocarbon hyn (gweler tudalen 197).

Radiws van der Waals

Radiws van der Waals yw radiws effeithiol atom pan fydd yn cael ei ddal mewn cyswllt ag atom arall gan rymoedd rhyngfoleciwlaidd.

Does gan atomau ddim maint penodol. Mae maint ymddangosol atom yn dibynnu ar y ffordd y bydd wedi ei fondio wrth atom cyfagos, felly dydy radiws ïonig a radiws cofalent atom ddim yr un fath. Yn gyffredinol, po gryfaf y bondio, lleiaf fydd y radiws effeithiol. Mae grymoedd rhyngfoleciwlaidd yn llawer iawn gwannach na bondiau cofalent, felly mae radiysau van der Waals yn gymharol fawr.

Radiysau van der Waals sy'n pennu maint effeithiol moleciwl wrth iddo daro yn erbyn moleciwlau eraill mewn hylif neu nwy, a phan fydd yn pacio'n dynn gyda moleciwlau eraill mewn solid.

Bondio hydrogen

Mae bondio hydrogen yn fath o atyniad rhwng moleciwlau sy'n gryfach o lawer na mathau eraill o rymoedd rhyngfoleciwlaidd, ond sydd yn dal o leiaf 10 gwaith gwannach na bondiau cofalent.

Mae bondio hydrogen yn effeithio ar foleciwlau lle mae'r hydrogen wedi'i fondio'n gofalent ag un o'r tair elfen electronegatif iawn, sef fflworin, ocsigen a nitrogen.

Prawf i chi

1 Ar ôl ystyried siapiau'r moleciwlau hyn a pholaredd eu bondiau, rhannwch hwy'n ddau grŵp – polar ac amholar: HBr, $CHCl_3$, CCl_4, CO_2, SO_2, C_2H_6.

2 Rhowch gynnig ar egluro'r gwahaniaeth rhwng berwbwynt bwtan, $CH_3CH_2CH_2CH_3$, sy'n berwi ar dymheredd o – 0.5 °C a phropanon, CH_3COCH_3, sy'n berwi ar dymheredd o 56 °C

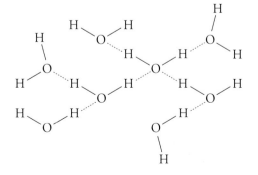

Ffigur 3.9.8 ◄
Bondio hydrogen mewn dŵr

Ffigur 3.9.9 ▶
Bondio hydrogen mewn
hydrogen fflworid

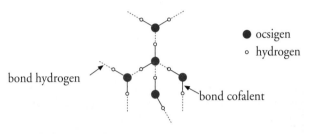

bond hydrogen

bond cofalent

Mewn bond hydrogen, mae'r atom hydrogen yn gorwedd rhwng dau atom
electronegatif iawn, gyda bond hydrogen rhyngddo a'r naill, a bond cofalent
rhyngddo a'r llall. Mae'r bond cofalent yn bolar iawn. Gall yr atom hydrogen
bach ($\delta+$), sydd heb blisg mewnol o electronau i gysgodi ei niwclews, fynd yn
agos at yr atom electronegatif arall ($\delta-$), ac mae atyniad pwerus rhwng y ddau
atom.

Ffigur 3.9.10 ▶
Moleciwlau mewn iâ yn cael eu
dal ynghyd gan fondio
hydrogen

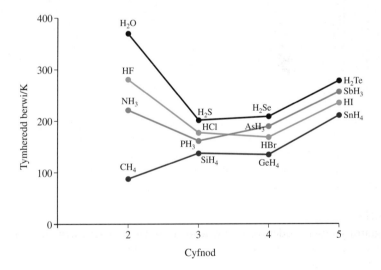

● ocsigen
○ hydrogen

bond hydrogen

bond cofalent

Prawf i chi

3   Pa fathau o rymoedd
rhyngfoleciwlaidd sy'n
dal y moleciwlau ynghyd
mewn: hydrogen
bromid, HBr; ethan,
CH_3CH_3; methanol,
CH_3OH?

4   Lluniwch ddiagramau i
ddangos y bondio
hydrogen rhwng
moleciwlau dŵr a'r
canlynol:
a) moleciwlau amonia
mewn hydoddiant o
amonia, NH_3
b) moleciwlau ethanol
mewn hydoddiant o
ethanol, CH_3CH_2OH

5   Eglurwch y tueddiad ym
merwbwyntiau'r gyfres:
HCl, HBr, HI. Pam nad
yw berwbwynt
hydrogen fflworid, HF,
yn cydymffurfio â'r
gyfres (gweler Ffigur
3.9.11)?

Mae'r tri atom sy'n gysylltiedig â bond hydrogen mewn llinell syth bob amser.
Bondio hydrogen sy'n gyfrifol am y canlynol:
▨ berwbwyntiau cymharol uchel amonia, dŵr, a hydrogen fflworid, nad ydyn
nhw'n cydymffurfio â'r tueddiadau ym mhriodweddau'r hydridau eraill
sydd yng ngrwpiau 5, 6 a 7
▨ adeiledd agored iâ
▨ paru'r basau yn helics dwbl DNA

Ffigur 3.9.11 ▶
Y berwbwyntiau ar gyfer
hydridau'r elfennau yng
ngrwpiau 4, 5, 6 a 7

Gall carbon fodoli mewn tair ffurf risialog, ac mae pob un ohonyn nhw'n dangos yn dwt y cysylltiad rhwng priodweddau defnydd a'i adeiledd a'i fondio sylfaenol.

Diemwnt

Ers amser maith, mae pobl wedi trysori diemyntau oherwydd disgleirdeb y gemau. Caiff diemyntau eu defnyddio mewn ffyrdd mwy cyffredin hefyd, yn bennaf fel sgraffinyddion i dorri a malu defnyddiau caled.

Ei adeiledd enfawr anhyblyg (gweler tudalennau 67 a 76) sy'n gyfrifol am y ffaith mai diemwnt yw un o'r sylweddau caletaf mewn bod.

Adran tri · Cemeg Ffisegol

Ffigur 3.10.1 ◄
Diemyntau mewn tyllydd â blaen diemwnt

Mae diemwnt yn dargludo egni thermol yn dda iawn – bum gwaith gwell na chopr. Golyga'r priodwedd pwysig hwn nad yw offer torri sydd â blaen diemwnt yn gorgynhesu. Mae anhyblygrwydd y bondiau cofalent cryf ac anystwyth mewn diemwnt yn golygu bod y dirgryniadau'n symud yn gyflym iawn drwy'r adeiledd enfawr wrth i'r atomau boethi a symud yn gyflymach.

Graffit

Mae graffit yn cael ei ddefnyddio i wneud crwsiblau ar gyfer bwrw metelau oherwydd ei fod yn ymdoddi ar dymheredd uchel anghyffredin, sef 3550 °C. Am yr un rheswm, brics graffit sy'n leinio waliau ffwrneisi diwydiannol.

Mae'r ymdoddbwynt uchel yn awgrymu bod gan graffit adeiledd enfawr, ac mae astudiaethau diffreithiant pelydr X, sy'n dangos bod yr atomau'n cael eu dal ynghyd mewn llenni estynedig o atomau, yn cadarnhau hyn. Mae'r atomau sydd yn yr haenau yn ffurfio rhwydwaith parhaol o hecsagonau. Dim ond tri o'i electronau allanol a ddefnyddir gan bob atom carbon i ffurfio tri bond cofalent normal gyda'r atomau carbon eraill.

Caiff ffibrau graffit eu hymgorffori mewn llawer o ddefnyddiau cyfansawdd modern oherwydd eu cryfder tynnol mawr.

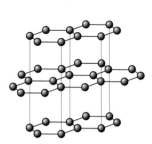

Ffigur 3.10.2 ▲
Adeiledd enfawr graffit. Llenni anferth estynedig o atomau, wedi'u pentyrru y naill ar ben y llall, yw'r haenau. Mae'r bondio y tu mewn i'r haenau'n gryf, ond mae'r bondio rhwng yr haenau'n gymharol wan

Defnyddiau sy'n cyfuno dau ddefnydd neu fwy i greu defnydd newydd yw **defnyddiau cyfansawdd**. Mae defnydd cyfansawdd yn cyfuno priodweddau dymunol ei gydrannau ac yn gwneud iawn am eu gwendidau.

Mae'r cyfuniadau wedi eu cynllunio i roi defnyddiau newydd sydd â phriodweddau gwell, yn enwedig lefel uchel o gryfder ac anhyblygedd i bob uned o bwysau.

Mae rhannau o awyrennau a pheth offer chwaraeon wedi eu gwneud o ffibrau graffit mewn matrics epocsi plastig.

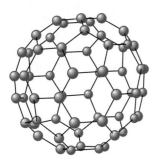

Ffigur 3.10.3 ▲
Adeiledd C_{60}. Mae gan ffwlerenau eraill y fformiwlâu: C_{28}, C_{32}, C_{50} ac C_{70}. Mae ffwlerenau'n bodoli ar ffurf tiwbiau yn ogystal â sfferau

Mae graffit yn dargludo trydan, sy'n beth anarferol mewn anfetel; dyma sy'n esbonio pam y caiff ei ddefnyddio i wneud electrodau. Mae graffit yn dargludo oherwydd bod pob atom carbon sydd mewn haenen o'r adeiledd yn rhoi un electron i gwmwl o electronau sydd wedi ei ddadleoli uwchlaw'r haenen.

Yn wahanol i ddiemwnt, mae graffit yn feddal ac yn teimlo'n seimllyd. Un o'r ffyrdd pwysig y caiff graffit ei ddefnyddio yw fel iraid. Mae gan graffit y priodweddau hyn oherwydd nad oes bondiau cofalent cryfion yn cysylltu haenau'r atomau â'i gilydd. Grymoedd gwan van der Waals sy'n dal yr haenau ynghyd, felly maen nhw'n gallu llithro'n hawdd dros y naill a'r llall.

Ffwlerenau

Hyd at ganol y 1980au, credai cemegwyr mai dwy ffurf risialog ar garbon oedd i'w cael. Yna, darganfyddwyd ffwlerenau gan Harry Kroto a'i grŵp ym Mhrifysgol Sussex. Mae ffwlerenau'n grŵp o ffurfiau moleciwlaidd ar garbon.

Ar y lefel foleciwlaidd, mae'r ffwlerenau'n dynwared y gromen geodesig a ddyfeisiwyd gan y peiriannydd o America, Robert Buckminster Fuller. Pan ddarganfyddodd Harry Kroto y ffurf newydd ar garbon a'i adnabod fel C_{60}, roedd ef ac aelodau eraill ei dîm am gael gwybod sut oedd yr atomau wedi'u trefnu. Dyfalai nifer o bobl fod yr atomau'n ffurfio cawell neu diwb caeëdig, efallai. Y syniad cyntaf oedd bod yr atomau'n ffurfio patrymau hecsagonol, yn yr un modd â graffit, ond mae 60 o atomau carbon ar batrwm hecsagonau'n ffurfio llen wastad. Lluniodd y gwyddonwyr nifer fawr o fodelau ac, yn gynnar un bore, daeth yr ateb yn sydyn i un o'r tîm, a gafodd y syniad drwy ffitio 12 pentagon ac 20 hecsagon gyda'i gilydd ar ffurf 'pêl-droed' gyda 60 o gorneli – un gornel ar gyfer pob un o'r 60 atom carbon. Yr enw a roddwyd ganddyn nhw ar y moleciwl newydd oedd '*buckminsterfullerene*' – y cyntaf o deulu'r ffwlerenau i gael ei ddarganfod.

Ffigur 3.10.4 ▲
Adeiledd tiwbiau 'bucky'

1 Dewiswch ac enwch elfen neu gyfansoddyn i gydfynd â phob un o'r disgrifiadau canlynol. Er enghraifft, dewiswch un o briodweddau'r elfen neu'r cyfansoddyn, a'i egluro yn nhermau adeiledd a bondio.

a) adeiledd enfawr grisialog o ïonau wedi'u gwefru'n bositif a negatif

b) moleciwlau amholar sydd gryn dipyn ar wahân i'w gilydd ac yn symud yn gyflym

c) dellten haenog gydag electronau dadleoledig

ch) moleciwlau bychain yn cael eu dal ynghyd mewn adeiledd grisial gan fondio hydrogen

d) môr o electronau o amgylch adeiledd enfawr grisialog o ïonau positif

dd) moleciwlau polar sy'n agos at ei gilydd ond yn rhydd i symud o gwmpas

3.11 Hydoddiannau

Gan ein bod yn byw ar blaned sydd â chymaint o ddŵr a'n cyrff wedi eu gwneud yn bennaf o ddŵr, does dim syndod bod llawer o gemegion yn hydoddi ac yn adweithio mewn hydoddiant dyfrllyd. Serch hynny, nid dŵr yw'r unig hydoddydd pwysig. Mae'r diwydiant petrocemegol yn cynhyrchu llawer o hydoddiannau amholar nad ydyn nhw'n cymysgu â dŵr.

Patrymau hydoddedd

'Mae tebyg yn hydoddi ei debyg' yw'r rheol gyffredinol. Ystyr hyn yw:

- bod hylifau amholar yn cymysgu'n hawdd gyda hylifau amholar eraill (mae hydrocarbonau'n cymysgu'n hawdd, er enghraifft, gyda phetrol)
- bod hylifau polar yn cymysgu gyda hylifau polar (mae ethanol yn cymysgu gyda dŵr, er enghraifft)
- nad yw hylifau polar ac amholar yn cymysgu (bydd olew'n arnofio ar ddŵr).

Yn yr un modd, bydd solidau polar iawn fel halwynau ïonig yn hydoddi mewn dŵr, sy'n hylif polar, ond nid mewn hydrocarbonau hylifol, sy'n amholar.

Fydd solidau amholar fel cwyr ddim yn hydoddi mewn dŵr, ond fe fyddan nhw'n hydoddi mewn hydrocarbonau.

Hydoddiannau halwynau ïonig mewn dŵr

Mae'n anodd dirnad pam mae'r ïonau gwefriog mewn grisial sodiwm clorid yn gwahanu ac yn mynd i hydoddiant mewn dŵr gyda dim ond newid egni bychan. O ble y daw'r egni i oresgyn yr atyniad electrostatig cryf sydd rhwng yr ïonau?

Y rheswm yw bod yr ïonau yn cael eu hydradu i raddau helaeth iawn gan foleciwlau polar y dŵr. Bydd y moleciwlau dŵr yn clystyru o amgylch yr ïonau ac yn clymu eu hunain wrth yr ïonau hynny. Mae'r egni sy'n cael ei ryddhau wrth i'r moleciwlau dŵr glymu eu hunain wrth yr ïonau yn ddigon i wneud iawn am yr egni sydd ei angen i oresgyn y bondio ïonig rhwng yr ïonau (gweler tudalennau 69 a 73–74).

Hylifau sy'n cymysgu gyda'i gilydd yw **hylifau cymysgadwy**. Mae dŵr ac alcohol yn hylifau cymysgadwy. Mae olew a dŵr yn hylifau anghymysgadwy.

Bydd **hydradiad** yn digwydd pan fydd moleciwlau dŵr yn bondio gydag ïonau neu'n ychwanegu at foleciwlau. Mae moleciwlau dŵr yn bolar, felly maen nhw'n cael eu hatynnu at ïonau positif ac ïonau negatif.

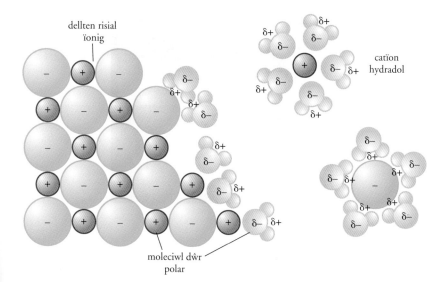

dellten risial ïonig

catïon hydradol

moleciwl dŵr polar

Ffigur 3.11.1 ◄
Ïonau sodiwm a chlorid yn gadael dellten risial ac yn hydradu wrth iddyn nhw hydoddi mewn dŵr. Yma, atyniad electrostatig yw'r bond rhwng yr ïonau a'r moleciwlau dŵr polar

3.12 Sbectrosgopeg isgoch

Mae pelydriad isgoch o dân da yn gwneud i ni deimlo'n gynnes.
Y rheswm am hyn yw bod amleddau isgoch yn cyfateb i amleddau naturiol
atomau dirgrynol. Bydd ein croen yn cynhesu wrth i'r moleciwlau amsugno
pelydriad isgoch a dirgrynu'n gyflymach.

Nodyn

Tonrifau (mewn cm^{-1}) yw'r unedau ar echelin waelod sbectrwm isgoch. Yn gyffredinol, bydd sbectra yn amrywio rhwng 400 cm^{-1} a 45 000 cm^{-1}.
Yn y rhanbarth isgoch, mae'n haws gweithio gyda thonrifau na thonfeddi. Y tonrif yw nifer y tonfeddi fydd yn ffitio i mewn i un centimetr.

Bondiau cofalent polar yw'r bondiau sy'n amsugno pelydriad isgoch yn gryf, bondiau fel O—H, C—O ac C=O. Bydd bondiau fel hyn yn dirgrynu mewn ffyrdd nodweddiadol ac yn amsugno ar donfeddi penodol. Mae hyn yn caniatáu i gemegwyr edrych ar sbectrwm isgoch cyfansoddyn ac adnabod grwpiau arbennig o atomau.

Mewn moleciwl, bydd symudiadau un bond yn effeithio ar ddirgryniadau bondiau eraill cyfagos. Gall hyd yn oed moleciwl syml ddirgrynu mewn nifer fawr o wahanol ffyrdd. Mae'r aldehyd bwtanal, C_4H_7CHO, yn dirgrynu mewn dros 30 o wahanol ffyrdd, ac mae'r sbectrwm yn dal yn gymhleth er nad yw'r dirgryniadau i gyd yn amsugno pelydriad.

Erbyn hyn, mae dadansoddwyr yn gallu chwilio twy gronfeydd data lle mae sbectra isgoch nifer fawr o gyfansoddion pur wedi'u storio, fel olion bysedd. Gall cemegwyr adnabod sbesimenau drwy gydweddu sbectrwm amsugno un anhysbys â sbectra hysbys yn y gronfa ddata. Mae modd cydweddu sbectrwm isgoch cynnyrch anhysbys â sbectrwm sampl hysbys a phur, a defnyddio'r cydweddiad i wirio bod cynnyrch yn bur ac yn rhydd o unrhyw olion hydoddydd neu sgil gynnyrch.

Ffigur 3.12.1 ▶
Gwyddonwyr yn defnyddio sbectromedr isgoch. Mae'r sbectromedr yn sganio amrediad o donfeddi isgoch a'r canfodydd yn cofnodi pa mor gryf mae'r sampl yn amsugno ar bob tonfedd. Lle bynnag y bydd y sampl yn amsugno, bydd gostyngiad yn arddwysedd y pelydriad sy'n cael ei drawsyrru, a hynny i'w weld ar siart sy'n cael ei blotio gan y canfodydd

ethanol

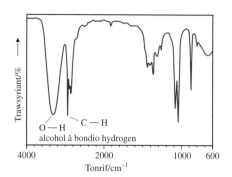

ethanal

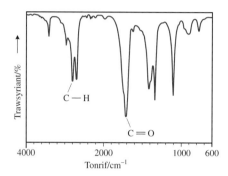

asid ethanoig

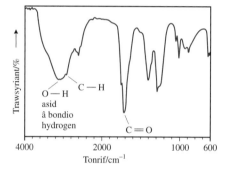

Ffigur 3.12.2 ◀
Sbectra ethanol a dau o'i gynhyrchion ocsidio: ethanal ac asid ethanoig (gweler tudalennau 215–216)

Adran tri **Cemeg Ffisegol**

3.13 Newidiadau enthalpi

Beth sy'n gwneud i bethau fynd? Yr ateb yn fyr yw mai gwahaniaethau sy'n gwneud i bethau fynd. Er enghraifft: gwahaniaeth yn y tymheredd, gwahaniaeth yn y crynodiad, gwahaniaeth yn y gwasgedd, a gwahaniaeth yn y potensial trydanol.

Yn yr amgylchedd naturiol, mae'r egni sy'n dod o'r Haul yn creu gwahaniaethau sy'n symud y gwyntoedd ac yn anweddu dŵr. Yr Haul hefyd sy'n darparu'r egni ar gyfer ffotosynthesis mewn planhigion, i greu'r ffynonellau crynodol o fwyd sydd eu hangen ar anifeiliaid i dyfu ac i symud. Mewn nifer o systemau mecanyddol, yr egni o losgi tanwydd sy'n creu'r tymheredd uchel mewn injan er mwyn cadw peiriannau a cherbydau i fynd. Mae cysylltiad agos rhwng newidiadau egni, newidiadau cyflwr, ac adweithiau cemegol.

Ffigur 3.13.1 ▲
System a'i hamgylchedd

Thermocemeg

Astudiaeth o newidiadau egni yn ystod adweithiau cemegol yw thermocemeg. Mae thermocemeg yn bwysig ar gyfer theori'r astudiaeth, oherwydd mae'n helpu cemegwyr i egluro sefydlogrwydd cyfansoddion ac i ragfynegi cyfeiriad tebygol y newid cemegol. Gyda chymorth thermocemeg, gall cemegwyr benderfynu a yw adweithiau'n debyg o ddigwydd ai peidio.

Mae thermocemeg yn un agwedd ar thermodynameg, sy'n wyddor drachywir a meintiol. Bydd thermocemegwyr yn pennu'n ofalus iawn pa dermau y byddan nhw'n eu defnyddio. Mae gan y wyddor hon ei hiaith benodol sy'n cyfeirio at feintiau megis enthalpi, entropi ac egni rhydd, pob un â'i ystyr ei hun.

Systemau ac amgylchedd

Mewn thermocemeg, mae'r term 'system' yn disgrifio'r defnydd neu'r cymysgedd o gemegion sydd o dan astudiaeth. Yr amgylchedd yw pob dim sydd o gwmpas y system, fel yr offer a'r aer sydd yn y labordy – yn ddamcaniaethol, pob peth arall yn y bydysawd.

Gall system agored gyfnewid egni a mater gyda'i hamgylchedd. Bydd y rhan fwyaf o adweithiau cemegol mewn labordai yn digwydd mewn systemau agored.

Ni all system gaeëdig gyfnewid mater gyda'i hamgylchedd, dim ond egni.

Newidiadau enthalpi

Pan fydd newid mewn system, bydd peth egni yn cael ei drosglwyddo bron bob amser rhwng y system a'i hamgylchedd.

Newid enthalpi yw'r egni a drosglwyddir rhwng y system a'i hamgylchedd pan fydd y newid yn digwydd ar wasgedd cyson.

Y symbol ar gyfer newid enthalpi yw ΔH a'r unedau yw kJ mol^{-1}.

Newidiadau ecsothermig ac endothermig

Mae newidiadau ecsothermig yn rhyddhau egni i'w hamgylchedd. Newidiadau cyflwr ecsothermig yw rhewi a chyddwyso. Adwaith cemegol ecsothermig yw llosgi. Dyna yw resbiradu hefyd, lle caiff glwcos ei ocsidio i ddarparu egni er mwyn i bethau byw gael tyfu a symud.

Nodyn

Cofiwch: Mewn newid **ecs**othermig mae egni'n *gadael* y system yn yr un ffordd ag y mae pobl yn gadael adeilad drwy allanfa (neu ecsit – exit).

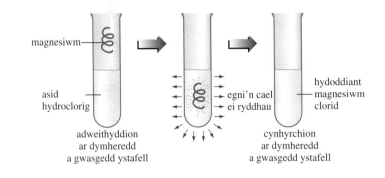

Ffigur 3.13.2 ◄
Diagram sy'n dangos adwaith ecsothermig

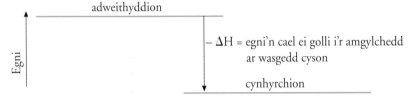

Ffigur 3.13.3 ◄
Diagram lefelau egni ar gyfer adwaith ecsothermig

Mae diagram lefelau egni yn dangos bod gan y system lai o egni ar ôl adwaith ecsothermig nag oedd ganddi ar y dechrau. Felly, ar gyfer adwaith ecsothermig, mae'r newid enthalpi, ΔH, yn negatif.

Bydd newidiadau endothermig yn cymryd egni i mewn o'u hamgylchedd. Newidiadau cyflwr endothermig yw ymdoddi ac anweddu. Mae ffotosynthesis yn endothermig: bydd planhigion yn cymryd egni o'r Haul er mwyn trawsnewid carbon deuocsid a dŵr yn glwcos. Yn gyffredinol, mae hyn yn cildroi'r newid sy'n digwydd yn ystod resbiradaeth.

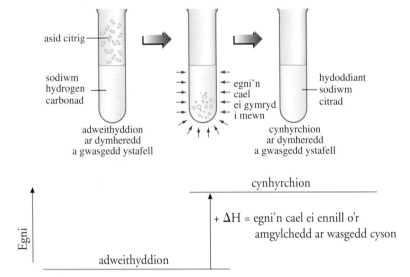

Ffigur 3.13.4 ◄
Diagramau'n dangos adwaith endothermig

Ffigur 3.13.5 ◄
Diagram lefelau egni ar gyfer adwaith endothermig

Mae diagram lefelau egni yn dangos bod gan y system fwy o egni ar ôl adwaith endothermig nag oedd ganddi ar y dechrau. Felly, ar gyfer adwaith endothermig, mae'r newid enthalpi, ΔH, yn bositif.

Ffigur 3.13.6 ▶
Pecyn oeri

Diffiniad

Newid enthalpi ymdoddiad yw'r newid enthalpi pan fydd un môl o solid yn troi'n hylif ar ôl cyrraedd ei ymdoddbwynt, ΔH_{ym}.

Prawf i chi

1. Mae Ffigur 3.13.7 yn dangos y gromlin oeri ar gyfer tiwb profi â dŵr ynddo.

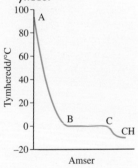

Ffigur 3.13.7 ▲

a) Beth sy'n digwydd i'r moleciwlau dŵr wrth i'r dŵr oeri ar hyd y llinell AB?

b) Pam nad oes newid yn y tymheredd rhwng B ac C?

c) Beth sydd yn y tiwb ar ôl C?

ch) Amcangyfrifwch y tymheredd yn y cymysgedd rhewi sydd o amgylch y tiwb profi.

Newid enthalpi a newid cyflwr

Mewn 'blwch oeri' wedi'i ynysu, mae pecyn oeri (gweler Ffigur 3.13.6) yn helpu i gadw'r cynnwys yn oer. Mae hylif yn y pecyn. Caiff y pecyn ei gadw yn y rhewgell pan na fydd yn cael ei ddefnyddio. Yn y rhewgell, bydd yr hylif yn y pecyn yn rhyddhau egni ac yn troi'n solid. Ar ôl ei roi mewn blwch oeri, bydd y cemegyn yn y pecyn yn ymdoddi'n araf, gan gymryd egni i mewn o'r aer amgylchynol. Dyma'r ffordd y bydd yn cadw cynnwys y blwch yn oer.

Proses endothermig yw ymdoddi. Mewn solid, bydd yr egni'n gwneud i'r gronynnau ddirgrynu'n gyflymach nes bod ganddyn nhw ddigon o egni i dorri'n rhydd o'u safleoedd sefydlog (gweler Ffigur 2.2.5 ar ddudalen 18).

Mae oergell yn manteisio ar y cyfnewidiadau egni sy'n digwydd pan fydd hylif yn anweddu ac yn cyddwyso. Y tu mewn i'r oergell, caiff hylif â berwbwynt isel ei gylchredeg gan bwmp drwy gylched o beipiau, a bydd yr hylif yn anweddu yn y peipiau. Mae anweddu yn endothermig felly bydd yr hylif yn cymryd egni i mewn o'r aer sydd y tu mewn i'r oergell, gan gadw'r bwyd yn oer ynddi.

Bydd y pwmp yn cywasgu'r anwedd wrth iddo lifo allan ar waelod yr oergell. Mae'r anwedd cywasgedig yn boeth. Wrth iddo lifo drwy'r peipiau wrth gefn yr oergell, bydd y llifydd yn oeri ac yn cyddwyso i droi'n ôl yn hylif eto, gan ryddhau egni a gwresogi'r aer sydd wrth gefn yr oergell.

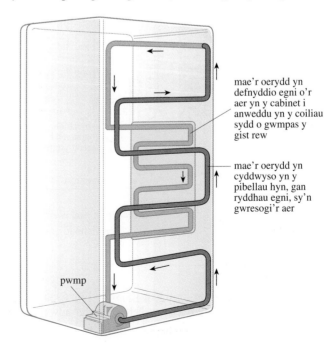

mae'r oerydd yn defnyddio egni o'r aer yn y cabinet i anweddu yn y coiliau sydd o gwmpas y gist rew

mae'r oerydd yn cyddwyso yn y pibellau hyn, gan ryddhau egni, sy'n gwresogi'r aer

pwmp

Ffigur 3.13.8 ▶
Cylched oerydd mewn oergell

Mae'r hylif sy'n cylchredeg yn trosglwyddo egni'n gyffredinol o'r tu mewn i'r oergell i'r aer yn yr ystafell.

Bydd anweddiad yn gwahanu'r gronynnau mewn hylif, felly bydd gwerthoedd enthalpi anweddiad yn rhoi mesur o gryfder y bondio rhwng gronynnau mewn hylifau.

Mae'r cyfarpar sydd i'w weld yn Ffigur 3.13.9 yn cynnwys ethanol, ac mae mesurydd jouleau yn cysylltu'r gwresogydd troch â chyflenwad trydan i fesur yr egni sy'n cael ei drosglwyddo i'r hylif wrth iddo ferwi.

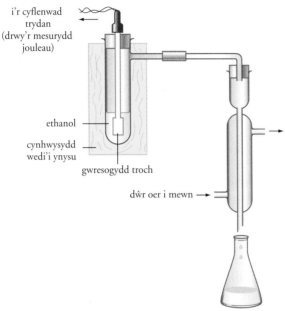

i'r cyflenwad trydan (drwy'r mesurydd jouleau)

ethanol

cynhwysydd wedi'i ynysu

gwresogydd troch

dŵr oer i mewn

Ffigur 3.13.9 ◄
Cyfarpar ar gyfer mesur enthalpi anweddiad hylif

Mae gan sylweddau sydd â bondio ïonig neu fetelig cryf ferwbwyntiau ac enthalpïau anweddiad llawer iawn uwch nag sydd gan sylweddau wedi eu gwneud o foleciwlau â grymoedd rhyngfoleciwlaidd gwan.

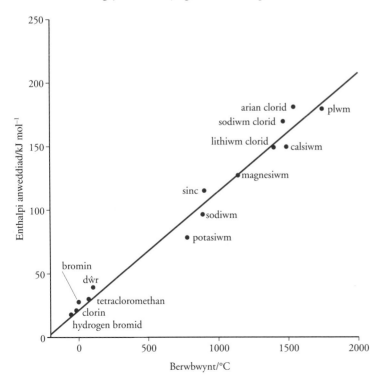

Ffigur 3.13.10 ◄
Plot enthalpi anweddiad yn erbyn berwbwynt

Adran tri **Cemeg Ffisegol**

Newidiadau enthalpi ac adweithiau
Mesur enthalpïau hylosgiad

Mae pob adwaith hylosgiad yn ecsothermig. Wrth i danwydd losgi, mae'n rhyddhau egni i'w amgylchedd. Y ffordd hawsaf i fesur enthalpi hylosgiad tanwydd yw llosgi màs hysbys o'r tanwydd mewn modd a fydd yn caniatáu i'r egni wresogi dŵr mewn cynhwysydd. Mae mesur codiad tymheredd y dŵr yn ei gwneud yn bosibl i gyfrifo maint yr egni a drosglwyddwyd o'r fflam i'r dŵr.

Newidiadau enthalpi ac adweithiau cemegol
Enthalpïau hylosgiad

Calorimedr yw'r enw ar y cyfarpar sy'n cael ei ddefnyddio i fesur y newid egni yn ystod adwaith cemegol. Fel rheol, bydd calorimedr wedi ei ynysu rhag ei amgylchedd a bydd dŵr ynddo. Yr egni o'r adwaith sy'n gwresogi'r dŵr a gweddill y cyfarpar. Thermomedr manwl gywir sy'n mesur y codiad yn y tymheredd.

Mae Ffigur 3.13.11 yn dangos cyfarpar ar gyfer mesur enthalpïau hylosgiad.

Datrysiad enghreifftiol

Pan gafodd 1.16 g o bropanon, CH_3COCH_3, ei losgi yn y cyfarpar sydd i'w weld yn Ffigur 3.13.11, cododd tymheredd y 250 g o ddŵr yn y tun copr o 19 °C i 41 °C. Beth yw enthalpi hylosgiad propanon? Cymharwch yr ateb â'r gwerth a gafwyd o lyfr data, a rhowch eich sylwadau ar unrhyw wahaniaethau.

Nodiadau ar y dull

Anwybyddwch gynhwysedd gwres y tun copr oherwydd ei fod yn fychan ac mae ffynonellau cyfeiliornadau (gwallau mesur) eraill yn fwy.

Wrth fesur tymheredd a newidiadau yn y tymheredd, gweithiwch mewn graddau celfin. Yr un peth yw maintioli'r codiad yn y tymheredd ar raddfa Celsiws a graddfa Kelfin (gweler tudalen 62).

$$\text{Egni a drosglwyddwyd/J} = \frac{\text{màs y}}{\text{dŵr/g}} \times \frac{\text{codiad yn y}}{\text{tymheredd/K}} \times \frac{\text{cynhwysedd}}{\text{gwres sbesiffig/J mol}^{-1}\text{ K}^{-1}}$$

Ateb

Y codiad yn nhymheredd y dŵr = 22 K

Yr egni â drosglwyddwyd i'r dŵr = 250 g × 22 K × 4.2 J mol⁻¹ K⁻¹
                                                        = 23 100 J = 23.1 kJ

$\text{Yr egni â drosglwyddwyd i'r dŵr} = 250 \text{ g} \times 22 \text{ K} \times 4.2 \text{ J mol}^{-1}\text{ K}^{-1} = 23\,100 \text{ J} = 23.1 \text{ kJ}$

Màs molar propanon (gweler tudalennau 35–36) = 58 g mol⁻¹

Swm y propanon a losgwyd = 1.16 g ÷ 58 g mol⁻¹ = 0.02 mol

$\text{Yr egni a gafwyd o losgi un môl o propanon} = 23.1 \text{ kJ} \div 0.02 \text{ mol} = 1155 \text{ kJ mol}^{-1}$

Mae hylosgi yn ecsothermig, felly mae'r newid enthalpi yn negatif.
$\Delta H_{\text{hylosgiad}} = -1155 \text{ kJ mol}^{-1}$

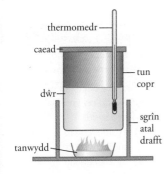

Ffigur 3.13.11 ▲
Dull bras o fesur enthalpi hylosgiad tanwydd

Mae'r dull hwn o weithio yn tybio ar gam bod yr holl egni a ddaw o'r fflam yn gwresogi'r dŵr. Mewn gwirionedd bydd cyfran o'r egni'n gwresogi'r aer a'r offer amgylchynol. Gall yr un offer roi gwerthoedd llawer mwy cywir o'u graddnodi yn gyntaf i ganfod eu cynhwysedd gwres cyffredinol, drwy fesur y codiad yn y tymheredd ar gyfer tanwydd ag enthalpi hylosgiad hysbys.

Cemeg Ffisegol · Adran tri

Diffiniad

Cynhwysedd gwres sbesiffig defnydd, c, yw'r egni sy'n angenrheidiol i godi tymheredd 1 g o'r defnydd 1 K. Rhoddir cynhwysedd gwres sbesiffig dŵr gan: $c = 4.2$ J g^{-1} K^{-1}. Felly, mae'n cymryd 4.2 joule o egni i godi tymheredd un gram o ddŵr trwy un gradd. Rhoddir yr egni, q, sy'n angenrheidiol i godi tymheredd màs o ddŵr, m, drwy newid tymheredd o ΔT fel hyn: $q = mc\Delta T$.

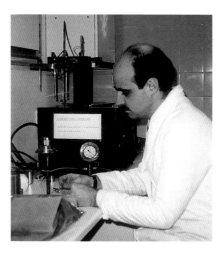

Ffigur 3.13.12 ▲
Gwyddonydd yn defnyddio calorimedr bom

Prawf i chi

4 Drwy gynnau taniwr bwtan, C_4H_{10}, o dan tun o ddŵr, codwyd tymheredd 200 g o ddŵr o 18 °C i 28 °C. Cafodd y taniwr ei bwyso cyn y llosgi ac wedyn, a'r màs a gollwyd oedd 0.29 g. Amcangyfrifwch enthalpi hylosgiad molar bwtan.

Mae modd cael gwerthoedd manwl gywir ar gyfer enthalpïau hylosgiad drwy ddefnyddio calorimedr bom.

Bydd swm o sampl sydd wedi'i fesur yn llosgi mewn ocsigen o dan wasgedd. Bydd darparu gormodedd o ocsigen yn sicrhau bod yr holl gyfansoddyn yn llosgi a bod yr elfennau'n cael eu hocsidio'n llwyr. Mae'n rhaid bod digon o ocsigen i wneud yn siŵr bod unrhyw garbon yn y cyfansoddyn yn cael ei ocsidio'n llwyr yn garbon deuocsid, ac nad oes yna unrhyw garbon monocsid na huddygl.

Caiff codiad tymheredd yr holl gyfarpar ei fesur. Gellir graddnodi'r calorimedr drwy ddefnyddio asid bensoig, oherwydd bod yr enthalpi hylosgiad safonol ar gyfer asid bensoig yn hysbys. Fel arall, gellid gwresogi'r cyfarpar â thrydan, er mwyn darganfod yr egni sydd ei angen i gael codiad yn y tymheredd sydd yr un peth â'r codiad yn y tymheredd ar gyfer y cemegyn yn llosgi.

Mae calorimedr bom yn gweithio ar gyfaint cyson, felly mae'n rhaid cywiro er mwyn trawsnewid y canlyniadau yn newidiadau enthalpi ar wasgedd cyson.

Nodyn

Mae torri bondiau yn endothermig.
Mae ffurfio bondiau yn ecsothermig.

Torri bondiau a ffurfio bondiau

Yn ystod hylosgiad, mae'r bondiau yn y tanwydd ac yn yr ocsigen yn torri, a bondiau newydd yn cael eu ffurfio i greu moleciwlau newydd. Mae angen egni i dorri bondiau. Bydd egni yn cael ei ryddhau wrth i fondiau ffurfio.

Mae gan bob bond mewn moleciwl ei 'enthalpi bond' ei hun (gweler tudalen 103–104). Pan fydd hydrogen yn llosgi mewn ocsigen:

$$2H_2(n) + O_2(n) \rightarrow 2H_2O(h)$$

Mae'r adwaith yn ecsothermig oherwydd bod mwy o egni yn cael ei ryddhau wrth ffurfio pedwar bond O—H newydd yn y ddau foleciwl dŵr na'r hyn a gaiff ei ddefnyddio i dorri'r holl fondiau sydd yn y moleciwlau ocsigen a hydrogen.

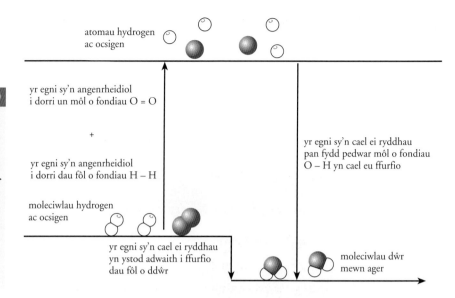

Diagram lefelau egni ar gyfer hylosgiad hydrogen

atomau hydrogen ac ocsigen

yr egni sy'n angenrheidiol i dorri un môl o fondiau O = O

+

yr egni sy'n angenrheidiol i dorri dau fôl o fondiau H – H

yr egni sy'n cael ei ryddhau pan fydd pedwar môl o fondiau O – H yn cael eu ffurfio

moleciwlau hydrogen ac ocsigen

yr egni sy'n cael ei ryddhau yn ystod adwaith i ffurfio dau fôl o ddŵr

moleciwlau dŵr mewn ager

Prawf i chi   D

5   Edrychwch i weld beth yw'r enthalpïau bond ar gyfer y bondiau H—H ac Cl—Cl. Cyfrifwch y newid egni cyffredinol ar gyfer yr adwaith

$H_2(n) + Cl_2(n) \rightarrow 2HCl(n)$

Lluniwch ddiagram lefelau egni ar gyfer yr adwaith (un tebyg i Ffigur 3.13.13).

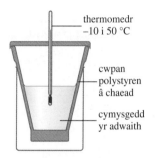

thermomedr −10 i 50 °C

cwpan polystyren â chaead

cymysgedd yr adwaith

Ffigur 3.13.14 ▲
Mesur enthalpi adwaith mewn hydoddiant

Nodyn

Y newid enthalpi yw'r egni sy'n cael ei gyfnewid gyda'r amgylchedd pan fydd adwaith yn digwydd ar dymheredd a gwasgedd cyson. Yma, mae'r egni o adwaith ecsothermig yn cael ei gadw yn y system i wresogi'r dŵr. Mae'r cyfrifiad yn dangos yr egni a fyddai, fel arall, yn cael ei golli i'r amgylchedd yn ystod newid tymheredd cyson.

Newid enthalpi mewn hydoddiant

Mae defnyddio cwpan polystyren â chaead iddo fel calorimedr yn ffordd gyflym o gymharu newidiadau enthalpi adweithiau mewn hydoddiant, oherwydd bod polystyren wedi ehangu yn ynysydd rhagorol, ag iddo gynhwysedd gwres sbesiffig dibwys.

Os yw'r adwaith yn ecsothermig, ni all yr egni sy'n cael ei ryddhau ddianc i'r amgylchedd felly mae'n gwresogi'r hydoddiant. Os yw'r adwaith yn endothermig, ni all egni ddod i mewn o'r amgylchedd felly mae'r hydoddiant yn oeri. Os yw'r hydoddiant yn wanedig mae cyfrifo'r newidiadau egni yn rhoi canlyniadau digon cywir o dybio bod dwysedd a chynhwysedd gwres sbesiffig yr hydoddiant yr un peth â dŵr.

Datrysiad enghreifftiol

Pan fydd 50 cm³ o asid hydroclorig 2.0 mol dm⁻³ yn cymysgu gyda 50 cm³ o sodiwm hydrocsid 2.0 mol dm⁻³ mewn cwpan polystyren, y codiad yn y tymheredd yw 13.3 °C. Beth yw'r newid enthalpi ar gyfer yr adwaith niwtralu?

Nodiadau ar y dull

Tybiwch fod dwysedd yr hydoddiannau yr un peth â dŵr = 1 g cm⁻³ a bod cynhwysedd gwres sbesiffig y ddau yr un peth â dŵr hefyd, sef 4.2 J g⁻¹ K⁻¹.

Sylwch mai cyfanswm cyfaint yr hydoddiant yw 100 cm³, felly gellir cymryd mai màs yr hydoddiant sy'n cael ei wresogi yw 100 g.

Y newid enthalpi ar gyfer adwaith, ΔH, yw'r newid egni ar gyfer y symiau (mewn molau) sydd i'w gweld yn yr hafaliad cemegol.

Ateb

Swm yr asid hydroclorig = swm y sodiwm hydrocsid

$$= \frac{50}{1000} \text{ dm}^3 \times 2.0 \text{ mol dm}^{-3}$$

$$= 0.1 \text{ mol}$$

Yr egni sy'n cael ei ryddhau gan yr adwaith a'i ddefnyddio i wresogi'r dŵr yn y cwpan

$$= \quad 4.2 \text{ J g}^{-1} \text{ K}^{-1} \times 100 \text{ g} \times 13.3 \text{ K} = 5586 \text{ J}$$

Yr egni sy'n cael ei ryddhau i bob môl o asid $= \dfrac{5586 \text{ J}}{0.1 \text{ mol}} = 55\,860 \text{ J mol}^{-1}$

$$= 55.9 \text{ kJ mol}^{-1}$$

Mae'r adwaith yn ecsothermig, felly mae'r newid enthalpi ar gyfer y system yn negatif.

$$NaOH(d) + HCl(d) \rightarrow NaCl(d) + H_2O(h) \quad \Delta H = -55.9 \text{ kJ mol}^{-1}$$

Mae'r gwerth ychydig yn llai na'r gwerth a dderbynnir oherwydd y colledion egni.
Y gwerth a dderbynnir ar gyfer newid enthalpi yr adwaith hwn

$$\Delta H_{niwtralu} = -57.1 \text{ kJ mol}^{-1}$$

Mae'r enthalpi niwtralu ar gyfer hydoddiannau gwanedig o asid cryf gyda bas cryf bob amser yn agos at -57.1 kJ mol^{-1}. Y rheswm am hyn yw bod yr asidau a'r alcalïau hyn wedi eu hïoneiddio'n gyfan gwbl felly, ym mhob achos, mae'r adwaith bob amser yr un peth (gweler tudalen 31).

$$H^+(d) + OH^-(d) \rightarrow H_2O(h) \quad \Delta H = -57.1 \text{ kJ mol}^{-1}$$

Newidiadau enthalpi safonol

Mae thermocemeg yn wyddor fanwl iawn ac mae'r gwerthoedd a roddir ar gyfer newidiadau enthalpi yn y llyfrau data wedi eu paratoi ar sail amodau sydd wedi eu diffinio'n ofalus. Caiff newidiadau enthalpi safonol eu cyfrifo, er enghraifft, ar gyfer tymheredd o 298 K (25 °C) a gwasgedd o 1 bar (= 10^5 Pa = 100 kPa). Y symbol ar gyfer newid enthalpi safonol yw $\Delta H_{298}^{\ominus}$.

Mewn thermocemeg, mae hefyd yn bwysig nodi cyflwr y cemegion. Dylai hafaliadau gynnwys symbolau cyflwr bob amser. Mae cyflyrau safonol elfennau a chyfansoddion ar eu mwyaf sefydlog o dan amodau safonol. Cyflwr safonol carbon, er enghraifft, yw graffit, sydd yn egnïol fwy sefydlog na diemwnt.

Enthalpïau hylosgiad

Newid enthalpi safonol hylosgiad unrhyw elfen neu gyfansoddyn yw'r newid enthalpi pan fydd un môl o'r sylwedd yn llosgi'n llwyr mewn ocsigen. Rhaid i'r cemegyn a chynhyrchion y llosgi fod yn eu cyflwr sefydlog normal (safonol). Yn achos cyfansoddyn carbon, mae hylosgi llwyr yn golygu bod yr holl garbon yn llosgi i roi carbon deuocsid, a bod dim huddygl na charbon monocsid. Pan fydd cyfansoddyn sy'n cynnwys hydrogen yn cael ei losgi, rhaid i'r dŵr sy'n cael ei ffurfio fod yn hylif ar y diwedd, nid nwy.

Mae gwerthoedd enthalpi hylosgiad yn llawer haws i'w cyfrifo na gwerthoedd llawer o newidiadau enthalpi eraill. Mae modd eu cyfrifo o fesuriadau a wnaed gan galorimedr bom (gweler tudalen 97). Pwysigrwydd y gwerthoedd hyn yw bod modd eu defnyddio i gyfrifo newidiadau enthalpi eraill.

Mae gan gemegwyr ddwy ffordd o gyflwyno crynodeb o newidiadau enthalpi hylosgiad molar safonol. Un ffordd yw drwy ysgrifennu'r hafaliad gyda'r newid enthalpi wrth ei ymyl.

Ar gyfer enthalpi safonol hylosgiad carbon:

$$C_{graffit} + O_2(n) \rightarrow CO_2(n) \quad \Delta H_{h,298}^{\ominus} = -393.5 \text{ kJ mol}^{-1}$$

Prawf i chi

6 Pan fydd 25 cm³ o asid nitrig 1.0 mol dm⁻³ yn cael ei ychwanegu at 25 cm³ o botasiwm hydrocsid 1.0 mol dm⁻³ mewn cwpan plastig, mae'r tymheredd yn codi 6.5 °C. Cyfrifwch y newid enthalpi ar gyfer yr adwaith niwtralu.

7 Pan fydd 4.0 g o amoniwm nitrad yn hydoddi mewn 100 cm³ o ddŵr mae'r tymheredd yn disgyn 3.0 °C. Cyfrifwch y newid enthalpi y môl pan fydd NH₄NO₃ yn hydoddi mewn dŵr o dan yr amodau hyn.

8 Pan fydd gormodedd o sinc ar ffurf powdr yn cael ei ychwanegu at 25.0 cm³ o hydoddiant copr(II) sylffad 0.2 mol dm⁻³, mae'r tymheredd yn codi 9.5 °C. Cyfrifwch y newid enthalpi ar gyfer adwaith dadleoli sinc gyda chopr sylffad.

Cemeg Ffisegol **Adran tri**

Nodyn

Mae'r uwchysgrif yn y symbol $\Delta H_{298}^{\ominus}$ yn dangos mai gwerth ar gyfer amodau safonol sy'n cael ei roi. Yr enw am y symbol yw 'delta H safonol'.

Diffiniad

Newid enthalpi safonol hylosgiad cyfansoddyn, $\Delta H_{h,298}^{\ominus}$, yw'r newid enthalpi pan fydd un môl o'r sylwedd yn llosgi'n llwyr mewn ocsigen o dan amodau safonol, gyda'r adweithyddion a'r cynnyrch yn eu cyflyrau safonol.

Y ffordd arall yw drwy ddefnyddio llaw-fer. Ar gyfer enthalpi safonol hylosgiad methan:

$$\Delta H_{h,298}^{\ominus} \, [CH_4(n)] = -890 \text{ kJ mol}^{-1}$$

Fel yn achos pob maint thermocemegol, mae'r diffiniad trachywir o enthalpi safonol hylosgiad yn bwysig.

Enthalpi safonol ffurfiant

Y newid enthalpi ffurfiant ar gyfer cyfansoddyn yw'r newid enthalpi pan fydd un môl o gyfansoddyn yn ffurfio o'i elfennau. Rhaid i'r elfennau, yn ogystal â'r cyfansoddyn sy'n cael ei ffurfio, fod yn eu cyflyrau safonol sefydlog. Caiff cyflwr mwyaf sefydlog elfen ei ddewis pan fydd yna alotropau (gweler tudalen 87).

Yn yr un modd ag enthalpïau safonol hylosgiad, mae dwy ffordd o gynrychioli enthalpïau safonol molar ffurfiant.

Un ffordd yw drwy ysgrifennu'r hafaliad gyda'r newid enthalpi wrth ei ymyl. Ar gyfer enthalpi safonol ffurfiant dŵr:

$$H_2(n) + \tfrac{1}{2}O_2(n) \rightarrow H_2O(h) \quad \Delta H_{ffurf,298}^{\ominus} = -286 \text{ kJ mol}^{-1}$$

Y ffordd arall yw drwy ddefnyddio llaw-fer. Ar gyfer enthalpi safonol ffurfiant ethanol:

$$\Delta H_{ffurf,298}^{\ominus} \, [C_2H_5OH(h)] = -277 \text{ kJ mol}^{-1}$$

Fel yn achos pob maint thermocemegol, mae'r diffiniad trachywir o enthalpi safonol ffurfiant yn bwysig.

Mae llyfrau data yn rhoi tablau o'r gwerthoedd ar gyfer enthalpïau safonol molar ffurfiant, ac mae'r tablau hyn yn werthfawr dros ben oherwydd eu bod yn ei gwneud yn bosibl i gyfrifo'r newidiadau enthalpi ar gyfer nifer o adweithiau (gweler tudalen 102).

Yn anffodus, mae'n anodd fel rheol mesur newidiadau enthalpi ffurfiant yn uniongyrchol. Gwaith amhosibl, er enghraifft, yw cymryd carbon, hydrogen ac ocsigen a'u huno yn uniongyrchol i greu ethanol o dan unrhyw amodau. Felly mae'n rhaid i gemegwyr ddod o hyd i ddull anuniongyrchol o ddarganfod enthalpi safonol ffurfiant y cyfansoddyn hwn a chyfansoddion eraill.

Deddf Hess

Mae'r newid egni ar gyfer adwaith yr un peth p'un ai yw'r adwaith yn digwydd mewn un cam neu dros nifer o gamau. Cyn belled ag y bo'r adweithyddion a'r cynhyrchion yr un peth, yna bydd cyfanswm y newid enthalpi yr un peth hefyd, p'un ai yw'r adweithyddion yn cael eu trawsnewid yn gynhyrchion ar unwaith, neu drwy ddau neu fwy o adweithiau pellach. Dyma ddeddf Hess. Yn Ffigur 3.13.5, mae'r newid enthalpi ar gyfer Llwybr 1 a chyfanswm y newid enthalpi ar gyfer Llwybr 2 yr un peth.

Mae deddf Hess yn ei gwneud yn bosibl i gyfrifo newidiadau enthalpi nad oes modd eu mesur drwy gyfrwng arbrawf. Mae deddf Hess yn cael ei defnyddio i gyfrifo:

- ▌ enthalpi safonol ffurfiant o enthalpi safonol hylosgiad,
- ▌ enthalpi safonol adwaith o enthalpi safonol ffurfiant.

Fersiwn gemegol yw deddf Hess o'r ddeddf cadwraeth egni. Tybiwch fod y newid enthalpi ar gyfer Llwybr 1 yn fwy negatif na chyfanswm y newid enthalpi ar gyfer Llwybr 2 yn Ffigur 3.13.15. Byddai'n bosibl mynd yn gylch o

A i Ch yn uniongyrchol, ac yn ôl i A drwy C a B, gan ddiweddu gyda'r un cemegyn cychwynnol, ond gan ryddhau egni net. Byddai hyn yn groes i gadwraeth egni.

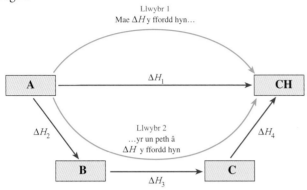

Ffigur 3.13.15 ◄
Diagram i ddangos deddf Hess.
$\Delta H_1 = \Delta H_2 + \Delta H_3 + \Delta H_4$

Nodyn

Bydd cildroi cyfeiriad adwaith yn cildroi arwydd ΔH.

Enthalpïau ffurfiant o enthalpïau hylosgiad

Mae Ffigur 3.13.16 yn dangos ffurf y cylchredau egni y bydd cemegwyr yn eu llunio er mwyn cyfrifo enthalpïau ffurfiant o enthalpïau hylosgiad.

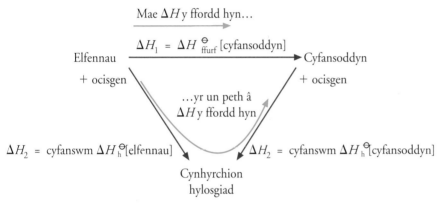

Ffigur 3.13.16 ◄
Amlinelliad o gylchred thermocemegol ar gyfer cyfrifo enthalpïau safonol ffurfiant o enthalpïau safonol hylosgiad.
$\Delta H_1 = \Delta H_2 - \Delta H_3$

Enthalpïau Safonol Hylosgiad

propan
$\Delta H_h^{\ominus} [C_3H_8(n)]$
$= -2220 \text{ kJ mol}^{-1}$

carbon
$\Delta H_h^{\ominus} [C_{\text{graffit}}]$
$= -393 \text{ kJ mol}^{-1}$

hydrogen
$\Delta H_h^{\ominus} [H_2(n)]$
$= -286 \text{ kJ mol}^{-1}$

Datrysiad enghreifftiol

Cyfrifwch enthalpi ffurfiant propan, C_3H_8, ar dymheredd o 298 K drwy ddefnyddio enthalpïau safonol hylosgiad.

Nodiadau ar y dull

Lluniwch gylchred thermocemegol. Defnyddiwch ddeddf Hess i greu hafaliad ar gyfer y newidiadau enthalpi. Rhoddir yr holl newidiadau enthalpi heblaw $\Delta H_{\text{ffurf}}^{\ominus}[C_3H_8(n)]$. Dylech dalu sylw arbennig i'r arwyddion. Rhowch y gwerth a'r arwydd ar gyfer maint rhwng cromfachau pan fyddwch yn lluosi, adio neu'n tynnu gwerthoedd enthalpi.

Ateb

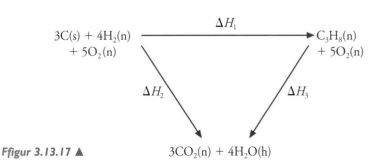

Ffigur 3.13.17 ▲

Prawf i chi   **D**

9 Trwy ysgrifennu hafaliad cytbwys, dangoswch fod enthalpi safonol ffurfiant carbon deuocsid yr un peth ag enthalpi safonol hylosgiad carbon (graffit).

10 Defnyddiwch y gwerthoedd ar gyfer enthalpïau safonol hylosgiad i gyfrifo enthalpi safonol ffurfiant methanol, CH_3OH.

Cemeg Ffisegol

Adran tri

11 Enthalpi safonol ffurfiant methanol yw -238.7 kJ mol^{-1}. Ysgrifennwch yr hafaliad cytbwys sydd â'r enthalpi safonol adwaith -238.7 kJ mol^{-1}.

12 Wrth gyfrifo enthalpïau safonol adweithiau sy'n cynnwys dŵr, pam mae'n bwysig nodi'n benodol a yw'r H_2O yn bresennol ar ffurf dŵr neu ager?

13 Cyfrifwch enthalpi safonol adwaith hydrasin, $N_2H_4(n)$, gydag ocsigen i ffurfio nitrogen, $N_2(n)$, ac ager, $H_2O(n)$, gyda chymorth tablau enthalpïau safonol ffurfiant.

Yn ôl deddf Hess, $\Delta H_1 = \Delta H_2 - \Delta H_3$

$$\Delta H_1 = \Delta H^{\ominus}_{\text{ffurf}} [C_3H_8(n)]$$

$$\Delta H_2 = 3 \times \Delta H^{\ominus}_{h} [C_{\text{graffit}}] + 4 \times \Delta H^{\ominus}_{h} [H_2(n)]$$
$$= 3 \times (-393 \text{ kJ mol}^{-1}) + 4 \times (-286 \text{ kJ mol}^{-1}) = -2323 \text{ kJ mol}^{-1}$$

$$\Delta H_3 = \Delta H^{\ominus}_{h} [C_3H_8(n)] = -2220 \text{ kJ mol}^{-1}$$

Trwy hyn:

$$\Delta H^{\ominus}_{\text{ffurf}} [C_3H_8(n)] = (-2323 \text{ kJ mol}^{-1}) - (-2220 \text{ kJ mol}^{-1})$$
$$= -2323 \text{ kJ mol}^{-1} + 2220 \text{ kJ mol}^{-1}$$
$$= -103 \text{ kJ mol}^{-1}$$

Enthalpïau safonol adwaith o enthalpïau safonol ffurfiant

Mae llyfrau data yn cynnwys tablau o enthalpïau safonol ffurfiant ar gyfer cyfansoddion anorganig ac organig. Gwerth mawr y tablau hyn yw eu bod yn ei gwneud yn bosibl i gyfrifo'r newid enthalpi safonol ar gyfer unrhyw adwaith sy'n cynnwys y sylweddau sydd wedi eu rhestru yn y tablau.

Newid enthalpi safonol adwaith yw'r newid enthalpi pan fydd y symiau sydd i'w gweld yn yr hafaliad cemegol yn adweithio. Fel meintiau safonol eraill mewn thermocemeg, mae'r newid enthalpi safonol ar gyfer adwaith yn cael ei ddiffinio ar dymheredd o 298 K, 1 bar o wasgedd, gyda'r adweithyddion a'r cynhyrchion yn eu cyflyrau sefydlog normal o dan yr amodau hyn. Crynodiad unrhyw hydoddiant fydd 1 mol dm^{-3}.

Diolch i ddeddf Hess, gwaith hawdd yw cyfrifo'r newid enthalpi ar gyfer adwaith o'r gwerthoedd yn y tablau ar gyfer enthalpïau safonol ffurfiant.

Ffigur 3.13.18 ▶
Amlinelliad o gylchred thermocemegol ar gyfer cyfrifo enthalpïau safonol adwaith o enthalpïau safonol ffurfiant

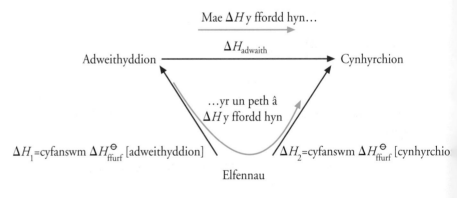

Mae ΔH y ffordd hyn...

$\Delta H_{\text{adwaith}}$

Adweithyddion ——————————→ Cynhyrchion

...yr un peth â ΔH y ffordd hyn

$\Delta H_1 =$ cyfanswm $\Delta H^{\ominus}_{\text{ffurf}}$ [adweithyddion] $\Delta H_2 =$ cyfanswm $\Delta H^{\ominus}_{\text{ffurf}}$ [cynhyrchio]

Elfennau

Yn ôl deddf Hess: $\Delta H_{\text{adwaith}} = -\Delta H_1 + \Delta H_2$

Felly $\Delta H_{\text{adwaith}} = \{$cyfanswm $\Delta H^{\ominus}_{\text{ffurf}}$ [cynhyrchion]$\} - \{$cyfanswm $\Delta H^{\ominus}_{\text{ffurf}}$ [adweithydd

Datrysiad enghreifftiol

Cyfrifwch y newid enthalpi ar gyfer rhydwytho haearn(III) ocsid gyda charbon monocsid.

$\Delta H^{\ominus}_{\text{ffurf}} [Fe_2O_3] = -824$ kJ mol^{-1}

$\Delta H^{\ominus}_{\text{ffurf}} [CO] = -110$ kJ mol^{-1}

$\Delta H^{\ominus}_{\text{ffurf}} [CO_2] = -393$ kJ mol^{-1}

Nodiadau ar y dull

Ysgrifennwch hafaliad cytbwys ar gyfer yr adwaith.

Cofiwch, trwy ddiffiniad, fod $\Delta H^{\ominus}_{\text{ffurf}}$ [elfen] = 0 kJ mol^{-1}

Talwch sylw gofalus i'r arwyddion. Rhowch y gwerth a'r arwydd ar gyfer maint rhwng cromfachau pan fyddwch yn lluosi, adio neu'n tynnu gwerthoedd enthalpi.

Ateb

$Fe_2O_3(s) + 3CO(n) \rightarrow 2Fe(s) + 3CO_2(n)$

Felly $\Delta H^{\ominus}_{\text{adwaith}}$ = {cyfanswm $\Delta H^{\ominus}_{\text{ffurf}}$ [cynhyrchion]} − {cyfanswm $\Delta H^{\ominus}_{\text{ffurf}}$ [adweithyddion]}

$\Delta H^{\ominus}_{\text{adwaith}}$ = {2 × $\Delta H^{\ominus}_{\text{ffurf}}$ [Fe] + 3 × $\Delta H^{\ominus}_{\text{ffurf}}$ [CO$_2$]}
− {$\Delta H^{\ominus}_{\text{ffurf}}$ [Fe$_2$O$_3$] + 3 × $\Delta H^{\ominus}_{\text{ffurf}}$ [CO]}

= {0 + 3 × (− 393 kJ mol^{-1})}
− {(− 824 kJ mol^{-1}) + 3 × (−110 kJ mol^{-1})}

= (− 1179 kJ mol^{-1}) − (− 1154 kJ mol^{-1})}

$\Delta H^{\ominus}_{\text{adwaith}}$ = − 25 kJ mol^{-1}

Newid enthalpi a chyfeiriad y newid

Pan fydd matsen yn cael ei thanio, bydd yn mynd ar dân ac yn llosgi. Pan fydd gwreichionen yn cyffwrdd â phetrol, bydd yn llosgi'n wenfflam. Dau adwaith ecsothermig yw'r rhain a fydd, unwaith yn byddan nhw wedi dechrau, yn tueddu i fynd yn eu blaenau. Enghreifftiau ydyn nhw o'r adweithiau ecsothermig niferus sy'n para i fynd unwaith y byddan nhw wedi dechrau. Yn gyffredinol, bydd cemegwyr yn disgwyl bod adwaith yn para i fynd yn ei flaen os yw'n adwaith ecsothermig.

Mae hyn yn golygu mai'r adweithiau sy'n rhyddhau egni i'w hamgylchedd yw'r rhai fydd yn mynd yn eu blaenau. Mae hyn yn unol â'r profiad cyffredinol o newid yn digwydd i gyfeiriad a fydd yn rhyddhau egni ac yn ei wasgaru i'r amgylchedd. Felly, mae'r arwydd ΔH yn ganllaw i gyfeiriad tebygol newid, ond nid yw'n arwydd cwbl ddiogel am dri phrif reswm:

■ Gall cyfeiriad y newid ddibynnu ar amodau tymheredd a gwasgedd. Mae cyddwysiad hylif yn un enghraifft. Bydd ager yn cyddwyso'n ddŵr o dan 100 °C. Newid ecsothermig yw hwn. Uwchlaw 100 °C bydd y newid yn mynd i'r cyfeiriad arall.

$$H_2O(n) \underset{\text{oeri}}{\overset{\text{gwresogi}}{\rightleftharpoons}} H_2O(h) \quad \Delta H = -44 \text{ kJ mol}^{-1}$$

■ Mae rhai enghreifftiau o adweithiau endothermig sy'n mynd yn eu blaenau o dan amodau normal. Felly gall adwaith dueddu i ddigwydd pan fydd ΔH yn bositif ar gyfer yr adwaith hwnnw. Un enghraifft yw adwaith hydoddiant o asid citrig gyda sodiwm hydrogencarbonad. Bydd y cymysgedd yn byrlymu'n egnïol wrth oeri'n gyflym.

■ Gall adwaith fod yn ecsothermig iawn a thueddu i fynd yn ei flaen, tra bo cyfradd y newid mor isel nes bod y cymysgedd o gemegion yn anadweithiol i bob pwrpas. Newid ecsothermig yw'r newid o ddiemwnt i graffit, eto dydy diemyntau ddim yn troi'n sydyn yn fflawiau duon.

Newid enthalpi a bondio

Cyfanswm y newid enthalpi ar gyfer adwaith yw'r gwahaniaeth rhwng yr egni sydd ei angen i dorri'r bondiau yn yr adweithyddion a'r egni sy'n cael ei ryddhau wrth i fondiau newydd ffurfio yn y cynhyrchion (gweler tudalen 98).

Wrth ymchwilio i dorri bondiau bydd cemegwyr yn gwahaniaethu rhwng yr enthalpïau canlynol:

▪ enthalpi daduno bond – gwerth penodol ar gyfer bond arbennig
▪ enthalpi cyfartalog bond – gwerth cymedrig sy'n ddefnyddiol i roi brasamcan.

Enthalpi daduno bond yw'r newid enthalpi sy'n digwydd pan fydd un môl o fond cofalent neillituol yn cael ei dorri mewn moleciwl nwyol. Mewn moleciwlau lle mae dau neu fwy o fondiau rhwng atomau tebyg i'w gilydd, dydy'r egnïon sydd eu hangen i dorri bondiau olynol ddim yn union yr un peth. Mewn dŵr, er enghraifft, yr egni sydd ei angen i dorri'r bond OH cyntaf mewn H—O—H(n), yw 498 kJ mol^{-1} ond yr egni sydd ei angen i dorri'r ail fond O—H mewn OH(n) yw 428 kJ mol^{-1}.

Enthalpïau bond cyfartalog (neu egni bond) yw'r gwerthoedd cyfartalog ar gyfer enthalpïau daduno bondiau a ddefnyddir mewn cyfrifiadau bras i amcangyfrif newidiadau enthalpi ar gyfer adweithiau.

Mae gwerthoedd cymedrig enthalpïau bond yn cymryd y ffeithiau canlynol i ystyriaeth:

▪ dydy'r enthalpïau daduno bond olynol ddim yn union yr un peth â'i gilydd mewn cyfansoddion megis methan neu ddŵr
▪ mae'r enthalpi daduno bond ar gyfer bond cofalent penodol yn amrywio rhyw ychydig o un moleciwl i'r llall.

Datrysiad enghreifftiol

Defnyddiwch enthalpïau bond cyfartalog i amcangyfrif enthalpi ffurfiant hydrasin, N_2H_4.

Nodiadau ar y dull

Er mwyn ei gwneud yn haws i gyfrif nifer y bondiau sy'n cael eu torri a'u ffurfio, ysgrifennwch yr hafaliad i ddangos yr holl atomau a'r bondiau sydd yn y moleciwlau.

Chwiliwch am egnïon bond cymedrig mewn llyfr data. Mae'r symbol E(N—H) yn cynrychioli'r egni bond cyfartalog ar gyfer bond cofalent rhwng atom nitrogen ac atom hydrogen.

Ateb

Yr hafaliad ar gyfer yr adwaith:

$$N\equiv N + 2H-H \rightarrow \begin{matrix} H \\ \, \\ H \end{matrix}\!\! \diagdown \!\! N - N \!\! \diagup \!\! \begin{matrix} H \\ \, \\ H \end{matrix}$$

Yr egni sydd ei angen i dorri'r bondiau yn yr adweithyddion
= E(N≡N) kJ mol^{-1} + 2E(H—H) kJ mol^{-1}
= 945 kJ mol^{-1} + 2 × 436 kJ mol^{-1}
= 1817 kJ mol^{-1}

Yr egni sy'n cael ei ryddhau wrth i fondiau newydd ffurfio i greu'r cynnyrch
= E(N—N) kJ mol^{-1} + 4E(N—H) kJ mol^{-1}
= 158 kJ mol^{-1} + 4 × 391 kJ mol^{-1}
= 1722 kJ mol^{-1}

Mae angen mwy o egni i dorri bondiau na'r hyn sy'n cael ei ryddhau pan fydd bondiau'n cael eu ffurfio, felly mae'r adwaith yn endothermig a'r newid enthalpi'n bositif.

ΔH = + 1817 kJ mol^{-1} – 1722 kJ mol^{-1} = + 95 kJ mol^{-1}

3.14 Adweithiau cildroadwy

Bydd rhai newidiadau yn mynd i un cyfeiriad yn unig. Un enghraifft o hyn yw pobi bara. Unwaith y bydd y dorth wedi ei phobi yn y ffwrn, does dim modd ei rhannu eilwaith yn flawd, dŵr a burum. Mae rhai adweithiau cemegol yn debyg i hyn; mae llawer o newidiadau eraill yn gildroadwy. Er enghraifft, mae haemoglobin yn cyfuno gydag ocsigen wrth i gelloedd coch y gwaed lifo drwy'r ysgyfaint, ond yna'n rhyddhau ocsigen ar gyfer resbiradaeth wrth i'r gwaed lifo drwy gapilarïau gweddill y corff. Mae astudio adweithiau cildroadwy yn helpu cemegwyr i ateb y cwestiynau 'Pa mor bell ac i ba gyfeiriad?'. Mae arnyn nhw eisiau'r atebion hyn pan fyddan nhw'n ceisio paratoi cemegion newydd mewn labordai ac mewn diwydiant.

Mae llosgi tanwydd – methan, er enghraifft – mewn aer yn enghraifft o broses unffordd. Unwaith y bydd methan wedi llosgi mewn aer i greu carbon deuocsid a dŵr mae'n amhosibl troi'r cynhyrchion yn ôl yn ocsigen a methan. Mae hylosgiad methan yn broses anghildroadwy.

Mae llawer o adweithiau cemegol eraill yn gildroadwy ac mae un enghraifft o hyn yn sail i brawf syml yn y labordy ar gyfer dŵr. Mae cobalt(II) clorid hydradol yn binc, ac mae hydoddiant o'r halwyn mewn dŵr yn binc hefyd. Ar ôl mwydo papur hidlo yn yr hydoddiant a'i wresogi yn y ffwrn, bydd y papur yn troi'n las.

$$CoCl_2.6H_2O(s) \longrightarrow CoCl_2(s) + 6H_2O(h)$$
$$\quad\quad pinc \quad\quad\quad\quad\quad glas$$

Mae'r papur glas yn brawf sensitif am ddŵr. Os bydd yn cyffwrdd â dŵr neu anwedd dŵr, bydd y papur yn troi'n binc unwaith yn rhagor. Ar dymheredd ystafell, bydd dŵr yn ailhydradu'r halwyn glas.

$$CoCl_2(s) + 6H_2O(h) \longrightarrow CoCl_2.6H_2O(s)$$
$$glas \quad\quad\quad\quad\quad\quad\quad\quad\quad pinc$$

Mae adwaith amonia gyda hydrogen yn adwaith arall lle mae cyfeiriad y newid yn dibynnu ar y tymheredd. Ar dymheredd ystafell, mae'r ddau nwy'n cyfuno i greu mwg gwyn amoniwm clorid.

$$NH_3(n) + HCl(n) \longrightarrow NH_4Cl(s)$$

Bydd gwres yn gwneud i'r adwaith cildroadwy hwn fynd i'r cyfeiriad arall. Ar dymheredd uchel, bydd amoniwm clorid yn dadelfennu i roi hydrogen clorid ac amonia.

$$NH_4Cl(s) \longrightarrow NH_3(n) + HCl(n)$$

Ffigur 3.14.1 ▲
Defnyddio papur cobalt clorid glas i brofi am ddŵr

Ffigur 3.14.2 ▶
Nwy amonia a nwy hydrogen clorid yn cyfuno i roi cwmwl o fwg gwyn amoniwm clorid

Ffigur 3.14.3 ▶

Cyfarpar i ddangos bod amoniwm clorid yn dadelfennu'n ddau nwy pan fydd yn cael ei wresogi. Bydd nwy amonia yn tryledu'n gyflymach na hydrogen clorid drwy'r gwlân gwydr. Ar ôl ychydig amser bydd yr amonia, sy'n alcalïaidd, yn codi uwchlaw'r plwg o wlân gwydr ac yn troi'r papur litmws coch yn las. Ychydig yn ddiweddarach eto, bydd y ddau stribed o bapur litmws yn troi'n goch wrth i'r hydrogen clorid, sy'n asid, eu cyrraedd. Bydd mwg amoniwm clorid yn ymddangos uwchlaw'r tiwb pan fydd y ddau nwy yn cyfarfod ac yn oeri **CD-ROM**

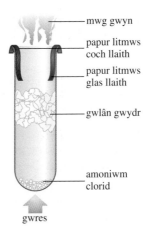

- mwg gwyn
- papur litmws coch llaith
- papur litmws glas llaith
- gwlân gwydr
- amoniwm clorid

gwres

Nid newid y tymheredd yw'r unig ffordd o wneud i newid fynd i gyfeiriad arall. Bydd haearn poeth, er enghraifft, yn adweithio gydag ager i greu haearn(III) ocsid a hydrogen.

Bydd rhoi digon o ager i ysgubo'r hydrogen ymaith yn golygu bod yr adwaith yn para nes bydd yr haearn i gyd wedi newid i'w ocsid.

$$3Fe(s) + 4H_2O(n) \rightarrow Fe_3O_4(s) + H_2(n)$$

Ffigur 3.14.4 ▶

Bydd y blaenadwaith yn parhau tra bo crynodiad uchel o ager, a'r hydrogen yn cael ei ysgubo ymaith gan gadw ei grynodiad yn isel

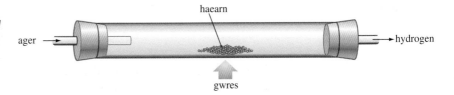

haearn

ager →

→ hydrogen

gwres

Bydd newid yr amodau'n achosi i'r adwaith gildroi. Bydd llif hydrogen yn rhydwytho'r holl haearn(III) ocsid yn haearn, cyhyd ag y bydd llif yr hydrogen yn ysgubo ymaith yr holl ager sy'n cael ei gynhyrchu.

$$Fe_3O_4(s) + H_2(n) \rightarrow 3Fe(s) + 4H_2O(n)$$

Ffigur 3.14.5 ▶

Bydd yr ôl-adwaith yn parhau tra bo crynodiad uchel o hydrogen, a'r ager yn cael ei ysgubo ymaith gan gadw ei grynodiad yn isel

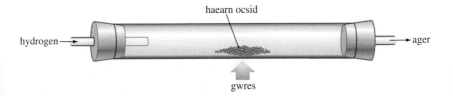

haearn ocsid

hydrogen →

→ ager

gwres

Nodyn

Mewn hafaliad, y cemegion ar yr ochr chwith yw'r adweithyddion. Y rhai ar yr ochr dde yw'r cynhyrchion. Yr adwaith 'o'r chwith i'r dde' yw'r blaenadwaith, a'r adwaith 'o'r dde i'r chwith' yw'r ôl-adwaith.

Prawf i chi

1   Sut gall y newidiadau hyn gael eu cildroi naill ai drwy newid y tymheredd neu drwy newid crynodiad adweithydd neu gynnyrch? **CD-ROM**
    a) rhewi dŵr yn iâ,
    b) newid papur litmws glas i'w ffurf goch,
    c) trawsnewid copr(II) sylffad glas i'w ffurf wen.

2   Ysgrifennwch hafaliad symbolau i ddangos y newid cildroadwy pan fydd ïodin yn sychdarthu (gweler tudalen 19).

3.15 Ecwilibriwm cemegol

Yn aml, bydd newidiadau cildroadwy yn cyrraedd cyflwr o gydbwysedd, neu ecwilibriwm. Yr hyn sy'n arbennig ynghylch ecwilibriwm cemegol yw ei fod yn ymddangos i'r llygad noeth fel pe bai dim byd yn digwydd ond, ar lefel foleciwlaidd, mae'r newid yn ddi-baid. Pan fydd cemegwyr yn gofyn y cwestiwn 'Pa mor bell?' maen nhw am wybod beth fydd cyflwr yr adwaith pan fydd mewn ecwilibriwm. Mewn ecwilibriwm, bydd yr adwaith i'w weld mewn hafaliad weithiau ymhell i'r dde (cynhyrchion newydd, yn bennaf), weithiau ymhell i'r chwith (adweithyddion sydd heb newid, yn bennaf) neu rywle rhwng y ddau.

Nodyn

Mae'r symbol ⇌ yn cynrychioli adwaith cildroadwy mewn ecwilibriwm. Yn ddamcaniaethol, dim ond mewn system gaeëdig y mae'n bosibl cyrraedd cyflwr o ecwilibriwm (gweler tudalen 92).

Adran tri Cemeg Ffisegol

Cyrraedd cyflwr o ecwilibriwm

Yn y rhan fwyaf o adweithiau cildroadwy mae pwyntiau o gydbwysedd yn bod pan nad yw'r blaenadwaith na'r ôl-adwaith yn gyflawn. Mae adweithyddion a chynhyrchion yn bresennol gyda'i gilydd, ac mae fel pe bai'r adweithiau wedi dod i ben. Cyflwr o ecwilibriwm cemegol yw hwn.

Un ffordd o astudio sut y cyrraeddir cyflwr o ecwilibriwm yw drwy edrych i weld beth sy'n digwydd pan fydd grisial bychan o ïodin yn cael ei ysgwyd mewn tiwb profi gyda hecsan a hydoddiant o botasiwm ïodid, KI(d). Dydy'r hecsan hylifol a'r hydoddiant dyfrllyd ddim yn cymysgu. Mae ïodin yn hydoddi'n hawdd mewn hecsan, sy'n hydoddydd amholar (gweler tudalen 89). Bydd y moleciwlau ïodin amholar yn cymysgu gyda'r moleciwlau hecsan. Does dim adwaith. Lliw porffor-fioled sydd i'r hydoddiant – yr un lliw ag anwedd ïodin. Dim ond ychydig y bydd ïodin yn hydoddi mewn dŵr, ond fe fydd yn hydoddi mewn hydoddiant o botasiwm ïodid. Lliw melyn, oren neu frown fydd i'r hydoddiant, yn dibynnu ar y crynodiad. Yn yr hydoddiant, bydd moleciwlau ïodin, I_2, yn adweithio gydag ïonau ïodid, I^-, i roi'r ïon tri-ïodid, I_3^-.

Mae Ffigur 3.15.1 yn dangos y newidiadau hyn. Crynodeb ohonyn nhw yw'r ecwilibriwm:

$$I_2 \text{ (mewn hecsan)} + I^-(d) \rightleftharpoons I_3^-(d)$$

Ffigur 3.15.1 ▼
Dwy ffordd o gyrraedd yr un cyflwr o ecwilibriwm

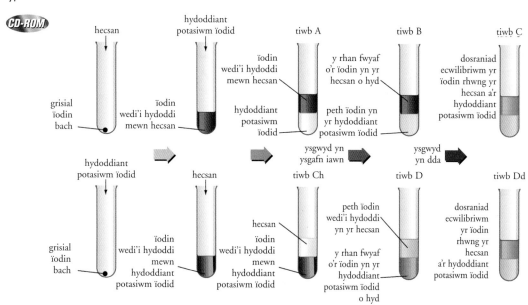

Ffigur 3.15.2 ▶
Y newid dros gyfnod o amser yng nghrynodiad yr ïodin yn y cymysgeddau sydd i'w gweld yn Ffigur 3.15.1

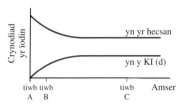

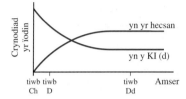

Mae'r graffiau yn Ffigur 3.15.2 yn dangos sut mae'r crynodiad ïodin yn y ddwy haen yn newid wrth i'r tiwbiau gael eu hysgwyd. Ar ôl ychydig amser, mae'n ymddangos fel pe bai dim newid pellach yn digwydd. Mae Tiwbiau C ac Dd yn edrych yn union yr un peth. Mae'r un system ecwilibriwm yn y ddau.

Mae'r arddangosiad hwn yn amlygu dau o nodweddion pwysig prosesau ecwilibriwm:

- mewn ecwilibriwm, dydy crynodiad yr adweithyddion a'r cynhyrchion ddim yn newid
- mae modd cyrraedd yr un cyflwr o ecwilibriwm o'r ddwy ochr i'r hafaliad – 'ochr yr adweithydd' neu 'ochr y cynnyrch'.

Ecwilibriwm dynamig

Yr hyn sy'n digwydd ar y lefel foleciwlaidd, ac nid yr hyn sy'n weladwy i'r llygad, sydd i'w weld yn Ffigur 3.15.3. Ystyriwch diwb A yn Ffigur 3.15.1. Yn gyntaf oll, mae'r holl foleciwlau ïodin yn yr hecsan yn yr haenen uchaf. Ar ôl i'r tiwb gael ei ysgwyd, bydd rhai o'r moleciwlau yn symud i'r haenen ddyfrllyd. I ddechrau, dim ond i'r cyfeiriad hwn y gall moleciwlau symud (y blaenadwaith). Wrth i'r crynodiad ostwng yn yr haenen uchaf, bydd y blaenadwaith yn dechrau arafu (Ffigur 3.15.3).

Ffigur 3.15.3 ▶
Moleciwlau ïodin yn cyrraedd ecwilibriwm dynamig rhwng hecsan a hydoddiant o botasiwm ïodid

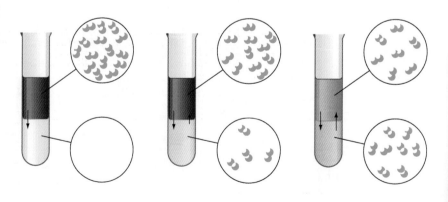

Unwaith y bydd peth ïodin yn yr haenen ddyfrllyd, gall y broes gildro ddechrau, gyda'r ïodin yn dychwelyd i'r haenen hecsan. Bydd yr ôl-adwaith hwn yn dechrau'n araf ond yn cyflymu wrth i grynodiad yr ïodin yn yr haenen ddyfrllyd gynyddu.

Daw adeg pan fydd y blaenadwaith a'r ôl-adwaith yn digwydd ar yr un gyfradd. Bydd symudiad yr ïodin rhwng y ddwy haenen yn parhau ond, yn gyffredinol, does dim newid. Yn nhiwb C, bydd y ddwy haenen yn ennill ac yn colli moleciwlau ïodin ar yr un gyfradd. Enghraifft yw hyn o ecwilibriwm dynamig.

Ffactorau sy'n effeithio ar ecwilibria

Gall newid yr amodau aflonyddu system sydd mewn ecwilibriwm. Yr un peth yw cyfradd y blaenadwaith a'r ôl-adwaith mewn ecwilibriwm, a gall unrhyw beth sy'n newid y cyfraddau hyn syflyd y cydbwysedd.

Rhagfynegi cyfeiriad y newid

Mae egwyddor Le Châtelier yn ganllaw ansoddol i'r ffordd y caiff system sydd mewn ecwilibriwm ei heffeithio pan fydd newid yn y crynodiad, y gwasgedd neu'r tymheredd. Awgrymwyd fod yr egwyddor yn dod yn rheol gyffredinol gan y cemegydd ffisegol o Ffrainc, Henri Le Châtelier (1850–1936).

Dywed yr egwyddor fod safle ecwilibriwm yn cael ei syflyd i gyfeiriad a fydd yn tueddu i wrthweithio unrhyw newid sy'n digwydd yn amodau system sydd mewn ecwilibriwm.

Newid crynodiad

Mae Ffigur 3.15.4 yn dangos effeithiau newid crynodiad ar y cyffredinoliad hwn o system mewn ecwilibriwm :

$$A + B \rightleftharpoons C + Ch$$

Bydd adwaith bromin gyda dŵr yn rhoi enghreifftiau o ragfynegi sy'n seiliedig ar egwyddor Le Châtelier. Mewn dŵr, bydd hydoddiant bromin yn lliw melynoren oherwydd ei fod yn cynnwys moleciwlau bromin yn yr ecwilibriwm canlynol:

$$\underbrace{Br_2(d)}_{\text{oren}} + H_2O(h) \rightleftharpoons \underbrace{OBr^-(d) + Br^-(d) + 2H^+(d)}_{\text{di-liw}}$$

Bydd ychwanegu alcali yn troi'r hydoddiant bron yn ddi-liw, a'r ïonau hydrocsid yn yr alcali yn adweithio gydag ïonau hydrogen gan eu symud o'r ecwilibriwm. Wrth i grynodiad yr ïonau hydrogen ostwng, bydd yr

Cemeg Ffisegol

Adran tri

Y newid	Sut bydd y cymysgedd sydd mewn ecwilibriwm yn ymateb?	Y canlyniad
Crynodiad A yn cynyddu	Mae'n symud i'r dde. Ychydig o A yn cael ei ddefnyddio yn yr adwaith gyda B	Mwy o C ac Ch yn cael eu ffurfio
Crynodiad Ch yn cynyddu	Mae'n symud i'r chwith. Ychydig o'r Ch a ychwanegwyd yn cael ei ddefnyddio yn yr adwaith gydag C	Mwy o A a B yn cael eu ffurfio
Crynodiad Ch yn gostwng	Mae'n symud i'r dde i wneud i fyny am golli Ch	Mae mwy o C a llai o A a B yn yr ecwilibriwm newydd

Ffigur 3.15.4 ▲
Egwyddor Le Châtelier ar waith

Ffigur 3.15.5 ▶

Effeithiau gweledol ychwanegu alcali ac asid at hydoddiant bromin mewn dŵr

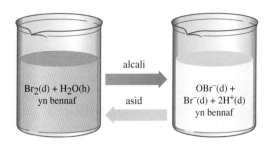

Prawf i chi

3 Ysgrifennwch hafaliad ïonig ar gyfer adwaith cildroadwy ïonau arian(I) gydag ïonau haearn(II) i ffurfio atomau arian ac ïonau haearn(III) ar ecwilibriwm. Gwnewch gopi o'r tabl yn Ffigur 3.15.4 i ddangos sut mae egwyddor Le Châtelier yn berthnasol i'r ecwilibriwm hwn.

4 Mae ïonau cromad(VI) melyn, CrO_4^{2-} (d), yn adweithio gydag ïonau hydrogen dyfrllyd, H^+(d), i ffurfio ïonau deucromad(VI) oren, $Cr_2O_7^{2-}$ (d) a moleciwlau dŵr. Mae'r adwaith yn un cildroadwy. Ysgrifennwch hafaliad ar gyfer y system ar ecwilibriwm. Rhagfynegwch sut bydd lliw hydoddiant o ïonau cromad(VI) yn newid:

   a) pan fydd asid yn cael ei ychwanegu, a'i ddilyn gan

   b) ïonau hydrocsid sy'n niwtralu ïonau hydrogen (gweler tudalen 31).

5 Mae gwresogi calchfaen, $CaCO_3$, mewn ffwrnais gaeëdig yn cynhyrchu cymysgedd ecwilibriwm o galsiwm carbonad gyda chalsiwm ocsid, CaO, a nwy carbon deuocsid. Mae gwresogi'r solid mewn ffwrnais agored yn dadelfennu'r solid yn gyfan gwbl i roi'r ocsid. Sut byddech chi'n egluro'r gwahaniaeth hwn?

ecwilibriwm yn syflyd i'r dde gan drawsnewid moleciwlau bromin oren yn ïonau di-liw. Bydd gostwng crynodiad yr ïonau hydrogen yn arafu'r ôl-adwaith tra bydd y blaenadwaith yn parhau fel ag o'r blaen. Felly, unwaith eto, bydd y safle ecwilibriwm yn syflyd nes bydd cyfraddau'r blaenadwaith a'r ôl-adwaith yr un peth â'i gilydd.

Bydd ychwanegu asid yn rhoi'r ïonau hydrogen yn ôl, yn cyflymu'r ôl-adwaith ac yn troi'r hydoddiant yn lliw melyn-oren unwaith yn rhagor. Bydd yr ecwilibriwm yn syflyd i'r chwith gan ostwng crynodiad yr ïonau hydrogen, a chynyddu crynodiad y bromin, nes bydd y blaenadwaith a'r ôl-adwaith mewn cydbwysedd unwaith eto.

Newid y gwasgedd a'r tymheredd

Mae egwyddor Le Châtelier yn helpu i egluro'r amodau a ddewiswyd ar gyfer gweithgynhyrchu amonia drwy gyfrwng proses Haber (gweler tudalennau 162–163). Y system ecwilibriwm yma yw:

$$N_2(n) + 3H_2(n) \rightleftharpoons 2NH_3(n) \qquad \Delta H = -92.4 \text{ kJ mol}^{-1}$$

Mae 4 môl o nwyon ar ochr chwith yr hafaliad ond dim ond 2 fôl ar y dde. Mae egwyddor Le Châtelier yn rhagfynegi y bydd codi'r gwasgedd yn gwneud i'r ecwilibriwm syflyd o'r chwith i'r dde. Lleihau nifer y moleciwlau a thueddu i ostwng y gwasgedd wnaiff hyn. Felly, bydd cynyddu'r gwasgedd yn cynyddu cyfran yr amonia mewn ecwilibriwm.

Mae'r adwaith yn un ecsothermig o'r chwith i'r dde ac felly'n endothermig o'r dde i'r chwith. Mae egwyddor Le Châtelier yn rhagfynegi y bydd codi'r tymheredd yn gwneud i'r safle ecwilibriwm syflyd i'r cyfeiriad sy'n cymryd egni i mewn (gan dueddu i oeri'r cymysgedd). Felly, bydd codi'r tymheredd yn gostwng cyfran yr amonia mewn ecwilibriwm.

Diffiniad

Un o dri chyflwr mater – solid, hylif neu nwy – yw **gwedd**. Yn aml, mae gan systemau cemegol fwy nag un wedd. Mae pob gwedd yn wahanol, ond nid o reidrwydd yn bur:

● mae halwyn mewn ecwilibriwm gyda'i hydoddiant dirlawn mewn dŵr yn system ddwywedd

● yn yr adweithydd ar gyfer gweithgynhyrchu amonia, mae'r cymysgedd o nwyon nitrogen, hydrogen ac amonia yn un wedd, a'r catalydd haearn yn wedd solid ar wahân.

Ecwilibriwm homogenaidd yw ecwilibriwm lle mae'r holl sylweddau yn yr un wedd. Enghraifft fyddai ecwilibriwm hydoddiant bromin mewn dŵr.

Ecwilibriwm heterogenaidd yw system ecwilibriwm lle nad yw'r holl sylweddau yn yr un wedd. Enghraifft fyddai'r cyflwr o ecwilibriwm rhwng dau solid a'r nwy sy'n cael ei ffurfio pan fydd calsiwm carbonad yn cael ei wresogi mewn cynhwysydd caeëdig:

$$CaCO_3(s) \rightleftharpoons CaO(s) + CO_2(n)$$

3.16 Ecwilibria asid-bas

Mae gan gemegwyr fwy nag un ffordd o egluro ymddygiad asidau a basau, a phob damcaniaeth yn rhoi diffiniad gwahanol o'r hyn sy'n gwneud asid a'r hyn sy'n gwneud bas. Mae yna gyfyngiadau ar y ddamcaniaeth bod asidau'n cynhyrchu ïonau hydrogen mewn dŵr (gweler tudalen 30) oherwydd nad yw'r ddamcaniaeth yn gallu cynnwys yr adweithiau hynny sy'n digwydd heb i ddŵr fod yn bresennol.

Damcaniaeth Brønsted–Lowry

Yn 1923, cyhoeddwyd damcaniaeth newydd gan y cemegydd o Ddenmarc, Johannes Brønsted (1879–1947). Ar yr un pryd, roedd Thomas Lowry (1874–1936) yn cyflwyno'r un syniadau yng Nghaergrawnt.

Mae'r diffiniad o asid sy'n cael ei ddefnyddio'n gyffredinol heddiw yn seiliedig ar eu damcaniaeth hwy, sy'n diffinio asid fel moleciwl neu ïon a all roi ïon hydrogen i rywbeth arall. Mae asidau yn rhoddwyr ïonau hydrogen.

Yn ôl y ddamcaniaeth hon, bydd moleciwlau hydrogen clorid yn rhoi ïonau hydrogen i foleciwlau dŵr pan fyddan nhw'n hydoddi mewn dŵr, gan gynhyrchu ïonau hydrogen hydradol sy'n cael eu galw'n ïonau ocsoniwm. Bydd y dŵr yn derbyn yr ïon hydrogen ac yn ymddwyn fel bas yn yr achos hwn. Yn y ddamcaniaeth hon, bas yw unrhyw foleciwl neu ïon sy'n gallu derbyn ïon hydrogen oddi wrth asid.

$$\overset{\frown}{H^+}$$
$$HCl(n) + H_2O(h) \rightleftharpoons H_3O^+(d) + Cl^-(d)$$
hydrogen clorid   ïon ocsoniwm

Atomau hydrogen sydd wedi colli electron yw ïonau hydrogen, H^+. Oherwydd bod atom hydrogen wedi'i gwneud o un proton ac un electron mae'n golygu mai dim ond proton yw ïon hydrogen. Mewn dŵr, fydd ïonau hydrogen ddim yn nofio'n rhydd ond, yn hytrach, yn glynu wrth foleciwlau dŵr i ffurfio ïonau ocsoniwm, H_3O^+. Bydd pâr unig o electronau ar yr atom ocsigen yn ffurfio bond datif gyda'r atom hydrogen (gweler tudalennau 78–79).

Un enghraifft o adwaith asid-bas heb ddŵr yn bresennol yw'r mwg gwyn amoniwm clorid sy'n ymddangos pan fydd nwy amonia'n cymysgu gyda nwy hydrogen clorid.

$$\overset{\frown}{H^+}$$
$$NH_3(n) + HCl(n) \rightleftharpoons NH_4Cl(s)$$

Ecwilibria asid-bas

Mae adweithiau asid-bas yn gildroadwy, a hydoddiant o amonia mewn dŵr yn dangos hyn. Ceir cystadlu am y protonau (ïonau hydrogen).

Ar ochr chwith yr hafaliad, mae asid a bas. Yn ystod y blaenadwaith, bydd moleciwlau amonia yn cymryd protonau oddi ar y moleciwlau dŵr. Felly, yn yr achos hwn, mae'r dŵr yn gweithredu fel asid. Yn ystod yr ôl-adwaith, bydd ïonau hydrocsid yn cymryd protonau oddi ar yr ïonau amoniwm.

$$H_2O(h) + NH_3(d) \rightleftharpoons OH^-(d) + NH_4^+(d)$$
asid A   bas B   bas A   asid B

Bydd y system yn cyrraedd cyflwr o ecwilibriwm dynamig yn gyflym. Mae safle'r ecwilibriwm yn dibynnu ar gryfder cymharol yr asidau a'r basau. Bas gwan yw amonia tra bo'r ïon hydrocsid yn fas cryf, felly mae'r ecwilibriwm ymhell i'r ochr chwith.

Diffiniad

Rhoddwr protonau yw **asid**.
    Derbynnydd protonau yw **bas**.

Diffiniad

Mae **asid cryf**, megis hydrogen clorid, yn rhoi protonau'n hawdd ac yn cael ei ïoneiddio'n gyfan gwbl mewn dŵr.

Mae **asid gwan**, megis asid ethanoig, yn amharod i roi protonau a dim ond i ychydig raddau y bydd yn cael ei ïoneiddio mewn dŵr.

Diffiniad

Pan fydd yn colli proton, bydd asid yn troi yn **fas cyfiau**. Pan fydd yn ennill proton, bydd bas yn troi yn **asid cyfiau**. Mae pob ecwilibriwm asid-bas yn cynnwys dau o barau asid-bas cyfiau. Yn yr enghraifft gyferbyn, y rhain yw:

■ NH_4^+ ac NH_3 a
■ H_2O ac OH^-.

3.17 Cyfraddau newid cemegol

Pan fydd pobl yn prynu tabledi i leddfu poen neu foddion i wella peswch, maen nhw'n disgwyl i'r meddyginiaethau hyn weithio bob tro. Mae'n bosib y byddan nhw'n bwrw cipolwg ar y label ac yn gweld bod arno'r 'dyddiad olaf gwerthu', ond pur annhebyg y byddan nhw'n meddwl sut mae'r dyddiad hwnnw'n cael ei gyfrifo. Gwaith i'r fferyllydd gynlluniodd y feddyginiaeth yw hynny. Mae'n rhaid i'r fferyllydd wybod am gyfradd diraddiad araf y cemegion sydd yn y botel neu'r pecyn. Ar gyfer sawl meddyginiaeth, y cyfnod silff yw'r amser y gellir ei storio nes bydd crynodiad y cynhwysyn gweithredol wedi gostwng ddim mwy na 10%.

CD-ROM

Prawf i chi

1 Sut mae'n bosibl arafu neu atal yr adweithiau hyn?
a) haearn yn cyrydu
b) darn o dost yn llosgi
c) llaeth (neu lefrith) yn suro

2 Sut mae'n bosibl cyflymu'r adweithiau hyn?
  a) eplesiad mewn toes gan beri i'r bara godi
  b) tanwydd solet yn llosgi mewn stôf
  c) glud epocsi (adlyn) yn caledu
  ch) trawsnewid cemegion yn nwyon diniwed mewn pibell wacáu peiriant

3 Mewn arbrawf i astudio adwaith magnesiwm gydag asid hydroclorig gwanedig, mae 48 cm^3 o hydrogen yn ffurfio mewn 10 eiliad ar dymheredd ystafell. Cyfrifwch gyfraddau ffurfiant cyfartalog:
  a) hydrogen mewn cm^3 s^{-1}
  b) hydrogen mewn mol s^{-1} (gweler tudalen 41)
  c) cyfraddau ymddangosiad neu ddiflaniad y cynnyrch arall a'r adweithyddion.

Mae cineteg gemegol o bwysigrwydd ymarferol i'r diwydiant cemegol. Bydd gwneuthurwyr yn anelu at gael y cynnyrch gorau posibl yn yr amser byrraf. Un o agweddau blaengar cemeg fodern yw'r datblygu sydd wedi bod ar gatalyddion newydd i gyflymu adweithiau. Y nod yw gwneud prosesau gweithgynhyrchu yn fwy effeithlon fel eu bod yn defnyddio llai o egni ac yn creu dim ond ychydig o wastraff, neu ddim o gwbl. Mae angen dybryd erbyn hyn am fwy o brosesau effeithlon gan fod pobl wedi dod yn fwy ymwybodol o'r niwed y gall gwastraff cemegol ei achosi i'n hiechyd ac i'r amgylchedd.

Mae cyflymder adweithiau cemegol yn amrywio. Bydd adweithiau dyddodiad ïonig yn gyflym dros ben, a ffrwydradau hyd yn oed yn gyflymach. Fodd bynnag, proses araf yw haearn yn rhydu, ac araf hefyd yw prosesau cyrydu eraill, yn parhau weithiau am lawer blwyddyn.

Mesur cyfraddau adweithiau

Nid yw hafaliadau cemegol yn dweud unrhyw beth am gyflymder newidiadau. Mae'n rhaid i gemegwyr gynnal arbrofion er mwyn mesur cyfraddau adweithiau o dan wahanol amodau.

Bydd swm neu grynodiad cemegion yn newid yn ystod unrhyw adwaith cemegol, a chynhyrchion yn ffurfio wrth i adweithyddion ddiflannu. Cyfraddau'r newidiadau hyn sy'n rhoi rhyw fesur o gyfradd yr adwaith.

Mae modd mesur cyfradd yr adwaith hwn:

$$Mg(s) + 2HCl(d) \longrightarrow MgCl_2(d) + H_2(n)$$

drwy gyfrwng y canlynol:

- cyfradd colli'r magnesiwm
- cyfradd colli'r asid hydroclorig
- cyfradd ffurfio'r magnesiwm clorid
- cyfradd ffurfio'r hydrogen

Yn yr enghraifft hon, byddai'n haws mesur cyfradd ffurfio'r hydrogen, yn ôl pob tebyg, drwy gasglu'r nwy a chofnodi ei gyfaint dros gyfnod o amser (Ffigur 3.17.1).

Bydd cemegwyr yn cynllunio eu harbrofion cyfradd i fesur priodwedd sy'n newid yn ôl swm neu grynodiad adweithydd neu gynnyrch. Felly:

$$\text{cyfradd adwaith} = \frac{\text{y newid a gofnodwyd yn y briodwedd}}{\text{yr amser a gymerodd i'r newid ddigwydd}}$$

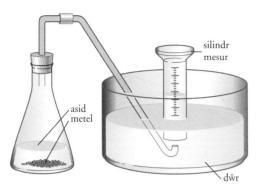

Casglu a mesur y nwy sy'n cael ei gynhyrchu pan fydd magnesiwm yn adweithio gydag asid

Yn y rhan fwyaf o adweithiau cemegol, bydd y gyfradd yn newid dros gyfnod o amser. Plot yw'r graff yn Ffigur 3.17.2 o ganlyniadau astudio adwaith magnesiwm gydag asid. Mae'r graff fwyaf serth ar y dechrau, pan fydd yr adwaith ar ei fwyaf cyflym. Wrth i'r adwaith fynd yn ei flaen, mae'n arafu ac, yn y pen draw, yn stopio, oherwydd bod un o'r adweithyddion wedi cael ei ddefnyddio'n gyfan gwbl.

Mae graddiant unrhyw bwynt ar graff sy'n dangos swm o rywbeth, neu grynodiad, wedi'i blotio yn erbyn amser yn fesur o gyfradd adwaith.

Crynodiad

Yn gyffredinol, po uchaf yw crynodiad yr adweithyddion, cyflymaf fydd yr adwaith. Mewn adweithiau nwy bydd newid yn y gwasgedd yn cael yr un effaith â newid yn y crynodiad. Bydd gwasgedd uwch yn cywasgu cymysgedd o nwyon ac yn cynyddu eu crynodiad.

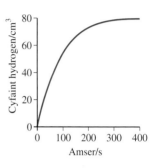

Cyfaint hydrogen wedi ei blotio yn erbyn amser ar gyfer adwaith magnesiwm gydag asid hydroclorig

Graff i ddangos swm neu grynodiad cynnyrch wedi ei blotio yn erbyn amser. Mae graddiant unrhyw bwynt ar y graff yn mesur cyfradd yr adwaith

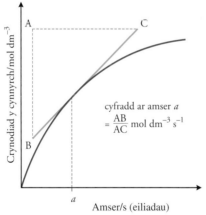
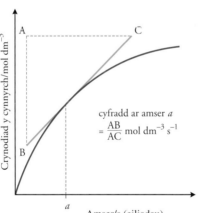

cyfradd ar amser a
$= \dfrac{AB}{AC}$ mol dm^{-3} s^{-1}

Bydd dod o hyd i ffordd o fesur y gyfradd yn union ar ôl cymysgu'r adweithyddion yn ffordd ddefnyddiol hefyd o astudio'r effaith a gaiff newid y crynodiad ar y gyfradd. Graff ar gyfer dwy set wahanol o amodau yw Ffigur 3.17.4. Er mwyn cynhyrchu llinell A roedd un o'r adweithyddion yn fwy crynodedig. Yn fuan wedi dechrau roedd yn cymryd a_A eiliad i gynhyrchu x mol o'r cynnyrch. Pan oedd yr un adweithydd yn llai crynodedig, roedd y canlyniadau'n rhoi'r llinell B. Yn fuan wedi dechrau'r tro hwn, roedd yn cymryd a_B eiliad i gynhyrchu x mol o'r cynnyrch.

Mae Ffigur 3.17.5 yn dangos ymchwiliad i effaith crynodiad ar gyfradd adwaith ïonau thiosylffad mewn hydoddiant gydag ïonau hydrogen i ffurfio dyddodiad sylffwr.

$$S_2O_3^{2-}(d) + 2H^+(d) \rightleftharpoons S(s) + SO_2(d) + H_2O(h)$$

Ffigur 3.17.4 ▶
Ffurfio'r un cynnyrch gan ddechrau gyda chrynodiadau gwahanol ar gyfer un o'r adweithyddion

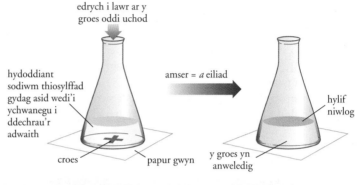

Ffigur 3.17.5 ▶
Ymchwilio i effaith crynodiad ïonau thiosylffad ar gyfradd yr adwaith mewn hydoddiant asid. Mae crynodiad yr ïonau hydrogen yr un peth bob tro

CD-ROM

Crynodiad hydoddiant sodiwm thiosylffad (mol dm⁻³)	Yr amser, *a*, mae'n gymryd i'r groes gael ei chuddio (s)	Cyfradd yr adwaith, 1/*a* (s⁻¹)
0.15	43	0.023
0.12	55	0.018
0.09	66	0.015
0.06	105	0.0095
0.03	243	0.0041

Yn yr enghraifft hon, y swm '*x*' yn Ffigur 3.17.4 yw swm y sylffwr sydd ei angen i guddio'r groes ar y papur. Mae'r swm yr un peth bob tro. Felly, mae cyfradd yr adwaith mewn cyfrannedd ag 1/*a*.

Prawf i chi

Cyfeiriwch at Ffigur 3.17.5

4 Plotiwch graff i ddangos sut mae cyfradd yr adwaith yn amrywio yn ôl crynodiad yr ïonau thiosylffad.

5 Beth, yn ôl y graff, yw'r berthynas rhwng y gyfradd a'r crynodiad yn yr adwaith hwn?

Arwynebedd arwyneb solidau

Mae torri solid yn ddarnau llai yn cynyddu arwynebedd yr arwyneb sy'n cyffwrdd â hylif neu nwy (gweler Ffigur 3.18.2 ar dudalen 117). Bydd hyn yn cyflymu unrhyw adwaith sy'n digwydd ar arwyneb y solid. Mae'r effaith hon yn berthnasol i unrhyw system heterogenaidd (gweler tudalen 100) gan gynnwys adweithiau rhwng hylifau sydd ddim yn cymysgu â'i gilydd. Bydd ysgwyd yn gwahanu un hylif yn ddafnau a gaiff eu gwasgaru yn yr hylif arall, gan gynyddu arwynebedd yr arwyneb unwaith eto ar gyfer yr adwaith.

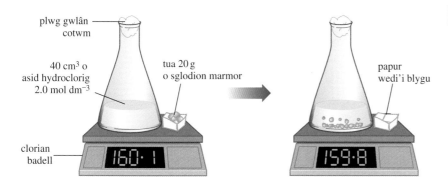

plwg gwlân cotwm

40 cm³ o asid hydroclorig 2.0 mol dm⁻³

tua 20 g o sglodion marmor

papur wedi'i blygu

clorian badell

160·1

159·8

Prawf i chi

6 Cyfeiriwch at Ffigur 3.17.6
  a) Plotiwch y ddwy set o ganlyniadau ar yr un echelinau.
  b) Pa adwaith oedd â'r gyfradd gychwynnol fwyaf?
  c) Ar gyfer y ddwy set o ganlyniadau, beth oedd yr amser pan stopiodd yr adwaith? Pam wnaeth yr adwaith ddod i ben?
  ch) Ar gyfer màs hysbys o farmor, beth yw'r berthynas rhwng arwynebedd yr arwyneb a maint gronynnau? Pa effaith gaiff newid arwynebedd arwyneb y solid ar yr adwaith hwn?

Amser (s)	Màs y carbon deuocsid sy'n cael ei ffurfio (g)	
	Sglodion marmor bach	Sglodion marmor mawr
30	0.45	0.18
60	0.85	0.38
90	1.13	0.47
120	1.31	0.75
180	1.48	1.05
240	1.54	1.25
300	1.56	1.38
360	1.58	1.47
420	1.59	1.53
480	1.60	1.57
540	1.60	1.59
600	1.60	1.60

Ffigur 3.17.6 ▲
Cymharu cyfradd adwaith marmor gydag asid gan ddefnyddio'r un màs o sglodion marmor bach a mawr **CD-ROM**

Mae Ffigur 3.17.6 yn dangos ymchwiliad i gyfradd adwaith calsiwm carbonad (ar ffurf marmor) gydag asid nitrig gwanedig. Cafwyd y ddwy set o ganlyniadau drwy ddefnyddio 20 g o sglodion marmor a 40 cm³ o asid nitrig 2.0 mol dm⁻³. Roedd gormodedd o farmor.

Tymheredd

Mae codi'r tymheredd yn ffordd effeithiol iawn o gynyddu cyfradd adwaith. Yn fras bydd 10 °C o godiad yn y tymheredd yn dyblu cyfradd adwaith, fwy neu lai (gweler Ffigur 13.17.7).

Mae gwresogyddion Bunsen, platiau poeth a mentyll twymo yn bethau cyffredin mewn labordai oherwydd bod gwresogi cymysgeddau o gemegion yn ffordd gyfleus i gemegwyr gyflymu adweithiau. Am yr un rheswm, mae llawer o brosesau diwydiannol yn digwydd ar dymheredd uchel iawn (gweler tudalennau 161–165 a 167–171).

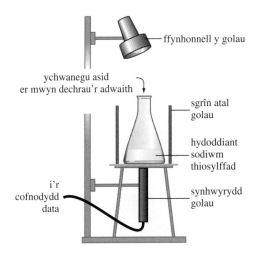
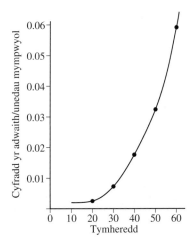

Ffigur 3.17.7 ▲
Effaith codi'r tymheredd ar gyfradd dadelfeniad ïonau thiosylffad i ffurfio sylffwr

7 Mae Ffigur 3.17.8 yn dangos yr effaith a gaiff newid yr amodau ar adwaith metel sinc gydag asid sylffwrig. Mae'r llinell goch yn dangos cyfaint yr hydrogen sy'n cael ei ffurfio wedi'i blotio yn erbyn amser, pan fydd gormodedd o naddion sinc a 50 cm³ o asid sylffwrig 2.0 mol dm⁻³ yn cael eu defnyddio ar dymheredd o 20° C.
   a) Ysgrifennwch hafaliad cytbwys ar gyfer yr adwaith.
   b) Tynnwch lun y cyfarpar y gellid ei ddefnyddio i roi'r canlyniadau ar gyfer plotio'r graff.
   c) Pa linell ar y graff sy'n dangos effaith cynnal yr un adwaith o dan yr un amodau, gyda'r newidiadau canlynol:
      i) ychwanegu ychydig ddiferion o hydoddiant copr(II) sylffad fel catalydd?
      ii) codi'r tymheredd i 30 °C?
      iii) defnyddio'r un màs o sinc ond mewn darnau mwy o faint
      iv) defnyddio 50 cm³ o asid sylffwrig 1.0 mol dm⁻³?

Catalyddion

Bydd catalyddion yn cyflymu cyfraddau adweithiau cemegol, a hynny heb newid yn barhaol eu hunain. Ar ddiwedd yr adwaith, mae modd eu hadfer yn ddigyfnewid. Yn aml, gall swm bychan o'r catalydd fod yn effeithiol.

Mae llawer o gatalyddion yn benodol i adwaith neilltuol. Mae hyn yn arbennig o wir am ensymau.

Bydd catalyddion yn cyflymu adwaith ond fyddan nhw ddim yn newid y safle ecwilibriwm mewn adwaith cildroadwy. **Catalydd homogenaidd** yw catalydd sydd yn yr un wedd â'r adweithyddion. **Catalydd heterogenaidd** yw catalydd sydd mewn gwedd wahanol.

Dyma rai blynyddoedd pwysig i'w cofio yn hanes datblygiad catalyddion diwydiannol:

▮ 1908 Darganfyddodd Fritz Haber sut i wneud amonia o nitrogen a hydrogen, gyda chatalydd haearn wedi'i addasu

▮ 1912 Paul Sabatier oedd y cyntaf i ddefnyddio catalydd nicel i hydrogenu olewau llysiau a'u troi'n frasterau solet ar gyfer gwneud margarin

▮ 1930 Datblygodd Eugene Houdry ddull catalytig o gracio ffracsiynau olew i wneud petrol

▮ 1942 Daeth Vladimir Ipatieff a Herman Pines o hyd i ddull catalytig o alcyleiddio hydrocarbonau er mwyn cynhyrchu hydrocarbonau canghennog â rhifau octan uchel i atal cnocio mewn peiriannau petrol

▮ 1976 Datblygwyd trawsnewidyddion catalytig gan gwmni General Motors a Chorfforaeth Ford Motor i leihau llygredd o gerbydau modur.

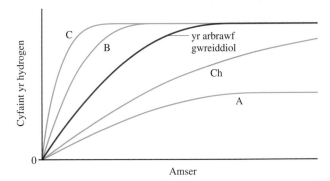

Ffigur 3.17.8 ▶

3.18 Model gwrthdrawiadau

Mae damcaniaeth gwrthdrawiadau yn cynnig esboniadau ar gyfer effeithiau crynodiad, tymheredd a chatalyddion ar gyfraddau adweithiau. Y syniad yw bod adwaith cemegol yn digwydd pan fydd moleciwlau neu ïonau'r adweithyddion yn gwrthdaro â'i gilydd, gan wneud i rai bondiau dorri a chaniatàu i fondiau newydd ffurfio.

Crynodiad, gwasgedd ac arwynebedd arwyneb

Yn ôl y ddamcaniaeth ginetig, mae'r moleciwlau sydd mewn nwyon a hylifau yn symud yn barhaus (gweler tudalen 17), a'r moleciwlau'n taro yn erbyn ei gilydd gydol yr amser. Mewn gwrthdrawiad, mae yna siawns y byddan nhw'n adweithio.

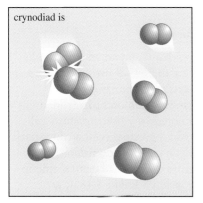
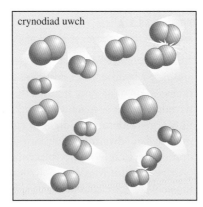

Ffigur 3.18.1 ◄
Mae cynyddu'r crynodiad yn golygu bod y gronynnau adweithiol yn agosach at ei gilydd. Ceir mwy o wrthdrawiadau ac mae'r adweithiau'n gyflymach

Mae Ffigurau 3.18.1 a 3.18.2 yn dangos sut mae damcaniaeth gwrthdrawiadau yn gallu egluro'r effaith a gaiff newid crynodiad ac arwynebedd arwyneb ar gyfraddau adweithiau.

Mewn adwaith nwy, bydd cynnydd yn y gwasgedd yn gwasgu'r moleciwlau'n agosach at ei gilydd, felly mae'n cael yr un effaith â chynyddu'r crynodiad.

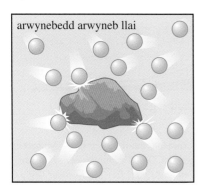
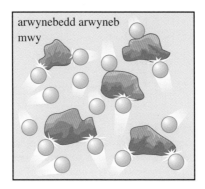

Ffigur 3.18.2 ◄
Mewn adwaith heterogenaidd rhwng solid a naill ai hylif neu nwy bydd yr adwaith yn gyflymach os caiff y solid ei dorri'n ddarnau llai. Bydd malu'r solid yn fân yn cynyddu arwynebedd ei arwyneb. Gall gwrthdrawiadau ddigwydd yn fwy aml ac mae cyfradd yr adwaith yn uwch

Tymheredd

Serch hynny, nid yw'n ddigon i'r moleciwlau wrthdaro yn unig. Mewn gwrthdrawiadau ysgafn, dim ond adlamu oddi ar ei gilydd y bydd y moleciwlau. Oherwydd bod moleciwlau yn symud mor gyflym, pe bai pob gwrthdrawiad yn arwain at adwaith, byddai'r holl wrthdrawiadau yn ffrwydrol o gyflym. Dim ond pan fydd parau o foleciwlau yn gwrthdaro gyda digon o egni i estyn a thorri bondiau cemegol y gall y gwrthdrawiad arwain at gynhyrchion newydd.

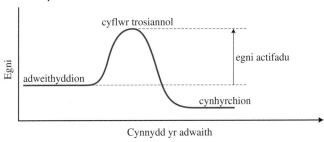

Ffigur 3.18.3 ▲
Proffil adwaith yn dangos yr egni actifadu ar gyfer adwaith

Mae egnïon actifadu yn egluro pam mae adweithiau'n mynd yn llawer mwy araf nag y byddid yn ei ddisgwyl pe bai pob gwrthdrawiad rhwng atomau a moleciwlau yn arwain at adwaith. Dim ond cyfran fechan iawn o wrthdrawiadau sy'n achosi newid cemegol, gan mai dim ond pan fyddan nhw'n gwrthdaro gyda digon o egni ar y cyd i oresgyn y rhwystr egni y gall moleciwlau adweithio. Felly, ar dymheredd sydd o gwmpas tymheredd ystafell, dim ond cyfran fechan o foleciwlau sydd â digon o egni i adweithio.

Mae cromlin Maxwell-Boltzmann yn disgrifio dosbarthiad egnïon cinetig moleciwlau (gweler tudalen 65). Fel sydd i'w weld yn Ffigur 3.18.4, ar dymheredd sydd oddeutu 300 K cyfran fechan iawn o'r moleciwlau sydd ag egnïon mwy na'r egni actifadu.

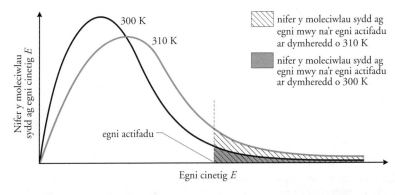

Ffigur 3.18.4 ▲
Dosbarthiad Maxwell-Boltzmann o egnïon cinetig moleciwlaidd mewn nwy ar ddau dymheredd. Mae'r cyflymder moddol yn cynyddu wrth i'r tymheredd godi. O dan y gromlin ceir cyfanswm nifer y moleciwlau, sy'n aros yn ddigyfnewid wrth i'r tymheredd godi, felly bydd uchder brig y gromlin yn gostwng wrth i'r gromlin ledu

Mae'r ardaloedd yn Ffigur 3.18.4 sydd wedi eu graddliwio yn dangos pa gyfran o'r moleciwlau sydd ag o leiaf yr egni actifadu ar gyfer adwaith ar ddau dymheredd. Mae'r rhan hon yn fwy ar dymheredd uwch. Felly, ar dymheredd uwch, mae gan fwy o foleciwlau ddigon o egni i adweithio pan fyddan nhw'n gwrthdaro, a bydd yr adwaith yn mynd yn gyflymach.

Catalyddion

Mae catalydd yn gweithio drwy gynnig llwybr arall i'r adwaith, llwybr sydd ag egni actifadu is. Bydd gostwng yr egni actifadu yn cynyddu cyfran y moleciwlau sydd â digon o egni i adweithio.

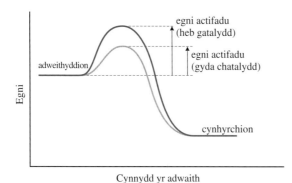

Ffigur 3.18.5 ◄
Proffil adwaith yn dangos effaith catalydd ar egni actifadu adwaith

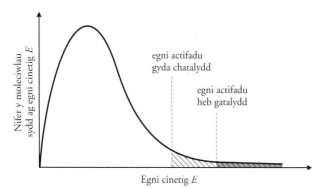

Ffigur 3.18.6 ◄
Dosbarthiad egnïon moleciwlaidd yn dangos sut mae cyfran y moleciwlau sy'n gallu adweithio yn cynyddu pan fydd catalydd yn gostwng yr egni actifadu

Bydd catalydd yn aml yn newid mecanwaith adwaith, ac yn gwneud adweithiau'n fwy cynhyrchiol, drwy gynyddu'r cynnyrch a ddymunir a lleihau gwastraff.

Prawf i chi

1 Pam mae'r newidiadau hyn yn effeithio ar gyfradd adwaith metel sinc gydag asid sylffwrig ac ym mha ffordd?
   a) defnyddio powdr sinc yn lle gronynnau sinc
   b) ychwanegu ychydig o risialau sodiwm carbonad
   c) ychwanegu ychydig o iâ wedi'i falu'n fân
   ch) ychwanegu ychydig ddiferion o hydoddiant copr(II) sylffad

2 Eglurwch pam mae'n cymryd matsen neu wreichionen i gynnau gwresogydd Bunsen a pham mae'r nwy yn para i losgi unwaith y bydd wedi ei gynnau. Gwnewch ddarlun o broffil adwaith sy'n dangos eich eglurhad.

Cemeg Ffisegol

Adran tri

3.19 Sefydlogrwydd

Mae astudio newidiadau egni (thermocemeg) a chyfraddau adweithiau (cineteg) yn helpu i egluro pam mae rhai cemegion neu gymysgedd o gemegion yn sefydlog, tra bo eraill yn adweithio'n gyflym.

Diffiniad

Mae gan gemegyn neu gymysgedd o gemegion **sefydlogrwydd thermodynamig** pan na fydd tueddiad i adweithio. Fel rheol, ond nid bob amser, bydd newid enthalpi positif, ΔH, yn dynodi na fydd yr adwaith yn tueddu i ddigwydd.

Mae gan gemegyn neu gymysgedd o gemegion **sefydlogrwydd cinetig** pan fydd dim yn digwydd hyd yn oed os yw'r newid enthalpi ar gyfer yr adwaith yn negatif. Mae sefydlogrwydd cinetig yn ganlyniad i egni actifadu uchel ar gyfer y newid, felly bydd cyfradd yr adwaith yn araf iawn.

Mae cyfansoddion yn sefydlog pan fyddan nhw'n tueddu i beidio â dadelfennu'n ôl i'w helfennau, neu'n gyfansoddion eraill. Weithiau, does dim tueddiad i adwaith ddigwydd oherwydd bod yr adweithyddion yn sefydlog o'u cymharu â'r cynhyrchion. Fel rheol, dyma sy'n digwydd pan fydd newid enthalpi'r adwaith yn bositif. Er enghraifft, dydy magnesiwm ocsid ddim yn tueddu i hollti'n ocsigen a magnesiwm. Weithiau, mae cyfansoddyn yn sefydlog ar dymheredd is, hyd yn oed pan fydd y newid enthalpi'n awgrymu y dylai'r adwaith ddigwydd. Mae'r nwy N_2O yn enghraifft o hyn. Mae'r ocsid hwn yn ansefydlog mewn cymhariaeth â'i elfennau. Mae $\Delta H^{\ominus}_{\text{ffurf}}$ (= +82 kJ mol^{-1}) yn bositif, a'r adwaith dadelfennu o'r cyfansoddyn i'w elfennau yn ecsothermig.

Mae'r cyfansoddyn yn tueddu i ddadelfennu i'w elfennau ond, o dan amodau normal, mae'r gyfradd yn araf iawn oherwydd egni actifadu yr adwaith. Bydd cemegwyr yn dweud bod N_2O yn 'sefydlog' yn ginetig ar dymheredd ystafell. Bydd deunitrogen ocsid yn dadelfennu pan gaiff ei wresogi.

Gall hyd yn oed ailgynnau prennyn sy'n mudlosgi oherwydd bod pren gwynias yn cynyddu'r gyfran o foleciwlau sydd â digon o egni i oresgyn egni actifadu yr adwaith dadelfennu. Pan fydd N_2O yn dadelfennu, bydd yn cynhyrchu cymysgedd o nwyon gyda digon o ocsigen i brennyn droi'n wenfflam.

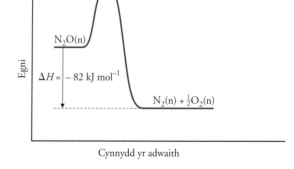

Ffigur 3.19.2 ▲
Proffil adwaith ar gyfer dadelfeniad deunitrogen ocsid (sefydlogrwydd cinetig)

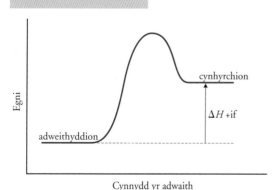

Ffigur 3.19.1 ▲
Proffil adwaith ar gyfer newid sy'n tueddu i beidio â digwydd oherwydd bod yr adweithyddion yn fwy sefydlog na'r cynhyrchion (sefydlogrwydd thermodynamig)

Prawf i chi

1 Pa rai o'r rhain sy'n enghreifftiau o sefydlogrwydd thermodynamig, a pha rai sy'n enghreifftiau o sefydlogrwydd cinetig?
   a) Dydy nwy methan ddim yn cynnau ar dymheredd ystafell pan fydd wedi ei gymysgu ag ocsigen
   b) Dydy dŵr ddim yn dadelfennu i roi hydrogen ac ocsigen pan fydd yn berwi a throi'n ager
   c) Dydy diemyntau ddim yn troi'n graffit.

Adolygu

Bydd y canllaw hwn yn eich helpu i drefnu eich nodiadau a'ch gwaith adolygu. Cymharwch y termau a'r topigau â manyleb eich maes astudio, i wirio a yw eich cwrs chi yn cynnwys y cyfan. Efallai na fydd angen i chi astudio popeth.

Termau allweddol

Dangoswch eich bod yn deall ystyr y termau hyn drwy roi enghreifftiau. Un syniad posibl fyddai i chi ysgrifennu term allweddol ar un ochr i gerdyn mynegai ac yna ysgrifennu ystyr y term ac enghraifft ohono ar yr ochr arall. Gwaith hawdd wedyn fydd i chi roi prawf ar eich gwybodaeth pan fyddwch yn adolygu. Neu gallech ddefnyddio cronfa ddata ar gyfrifiadur, gyda meysydd ar gyfer y term allweddol, y diffiniad a'r enghraifft. Rhowch brawf ar eich gwybodaeth drwy ddefnyddio adroddiadau sy'n dangos dim ond un maes ar y tro.

- Gronynnau sylfaenol
- Rhif atomig
- Rhif màs
- Isotopau
- Sbectromedr màs
- Egnïon ïoneiddiad
- Lefelau egni
- Orbitalau atomig
- Cysgodi
- Nwyon delfrydol
- Nwyon real
- Bondio metelig
- Bondio cofalent
- Bond dwbl
- Pâr unig o electronau
- Bondio cofalent datif (cyd-drefnol)

- Bondiau polar
- Radiws ïonig
- Grymoedd rhyngfoleciwlaidd
- Moleciwlau polar
- Rhyngweithiadau deupol-deupol
- Grymoedd van der Waals
- Bondio hydrogen
- Newidiadau enthalpi
- Ecwilibriwm dynamig
- Asid cryf
- Asid gwan
- Egni actifadu
- Catalyddion
- Heterogenaidd
- Homogenaidd

Symbolau a chonfensiynau

Gwnewch yn siŵr eich bod yn deall y symbolau a'r confensiynau a ddefnyddir gan gemegwyr i ddisgrifio adeileddau atomig, i weithio gyda meintiau ffisegol ac i wneud cyfrifiadau thermocemegol. Rhowch enghreifftiau eglur o'r rhain yn eich nodiadau.

- Symbolau ar gyfer isotopau sy'n dangos y rhif màs a'r rhif atomig
- Unedau SI
- Ffyrdd o gynrychioli ffurfweddau electronau atomau
- Diagramau dot a chroes
- Diagramau lefelau egni ar gyfer adweithiau ecsothermig ac endothermig
- Amodau safonol ar gyfer gwerthoedd enthalpi

Patrymau ac egwyddorion

Gallwch ddefnyddio tabl, siart, map cysyniadau neu fap meddwl i lunio crynodeb o syniadau allweddol. Ychwanegwch dipyn o liw at eich nodiadau yma ac acw i'w gwneud yn fwy cofiadwy.

- Egwyddor adeiladu ar i fyny (egwyddor aufbau) ar gyfer electronau mewn atomau
- Y patrymau sydd i'r egnïon ïoneiddiad olynol ar gyfer elfen
- Damcaniaeth ginetig nwyon a hafaliad nwyon delfrydol
- Priodweddau ffisegol defnyddiau sydd ag adeileddau enfawr (metelig, ïonig, cofalent) a'r rheiny sydd ag adeileddau moleciwlaidd
- Adeiledd grisialog metelau, anfetelau (diemwnt, graffit ac ïodin), cyfansoddion ïonig (sodiwm clorid) a chyfansoddion cofalent (iâ, silicon deuocsid)
- Y rheol wythawdau a'i chyfyngiadau
- Patrymau hydoddedd
- Deddf Hess a'i chymwysiadau
- Damcaniaeth Brønsted-Lowry am asidau a basau
- Damcaniaeth gwrthdrawiadau ac arwyddocâd dosbarthiad Maxwell-Boltzman

Rhagfynegiadau

Dangoswch, gydag enghreifftiau, eich bod yn gallu cymhwyso egwyddorion cemegol i ragfynegi pethau.

- Rhagfynegi siapiau moleciwlau ac ïonau
- Defnyddio gwerthoedd electronegatifedd neu reolau Fajan i ragfynegi'r graddau y bydd y bondio mewn cyfansoddyn yn ïonig neu'n gofalent
- Rhagfynegi sefydlogrwydd cyfansoddion a chyfeiriad tebygol newid cemegol, gan ddefnyddio gwerthoedd ΔH
- Defnyddio egwyddor Le Châtelier i ragfynegi effeithiau newid gwasgedd, crynodiad neu dymheredd ar safle systemau sydd mewn ecwilibriwm
- Rhagfynegi'r effaith a gaiff newid amodau tymheredd, crynodiad a gwasgedd, maint gronynnau neu bresenoldeb catalyddion ar gyfradd adweithiau

Technegau yn y labordy

Defnyddiwch ddiagramau wedi'u labelu i ddangos a disgrifio'r prosesau ymarferol hyn:

- Mesur enthalpïau hylosgiad
- Mesur enthalpïau niwtralu
- Mesur cyfraddau adweithiau

Cyfrifiadau

Lluniwch eich datrysiadau enghreifftiol eich hunan i ddangos eich bod yn gallu gwneud cyfrifiadau a fydd yn dod o hyd i'r canlynol o ddata a roddir. Gallwch ddefnyddio'r cwestiynau sydd yn yr adrannau 'Prawf i chi' i'ch helpu.

- Defnyddio'r hafaliad nwy delfrydol i gyfrifo masau molar nwyon a hylifau anweddol
- Defnyddio canlyniadau arbrofion i bennu enthalpïau hylosgiad ac enthalpïau niwtralu
- Defnyddio cylchredau Deddf Hess ar gyfer y canlynol:
  - cyfrifo newid enthalpi safonol ffurfiant cyfansoddyn o'r newidiadau enthalpi safonol ar gyfer hylosgiad
  - cyfrifo newid enthalpi safonol adwaith o'r newidiadau enthalpi safonol ar gyfer ffurfiant
  - cyfrifo newid enthalpi safonol adwaith o enthalpïau bond cymedrig

Sgiliau Allweddol
Datrys problemau

Bydd gofyn datrys problemau wrth gynllunio, cyflawni a dehongli ymchwiliadau yn y labordy yn enwedig pan fyddwch yn gorfod llunio eich penderfyniadau eich hunan ynghylch trefn y gwaith, neu os bydd yn rhaid i chi weithio'n annibynnol a mentro arni. Gallai hyn fod yn ymchwiliad i gyfraddau adweithiau, newidiadau egni neu adweithiau cildroadwy.

Cymhwyso rhif

Bydd y gwaith ymarferol meintiol a wnewch wrth ymchwilio i newidiadau egni yn rhoi cyfle i chi ddatblygu ac ymarfer cymhwyso'r sgiliau rhif sydd eu hangen arnoch, a hynny mewn gwaith unigol. Bydd y sgiliau hyn yn cynnwys: dethol data o set fawr o ddata, gweithio i'r nifer cywir o ffigurau ystyrlon, defnyddio'r unedau priodol i wneud mesuriadau, defnyddio ffurfiau safonol, dewis dull priodol i gyfrifo canlyniad, gwneud cyfrifiadau aml-ran, a defnyddio fformiwlâu ynghyd â gwirio i ddynodi gwallau ac ansicrwydd mewn arbrofion.

Technoleg Gwybodaeth

Gallwch ddefnyddio meddalwedd modelu cemegol o CD-ROM neu'r Rhyngrwyd i astudio siapiau moleciwlau. Cymharwch y manteision a'r cyfyngiadau sydd i ddefnyddio meddalwedd, modelau ffisegol a diagramau mewn gwerslyfrau i astudio siapiau moleciwlaidd.

Adran pedwar

Cemeg Anorganig

Cynnwys

4.1 Beth yw cemeg anorganig?

> Astudiaeth yw cemeg anorganig o'r cant neu fwy o elfennau cemegol a'u cyfansoddion. Ar brydiau, gall swm y wybodaeth ymddangos yn llethol, felly mae'r tabl cyfnodol yn bwysig iawn gan ei fod yn rhoi fframwaith ac ystyr i'r holl ffeithiau sy'n gysylltiedig â phriodweddau ac adweithiau.

Cemegion pwysig a ddaw o fwynau

Mae Ffigur 4.1.1 yn dangos yr amrywiaeth sydd i'r diwydiant cemegol a seiliwyd ar gemegion anorganig. Mae'r diwydiant wedi ffynnu yng ngwledydd Prydain oherwydd bod cynifer o ddefnyddiau crai i'w cael yn yr ynysoedd hyn.

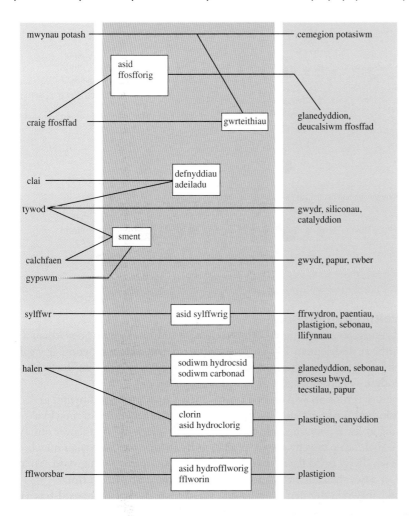

Ffigur 4.1.1 ◄

Cemegion pwysig a ddaw o fwynau, a'u dibenion

Caiff peth o'r clai llestri (caolin) gorau yn y byd ei fwyngloddio yng Nghernyw ar gyfer ei ddefnyddio i weithgynhyrchu papur a chrochenwaith o ansawdd uchel. Mae Swydd Gaer yn enwog oherwydd y dyddodion halen anferth sydd o dan ddaear yno, tra bo ardal y Peaks yn Swydd Derby yn ffynhonnell calchfaen a fflworsbar o answadd uchel. Caiff mwynau potash eu mwyngloddio yng ngogledd-ddwyrain Lloegr, yn ymyl Whitby.

Ffigur 4.1.2 ▲
*Sbesimen grisialog o fflworsbar,
CaF_2*

Themâu mewn cemeg anorganig
Ffurfwedd electronau

Mae astudio cemeg anorganig yn golygu dysgu am y cysylltiadau sydd rhwng ymddygiad cemegol ac adeiledd atomig. Un peth o bwys mawr yw trefn electronau mewn atomau.

Yr electronau allanol mewn atomau sy'n weithredol pan fydd atomau'n cyfarfod â'i gilydd ac yn cyfuno neu'n adweithio. Bydd atomau sydd â'r un nifer o electronau allanol yn yr un drefn yn ymddwyn mewn ffyrdd tebyg i'w gilydd.

Nodweddion metelau ac anfetelau

Elfennau yw metelau sydd ag atomau â gafael gwan ar eu helectronau allanol. Fel rheol, bydd atomau metel yn colli eu helectronau allanol ac yn troi'n ïonau positif. Mae gan atomau anfetelau adweithiol afael cadarn ar eu helectronau allanol. Byddan nhw'n tueddu i ennill electronau a ffurfio ïonau negatif.

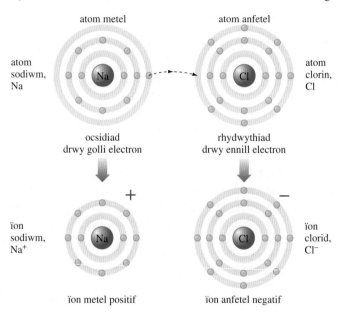

Ffigur 4.1.3 ▶
*Atomau'n troi'n ïonau mewn
metelau ac anfetelau*

Adweithiau anorganig

Bydd cemegion anorganig yn cymryd rhan yn yr holl fathau o adweithiau a ddisgrifir ar dudalennau 28–34. Mae egluro'r newidiadau'n dibynnu ar y gallu i ddehongli'r newidiadau lliw sy'n digwydd, y nwyon sy'n cael eu ffurfio, y dyddodion sy'n ymddangos, a'r newidiadau mewn pH.

Bydd rhai profion sy'n cael eu cynnal mewn tiwb profi yn dibynnu ar **ddyddodiad ïonig**. Er enghraifft, mae un dull o adnabod ïonau metel yn seiliedig ar liw a hydoddedd hydrocsidau metel, oherwydd bod llawer ohonyn nhw'n dyddodi pan ychwanegir alcalïau at hydoddiannau halwynau metel.

Mewn dŵr y bydd llawer iawn o adweithiau anorganig yn digwydd. Yn aml, bydd yr adweithiau rhwng y moleciwlau neu'r ïonau a'r dŵr yn troi'r hydoddiant yn asidig neu'n alcalïaidd. Mae adnabod adweithiau **asid-bas** a'u heffeithiau'n rhan bwysig o gemeg anorganig hefyd. Caiff rhai cyfansoddion anorganig eu distrywio pan fydd dŵr yn eu gwlychu. Bydd y moleciwlau dŵr yn eu hollti drwy gyfrwng **hydrolysis**.

Gelwir adweithiau lle mae colli neu ennill electronau'n digwydd yn adweithiau **rhydocs**. Oherwydd pwysigrwydd adweithiau rhydocs mewn cemeg anorganig, peth cyffredin iawn yw trefnu cyfansoddion elfennau yn ôl y graddau y cawsant eu rhydwytho neu eu hocsidio.

4.2 Y tabl cyfnodol

Mae'r tabl cyfnodol yn helpu cemegwyr i roi trefn ar y swm anferth o wybodaeth maen nhw wedi ei ddarganfod am yr holl elfennau cemegol a'u cyfansoddion, gan lunio patrymau i'w dosbarthu.

Trefnu'r elfennau cemegol

Gorchest cemeg y bedwaredd ganrif ar bymtheg oedd y tabl cyfnodol, ar adeg pan oedd cemegwyr yn darganfod nifer o gemegion newydd. Yn 1869, cyhoeddodd Dmitri Mendeléev fersiwn o'r tabl, ac mae pob fersiwn mwy diweddar yn seiliedig ar ei fersiwn ef. Roedd ei fersiwn yn llwyddiant oherwydd iddo sylweddoli bod llawer o elfennau heb eu darganfod yr adeg honno.

Pan oedd wrthi'n trefnu'r elfennau yn ôl eu màs atomig, sylwodd Mendeléev fod priodweddau tebyg yn ymddangos o bryd i'w gilydd. Gadawodd le yn ei dabl ar gyfer elfennau oedd heb eu darganfod, gan ragfynegi eu priodweddau. Oherwydd llwyddiant ei ragfynegi, cafodd gwyddonwyr eraill eu hargyhoeddi bod gwerth i'w syniadau pan ddarganfyddwyd nifer o'r elfennau coll yn ystod y blynyddoedd dilynol. Roedd ei lwyddiant yn rhyfeddol, o ystyried mai dim ond 61 o'r elfennau oedd yn hysbys ar y pryd.

Y tabl cyfnodol heddiw

Erbyn hyn, bydd cemegwyr yn trefnu'r elfennau yn ôl eu rhif atomig (rhif proton). Cyfnodau yw'r rhesi llorwedd yn y tabl. Mae pob cyfnod yn diweddu gyda nwy nobl. Yn y colofnau fertigol, mae grwpiau wedi'u trefnu'n flociau: bloc-s, bloc-p, bloc-d a bloc-f, yn seiliedig ar ffurfwedd electronau'r elfennau (gweler tudalennau 59–60). Felly, mae trefniant modern yr elfennau yn y tabl yn adlewyrchu'r ffurfwedd electronau sylfaenol sydd i'r atomau.

Yr elfennau bloc-s yw'r rhai sydd yng ngrwpiau 1 a 2, ar ochr chwith y tabl cyfnodol. Yn yr elfennau hyn, bydd yr electron olaf a ychwanegir at yr adeiledd atomig yn mynd i orbital-s y plisgyn allanol. Metelau adweithiol yw'r holl elfennau ym mloc-s.

Yr elfennau bloc-p yw'r rhai sydd yng ngrwpiau 3, 4, 5, 6, 7 ac 8 y tabl cyfnodol. Yn yr elfennau hyn, bydd yr electron olaf a ychwanegir at yr adeiledd atomig yn mynd i un o'r tri orbital-p yn y plisgyn allanol.

Nodyn

Erbyn hyn, mae Undeb Ryngwladol Cemeg Bur a Chymhwysol (IUPAC *International Union of Pure and Applied Chemistry*) yn argymell y dylid rhifo'r grwpiau o 1 i 18. Mae Grwpiau 1 a 2 yn dal yr un peth. Grwpiau 3 i 12 yw'r teuluoedd fertigol o elfennau bloc-d, yna mae'r grwpiau sydd, yn ddraddodiadol, wedi'u rhifo o 3 i 8 yn dod yn grwpiau 13 i 18.

Diffiniad

Yr **elfennau bloc-s** yw'r elfennau sydd yng ngrwpiau 1 a 2 y tabl cyfnodol. Ar gyfer yr elfennau hyn, bydd yr electron olaf i'w ychwanegu at yr adeiledd atomig yn mynd i'r orbital-s yn y plisgyn allanol. Mae holl elfennau bloc-s yn fetelau adweithiol.

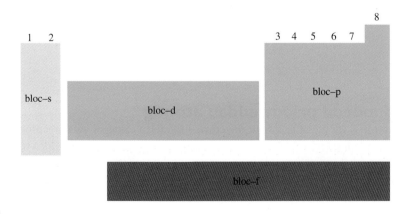

Ffigur 4.2.1 ◄

Amlinelliad o ffurf fodern y tabl cyfnodol yn dangos blociau-s, -p, -d, ac –f

127

Yr elfennau bloc-d yw'r rheiny sydd yn y tair rhes lorweddol o elfennau yng nghyfnodau 4, 5 a 6, lle mae'r electron olaf i'w ychwanegu at yr adeiledd atomig yn mynd i'r orbital-d. Yng nghyfnod 4, mae'r elfennau bloc-d yn mynd o sgandiwm ($1s^22s^22p^63s^23p^63d^14s^2$) hyd at sinc ($1s^22s^22p^63s^23p^63d^{10}4s^2$).

Cyfnodedd

Pan drefnodd Mendeléev yr elfennau yn nhrefn eu màs atomig, gwelodd fod patrwm yn cael ei ailadrodd. Patrwm cyfnodol yw patrwm sy'n cael ei ailadrodd ac mae'r gair 'cyfnodedd' yn dod o hynny.

Efallai mai'r patrwm mwyaf amlwg sy'n cael ei ailadrodd yn y tabl yw'r un o fetelau ar y chwith i anfetelau ar y dde. Daw patrymau eraill i'r amlwg drwy blotio graffiau o briodweddau ffisegol megis ymdoddbwynt yn erbyn y rhif atomig (gweler tudalen 132). Mae fformiwlâu cyfansoddion syml, megis cloridau, a'r gwefrau ar ïonau syml yn dangos patrymau cyfnodol hefyd, pan fyddan nhw'n cael eu hysgrifennu yn y tabl cyfnodol.

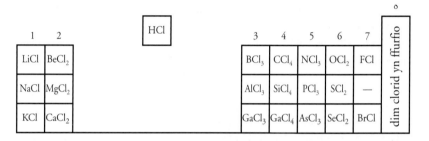

Ffigur 4.2.2 ▶
Fformiwlâu rhai cloridau wedi'u hysgrifennu mewn amlinelliad o'r tabl cyfnodol

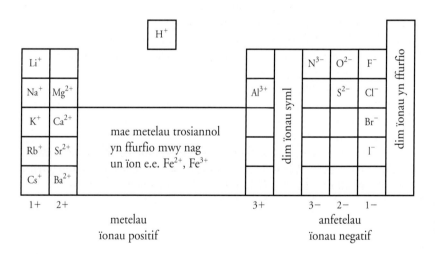

Ffigur 4.2.3 ▶
Gwefrau ar ïonau syml a ddewiswyd a'u hysgrifennu yn y tabl cyfnodol

Cyfnodedd priodweddau atomig

Un ffordd o roi prawf ar ddamcaniaethau a modelau cemegol yw darganfod, drwy arsylwi, pa mor dda maen nhw'n egluro priodweddau. Un ffordd o roi prawf ar ddamcaniaethau adeiledd atomig (gweler tudalennau 57–60) yw gweld pa mor dda maen nhw'n egluro priodweddau cyfnodol atomau elfennau – priodweddau fel radiws atomig, egni ïoneiddiad a ffurfwedd electronau.

Mewn atom, mae llawer o'r gemeg yn cael ei phennu gan nifer a threfn ei electronau allanol. Bydd cryfder tyniad y niwclews positif yn effeithio ar adweithedd yr electronau allanol a'r tyniad hwnnw yn dibynnu ar y wefr niwclear a hefyd ar nifer yr electronau yn y plisg llawn mewnol.

Cysgodi

Cysgodi yw'r enw ar yr effaith a gaiff yr electronau sydd yn y plisg mewnol. Bydd tyniad y niwclews ar yr electronau sydd ym mhlisgyn allanol atom yn cael ei leihau. Oherwydd effaith cysgodi, bydd yr electronau yn y plisgyn allanol yn cael eu hatynnu gan 'wefr niwclear effeithiol' sy'n llai na'r wefr gyflawn ar y niwclews.

Mae effaith cysgodi electron mewn orbital-s yn fwy effeithiol nag effaith cysgodi electron mewnol mewn orbital-p. Hefyd, mae effaith y cysgodi a wneir gan yr electronau mewnol yn amrywio, yn dibynnu ar yr orbitalau sy'n dal yr electronau allanol.

Y mân wahaniaethau hyn sy'n gyfrifol am rai o'r amrywiadau mwy dirgel yn y priodweddau.

Yn gyffredinol, mae'r graddau y bydd electron allanol yn 'teimlo' gwefr niwclear effeithiol yn dibynnu ar:
- y wefr ar y niwclews
- nifer a math (s, p neu d) yr electronau mewnol sy'n cysgodi
- y math o electron (s, p neu d)

Radiysau atomig

Radiysau atomig sy'n mesur maint yr atomau sydd mewn grisialau a moleciwlau. Bydd cemegwyr yn defnyddio diffreithiant pelydr X a thechnegau eraill i fesur y pellter sydd rhwng niwclysau atomau. Oherwydd bod radiws atomig yr atom yn dibynnu ar y math o fondio ac ar nifer y bondiau does dim modd rhoi diffiniad manwl o radiws atomig atom.

Y pellteroedd sydd rhwng atomau mewn grisialau metel sy'n cael eu defnyddio i gyfrifo'r radiysau atomig ar gyfer metelau (radiysau metelig). Hyd y bondiau cofalent mewn grisialau neu foleciwlau sy'n cael eu defnyddio i gyfrifo'r radiysau atomig ar gyfer anfetelau (radiysau cofalent).

Ar draws cyfnod, bydd radiysau atomig yn mynd yn llai o'r chwith i'r dde. Ar draws y cyfnod Na i Ar, ceir lleihad yn y radiysau atomig o 0.191 nm ar gyfer sodiwm i 0.099 nm ar gyfer clorin. O un elfen i'r llall ar draws cyfnod mae'r wefr ar y niwclews yn mynd un yn fwy wrth i nifer yr electronau yn yr un plisgyn allanol gynyddu fesul un. Mae cyfyngiad ar y cysgodi a wneir gan electronau yn yr un plisgyn, felly bydd y 'wefr niwclear effeithiol' yn cynyddu a'r electronau'n cael eu tynnu'n fwy tynn at y niwclews.

Cemeg Anorganig

Adran pedwar

Prawf i chi

1 Cymerwch amlinell o'r tabl cyfnodol.
   a) Ysgrifennwch ynddo symbolau elfennau'r fanyleb rydych chi'n ei hastudio. Defnyddiwch un lliw ar gyfer y metelau, lliw arall ar gyfer yr anfetelau a thrydydd lliw ar gyfer yr elfennau sydd rhwng y ddau.
   b) Lliwiwch grwpiau'r elfennau sydd wedi eu henwi yn y fanyleb, a'u rhifo a'u henwi, gan gynnwys y metelau mwynol alcalïaidd a'r halogenau.

2 Copïwch ddull Ffigur 4.2.2 i ddangos y patrymau cyfnodol sydd i fformiwlâu ocsidau'r elfennau hyn.

3 Yn eich geiriau eich hun, disgrifiwch batrymau gwefrau'r ïonau sydd i'w gweld yn Ffigur 4.2.3.

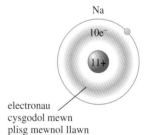

Na

10e⁻

11+

electronau cysgodol mewn plisg mewnol llawn

Ffigur 4.2.4 ▲
Effaith gysgodol electronau mewn plisg mewnol yn lleihau tyniad y niwclews ar yr electronau yn y plisgyn allanol

radiws atomig

moleciwl anfetelaidd

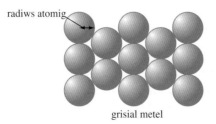

radiws atomig

grisial metel

Ffigur 4.2.5 ◄
Radiysau atomig a'r pellter rhyngniwclear mewn grisialau a moleciwlau

Ffigur 4.2.6 ▶

Cyfnodedd radiysau atomig yn y tabl cyfnodol

CD-ROM

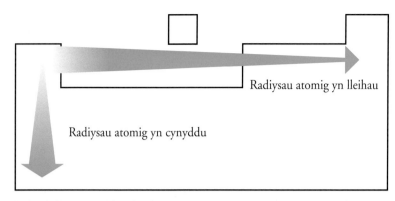

Radiysau atomig yn lleihau

Radiysau atomig yn cynyddu

Wrth fynd i lawr y tabl cyfnodol mae'r radiysau atomig mewn unrhyw grŵp yn mynd yn fwy wrth i nifer plisg yr electronau gynyddu.

Patrwm cyfnodol yw cyfanswm effaith y ddau dueddiad, fel y gwelir yn Ffigur 4.2.6.

Egnïon ïoneiddiad

Mae tueddiad cyfnodol clir yn egnïon ïoneiddiad cyntaf yr elfennau. Y tueddiad cyffredinol yw bod egnïon ïoneiddiad cyntaf yn cynyddu o'r chwith i'r dde ar draws cyfnod. Bydd y wefr niwclear yn cynyddu ar draws cyfnod. Ychwanegir yr electronau at yr un plisgyn allanol yn gynyddol, felly mae'r cysgodi a wneir gan y plisg mewnol llawn yn weddol gyson ac mae'r wefr niwclear effeithiol yn cynyddu. O ganlyniad, mae'r electronau allanol yn fwy anodd i'w tynnu ymaith.

Yn Ffigur 4.2.7, gwelir nad yw'r tueddiad cynyddol ar draws cyfnod yn un llyfn. Ceir patrwm 2 − 3 − 3 sy'n adlewyrchu'r ffordd y bydd yr electronau'n cael eu hychwanegu at orbitalau-s ac orbitalau-p (gweler tudalen 60).

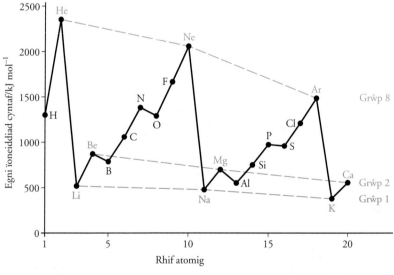

Ffigur 4.2.7 ▶

Cyfnodedd egnïon ïoneiddiad

CD-ROM

Cysgodi sy'n gyfrifol am y gostyngiad yn yr egnïon ïoneiddiad cyntaf mewn elfennau grŵp wrth fynd i lawr y tabl cyfnodol.

Electronegatifedd

Mae electronegatifedd yn mesur tyniad atom elfen ar yr electronau mewn bond cemegol. Po gryfaf fydd grym tyniad atom, uchaf fydd ei electronegatifedd (gweler tudalen 81).

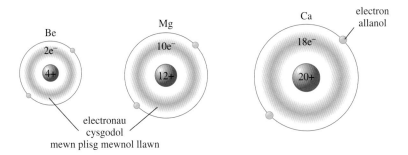

Ffigur 4.2.8 ◄
Mae cysgodi yn atomau elfennau Grŵp 2 yn golygu mai 2+ yw'r 'wefr niwclear effeithiol'. Wrth fynd i lawr y grŵp, mae'r electron allanol yn cael ei ddal yn llai tynn, oherwydd ei fod ymhellach oddi wrth yr un wefr niwclear effeithiol

Ar draws bob cyfnod, bydd electronegatifedd yn cynyddu o'r chwith i'r dde. Mae'r wefr niwclear yn cynyddu o un elfen i'r llall, a'r electronau ychwanegol sy'n cydbwyso'r wefr niwclear gynyddol yn mynd i'r un plisgyn allanol.

Wrth fynd i lawr unrhyw grŵp bydd yr electronegatifedd yn gostwng. Wrth fynd ar i lawr mewn grŵp, mae'r electronau bondio yn y plisgyn allanol yn mynd ymhellach ac ymhellach oddi wrth yr un wefr niwclear effeithiol, felly mae'r tyniad ar yr electronau hyn yn lleihau o un elfen i'r nesaf.

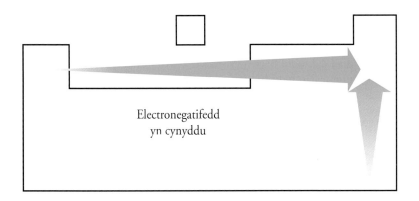

Electronegatifedd yn cynyddu

Ffigur 4.2.9 ◄
Cyfnodedd electronegatifedd

Cyfnodedd, adeiledd a bondio

Mae plotio priodweddau ffisegol yr elfennau yn dangos patrymau yn cael eu hailadrodd hefyd. Caiff y newid o fetelau ar y chwith i anfetelau ar y dde ei adlewyrchu yng nghyfnodedd dargludedd trydanol – o ddargludyddion da ar ddechrau pob cyfnod i ynysyddion ar ddiwedd pob cyfnod.

Yn Ffigurau 4.2.10 a 4.2.11 gwelir y patrymau cyfnodol sy'n ymddangos pan fydd ymdoddbwyntiau a berwbwyntiau elfennau yn cael eu plotio yn erbyn rhif atomig.

Mae ymdoddbwynt elfen yn dibynnu ar ei hadeiledd ac ar y math o fondio sydd rhwng yr atomau. Mewn metel, mae'r bondio'n gryf (gweler tudalen 68) ond ceir grymoedd tebyg yn yr hylif, felly mae'n bosibl na fydd yr ymdoddbwynt yn uchel iawn. Po fwyaf fydd nifer yr electronau a gaiff eu cyfrannu gan bob atom at yr electronau dadleoledig y maen nhw'n eu rhannu, cryfaf fydd y bondio ac uchaf fydd yr ymdoddbwynt. Mae ymdoddbwyntiau'n codi o grŵp 1 i 2 i 3. Yng ngrŵp 4, mae'r elfennau carbon a silicon wedi'u gwneud o adeileddau cofalent enfawr. Mae'r bondiau hyn yn rhai cyfeiriadol iawn felly rhaid i lawer o'r bondiau dorri cyn i'r solid ymdoddi. Mae ymdoddbwyntiau elfennau Grŵp 4 ar frig y graff.

Mae'r elfennau anfetelaidd yng ngrwpiau 5, 6, 7 ac 8 yn rhai moleciwlaidd, a'r

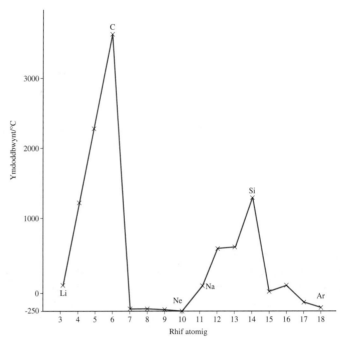

grymoedd rhyngfoleciwlaidd rhwng y moleciwlau'n wan, felly
ymdoddbwyntiau isel sydd gan yr elfennau hyn.

Mae tueddiad cyfnodol berwbwyntiau'n debyg i dueddiad cyfnodol
ymdoddbwyntiau. Pan fydd hylifau'n berwi, rhaid i'r bondiau rhwng y
gronynnau dorri'n gyfan gwbl. Yn gyffredinol, mae berwbwyntiau metelau'n
llawer iawn uwch na'r ymdoddbwyntiau oherwydd bod cryn dipyn o fondio
metelig rhwng yr atomau mewn metelau hylifol. Mae ymdoddi elfennau grŵp
4, megis carbon a silicon, yn torri'r rhan fwyaf o'r bondiau, felly mae'r
berwbwyntiau'n uchel, ond ddim cymaint â hynny'n uwch na'r
ymdoddbwyntiau. Mae'r anfetelau moleciwlaidd yn anweddu'n rhwydd felly
mae eu berwbwyntiau, fel eu hymdoddbwyntiau, yn isel.

Prawf i chi   D

7 Defnyddiwch gronfa
ddata neu daenlen i
ymchwilio i gyfnodedd
dwysedd yr elfennau, o
heliwm hyd at argon.
Awgrymwch eglurhad
am y patrwm cyfnodol
yn nhermau adeiledd a
bondio.

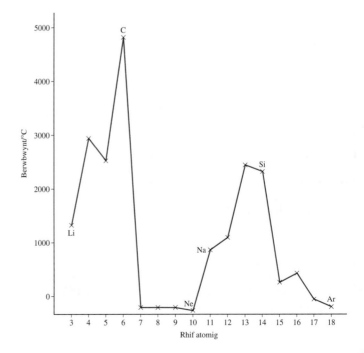

4.3 Rhifau ocsidiad

Bydd cemegwyr yn defnyddio rhifau ocsidiad i gadw golwg ar nifer yr electronau sy'n cael eu trosglwyddo neu eu rhannu pan fydd atomau elfennau'n cyfuno i ffurfio ïonau neu foleciwlau. Mae'n llawer haws adnabod adweithiau rhydocs drwy ddefnyddio rhifau ocsidiad i helpu, ac mae'r rhifau ocsidiad yn ffordd ddefnyddiol hefyd o roi trefn ar gemeg elfennau fel clorin, sy'n gallu cael ei ocsidio neu ei rydwytho i raddau amrywiol. Penderfynodd cemegwyr ddefnyddio rhifau ocsidiad yn sail hefyd i enwau cyfansoddion anorganig.

Rhifau ocsidiad ac ïonau

Mae rhifau ocsidiad yn dangos faint o electronau gaiff eu hennill neu eu colli gan elfen pan fydd atomau'n troi'n ïonau, ac yn ffordd arall o ddisgrifio adweithiau rhydocs lle mae trosglwyddo electronau'n digwydd (gweler tudalennau 28–30). Yn Ffigur 4.3.1, mae symud tuag i fyny ar y diagram yn golygu colli electronau a mynd i gyfeiriad rhifau ocsidiad mwy positif – dyma yw ocsidiad. Mae symud tuag i lawr ar y diagram yn golygu ennill electronau a mynd i gyfeiriad rhifau ocsidiad llai positif, neu fwy negatif. Dyma yw rhydwythiad.

Rhif ocsidiad elfen yw sero. Mewn ïon syml, rhif ocsidiad yr elfen yw'r wefr ar yr ïon.

Mae rhifau ocsidiad yn nodi'r gwahaniaeth rhwng cyfansoddion elfennau fel haearn, sy'n gallu bodoli mewn mwy nag un cyflwr ocsidiad. Mewn haearn(II) clorid, mae'r rhifolyn Rhufeinig II yn dangos bod yr haearn mewn cyflwr ocsidiad +2. Bydd atomau haearn yn colli dau electron pan fyddan nhw'n adweithio gyda chlorin i greu haearn(II) clorid.

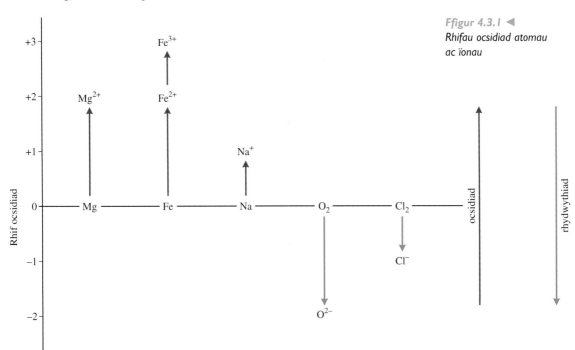

Ffigur 4.3.1 ◄
Rhifau ocsidiad atomau ac ïonau

Ffigur 4.3.2 ▶
Rheolau rhifau ocsidiad

$$NH_4^+ \qquad MnO_4^-$$
$$-3 \; +1 \qquad +7 \; -2$$
$$SO_4^{2-} \qquad Cr_2O_7^{2-}$$
$$+6 \; -2 \qquad +6 \; -2$$

Ffigur 4.3.3 ▲
Rhifau ocsidiad mewn ïonau

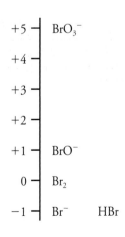

Ffigur 4.3.4 ▲
Rhifau ocsidiad ar gyfer bromin a rhai o'i gyfansoddion

Rheolau rhifau ocsidiad

1. Rhif ocsidiad elfennau sydd heb gyfuno yw sero.

2. Mewn ïonau syml, rhif ocsidiad yr elfen yw'r wefr ar yr ïon.

3. Cyfanswm y rhifau ocsidiad mewn cyfansoddyn niwtral yw sero.

4. Cyfanswm y rhifau ocsidiad ar gyfer ïon yw'r wefr ar yr ïon.

5. Mae gan rai elfennau rifau ocsidiad sefydlog yn eu holl gyfansoddion.

Metelau		Anfetelau	
metelau grŵp 1 (e.e. Li, Na, K)	+1	hydrogen (ar wahân i'r hydridau metel, H^-)	+1
metelau grŵp 2 (e.e. Mg, Ca, Ba)	+2	fflworin	–1
alwminiwm	+3	ocsigen (ar wahân i'r perocsidau, O_2^{2-}, a chyfansoddion yn cynnwys fflworin)	–2
		clorin (ar wahân i gyfansoddion yn cynnwys ocsigen a fflworin)	–1

Gyda help llaw'r rheolau yn Ffigur 4.3.2 mae'n bosibl estyn y defnydd a wneir o rifau ocsidiad i ïonau sy'n cynnwys mwy nag un atom. Y wefr ar ïon fel yr ïon sylffad yw cyfanswm rhifau ocsidiad yr atomau. Cyflwr ocsidiad normal ocsigen yw -2. Mewn ïon sylffad, mae pedwar atom ocsigen (pedwar -2), felly rhaid mai cyflwr ocsidiad sylffwr yw $+6$, i roi gwefr gyffredinol ar yr ïon o $2-$.

Mae hwn yn ddull defnyddiol iawn o wneud synnwyr o gemeg elfen fel bromin (gweler Ffigur 4.3.4). Ocsidiad yw'r adwaith sy'n troi bromin yn ïonau BrO^-, ac ocsidiad pellach sy'n trawsnewid ïonau BrO^- yn ïonau BrO_3^-.

Rhifau ocsidiad a moleciwlau

Mae'r rheolau yn Ffigur 4.3.2 yn ei gwneud yn bosibl i estyn y diffiniad o ocsidiad a rhydwythiad i gynnwys moleciwlau. Yn y rhan fwyaf o foleciwlau, mae cyflwr ocsidiad atom yn cyfateb i nifer electronau yr atom hwnnw sy'n cael eu rhannu mewn bondiau cofalent.

Pan fydd bondiau cofalent yn cysylltu dau atom yna yr atom mwyaf electronegatif (gweler tudalen 131) sydd â'r cyflwr ocsidiad negatif. Mae gan fflworin gyflwr ocsidiad negatif o -1 bob amser, oherwydd dyma'r mwyaf electronegatif o'r holl atomau. Fel rheol, cyflwr ocsidiad negatif (-2) sydd gan ocsigen ond, pan fydd wedi'i gyfuno â fflworin, mae ganddo gyflwr ocsidiad positif ($+1$).

Y rheswm pam mae cyflyrau ocsidiad yn cael eu hysgrifennu ar ffurf $+1$, $+2$ ac yn y blaen, yw er mwyn gwneud yn gwbl eglur, wrth drin moleciwlau, nad ydyn nhw'n cyfeirio at wefrau trydanol. Dydy moleciwlau ddim wedi'u gwefru, a chyfanswm y cyflyrau ocsidiad ar gyfer yr holl atomau mewn moleciwl yw sero.

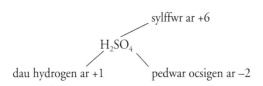

sylffwr ar +6

H₂SO₄

dau hydrogen ar +1   pedwar ocsigen ar –2

Cyfnodedd cyflyrau ocsidiad

Pan fydd cyflyrau ocsidiad yr elfennau yn cael eu plotio yn erbyn rhif proton, o lithiwm hyd at glorin, maen nhw'n datgelu patrwm cyfnodol yn eu hocsidau a'u hydridau (Ffigur 4.3.6). Mae'r cyflwr ocsidiad mwyaf positif ar gyfer pob elfen yn cyfateb i nifer yr electronau sydd ym mhlisgyn allanol yr atomau.

Yn gyffredinol, bydd yr elfennau sydd yn yr un grŵp yn y tabl cyfnodol yn arddangos patrwm tebyg yn eu cyflyrau ocsidiad. Er enghraifft, yn yr holl elfennau yng ngrŵp 4, y prif gyflyrau ocsidiad yw −4, +2 a +4, ond mae pwysigrwydd cymharol y cyflyrau hyn yn amrywio wrth fynd i lawr y grŵp, o garbon hyd at blwm.

Cyflyrau ocsidiad ac enwau cyfansoddion

Yn gynyddol, mae cyfansoddion anorganig yn cael eu henwi yn ôl trefn systematig, ond bydd rhai cemegwyr yn defnyddio cymysgedd o enwau o hyd. Copr(II) sylffad hydradol yw'r enw sydd orau gan y rhan fwyaf o gemegwyr am CuSO₄.5H₂O (neu, efallai, copr(II) sylffad-5-dŵr) yn hytrach na'r enw cyflawn systematig, tetraacwocopr(II) tetraocsosylffad(VI)-1-dŵr. Mae'r enw systematig yn dweud llawer iawn mwy am drefn yr atomau, y moleciwlau a'r ïonau yn y grisialau glas, ond mae'n enw rhy drafferthus i'w ddefnyddio bob dydd. Hefyd, mae'r enw systematig yn dangos cyflyrau ocsidiad y copr a'r sylffwr yn y cyfansoddyn.

Dyma rai o'r rheolau sylfaenol ar gyfer enwau anorganig cyffredin:

■ mae'r terfyniad '- id' yn dangos nad ydy'r cyfansoddyn yn cynnwys dim byd mwy na'r ddwy elfen sydd yn yr enw. Yr elfen fwyaf electronegatif sy'n dod yn ail, er enghraifft, sodiwm sylffid, Na₂S, carbon deuocsid, CO₂, a ffosfforws triclorid, PCl₃.

1 Beth yw rhif ocsidiad:
   a) alwminiwm mewn Al₂O₃?
   b) nitrogen mewn magnesiwm nitrid, Mg₃N₂?
   c) bariwm mewn bariwm nitrad, Ba(NO₃)₂?
   ch) nitrogen yn yr ïon amoniwm, NH₄⁺?
   d) ffosfforws mewn PCl₅?

2 A yw'r elfennau yn y trawsnewidiadau hyn yn cae eu hocsidio neu eu rhydwytho?
   a) calsiwm i galsiwm bromid
   b) clorin i lithiwm clorid
   c) clorin i glorin deuocsid
   ch) sylffwr i hydrogen sylffid
   d) sylffwr i asid sylffwrig.

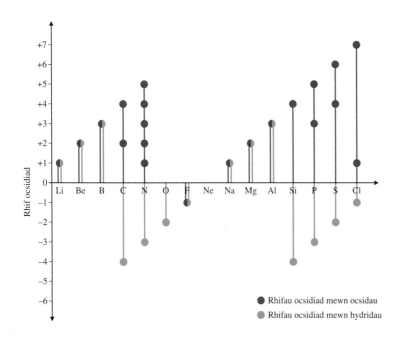

● Rhifau ocsidiad mewn ocsidau
● Rhifau ocsidiad mewn hydridau

■ y rhifolion Rhufeinig yn yr enwau yw rhifau ocsidiad yr elfennau, er enghraifft, haearn(II) sylffad, $FeSO_4$, a haearn(III) sylffad, $Fe_2(SO_4)_3$.

■ mae enwau traddodiadol yr ocsoasidau yn diweddu mewn '- ig', '- us' neu '- aidd', er enghraifft, asid sylffwrig (H_2SO_4) ac asid sylffyraidd (weithiau sylffwrus) (H_2SO_3), neu asid nitrig (HNO_3) ac asid nitrus (HNO_2), gyda'r '-ig' yn nodi'r asid ag atom canolog sydd â'r rhif ocsidiad uwch.

■ mae enwau traddodiadol cyfatebol halwynau'r ocsoasidau yn diweddu mewn '- ad' ac '- it' fel sydd yn sylffad, $SO_4{}^{2-}$, a sylffit, $SO_3{}^{2-}$, neu nitrad, $NO_3{}^{-}$, a nitrit, $NO_2{}^{-}$.

■ mae'r enwau mwy systematig ar gyfer ocsoasidau ac ocso halwynau yn defnyddio rhifau ocsidiad, megis sylffad(VI) ar gyfer sylffad, $SO_4{}^{2-}$, a sylffad(IV) ar gyfer sylffit, $SO_3{}^{2-}$.

Os oes unrhyw amheuaeth, bydd cemegwyr yn rhoi'r enw a'r fformiwla, gan roi dau enw – yr enw systematig a'r enw traddodiadol – pe bai angen.

Cydbwyso hafaliadau rhydocs

Mae hafaliadau rhydocs, fel hafaliadau cytbwys eraill, yn dangos swm yr adweithyddion a'r cynhyrchion sy'n cymryd rhan mewn adweithiau rhydocs (ac yn dangos y swm mewn molau). Mae rhifau ocsidiad yn helpu i gydbwyso hafaliadau rhydocs oherwydd bod yn rhaid i gyfanswm y gostyngiad yn y rhif ocsidiad ar gyfer yr elfen a gafodd ei rhydwytho fod yn hafal i gyfanswm y cynnydd yn y rhif ocsidiad ar gyfer yr elfen a gafodd ei hocsidio. Yma, mae ocsidiad hydrogen bromid gan asid sylffwrig crynodedig yn dangos hyn. Y prif gynhyrchion yw bromin, sylffwr deuocsid a dŵr.

Cam 1: Ysgrifennu'r fformiwla ar gyfer yr atomau, y moleciwlau a'r ïonau sy'n cymryd rhan yn yr adwaith

$$HBr + H_2SO_4 \rightarrow Br_2 + SO_2 + H_2O$$

Cam 2: Adnabod yr elfennau â newid yn eu rhif ocsidiad, a maint y newid.

Yn yr enghraifft hon, dim ond bromin a sylffwr sy'n arddangos newidiadau cyflwr ocsidiad.

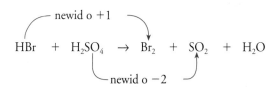

Cam 3: Cydbwyso nes bod cyfanswm y cynnydd yn rhif ocsidiad un elfen yn hafal i gyfanswm y gostyngiad yn yr elfen arall.

Yn yr enghraifft hon, mae'r cynnydd o +1 yn rhif ocsidiad dau atom bromin yn cydbwyso gostyngiad −2 un atom sylffwr.

$$2HBr + H_2SO_4 \rightarrow Br_2 + SO_2 + H_2O$$

Cam 4: Cydbwyso'r ocsigen a'r hydrogen.

Yn yr enghraifft hon, mae'r pedwar atom hydrogen ar ochr chwith yr hafaliad yn uno gyda'r ddau atom ocsigen sydd ar ôl, i ffurfio moleciwlau dŵr.

$$2HBr + H_2SO_4 \rightarrow Br_2 + SO_2 + 2H_2O$$

Cam 5: Ychwanegu'r symbolau cyflwr.

$$2HBr(n) + H_2SO_4(h) \rightarrow Br_2(h) + SO_2(n) + 2H_2O(h)$$

Prawf i chi

3 Ysgrifennwch fformiwlâu y cyfansoddion hyn:
a) tun(II) ocsid
b) tun(IV) ocsid
c) sodiwm clorad(III)
ch) haearn(III) nitrad(V)
d) potasiwm cromad(VI).

Prawf i chi

4 Ysgrifennwch hafaliadau cytbwys ar gyfer yr adweithiau rhydocs hyn. Ar gyfer pob enghraifft, dywedwch pa elfen sy'n cael ei hocsidio a pha un sy'n cael ei rhydwytho.
a) Fe gyda Br_2 i roi $FeBr_3$
b) F_2 gydag H_2O i roi HF ac O_2
c) $IO_3{}^{-}$ ac H^+ gydag I^- i roi I_2 ac H_2O
ch) $S_2O_3{}^{2-}$ ac I_2 i roi $S_4O_6{}^{2-}$ ac I^-
d) Cl_2 gydag OH^- i roi Cl^-, ClO^- ac H_2O

4.4 Grŵp 1

Mae elfennau Grŵp 1 yn fwy cyfarwydd fel y metelau alcali. Mae ganddyn nhw briodweddau cemegol tebyg oherwydd mai un electron sydd gan bob un yn yr orbital-s allanol; mae'r elfennau hyn yn fwy tebyg i'w gilydd hefyd na'r elfennau mewn unrhyw grŵp arall. Hyd yn oed wedyn, oherwydd y nifer cynyddol o blisg llawn, mewnol, ceir tueddiadau yn y priodweddau ar i lawr drwy'r grŵp, o lithiwm i gesiwm. Mae'r elfen yng nghyfnod 7, ffranciwm, yn brin iawn, ac mae ei holl isotopau yn ymbelydrol. **CD-ROM**

Yr elfennau

Mae'r metelau'n feddal ac yn hawdd eu torri â chyllell. Newydd gael eu torri, maen nhw'n sgleiniog, ond yna'n pylu'n fuan iawn mewn aer wrth adweithio gyda lleithder ac ocsigen.

Lithiwm

- Metel meddal, sgleiniog sy'n troi'n llwyd tywyll mewn aer.
- Mae'n cael ei storio mewn olew.
- Mae'n arnofio ar wyneb dŵr ac yn adweithio, ond yn eithaf araf, gan ffurfio hydrogen a LiOH, sy'n hydawdd ac yn alcalïaidd dros ben.
- Mae'n llosgi mewn aer gyda fflam liwgar (coch llachar) gan ffurfio ocsid, Li_2O.
- Mae'n ffurfio clorid ïonig, di-liw, grisialog.

Ffigur 4.4.1 ▲
Lithiwm

Sodiwm

Mae sodiwm yn gyfrwng rhydwytho pwerus sy'n cael ei ddefnyddio ar gyfer echdynnu titaniwm, yn ogystal ag echdynnu rhai metelau eraill, fel sirconiwm. Sodiwm tawdd hefyd yw'r hylif sy'n cylchredeg drwy gyfnewidwyr gwres mewn gorsafoedd pŵer niwclear ac mewn prosesau eraill, i drosglwyddo egni a chynhyrchu ager. Mae sodiwm yn cael ei ddefnyddio mewn goleuadau ar y ffyrdd. Dyma ei nodweddion:

- Mae'n fetel meddal, sgleiniog sy'n tarneisio'n gyflym mewn aer llaith.
- Mae'n cael ei storio mewn olew.
- Mae'n arnofio ar wyneb dŵr, yn ymdoddi ac yn adweithio'n rymus i ffurfio hydrogen, sy'n mynd ar dân, ac NaOH, sy'n hydawdd ac yn alcalïaidd dros ben.
- Pan fydd yn llosgi mewn aer, mae'n cynhyrchu cymysgedd o'r ocsid, Na_2O, a'r perocsid, Na_2O_2.
- Mae'n ffurfio clorid ïonig, di-liw, grisialog, Na^+Cl^-.

Ffigur 4.4.2 ▲
Sodiwm

Potasiwm

Ffurfio'r uwchocsid, KO_2, i'w roi mewn offer anadlu ar gyfer argyfwng yw un o brif ddibenion potasiwm (gweler tudalen 140).

Ar ffurf ïonau potasiwm, mae potasiwm yn faetholyn hanfodol i blanhigion ac yn un o gynhwysion gwrteithiau NPK. Caiff dyddodion enfawr o botasiwm clorid eu mwyngloddio o dan ddaear ar ffurf y mwyn sylfinit ychydig i'r de o Teeside yng ngogledd Lloegr. Mae gan botasiwm y nodweddion canlynol:

- Mae'n fetel meddal iawn sy'n tarneisio'n rhwydd mewn aer llaith ac mae'n cael ei storio mewn olew.
- Mae'n arnofio ar wyneb dŵr, gan ymdoddi ac adweithio'n nerthol i ffurfio hydrogen, sy'n mynd ar dân, a KOH sy'n hydawdd ac yn alcalïaidd dros ben.
- Pan fydd yn llosgi mewn aer, mae'n cynhyrchu uwchocsid, KO_2.
- Mae'n ffurfio clorid ïonig, di-liw, grisialog, K^+Cl^-.

Ffigur 4.4.3 ▲
Potasiwm

lithiwm, Li	[He] 2s¹
sodiwm, Na	[Ne] 3s¹
potasiwm, K	[Ar] 4s¹
rwbidiwm, Rb	[Kr] 5s¹
cesiwm, Cs	[Xe] 6s¹

Ffigur 4.4.4 ▲

Y ffurfiau cryno ar gyfer ffurfwedd electronau metelau grŵp I (gweler tudalen 60)

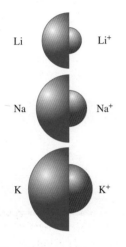

Ffigur 4.4.5 ▲

Meintiau cymharol atomau ac ïonau elfennau grŵp I

Ïon metel	Lliw
lithiwm	**coch llachar**
sodiwm	**melyn llachar**
potasiwm	**leilac golau**

Ffigur 4.4.8 ▲

Lliw fflamau cyfansoddion metel grŵp I

Radiysau atomig ac ïonig

Bydd radiysau atomig ac ïonig yn mynd yn fwy wrth fynd i lawr y grŵp, gan fod nifer y plisg llawn mewnol o electronau'n cynyddu. Ar gyfer pob elfen, mae'r ïon +1 yn llai na'r atom o ganlyniad i golli'r plisgyn allanol o electronau. Mae'r tueddiad i adweithio a ffurfio ïonau yn cynyddu wrth fynd i lawr y grŵp.

Egnïon ïoneiddiad

Mae'r egnïon ïoneiddiad cyntaf yn gostwng wrth fynd i lawr y grŵp gan fod y nifer cynyddol o blisg llawn yn golygu bod yr electronau allanol yn mynd ymhellach oddi wrth yr un wefr niwclear effeithiol (gweler tudalen 129).

Bydd yr atomau'n newid mewn dwy ffordd i lawr y grŵp: bydd y wefr ar y niwclews yn cynyddu, a nifer y plisg mewnol llawn yn cynyddu hefyd. Mae'r effaith gysgodi sy'n cael ei chreu gan yr electronau mewnol yn golygu mai 1+ yw'r wefr niwclear effeithiol sy'n atynnu'r electron allanol. I lawr y grŵp, bydd yr electronau allanol yn mynd ymhellach ac ymhellach i ffwrdd oddi wrth yr un wefr niwclear effeithiol, felly maen nhw'n cael eu dal yn llai tynn ac mae'r egnïon ïoneiddiad yn gostwng.

Mae symud ail electron i ffurfio ïon +2 yn cymryd llawer mwy o egni oherwydd bod yn rhaid i'r ail electron gael ei symud yn wyneb atyniad gwefr niwclear effeithiol lawer mwy.

Ffigur 4.4.6 ▶

Diagramau'n cynrychioli ffurfwedd electronau lithiwm a sodiwm

Lliw fflamau

Mae profion fflam yn helpu i ganfod rhai ïonau metel mewn halwynau. Maen nhw'n arbennig o ddefnyddiol mewn dadansoddi ansoddol er mwyn gwahaniaethu rhwng ïonau metel grŵp 1 sydd, fel arall, yn debyg iawn i'w gilydd.

Dydy cyfansoddion ïonig fel sodiwm clorid ddim yn llosgi yn ystod prawf fflam. Bydd yr egni a ddaw o'r fflam yn cynhyrfu'r electronau sydd yn yr atomau sodiwm, gan eu codi i lefelau egni uwch. Yna, bydd yr atomau'n allyrru'r golau melyn nodweddiadol wrth i'r electronau ddychwelyd i lefelau egni is (gweler tudalennau 56–58).

Ffigur 4.4.7 ▼

Y drefn ar gyfer cynnal prawf fflam. Bydd cloridau'n anweddu'n fwy rhwydd, felly maen nhw'n lliwio fflamau'n fwy llachar na'r cyfansoddion llai anweddol. Mae asid hydroclorig crynodedig yn trawsnewid cyfansoddion ananweddol megis carbonadau yn gloridau

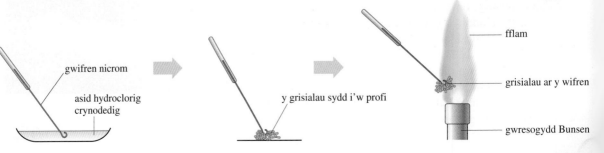

Cyflyrau ocsidiad

Pan fydd atomau metelau alcali yn adweithio, maen nhw'n colli eu hunig electron-s o'r plisgyn allanol gan droi'n ïonau gyda gwefr bositif sengl: Li^+, Na^+, K^+, ac yn y blaen. Felly yr unig gyflwr ocsidiad yng nghyfansoddion y metelau hyn yw +1.

Mae ïonau metelau alcali yn ddi-liw mewn grisialau ac mewn hydoddiant dyfrllyd. Dim ond o ganlyniad i briodweddau'r ïonau negatif y mae cyfansoddion sodiwm a photasiwm yn lliwgar. Mae potasiwm cromad(VI) yn felyn oherwydd bod ïonau CrO_4^- yn felyn.

Adweithiau'r elfennau

Mae'r metelau alcali yn gyfryngau rhydwytho grymus ac yn adweithio drwy golli'r electron-s allanol a ffurfio ïonau M^+. Mae ïonau metelau alcali yn anadweithiol iawn. Mewn hydoddiant dyfrllyd, maen nhw'n aml yn ïonau segur (gweler tudalen 34) sydd ddim yn chwarae unrhyw ran yn y newidiadau cemegol. Mae hyn yn golygu bod cyfansoddion sodiwm a photasiwm yn ddefnyddiol iawn fel adweithyddion cemegol oherwydd, fel rheol, mae modd anwybyddu'r ïonau metel.

Adweithio gydag ocsigen

Mewn ocsigen, bydd y metelau i gyd ar ôl cael eu gwresogi yn llosgi'n loyw ac yn ffurfio ocsidau ïonig. Bydd lithiwm yn ffurfio ocsid syml, Li_2O.

$$4Li(s) + O_2(n) \rightarrow 2Li_2O(s)$$

Mae'n bosibl cael cynhyrchion eraill o aelodau eraill y grŵp, gan gynnwys perocsidau sy'n cynnwys yr ïon O_2^{2-} ac uwchocsidau â'r ïon O_2^-.

Yn bennaf, bydd sodiwm yn ffurfio'r perocsid, Na_2O_2, gyda pheth ocsid syml, Na_2O, ond yr uwchocsid KO_2 yw'r prif gynnyrch gyda photasiwm. Bydd y tueddiad i ffurfio uwchocsid yn cynyddu wrth fynd i lawr y grŵp, fel mae maint yr ïon metel yn cynyddu.

Adweithio gyda dŵr

Mae'r holl fetelau yn adweithio gyda dŵr i ffurfio hydrocsidau, MOH, a hydrogen. Mae cyfradd a nerth yr adwaith yn cynyddu wrth fynd i lawr y grŵp. Mae lithiwm yn adweithio'n gymhedrol gyda dŵr oer, a chesiwm yn adweithio'n ffrwydrol.

Adweithio gyda chlorin

Mae'r holl fetelau yn adweithio'n egnïol gyda chlorin i ffurfio cloridau di-liw, ïonig, M^+Cl^-. Mae'r cloridau'n hydawdd mewn dŵr, a'r adeileddau grisialog yn dibynnu ar faint yr ïon metel (gweler tudalen 73).

Priodweddau'r cyfansoddion
Yr ocsidau

Mae'r ocsidau'n fasig. Ocsid metel sy'n adweithio gydag asid i ffurfio halwyn a dŵr yw ocsid basig.

$$Li_2O(s) + 2HCl(d) \rightarrow 2LiCl(d) + H_2O(h)$$

Mewn ocsid basig yr ïon ocsid sy'n gweithredu fel bas, drwy gymryd ïon hydrogen o'r asid.

$$O^{2-} + H^+ \rightarrow OH^-$$

Prawf i chi

1 Ysgrifennwch yn llawn ffurfwedd electronau yr atomau Li, Na a K, gan ddangos nifer yr electronau s, p a d ym mhob plisgyn (gweler tudalen 60).

2 Beth yw ffurfwedd electronau ïon sodiwm?

3 Lluniwch dabl i ddangos ym mha ffyrdd mae elfennau grŵp I yn debyg i'w gilydd a hefyd ym mha ffyrdd mae eu priodweddau'n newid wrth fynd i lawr y grŵp.

Cemeg Anorganig

Adran pedwar

Nodyn

Yn holl gyfansoddion cyffredin metelau grŵp I, mae'r bondio yn ïonig. Peidiwch â rhoi llinellau i gynrychioli'r bondiau rhwng atomau metel alcali ac atomau elfennau eraill. Dim ond ar gyfer bondiau cofalent y byddwch yn defnyddio llinellau i gynrychioli'r bondiau hynny. Rhowch Na^+Cl^- bob amser i gynrychioli sodiwm clorid, nid Na—Cl.

Alcalïau yw ocsidau basig sy'n hydoddi mewn dŵr, ac mae hyn yn cynnwys ocsidau syml metelau grŵp 1. Wrth i'r cyfansoddyn hydoddi, bydd yr ïon ocsid yn gweithredu fel bas gan gymryd ïon hydrogen o'r dŵr i ffurfio ïonau hydrocsid.

$$2Na_2O(s) + H_2O(h) \rightarrow 2NaOH(d)$$

Mae uwchocsid potasiwm yn gynhwysyn pwysig ar gyfer offer anadlu mewn argyfwng. Bydd yr ocsid yn tynnu'r carbon deuocsid o aer llaith sy'n cael ei anadlu allan, ac yn rhoi ocsigen yn ei le.

$$4KO_2(s) + 4CO_2(n) + 2H_2O(h) \rightarrow 4KHCO_3(s) + 3O_2(n)$$

Yr hydrocsidau

Solidau gwyn yw'r hydrocsidau i gyd sydd, fel rheol, yn dod ar ffurf peledi neu fflochiau.

Mae hydrocsidau metelau grŵp 1:

- yn debyg i'w gilydd oherwydd mai MOH yw fformiwla pob un ohonyn nhw, a'u bod yn hydawdd mewn dŵr gan ffurfio hydoddiannau alcalïaidd – basau cryf ydyn nhw
- yn wahanol i'w gilydd oherwydd bod eu hydoddedd yn cynyddu wrth fynd i lawr y grŵp.

Y carbonadau

Mae gan y carbonadau i gyd yr un fformiwla, M_2CO_3, felly maen nhw i gyd yn debyg i'w gilydd. Heblaw am lithiwm, dydyn nhw ddim yn dadelfennu wrth gael eu gwresogi. Powdrau gwyn yw carbonadau sodiwm a photasiwm, sy'n hydoddi mewn dŵr gan ffurfio hydoddiannau alcalïaidd, oherwydd mai bas yw'r ïon carbonad (gweler tudalen 111). Bydd ïonau carbonad yn adweithio gyda dŵr i ffurfio ïonau hydrocsid, sy'n gwneud yr hydoddiant yn un alcalïaidd.

$$CO_3^{2-}(d) + H_2O(h) \rightarrow HCO_3^{-}(d) + OH^{-}(d)$$

Mae'r carbonad yn gweithredu fel bas, gan gymryd ïonau hydrogen o'r moleciwlau dŵr.

Y nitradau

Mae'r nitradau:

- yn debyg i'w gilydd oherwydd mai MNO_3 yw fformiwla pob un ohonyn nhw, eu bod i gyd yn solidau grisialog di-liw, a'u bod yn hydawdd iawn mewn dŵr ac yn dadelfennu wrth gael eu gwresogi
- yn wahanol i'w gilydd oherwydd eu bod yn mynd yn fwy anodd i'w dadelfennu wrth fynd i lawr y grŵp.

Bydd lithiwm nitrad, fel magnesiwm nitrad, yn dadelfennu wrth gael ei wresogi i ffurfio'r ocsid, nitrogen deuocsid ac ocsigen. Mae angen cryn wresogi ar nitradau sodiwm a photasiwm er mwyn eu dadelfennu, ac maen nhw'n ffurfio'r nitrit:

$$2KNO_3(s) \rightarrow 2KNO_2(s) + O_2(n)$$

Ffigur 4.4.9 ▲

Mae sodiwm hydrocsid, NaOH, yn wlybyrol sy'n golygu ei fod yn codi dŵr o aer llaith ac yna'n hydoddi ynddo. Mae sodiwm hydrocsid yn fas cryf hefyd, gan hydoddi mewn dŵr i ffurfio hydoddiant tra alcalïaidd. Yr enwau traddodiadol am yr alcali yw soda brwd, soda costig neu soda poeth. Mae sodiwm hydrocsid yn dra chyrydol ac yn fwy peryglus i'r croen a'r llygaid na nifer o'r asidau

Nodyn

Cyfansoddion y metelau alcali sy'n alcalïaidd, nid yr elfennau eu hunain. Yr ïonau OH⁻ sy'n peri i sodiwm hydrocsid fod yn alcalïaidd, nid yr ïonau sodiwm. Pe bai ïonau sodiwm yn achosi'r alcalinedd, yna byddai pob un o gyfansoddion sodiwm yn alcalïaidd, gan gynnwys halen cyffredin, NaCl.

Prawf i chi

4 Ysgrifennwch hafaliadau cytbwys ar gyfer yr adweithiau canlynol:
   a) sodiwm gyda dŵr
   b) potasiwm gyda chlorin
   c) lithiwm ocsid gyda dŵr
   ch) sodiwm ocsid gydag asid hydroclorig
   d) potasiwm hydrocsid gydag asid sylffwrig.

4.5 Grŵp 2

Mae elfennau Grŵp 2 yn perthyn i deulu'r metelau mwynol alcalïaidd. Mae llawer o gyfansoddion yr elfennau hyn yn digwydd fel mwynau mewn creigiau, ac oddi yno y daw'r enw 'metelau mwynol'. Mae sialc, marmor a chalchfaen i gyd yn ffurfiau ar galsiwm carbonad. Cymysgedd o garbonadau calsiwm a magnesiwm yw dolomit, a ffurf ar galsiwm fflworid yw fflworsbar, sy'n cael ei fwyngloddio mewn ogofâu yn Swydd Derby a'i alw'n *Blue John*, sef mwyn addurniadol. Yn wahanol i'r cyfansoddion cyfatebol yng Ngrŵp 1, mae'r cyfansoddion hyn yng Ngrŵp 2 yn anhydawdd, felly dydyn nhw ddim yn hydoddi mewn dŵr glaw.

Yr elfennau

Mae metelau Grŵp 2 yn galetach ac yn fwy dwys na metelau Grŵp 1, ac mae ganddyn nhw ymdoddbwyntiau uwch. Mewn aer, mae haen ocsid yn gorchuddio arwyneb y metelau.

Metel cryf gydag ymdoddbwynt uchel yw aelod cyntaf y grŵp, beryliwm, Be, ond mae ei ddwysedd yn llawer llai na dwysedd haearn. Mae'r elfen yn gwneud aloiau defnyddiol gyda metelau eraill.

Ffynhonnell y metel magnesiwm yw electrolysis magnesiwm clorid tawdd sydd i'w gael naill ai o ddŵr y môr neu o ddyddodion halwyn. Mae dwysedd isel y metel yn helpu i wneud aloiau ysgafn, yn enwedig gydag alwminiwm. Mae'r aloiau hyn yn arbennig o werthfawr ar gyfer gwneud ceir ac awyrennau, oherwydd eu bod yn gryf iawn mewn cymhariaeth â'u pwysau.

Metel meddal o liw arianwyn yw bariwm. Fel rheol, mae'n cael ei storio o dan olew, fel y metelau alcali, oherwydd ei fod mor adweithiol gydag aer a lleithder.

Radiysau atomig ac ïonig

Bydd radiysau atomig ac ïonig yn cynyddu wrth fynd i lawr y grŵp. Ar gyfer pob elfen, mae'r ïon 2+ yn llai na'r atom oherwydd bod y plisgyn allanol o electronau wedi'i golli. Mae'r tueddiad i adweithio a ffurfio ïonau yn cynyddu wrth fynd i lawr y grŵp.

Egnïon ïoneiddiad

Mae'r egni ïoneiddiad cyntaf, a'r ail hefyd, yn gostwng wrth fynd i lawr y grŵp. Fel atomau y metelau alcali, mae atomau grŵp 2 yn newid mewn dwy ffordd wrth fynd i lawr y grŵp: mae'r wefr ar y niwclews yn cynyddu, a nifer y plisg llawn mewnol yn cynyddu hefyd.

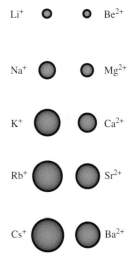

Ffigur 4.5.1 ▲

Y tueddiad yn radiysau ïonig metelau Grŵp 2, o'u cymharu â'r radiysau ar gyfer metelau Grŵp 1

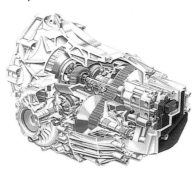

Ffigur 4.5.2 ▶

Elfen fetelig adweithiol yw magnesiwm. Fel rheol, bydd samplau o'r metel arianwyn yn edrych yn llwyd oherwydd bod haen o fagnesiwm ocsid yn eu gorchuddio. Defnyddiwyd aloi magnesiwm yn y casin ar gyfer y blwch gêr hwn

CD-ROM

Ffigur 4.5.3 ▲

Fel rheol, bydd samplau o'r metel arianlliw calsiwm yn edrych yn llwyd oherwydd bod haen o galsiwm ocsid yn eu gorchuddio

Ffigur 4.5.4 ▲
Diagramau'n cynrychioli'r ffurfwedd electronau sydd i atomau magnesiwm a chalsiwm

beryliwm, Be	$[He]2s^2$
magnesiwm, Mg	$[Ne]3s^2$
calsiwm, Ca	$[Ar]4s^2$
strontiwm, Sr	$[Kr]5s^2$
bariwm, Ba	$[Xe]6s^2$

Ffigur 4.5.6 ▲
Y ffurfiau cryno ar gyfer ffurfwedd electronau metelau grŵp 2 (gweler tudalen 60)

Ïon metel	Lliw
calsiwm	rhuddgoch
strontiwm	coch llachar
bariwm	gwyrdd golau

Ffigur 4.5.7 ▲
Lliw fflamau cyfansoddion metel grŵp 2 **CD-ROM**

Mae effaith cysgodi yr electronau mewnol yn golygu mai 2+ yw'r wefr niwclear effeithiol sy'n atynnu'r electron allanol. I lawr y grŵp, bydd yr electronau-s allanol yn mynd ymhellach ac ymhellach oddi wrth yr un wefr niwclear effeithiol, felly maen nhw'n cael eu dal yn llai tynn ac mae'r egnïon ïoneiddiad yn gostwng. Y tueddiad hwn sy'n egluro adweithedd cynyddol yr elfennau wrth fynd i lawr y grŵp.

Mae symud trydydd electron i ffurfio ïon 3+ yn cymryd llawer mwy o egni oherwydd bod yn rhaid i'r trydydd electron gael ei symud yn wyneb atyniad gwefr niwclear effeithiol lawer mwy. Golyga hyn nad yw byth yn ffafriol yn egnïol i'r metelau ffurfio ïonau M^{3+}.

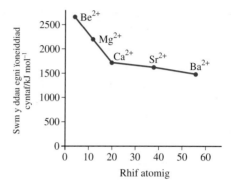

Ffigur 4.5.5 ▲
Plot i ddangos y tueddiad yn swm y ddau egni ïoneiddiad cyntaf ar gyfer metelau Grŵp 2:
$M(n) \rightarrow M^{2+}(n) + 2e^-$

Cyflyrau ocsidiad

Mae gan holl fetelau grŵp 2 briodweddau cemegol tebyg i'w gilydd oherwydd bod ganddyn nhw i gyd ddau electron yn yr orbital-s allanol. Pan fydd yr atomau metel yn adweithio i ffurfio ïonau, byddan nhw'n colli dau electron allanol gan roi ïonau â gwefr 2+: Mg^{2+}, Ca^{2+}, Sr^{2+}, a Ba^{2+}. Felly mae'r elfennau hyn yn bodoli yn y cyflwr ocsidiad +2 yn eu holl gyfansoddion.

Lliw fflamau

Gall profion fflam (gweler tudalen 138) helpu i adnabod cyfansoddion calsiwm, strontiwm a bariwm. Dydy cyfansoddion beryliwm a magnesiwm ddim yn rhoi lliw i fflam.

Adweithiau'r elfennau

Mae'r metelau yn gyfryngau rhydwytho. Ar wahân i feryliwm, maen nhw'n adweithio drwy golli eu dau electron-s i ffurfio ïonau M^{2+} (lle gall M gynrychioli Mg, Ca, Sr, neu Ba).

$$M \rightarrow M^{2+} + 2e^-$$

Dydy beryliwm ddim yn aelod nodweddiadol o grŵp 2. Mewn sawl ffordd, mae cemeg beryliwm yn debycach i gemeg alwminiwm nag i gemeg magnesiwm. Y rheswm am hyn yw bod ïon Be^{2+} yn fychan iawn, sy'n rhoi'r un tueddiad iddo â'r ïon Al^{3+}, sef polareiddio ïonau negatif cyfagos (gweler tudalen 82). O ganlyniad, bondio polar cofalent sydd mewn cyfansoddion beryliwm, yn hytrach na bondio ïonig.

Ffigur 4.5.9 ▲
Mae beryliwm yn digwydd yn naturiol ar ffurf beryl, sef mwyn alwminosilicad, sy'n ddi-liw os yw'n bur, ond yn wyrdd llachar mewn emrallt, lle mae ïonau cromiwm(III) yn cymryd lle rhai o'r ïonau alwminiwm(III)

Prawf i chi D

3 Ysgrifennwch hafaliadau cytbwys ar gyfer yr adweithiau canlynol:
   a) magnesiwm ocsid gydag asid hydroclorig gwanedig
   b) calsiwm ocsid gyda dŵr
   c) dŵr calch gyda charbon deuocsid.

4 Gyda chymorth tabl data, dangoswch fod hydoddeddau hydrocsidau metelau grŵp 2 yn cynyddu wrth fynd i lawr y grŵp, pan fyddan nhw'n cael eu mesur mewn mol y 100 g o ddŵr.

Ffigur 4.5.11 ▶
Adeiledd beryliwm clorid

CD-ROM

Ffigur 4.5.10 ▲
Mae bariwm yn digwydd yn naturiol ar ffurf grisial trwm, baryt, $BaSO_4$, (uchod) a hefyd ar ffurf witherit, $BaCO_3$

Yr hydrocsidau

Mae beryliwm hydrocsid yn anhydawdd mewn dŵr. Fel yr ocsid mae'n amffoterig, ac mae'r ffaith ei fod yn hydoddi mewn asidau ac mewn alcalïau yn dangos hyn.

Mae hydrocsidau elfennau eraill grŵp 2:
■ yn debyg i'w gilydd oherwydd mai $M(OH)_2$ yw fformiwla pob un ohonyn nhw, a'u bod i ryw raddau yn hydawdd mewn dŵr gan ffurfio hydoddiannau alcalïaidd
■ yn wahanol i'w gilydd oherwydd bod eu hydoddedd yn cynyddu wrth fynd i lawr y grŵp.

Dim ond ychydig iawn yn hydawdd mewn dŵr yw magnesiwm hydrocsid, a dyma'r cynhwysyn gweithredol mewn tabledi gwrthasid llaeth magnesia.

Dim ond ychydig yn hydawdd mewn dŵr y mae calsiwm hydrocsid, $Ca(OH)_2$, hefyd ac mae'n ffurfio hydoddiant alcalïaidd sy'n cael ei alw'n aml yn ddŵr calch.

Mae'r prawf dŵr calch am garbon deuocsid yn gweithio oherwydd bod hydoddiant o galsiwm hydrocsid yn amsugno'r nwy, gan ffurfio dyddodiad gwyn, anhydawdd, o galsiwm carbonad.

Y cloridau

Fel cloridau grŵp 1, mae cloridau'r elfennau o fagnesiwm i fariwm yn ïonig ac yn hydawdd mewn dŵr. Fel rheol, mae'r cloridau hyn yn hydradol. Bydd calsiwm clorid, er enghraifft, yn grisialu allan o hydoddiant ar ffurf hydrad, $CaCl_2.6H_2O$.

Mae calsiwm clorid anhydrus, $CaCl_2$, yn gyfrwng sychu rhad.

Bondio cofalent sydd mewn beryliwm clorid oherwydd bod yr ïon clorid yn cael ei bolareiddio gan yr ïonau beryliwm bychain iawn sydd â gwefr ddwbl. Mae anwedd beryliwm clorid wedi'i wneud o foleciwlau $BeCl_2$, sy'n foleciwlau llinol (gweler tudalen 79). Gall yr atom beryliwm yn $BeCl_2$ dderbyn dau bâr o electronau. Mae gan feryliwm clorid solet adeiledd estynedig ar ffurf tebyg i gadwyn, gydag atomau clorin yn ffurfio bondiau cofalent datif gyda'r atomau beryliwm.

$$\ddot{\underset{\cdot\cdot}{Cl}} — Be — \ddot{\underset{\cdot\cdot}{Cl}}$$

moleciwlau
$BeCl_2$(n)

$BeCl_2$(s)

Y carbonadau

Mae carbonadau metelau grŵp 2 (Mg i Ba):
■ yn debyg i'w gilydd oherwydd mai MCO_3 yw fformiwla pob un ohonyn nhw, eu bod yn anhydawdd mewn dŵr, yn adweithio gydag asidau gwanedig a, phan fyddan nhw'n cael eu gwresogi, yn dadelfennu i roi'r ocsid a charbon deuocsid:

$$CaCO_3(s) \rightarrow CaO(s) + CO_2(n)$$

■ yn wahanol i'w gilydd oherwydd eu bod yn mynd yn fwy anodd i'w dadelfennu wrth fynd i lawr y grŵp (maen nhw'n mynd yn fwy sefydlog yn thermol).

Mae calsiwm carbonad yn digwydd yn naturiol ar ffurf calchfaen, sialc a marmor. Mwyn pwysig yw calchfaen, gyda rhai o'r meini'n cael eu mwyngloddio at ddiben y diwydiant adeiladu – i wneud ffyrdd a chodi adeiladau.

Bydd calchfaen pur yn cael ei ddefnyddio yn y diwydiant cemegol hefyd. Wrth wresogi calchfaen mewn ffwrnais ar dymheredd o 1200K caiff ei drawsnewid yn galsiwm ocsid (calch brwd, neu galch poeth); ac mae adwaith calch brwd gyda dŵr yn cynhyrchu calsiwm hydrocsid (calch tawdd).

Ffigur 4.5.12 ▼
Cynhyrchion calchfaen, a'r defnydd a wneir ohonyn nhw

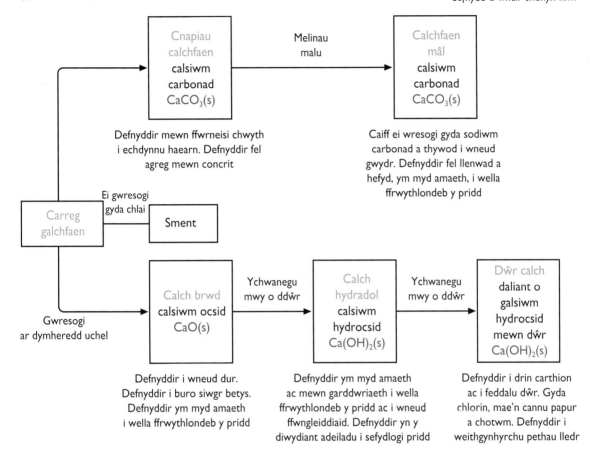

Cemeg Anorganig

Adran pedwar

Y nitradau

Mae nitradau metelau grŵp 2 (Mg hyd at Ba):

■ yn debyg i'w gilydd oherwydd mai $M(NO_3)_2$ yw fformiwla pob un ohonyn nhw, eu bod i gyd yn solidau grisialog di-liw, eu bod yn hydawdd iawn mewn dŵr ac yn dadelfennu i'r ocsid wrth gael eu gwresogi:

$$2Mg(NO_3)_2(s) \rightarrow 2MgO(s) + 4NO_2(n) + O_2(n)$$

■ yn wahanol i'w gilydd oherwydd eu bod yn fwy anodd i'w dadelfennu wrth fynd i lawr y grŵp.

Y sylffadau

Mae'r sylffadau:

■ yn debyg i'w gilydd oherwydd mai solidau di-liw ydyn nhw i gyd, gyda'r fformiwla MSO_4

■ yn wahanol i'w gilydd oherwydd eu bod yn mynd yn fwy anhydawdd wrth fynd i lawr y grŵp.

Mae halwynau Epsom wedi'u gwneud o fagnesiwm sylffad hydradol, $MgSO_4.7H_2O$, sy'n garthydd.

Plastr Paris yw prif gynhwysyn y plastrau sy'n cael eu defnyddio i adeiladu,

Ffigur 4.5.13 ▲
Grisialau gypswm – ffurf
hydradol ar galsiwm sylffad

ac mae llawer yn cael ei ddefnyddio i wneud bwrdd plastr. Caiff y powdr gwyn ei wneud drwy wresogi'r mwyn gypswm mewn odyn er mwyn cael gwared ar y rhan fwyaf o'r dŵr grisialu.

$$CaSO_4.2H_2O(s) \rightarrow CaSO_4.\tfrac{1}{2}H_2O(s) + \tfrac{3}{2}H_2O(n)$$

Bydd cymysgu plastr Paris gyda dŵr yn cynhyrchu past sy'n caledu'n gyflym wrth iddo droi'n ôl yn ronynnau gypswm wedi'u cyd-gloi. Mae'r plastr yn gwneud mowldiau da hefyd, oherwydd ei fod yn ymledu ryw ychydig wrth galedu nes llenwi pob twll a chornel o'r mowld.

Bariwm sylffad yw prif gynhwysyn yr 'uwd bariwm' (barium meal) sy'n cael ei ddefnyddio i wneud diagnosis o anhwylderau'r stumog neu'r coluddion, oherwydd ei fod yn amsugno pelydrau X yn gryf iawn. Mae cyfansoddion hydawdd bariwm yn wenwynig, ond mae bariwm sylffad yn anhydawdd iawn felly nid oes modd ei amsugno i lif y gwaed o'r coludd. Dydy pelydrau X ddim yn gallu mynd drwy'r 'uwd bariwm' a dyma sut mae'n creu cysgod ar y ffilm pelydr X.

Gall halwyn bariwm hydawdd gael ei ddefnyddio'n brawf am ïonau sylffad oherwydd bod bariwm sylffad yn anhydawdd hyd yn oed pan fydd yr hydoddiant yn asidig. Dim ond pan fydd ïonau sylffad yn bresennol y caiff dyddodiad gwyn ei gynhyrchu drwy ychwanegu hydoddiant bariwm nitrad neu fariwm clorid at hydoddiant asidig.

$$Ba^{2+}(d) + SO_4^{2-}(d) \rightarrow BaSO_4(s)$$
dyddodiad gwyn

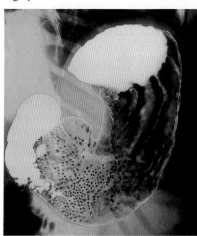

Ffigur 4.5.14 ▶
Ffotograff pelydr X o system dreulio claf ar ôl cymryd 'uwd bariwm'

Sefydlogrwydd thermol carbonadau a nitradau

Mae'r rhan fwyaf o gyfansoddion elfennau grwpiau 1 a 2 yn ïonig, felly mae cemegwyr yn ceisio egluro'r gwahaniaeth rhwng priodweddau cyfansoddion yr elfennau hyn yn nhermau dwy ffactor:
- y wefr ar yr ïonau metel
- maint yr ïonau metel.

Fel rheol, mae carbonadau a nitradau grŵp 2 yn llai sefydlog na'r cyfansoddion grŵp 1 cyfatebol. Mae hyn yn awgrymu: po fwyaf yw'r wefr ar yr ïon metel, lleiaf sefydlog fydd y cyfansoddion.

Wrth fynd i lawr naill ai grŵp 1 neu grŵp 2, bydd y carbonadau'n mynd yn llai sefydlog. Mae hyn yn awgrymu: po fwyaf yr ïon metel, mwyaf sefydlog fydd y cyfansoddion.

Mae Ffigur 4.5.15 yn dangos ar ba dymheredd y bydd carbonadau grŵp 2 yn dechrau dadelfennu, gyda'r tymheredd yn cadarnhau mai magnesiwm carbonad yw'r lleiaf sefydlog – mae'n dadelfennu'n rhwydd pan gaiff ei wresogi gan fflam gwresogydd Bunsen. Bariwm carbonad yw'r mwyaf sefydlog. (Mae beryliwm carbonad mor ansefydlog fel nad yw'n bod.)

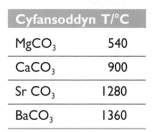

Cyfansoddyn	T/°C
MgCO₃	540
CaCO₃	900
Sr CO₃	1280
BaCO₃	1360

Ffigur 4.5.15 ▲
Tabl i ddangos ar ba dymheredd y bydd carbonadau grŵp 2 yn dechrau dadelfennu

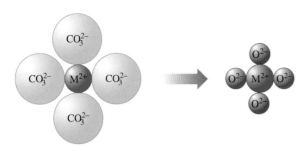

Ffigur 4.5.16 ◄
Dadelfeniad carbonad grŵp 2 i ffurfio ocsid grŵp 2. Po leiaf yr ïon metel, lleiaf sefydlog fydd y carbonad

Bydd cemegwyr yn egluro'r tueddiad mewn sefydlogrwydd thermol drwy ddadansoddi'r newidiadau egni. Dau o'r meintiau egni y byddan nhw'n eu hystyried yw:

■ yr egni sydd ei angen i hollti'r ïon carbonad yn ïon ocsid a charbon deuocsid

■ yr egni sy'n cael ei ryddhau wrth i'r gwefrau $2+$ a $2-$ ddod yn nes at ei gilydd pan fydd yr ïonau carbonad mwyaf yn hollti'n ïonau ocsid llai a charbon deuocsid.

Y canlyniad yw bod yr holl garbonadau yn sefydlog yn thermol ar dymheredd ystafell, ond yn troi'n ansefydlog wrth i'r tymheredd godi (fel sydd i'w weld yn Ffigur 4.5.15). Y ffactor allweddol yw'r egni sy'n cael ei ryddhau wrth i'r ïonau fynd yn nes at ei gilydd. Pan fydd yr ïon metel yn fychan, mae mwy o egni na phan fydd yr ïon metel yn fawr.

Mae'n cymryd amser i ddadansoddi newidiadau egni yn fanwl. Felly, er cyfleustra, mae cemegwyr yn nodi bod sefydlogrwydd cyfansoddion megis carbonadau a nitradau yn cydberthyn i bŵer polareiddio'r ïonau metel (gweler tudalen 82). A siarad yn gyffredinol, po fwyaf yw pŵer polareiddio'r ïon metel, lleiaf sefydlog fydd y carbonadau a'r nitradau, a'r mwyaf hawdd y byddan nhw'n dadelfennu i'r ocsid.

Prawf i chi — D

5 Lluniwch ddiagram o gyfarpar syml i ddangos bod magnesiwm carbonad yn dadelfennu pan gaiff ei wresogi. Cofiwch labelu'r diagram.

6 Ysgrifennwch hafaliadau ar gyfer y canlynol:
  a) dadelfeniad thermol magnesiwm carbonad
  b) adwaith magnesiwm carbonad gydag asid hydroclorig
  c) dadelfeniad thermol calsiwm nitrad
  ch) adwaith hydoddiant bariwm nitrad gyda hydoddiant sinc sylffad.

7 Gyda chymorth tabl data, dangoswch fod hydoddeddau sylffadau metelau grŵp 2 yn gostwng wrth fynd i lawr y grŵp, o Mg hyd at Ba, pan fyddan nhw'n cael eu mesur mewn mol y 100 g o ddŵr.

Diffiniadau

Defnyddiau sydd ag ymdoddbwyntiau uchel iawn yw **defnyddiau gwrthsafol** a chânt eu defnyddio i leinio ffwrneisi ac i wneud crwsiblau.

  Defnyddiau megis crochenwaith, gwydr, sment, concrit, a graffit yw **ceramigau**. Mae ceramigau hefyd yn cynnwys amrywiaeth eang o gyfansoddion grisialog megis magnesiwm ocsid, alwminiwm ocsid a silicon nitrid. Defnyddiau anorganig yw'r rhain i gyd, sy'n cael eu gwresogi ar dymheredd uchel mewn ffwrnais ar ryw adeg neu'i gilydd yn ystod eu prosesau gweithgynhyrchu.

  Cynhwysion tabledi i wella diffyg traul yw **gwrthasidau**, a chânt eu cymryd i niwtralu asid yn y stumog

Nodyn

Pan fydd cemegwyr yn defnyddio'r term 'sefydlogrwydd' maen nhw bob amser wrthi'n cymharu. Yn achos carbonadau grŵp 2, y cwestiwn yw pa un sydd fwyaf sefydlog – y carbonad metel neu'r cymysgedd o fetel ocsid a charbon deuocsid?

4.6 Grŵp 7

Mae fflworin, clorin, bromin ac ïodin i gyd yn perthyn i deulu'r halogenau, a'r pedwar ohonyn nhw'n anfetelau adweithiol iawn. Yn gemegol, maen nhw'n ddiddorol oherwydd eu bod yn creu cymaint o gemeg egnïol. Mae'r elfennau'n beryglus oherwydd eu bod mor adweithiol. Am yr un rheswm, dydyn nhw ddim yn bodoli fel elfennau crai ym myd natur; yn hytrach, maen nhw'n bodoli fel cyfansoddion gyda metelau. Halwynau yw llawer o gyfansoddion elfennau grŵp 7, ac o hyn y daw'r enw 'halo-gen'. Bathwyd y term yn Sweden yn y bedwaredd ganrif ar bymtheg, o'r Groeg 'hals' yn golygu 'halen' a 'gens' yn golygu 'geni' – yn llythrennol, 'wedi'i eni o halen', hynny yw, rhywbeth sy'n cynhyrchu halwyn. Mae'r halwynau'n bwysig yn economaidd fel cynhwysion plastigion, cynnyrch fferyllol, cemegion ffotograffig, anaesthetigion a llifynnau.

CD-ROM

Nodyn

Weithiau, bydd cemegwyr yn defnyddio'r symbol X i gynrychioli unrhyw halogen.

Dydy'r halogen mwyaf prin, astatin, ddim yn cael ei ddisgrifio yma. Mae'r 20 o'i isotopau sy'n hysbys yn ymbelydrol dros ben. Mae gan yr isotop â'r oes hiraf, astatin-210, hanner oes o 8.3 awr.

Yr elfennau

Mae'r holl halogenau wedi'u gwneud o foleciwlau deuatomig, X_2, gyda bond cofalent sengl yn eu cysylltu. Maen nhw i gyd yn anweddol. Bydd y grymoedd rhyngfoleciwlaidd yn cynyddu wrth fynd i lawr y grŵp, fel mae nifer yr electronau yn yr atomau'n cynyddu (gweler tudalen 84). Hefyd, caiff y moleciwlau mwy o faint eu polareiddio'n haws na'r moleciwlau llai, felly bydd ymdoddbwyntiau a berwbwyntiau'n mynd yn uwch wrth fynd i lawr y grŵp. O dan amodau labordy, nwy melynwyrdd yw clorin, hylif coch tywyll yw bromin a solid llwydaidd yw ïodin. Nwy melyn golau yw fflworin, ond mae'n llawer rhy beryglus o adweithiol i gael ei ddefnyddio mewn labordai cyffredin.

Mae gan yr halogenau i gyd briodweddau cemegol tebyg, oherwydd bod ganddyn nhw saith electron yn y plisgyn allanol – un yn llai na'r nwy nobl nesaf yng ngrŵp 8.

Ffigur 4.6.1 ▼
Y ffurfiau cryno ar gyfer ffurfwedd electronau'r halogenau

fflworin, F	[He]	$2s^2 2p^5$
clorin, Cl	[Ne]	$3s^2 3p^5$
bromin, Br	[Ar]	$3d^{10} 4s^2 4p^5$
ïodin, I	[Kr]	$4d^{10} 5s^2 5p^5$

Ffigur 4.6.2 ▶
Solid llwyd-ddu sgleiniog yw ïodin ar dymheredd ystafell, sy'n sychdarthu pan gaiff ei wresogi'n araf i roi anwedd porffor

Fflworin yw'r mwyaf electronegatif o'r holl elfennau. Ei gyflwr ocsidiad yn ei holl gyfansoddion yw −1. Mae'r defnydd a wneir o fflworin yn cynnwys gweithgynhyrchu amrywiaeth eang o gyfansoddion sy'n cynnwys dim byd heblaw carbon a fflworin (fflworocarbonau). Y mwyaf cyfarwydd o'r rhain yw'r polymer gwrth-lud sy'n ddefnydd llithrig iawn, sef poly(tetrafflworethen).

Mae clorin yn gyfrwng ocsidio grymus sy'n adweithio'n uniongyrchol gyda'r rhan fwyaf o'r elfennau. Yn ei gyfansoddion, mae clorin yn bresennol fel rheol yn y cyflwr ocsidiad −1, ond mae modd ocsidio clorin gydag ocsigen a fflworin i roi cyflwr ocsidiad positif. Defnyddir y mwyafrif o glorin i gynhyrchu polymerau megis *pvc*. Bydd cwmnïau dŵr yn defnyddio clorin i ladd bacteria mewn dŵr yfed. Mae cannu papur a thecstilau yn ddefnydd pwysig arall a wneir o'r elfen.

Prawf i chi

1 Ysgrifennwch yn llawn y ffurfwedd electronau ar gyfer y canlynol:
   a) atom clorin
   b) ïon clorid
   c) atom bromin
   ch) ïon bromid

2 Ysgrifennwch hafaliadau cytbwys ar gyfer yr adweithiau canlynol:
   a) bromin gyda magnesiwm
   b) clorin gyda haearn
   c) ïodin gyda haearn

Cemeg Anorganig

Adran pedwar

Ffigur 4.6.3 ◄
Nwy clorin

Fel yr halogenau eraill, mae bromin yn elfen ocsidio, ond yn gyfrwng ocsidio llai grymus na chlorin. Tan yn ddiweddar, un diben pwysig bromin oedd gweithgynhyrchu ychwanegion petrol a fyddai'n cadw dyddodion plwm rhag crynhoi mewn peiriannau a oedd yn rhedeg ar betrol â phlwm ynddo. Caiff cyfansoddion bromin, megis bromomethan, eu defnyddio fel plaleiddiaid o dan gnydau gwerthfawr fel mefus. Defnyddir arian bromid i wneud ffilm a phapur ffotograffig.

Fel yr halogenau eraill, mae ïodin hefyd yn elfen ocsidio, ond yn gyfrwng ocsidio llai grymus na bromin. Defnyddir ïodin a'i gyfansoddion i wneud defnyddiau fferyllol, cemegion ffotograffig a llifynnau. Mewn sawl ardal, mae sodiwm ïodid yn cael ei roi mewn halen cyffredin fel ychwanegyn ïodin yn y diet a'r dŵr er mwyn atal chwydd gwddf y wen (*goitre*) – chwydd yn y chwarren thyroid yn y gwddf. Mae angen ïodin yn y diet er mwyn i'r chwarren thyroid yn y gwddf gynhyrchu'r hormon thyrocsin, sy'n rheoli twf a metabolaeth.

Adweithiau'r elfennau

Mae'r halogenau'n gyfryngau ocsidio pwerus. Ar wahân i fflworin, y cyfrwng ocsidio cryfaf yn y grŵp yw clorin, a'r gwannaf yw ïodin.

Mae atomau halogen yn dra electronegatif (gweler tudalen 81). Maen

Nodyn

Dim ond ychydig iawn yn hydawdd mewn dŵr y mae ïodin. Mae'n llawer mwy hydawdd mewn hydoddiant o botasiwm ïodid oherwydd ffurfiant yr ïon tri-ïodid, I_3^- (d). Lliw melynfrown sydd i hydoddiant ïodin mewn potasiwm ïodid dyfrllyd. Bydd ïodin yn hydoddi'n rhwydd mewn hydoddyddion amholar megis hecsan, gan ffurfio hydoddiant â'r un lliw porffor iddo ag anwedd ïodin.

Ffigur 4.6.4 ▶

Hylif o liw coch tywyll yw bromin ar dymheredd ystafell ond mae'n anweddol iawn ac yn rhyddhau anwedd oren taglyd

CD-ROM

nhw'n ffurfio cyfansoddion ïonig neu gyfansoddion â bondio polar. Mae electronegatifedd yn gostwng wrth fynd i lawr y grŵp.

Adweithiau gydag elfennau metel

Bydd clorin a bromin yn adweithio gyda metelau bloc-s i ffurfio halidau ïonig lle mae'r atomau halogen yn ennill un electron i lenwi'r lefelau egni 4p.

Bydd ïodin hefyd yn adweithio gyda metelau i ffurfio ïodidau ond, oherwydd polareiddiadwyedd yr ïon ïodid mawr, mae'r ïodidau sydd wedi eu ffurfio â chatïonau bychain, neu gatïonau gwefr uchel, yn rhai cofalent yn eu hanfod (gweler tudalen 82). Mae lithiwm ïodid, magnesiwm ïodid, ac alwminiwm ïodid yn enghreifftiau o hyn.

Bydd haearn poeth yn llosgi'n loyw mewn ffrwd o nwy clorin, gan ffurfio haearn(III) clorid. Mae'r adwaith gyda bromin yn debyg ond yn llawer llai ecsothermig.

Adweithiau gydag elfennau anfetelaidd

Bydd clorin yn adweithio gyda'r rhan fwyaf o anfetelau i ffurfio cloridau moleciwlaidd. Er enghraifft, bydd silicon poeth yn adweithio i ffurfio silicon tetraclorid, $SiCl_4$(h), a ffosfforws yn cynhyrchu ffosfforws triclorid, PCl_3(h).

Nodyn

Dydy haearn(III) ïodid ddim yn bod oherwydd bydd ïonau ïodid yn rhydwytho ïonau haearn(III) i'w cyflwr ocsidiad isaf. Bydd gwresogi haearn mewn anwedd ïodin yn cynhyrchu haearn(II) ïodid.

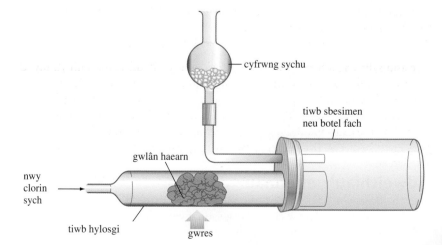

cyfrwng sychu

tiwb sbesimen neu botel fach

gwlân haearn

nwy clorin sych

tiwb hylosgi

gwres

Ffigur 4.6.5 ▶

Cyfarpar yn y labordy ar gyfer gwneud haearn(III) clorid anhydrus

Serch hynny, dydy clorin ddim yn adweithio'n uniongyrchol gyda charbon, ocsigen na nitrogen.

Bydd hydrogen yn llosgi mewn clorin i gynhyrchu'r nwy asidig, di-liw, hydrogen clorid, HCl, a bydd cynnau cymysgedd o nwyon clorin a hydrogen yn arwain at ffrwydrad nerthol.

Pan fyddan nhw'n cael eu gwresogi, bydd bromin yn ocsidio anfetelau hefyd, megis sylffwr a hydrogen, gan ffurfio bromidau moleciwlaidd. Bydd cymysgedd o anwedd bromin a nwy hydrogen yn adweithio'n rhwydd, gyda fflam las golau.

$$H_2(n) + Br_2(n) \rightarrow 2HBr(n)$$

Pan fyddan nhw'n cael eu gwresogi, bydd ïodin yn ocsidio hydrogen, gan ffurfio hydrogen ïodid. Yn wahanol i adweithiau clorin a bromin, mae'r adwaith hwn yn adwaith cildroadwy.

$$H_2(n) + I_2(n) \rightleftharpoons 2HI(n)$$

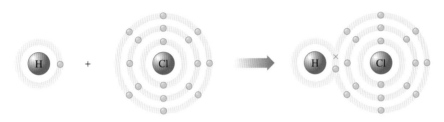

Ffigur 4.6.6 ◄
Bondio cofalent mewn moleciwl hydrogen clorid

Cyflwr ocsidiad −1
Ïonau'r elfennau halogen yng nghyflwr ocsidiad −1 yw'r ïonau halid. Maen nhw'n cynnwys yr ïonau fflworid, F⁻, clorid, Cl⁻, bromid, Br⁻ ac ïodid, I⁻.

Adweithiau dadleoli
Yng ngrŵp 7, bydd halogen mwy adweithiol yn cymryd lle (neu'n dadleoli) halogen llai adweithiol o halid. Felly, bydd bromin yn adweithio gyda hydoddiant ïodid i roi ïodin a bromid. Mae gan fromin dueddiad cryfach nag ïodin i ennill electronau a throi'n ïonau. Trefn adweithio'r halogenau yw clorin > bromin > ïodin. Bydd yr halogen mwy adweithiol yn ocsidio ïonau halogen llai adweithiol.

$$Br_2(d) + 2I^-(d) \rightarrow 2Br^-(d) + I_2(s)$$

Adweithiau halidau gydag asid sylffwrig crynodedig
Mae cynhesu sodiwm clorid solet gydag asid sylffwrig crynodedig yn cynhyrchu cymylau o nwy hydrogen clorid. Gellir defnyddio'r adwaith asid–bas hwn i wneud hydrogen clorid.

$$NaCl(s) + H_2SO_4(h) \rightarrow HCl(n) + NaHSO_4(s)$$

Mae asid sylffwrig a hydrogen clorid yn asidau cryf. Bydd yr adwaith yn mynd o'r chwith i'r dde oherwydd mai nwy yw hydrogen clorid ac mae'n dianc o gymysgedd yr adwaith. Felly does dim modd i'r adwaith cildro ddigwydd.

Does dim modd defnyddio'r math hwn o adwaith i wneud hydrogen bromid neu hydrogen ïodid oherwydd bod ïonau bromid ac ïodid yn gyfryngau rhydwytho digon cryf i rydwytho sylffwr o gyflwr +6 i gyflyrau ocsidiad is.

Mae adweithiau'r ïonau halid gydag asid sylffwrig yn dangos bod yna dueddiad yng nghryfder yr ïonau halid fel cyfryngau rhydwytho:

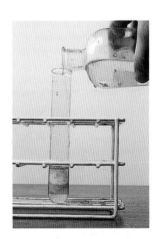

Ffigur 4.6.7 ▲
Tiwb profi yn cynnwys cymysgedd a ffurfiwyd drwy gymysgu hydoddiant o glorin mewn dŵr gyda photasiwm ïodid dyfrllyd. Bydd ei ysgwyd gyda hydoddydd hydrocarbon yn cynhyrchu lliw fioled yn yr hydoddydd organig, sy'n dangos bod ïodin yn bresennol yn y cymysgedd. Dim ond moleciwlau amholar sy'n hydoddi yn yr hydoddydd amholar. Bydd yr holl ïonau'n aros mewn hydoddiant dyfrllyd **CD-ROM**

Cemeg Anorganig

Adran pedwar

151

Ffigur 4.6.8 ▶

Cyflyrau ocsidiad cyfansoddion sylffwr

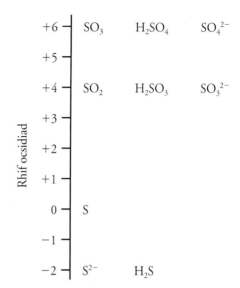

- gyda sodiwm clorid, y cynnyrch yw nwy hydrogen clorid
- wrth i'r ïonau bromid rydwytho H_2SO_4 i rhoi SO_2 bydd sodiwm bromid yn troi'n foleciwlau bromin oren, ynghyd â pheth nwy hydrogen bromid
- ïonau ïodid yw'r cyfryngau rhydwytho cryfaf felly, gyda sodiwm ïodid, ychydig o hydrogen ïodid sy'n ffurfio, neu ddim o gwbl; yn lle hynny, y cynhyrchion yw moleciwlau ïodin yn gymysg â sylffwr, S, a hydrogen sylffid, H_2S. Bydd sylffwr yn cael ei rydwytho o +6 i −2.

Felly, tueddiad yr ïonau halid fel cyfryngau rhydwytho yw: $I^- > Br^- > Cl^-$.

Clorin yw'r cyfrwng ocsidio cryfaf, felly clorin sydd â'r tueddiad mwyaf i ffurfio ïonau negatif. I'r gwrthwyneb, mae ïonau clorid yn amharod i roi eu helectronau a throi'n ôl yn foleciwlau clorin. Felly, ïonau clorid yw'r cyfryngau rhydwytho gwannaf.

Ïodin yw'r cyfrwng rhydwytho gwannaf, felly ïodin sydd leiaf tueddol i ffurfio ïonau negatif. I'r gwrthwyneb, ïonau ïodid yw'r cyfryngau rhydwytho cryfaf gan eu bod fwyaf parod i roi eu helectronau a throi'n ôl yn foleciwlau ïodin.

Halidau hydrogen

Cyfansoddion o hydrogen a'r halogenau yw'r halidau hydrogen. Maen nhw i gyd yn gyfansoddion di-liw, moleciwlaidd gyda'r fformiwla HX, lle mae X yn cynrychioli Cl, Br neu I. Bondiau polar yw'r bondiau rhwng hydrogen a'r halogenau.

Mae tebygrwydd rhwng hydrogen clorid, hydrogen bromid a hydrogen ïodid o'r safbwynt eu bod i gyd:
- yn nwyon di-liw ar dymheredd ystafell, sy'n mygdarthu mewn aer llaith
- yn hydawdd iawn mewn dŵr, gan ffurfio hydoddiannau asid (asidau hydroclorig, hydrobromig a hydrïodig)
- yn asidau cryf, felly maen nhw'n ïoneiddio'n llwyr mewn dŵr.

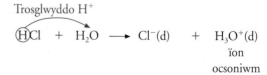

Ffigur 4.6.9 ▲

Adwaith hydrogen clorid gyda dŵr. Asid cryf yw hydrogen clorid – caiff ei ïoneiddio'n llwyr mewn hydoddiant dyfrllyd

Mae hydrogen clorid, hydrogen bromid a hydrogen ïodid yn arddangos rhai tueddiadau wrth fynd i lawr grŵp 7:

■ maen nhw'n mynd yn llai sefydlog yn thermol – dydy gwresogi ddim yn dadelfennu hydrogen clorid, ond bydd gwifren boeth yn dadelfennu hydrogen ïodid i rhoi hydrogen ac ïodin

■ maen nhw'n mynd yn haws eu hocsidio'n halogen – mae hydrogen ïodid yn gyfrwng rhydwytho cryf.

Pa halid?

Amlygir y gwahaniaeth rhwng yr haliadau gan hydoddiant arian nitrad. Mae arian ff[l]worid yn hydawdd, felly does dim dyddodiad pan fydd arian nitrad yn cael ei ychwanegu at hydoddiant ïonau ff[l]worid. Mae'r halidau arian eraill yn anhydawdd; bydd ychwanegu arian nitrad at hydoddiant o un o'r ïonau halid hyn yn cynhyrchu dyddodiad.

$$Ag^+(d) + Cl^-(d) \rightarrow AgCl(s)$$

Mae arian clorid yn wyn ond, yn yr heulwen, bydd yn troi'n lliw llwyd porfforaidd yn gyflym. Dyma'r lliw sydd yn dangos y gwahaniaeth rhyngddo ag arian bromid, sy'n lliw hufennaidd, ac arian ïodid, sy'n felyn mwy llachar.

Dydy'r newidiadau lliw ddim yn amlwg dros ben, ond gall prawf pellach helpu i wahaniaethu rhwng y dyddodion. Bydd arian clorid yn hydoddi'n hawdd mewn hydoddiant amonia gwanedig. Bydd arian bromid yn ailhydoddi mewn hydoddiant amonia crynodedig. Fydd arian ïodid ddim yn ailhydoddi o gwbl mewn hydoddiant amonia.

Cyflyrau ocsidiad +1, +3 a +5

Bydd ocsoanïonau clorin yn ffurfio wrth i glorin adweithio gyda dŵr ac alcalïau.

Adweithiau gyda dŵr

Mae clorin yn hydoddi mewn dŵr, ac yn adweithio mewn modd cildroadwy gyda dŵr i ffurfio cymysgedd o asid clorig(I) gwan ac asid hydroclorig cryf. Enghraifft yw hyn o adwaith dadgyfrannu.

$$Cl_2(d) + H_2O(h) \rightleftharpoons HOCl(d) + Cl^-(d) + H^+(d)$$

(+1 ... −1)

Bydd bromin yn adweithio mewn ffordd debyg, ond i raddau lawer iawn llai. Mae ïodin bron yn anhydawdd mewn dŵr, ac ni fydd yn adweithio bron o gwbl.

Adweithiau gydag alcali

Pan fydd clorin yn hydoddi mewn hydoddiant potasiwm (neu sodiwm) hydrocsid ar dymheredd ystafell, bydd yn cynhyrchu ïonau clorad(I) ac ïonau clorid.

$$Cl_2(d) + 2OH^-(d) \rightarrow ClO^-(d) + Cl^-(d) + H_2O(h)$$

Y cynhwysyn gweithredol yn y cannydd cyffredin a gaiff ei ddefnyddio yn y cartref yw sodiwm clorad(I), sy'n cael ei wneud drwy hydoddi clorin mewn hydoddiant sodiwm hydrocsid – y ddau yn gynhyrchion electrolysis heli (gweler tudalen 159).

Wrth wresogi, mae'r ïonau clorad(I) yn dadgyfrannu i ffurfio'r ïonau clorad(V) a chlorid:

$$3ClO^-(d) \rightarrow ClO_3^-(d) + 2Cl^-(d)$$

(+1 ... +5 ... −1 ... cyflyrau ocsidiad)

8 Ysgrifennwch hafaliadau ïonig ar gyfer adwaith hydoddiant arian nitrad gyda:
   a) hydoddiant potasiwm ïodid
   b) hydoddiant sodiwm bromid. *CD-ROM*

Diffiniad

Adwaith dadgyfrannu yw newid lle bydd yr un elfen yn cynyddu ac yn gostwng ei rhif ocsidiad. Felly, mae un elfen yn cael ei hocsidio a hefyd ei rhydwytho.

Nodyn

Bydd bromin ac ïodin yn adweithio gydag alcalïau mewn ffordd debyg i glorin, ond mae'r ïonau BrO^- ac IO^- yn llai sefydlog ac felly'n dadgyfrannu i'r cyflwr +5 ar dymheredd is.

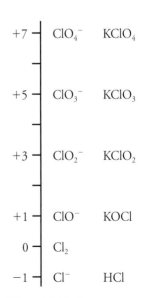

+7	ClO_4^-	$KClO_4$
+5	ClO_3^-	$KClO_3$
+3	ClO_2^-	$KClO_2$
+1	ClO^-	$KOCl$
0	Cl_2	
−1	Cl^-	HCl

Ffigur 4.6.10 ▲
Cyflyrau ocsidiad clorin

Cemeg Anorganig

Adran pedwar

153

4.7 Puro dŵr

Un agwedd bwysig iawn ar gemeg clorin, ac agwedd sy'n achub bywydau, yw puro dŵr. P'un ai ar ei ben ei hun, neu ar ffurf sodiwm clorad(I), sef yn y cannydd cyffredin a gaiff ei ddefnyddio yn y cartref, mae clorin yn ddiheintydd grymus sy'n gyflym i ladd bacteria a micro-organebau eraill sy'n achosi clefydau. Er y bedwaredd ganrif ar bymtheg, mae puro dŵr gyda chlorin wedi helpu i atal clefydau megis teiffoid a cholera rhag lledu. Yn Ewrop heddiw, clorin sy'n gwneud dŵr yfed yn ddiogel bron ym mhobman.

Diheintio

Bydd clorin yn puro dŵr tap drwy ffurfio asid clorig(I), HOCl.

$$Cl_2(d) + H_2O(h) \rightleftharpoons HOCl(d) + H^+(d) + Cl^-(d)$$

Mae asid clorig(I) yn gyfrwng ocsidio grymus, a hefyd yn asid gwan. Mae'n ddiheintydd effeithiol oherwydd, yn wahanol i'r ïonau ClO^-, gall y moleciwl fynd drwy gellfuriau bacteria. Unwaith y byddan nhw y tu mewn i'r celloedd hyn, bydd y moleciwlau HOCl yn eu hollti ar agor ac yn lladd yr organeb drwy ocsidio a chlorineiddio'r moleciwlau sy'n ffurfio adeiledd ei chelloedd.

Cartrefi a phyllau nofio diogel

Mae nwy clorin yn beryglus iawn. Felly, ar gyfer glanhau'r cartref, mae'n cael ei hydoddi mewn sodiwm hydrocsid i wneud y cannydd domestig, sodiwm clorad(I). Bydd sodiwm clorad yn ïoneiddio'n llwyr mewn dŵr.

$$NaOCl(d) \rightarrow Na^+(d) + OCl^-(d)$$

Asid gwan yw asid clorig(I). Felly, mewn hydoddiant o gannydd, bydd rhai o'r ïonau clorig(I) yn cymryd ïonau hydrogen oddi ar y moleciwlau dŵr ac yn troi'n asid heb ei ïoneiddio.

$$OCl^-(d) + H^+(d) \rightleftharpoons HOCl(d)$$

Mae modd rheoli safle'r ecwilibriwm hwn drwy newid pH yr hydoddiant. Pan fydd y pH yn isel, mae crynodiad yr ïonau hydrogen yn uchel ac, fel mae egwyddor Le Châtelier yn rhagfynegi, mae'r ecwilibriwm yn syflyd i'r dde, gan roi HOCl yn bennaf.

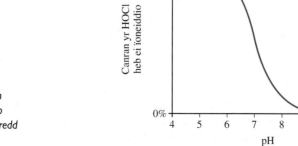

Ffigur 4.7.1 ▶
Graff i ddangos sut mae crynodiad asid clorig(I) yn amrywio dros amrediad o werthoedd pH ar dymheredd o 20 °C

154

Diffiniad

Mae pH hydoddiant yn fesur o grynodiad yr ïonau hydrogen. Mae'r diffiniad o pH yn golygu bod crynodiad yr ïonau hydrogen yn cynyddu wrth i'r pH ostwng. Bydd crynodiad yr ïon hydrocsid, OH⁻, yn cynyddu wrth i'r pH godi.

pH	1	4	7	9	14
H^+/mol dm^{-3}	1×10^{-1}	1×10^{-4}	1×10^{-7}	1×10^{-9}	1×10^{-13}
OH^-/mol dm^{-3}	1×10^{-13}	1×10^{-10}	1×10^{-7}	1×10^{-5}	1×10^{-1}

I'r gwrthwyneb, pan fydd y pH yn uchel, bydd crynodiad yr ïonau hydrogen yn isel, a'r ecwilibriwm yn syflyd i'r chwith.

Caiff pyllau nofio eu diheintio drwy ddefnyddio cyfansoddion clorin, sy'n cynhyrchu asid clorig(I) pan fyddan nhw'n hydoddi mewn dŵr. Mae'n rhaid i reolwyr pyllau nofio gadw golwg fanwl ar pH y dŵr, gan anelu at gadw'r pH o fewn yr amrediad 7.2–7.8. Os bydd y dŵr yn y pwll yn rhy alcalïaidd (pH uwch), yna fydd crynodiad yr HOCl ddim yn ddigon uchel i ladd bacteria. Os bydd y dŵr yn rhy asidig (pH is), yna gall y dŵr fod yn annifyr i'r nofwyr; hefyd, gall ddechrau cyrydu'r pibellau sy'n cario'r dŵr wrth iddo gylchredeg, a dechrau ysgythru arwynebau concrit y pwll.

Dadansoddi cannydd

Mae hydoddiannau cannu clorin yn dadelfennu'n araf ac yn graddol fynd yn aneffeithiol dros gyfnod o amser, felly mae'r gallu i wirio crynodiad y cannydd yn bwysig, er mwyn gwneud yn siŵr ei fod yn ddigon crynodedig i ladd bacteria a firysau. Awgryma'r canllawiau y dylai cannydd gwanedig ar gyfer lladd micro-organebau gynnwys o leiaf 1% yn ôl y màs o'r clorin sydd ar gael.

Y dechneg y gall cemegwyr ei defnyddio'n gyffredinol i fesur crynodiad cyfryngau ocsidio, gan gynnwys cannydd, yw titradiad ïodin–thiosylffad. Dull yw hwn sy'n seiliedig ar y ffaith bod cyfryngau ocsidio fel canyddion yn trawsnewid ïonau ïodid yn ïodin mewn modd meintiol o dan amodau asidig.

Bydd ychwanegu asid yn cildroi'r adwaith i ffurfio cannydd, ac yn trawsnewid yr ïonau clorad a chlorid yn glorin.

$$OCl^-(d) + Cl^-(d) + 2H^+(d) \rightleftharpoons Cl_2(d) + H_2O(d)$$

Yna, bydd y clorin yn ocsidio'r ïonau ïodid yn ïodin. Felly, mae'r dechneg hon yn mesur cyfanswm 'y clorin sydd ar gael' mewn hydoddiant cannydd.

$$Cl_2(d) + 2e^- \longrightarrow 2Cl^-(d)$$
$$2I^-(d) \longrightarrow I_2(d) + 2e^-$$

Bydd yr ïodin yn aros yn yr hydoddiant mewn gormod o botasiwm ïodid, gan ffurfio lliw melynfrown.

Yna, bydd yr ïodin a gynhyrchwyd yn cael ei ditradu gyda hydoddiant safonol o sodiwm thiosylffad, sy'n rhydwytho'r moleciwlau ïodin yn ôl yn ïonau ïodid. Bydd hyn yn digwydd yn feintiol hefyd, yn union fel yr hafaliad:

$$I_2(d) + 2S_2O_3{}^{2-}(d) \rightarrow 2I^-(d) + S_4O_6{}^{2-}(d)$$

Po fwyaf fydd swm y cyfrwng ocsidio a gaiff ei ychwanegu, mwyaf fydd swm yr ïodin a gaiff ei ffurfio, felly bydd angen mwy o thiosylffad o fwred i adweithio gyda'r ïodin. Pan fydd thiosylffad yn cael ei ychwanegu o'r fwred, bydd lliw yr ïodin yn mynd yn fwy golau. Tua'r diwedd, bydd yr hydoddiant yn lliw melyn golau iawn. Bydd ychwanegu ychydig o hydoddiant startsh

Prawf i chi

1 Ysgrifennwch hafaliad i ddangos adwaith clorin gyda hydoddiant sodiwm hydrocsid i wneud y cannydd sy'n cael ei ddefnyddio'n gyffredin yn y cartref.

2 Pam mae rhybudd ar boteli'r cannydd sy'n cael ei ddefnyddio'n gyffredin yn y cartref i ddweud na ddylai'r cannydd fyth gael ei ddefnyddio gyda digenydd asidig?

3 Dangoswch sut mae egwyddor Le Châtelier yn gallu helpu i egluro siâp y graff yn Ffigur 4.7.1.

Nodyn

Dim ond ychydig iawn yn hydawdd mewn dŵr y mae ïodin. Mae'n hydoddi mewn hydoddiant o botasiwm ïodid oherwydd ei fod yn ffurfio $I_3^-(d)$. Fel rheol, $I_2(s)$ mewn KI(d) yw adweithydd sydd a'r label 'hydoddiant ïodin'.

Lliw melynfrown sydd i'r ïon $I_3^-(d)$, sy'n egluro pam mae ïodin dyfrllyd yn edrych yn hollol wahanol i hydoddiant fioled o ïodin mewn hydoddydd amholar megis hecsan.

hydawdd fel dangosydd yn agos at y diwedd yn creu newid lliw sydyn, o ddu-las i ddi-liw. Bydd hydoddiant starts gydag ïodin yn rhoi lliw du-las dwfn.

Datrysiad enghreifftiol

Cyfrifwch, mewn gramau y litr, grynodiad y clorin sydd ar gael mewn hydoddiant o gannydd gwanedig a safonwyd drwy'r dull hwn. Cafodd sampl 10.0 cm^3 o gannydd ei lifo i fflasg o fwred. Yn yr hydoddiant, hydoddwyd gormodedd o botasiwm ïodid, a gafodd ei asidio wedyn gydag asid ethanoig gwanedig. Cafodd yr ïodin a ffurfiwyd ei ditradu gyda hydoddiant 0.10 mol dm^{-3} o sodiwm thiosylffad o fwred. Roedd angen 27.6 cm^3 o hydoddiant sodiwm thiosylffad i droi lliw glas yr ïodin-startsh yn ddi-liw ar y diweddbwynt.

Nodiadau ar y dull

O'r hafaliadau (gweler tudalen 155) cyfrifwch y maint mewn molau o S$_2$O$_3^{2-}$ sy'n gywerth ag 1 mol o'r Cl$_2$ sydd ar gael.

Does dim angen ystyried y symiau o ïodin yn y cyfrifiadau.

Edrychwch i weld beth yw màs molar clorin: $M_r(Cl_2) = 71.0$ g mol^{-1}

Er mwyn osgoi ailadrodd cyfeiliornadau talgrynnu, peidiwch â defnyddio cyfrifiannell tan y camau olaf yn eich gwaith cyfrifo.

Ateb

O'r hafaliadau, mae 1 mol Cl$_2$ yn cynhyrchu 1 mol I$_2$ sydd wedyn yn adweithio gyda 2 mol S$_2$O$_3^{2-}$

Felly, mae 2 mol S$_2$O$_3^{2-}$ cywerth ag 1 mol Cl$_2$

Swm y thiosylffad mewn 27.6 cm^3 (= 0.0276 dm^3) o hydoddiant
= 0.0276 dm$^3 \times 0.10$ mol dm^{-3}

Felly, swm y Cl$_2$ yn y fflasg oedd 0.5×0.0276 dm$^3 \times 0.10$ mol dm^{-3}

Roedd y clorin a oedd ar gael yn dod o 10.0 cm^3 (= 0.010 dm^3) o'r cannydd gwanedig

Felly, crynodiad y cannydd
= $(0.5 \times 0.0276$ dm$^3 \times 0.10$ mol dm^{-3}) ÷ 0.010 dm^3
= 0.138 mol dm^{-3}

Crynodiad màs = 0.138 mol dm$^{-3} \times 71.0$ g mol^{-1} = 9.80 g dm^{-3}

Mae hyn ychydig yn is na'r crynodiad a argymellir ar gyfer cannydd gwanedig, a ddylai fod yn 1% o leiaf (10 g dm^{-3}).

Prawf i chi

4 Cafodd gormodedd o botasiwm ïodid ei hydoddi mewn sampl 20 cm^3 o gannydd, ac yna cafodd ei asidio a'i ditradu gyda hydoddiant 0.20 mol dm^{-3} o sodiwm thiosylffad. Y titr cyfartalog oedd 20.6 cm^3. Cyfrifwch grynodiad yr hydoddiant cannydd.

4.8 Cemeg anorganig mewn diwydiant

Mae'r diwydiant cemeg anorganig yn trawsnewid defnyddiau crai, megis mwynau, nwy naturiol, dŵr ac aer yn gynhyrchion defnyddiol megis gwrtaith, paent, a phigmentau. Mae'r diwydiant hwn yn dal yn bwysig yng ngwledydd Prydain oherwydd bod yn y gwledydd hyn ddyddodion sylweddol o fwynau – megis halen, potash, calchfaen a gypswm – mae'n hawdd cyrraedd dŵr y môr, ac mae cronfeydd mawr o nwy naturiol wrth law.

Mae gwaith cemegol yn cynnwys nid yn unig y llestri adweithiau a'r offer ar gyfer gwahanu a phuro cynnyrch ond hefyd y llestri storio, y pympiau a'r pibellau, y ffynonellau egni a'r cyfnewidwyr gwres, ynghyd â'r ystafell reoli.

Caiff swmpgemegion eu gweithgynhyrchu ar raddfa o filoedd neu hyd yn oed miliynau o dunelli metrig y flwyddyn. Enghreifftiau fyddai asid sylffwrig, clorin ac amonia, sy'n bennaf yn fan cychwyn ar gyfer gwneud sylweddau eraill. Bydd cemegion coeth – plaleiddiaid neu nwyddau fferyllol, er enghraifft – yn cael eu gwneud ar raddfa lawer iawn llai, sef nifer fechan neu ychydig gannoedd o dunelli metrig.

Bydd cemegion arbenigol yn cael eu gweithgynhyrchu yn ôl eu priodweddau neilltuol fel tewychwyr, sefydlogyddion, defnyddiau gwrthsefyll tân, ac yn y blaen.

Ffigur 4.8.1 ◄
Gwaith cemegol gyda'i gyflenwadau a'i gynhyrchion

DŴR

SGIL GYNHYRCHION

DEFNYDDIAU CRAI

CYNHYRCHION

EGNI

DEFNYDDIAU GWASTRAFFAU

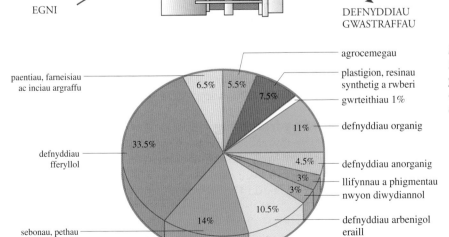

Ffigur 4.8.2 ◄
Sectorau'r diwydiant cemegol yng ngwledydd Prydain yn dangos cyfrannau'r cyfanswm a oedd ar werth yn 1993

- agrocemegau 5.5%
- plastigion, resinau synthetig a rwberi 7.5%
- gwrteithiau 1%
- defnyddiau organig 11%
- defnyddiau anorganig 4.5%
- llifynnau a phigmentau 3%
- nwyon diwydiannol 3%
- defnyddiau arbenigol eraill 10.5%
- sebonau, pethau ymolchi a chymysgeddau glanhau 14%
- defnyddiau fferyllol 33.5%
- paentiau, farneisiau ac inciau argraffu 6.5%

Y prif ddefnyddiau crai	Prosesau a chynhyrchion ar raddfa fawr	Dibenion y cynhyrchion
Halen (sodiwm clorid) a chalchfaen i'r diwydiant clor-alcali	Electrolysis heli i wneud clorin, sodiwm hydrocsid a hydrogen. Proses Solvay i wneud sodiwm carbonad	Gweithgynhyrchu canyddion, diheintyddion, hydoddyddion, rhai polymerau, gwydr a phapur
Sylffwr o ddyddodion dan ddaear o'r elfen neu o buro olew a nwy, ocsigen o'r aer	Proses Gyffwrdd ar gyfer gweithgynhyrchu asid sylffwrig	Gweithgynhyrchu paentiau, pigmentau, gwrteithiau, glanedyddion, plastigion a llawer o ddibenion yn y diwydiannau cemegol, metelegol a phetrocemegol
Nitrogen o'r aer a ffracsiynau nwy naturiol o olew	Proses Haber i weithgynhyrchu amonia. Ocsidiad catalytig amonia i weithgynhyrchu asid nitrig	Gweithgynhyrchu gwrteithiau, llifynnau, pigmentau, glanedyddion, ffrwydron, plastigion a ffibrau
Craig galsiwm ffosffad	Trin craig ffosffad gydag asid sylffwrig crynodedig i wneud asid ffosfforig(V) a ffosffadau	Y diwydiant gwrtaith. Gweithgynhyrchu powdrau golchi, past dannedd, y diwydiant bwyd, enamelau a gwydreddau
Fflworsbar / fflworit (calsiwm fflworid)	Effaith asid sylffwrig crynodedig ar fflworsbar i wneud hydrogen fflworid. Electrolysis fflworidau mewn hydrogen fflworid i wneud fflworin	Ysgythru a llathru gwydr a chylchedau cyfannol. Gweithgynhyrchu fflworocarbonau a hydrofflworocarbonau (i'w defnyddio yn lle CFfCau). Defnyddiau fferyllol. Y polymer PTFE

Ffigur 4.8.3 ▲

Prif sectorau'r diwydiant cemegol anorganig. Sylwer nad yw'r tabl hwn yn cynnwys echdynnu metelau o fwynau

Gweithgynhyrchu bromin

Yng ngwledydd Prydain, mae'r diwydiant cemegol yn echdynnu bromin o ddŵr y môr drwy broses bedwar cam sy'n crynodi a gwahanu'r bromin. Mae dŵr y môr yn cynnwys tua 65 rhan y filiwn o ïonau bromid, felly mae'n rhaid i weithfeydd brosesu 20 000 tunnell fetrig o ddŵr i gynhyrchu 1 dunnell fetrig o fromin.

Cam 1 Ocsidio ïonau bromid yn bromin
Caiff dŵr y môr ei hidlo a'i asidio hyd at pH 3.5 i atal clorin a bromin rhag adweithio gyda dŵr (gweler tudalen 135). Yna, bydd clorin yn dadleoli bromin.

$$Cl_2 + 2Br^- \rightarrow 2Cl^- + Br_2$$

Cam 2 Gwahanu anwedd bromin
I gludo ymaith y bromin a gafodd ei ddadleoli, caiff chwa o aer ei yrru drwy gymysgedd yr adwaith, a bydd hyn yn helpu i grynodi'r bromin hefyd.

Cam 3 Ffurfio asid hydrobromig
Mae'r aer sy'n cynnwys yr anwedd bromin yn cwrdd â nwy sylffwr deuocsid a niwlen fân o ddŵr gan gynhyrchu asid hydrobromig, sy'n cael ei ïoneiddio mewn hydoddiant. Wedi'r cam hwn, mae crynodiad y bromin yn yr hydoddiant 1500 gwaith yn fwy na'r crynodiad yn nŵr y môr.

$$Br_2(n) + SO_2(n) + 2H_2O(h) \rightarrow 4H^+(d) + 2Br^-(d) + SO_4^{2-}(d)$$

Cam 4 Dadleoli a phuro bromin

Nesaf, mewn offer ar ffurf twr, bydd hydoddiant Cam 3 yn diferu i lawr yn erbyn llif o nwy clorin ac ager sy'n dod i fyny. Bydd y clorin yn ocsidio'r ïonau bromid i ffurfio bromin, sy'n anweddu yn yr ager. Caiff y cymysgedd o ager a bromin ei oeri a'i gyddwyso, gan gynhyrchu haenen drwchus o fromin islaw haenen o ddŵr.

Ffigur 4.8.4 ◄

Mae bromin yn cael ei ddefnyddio i wneud defnyddiau gwrthsefyll tân, cemegion amaethyddol, rwber synthetig ar gyfer leinin mewnol teiars di-diwb, llifynnau, ac amrywiaeth o ryngolion cemegol. Cemegyn goleusensitif yw arian bromid sy'n cael ei ddefnyddio mewn ffotograffiaeth

Cemeg Anorganig

Adran pedwar

Y diwydiant clor-alcali

Electrolysis heli yw sylfaen y diwydiant clor-alcali sy'n gweithgynhyrchu clorin, hydrogen a sodiwm hydrocsid.

Hydoddiant sodiwm clorid mewn dŵr yw heli. Yn ystod electrolysis, bydd clorin yn ffurfio wrth yr electrod positif (anod), a hydrogen yn byrlymu wrth yr electrod negatif (catod) tra bo'r hydoddiant yn troi'n sodiwm hydrocsid.

Mae galw am gynllunio gofalus ar y gell sy'n cael ei defnyddio mewn electrolysis heli oherwydd bod clorin yn adweithio gyda sodiwm hydrocsid. Felly, mae'n rhaid i'r gell gadw'r clorin a'r sodiwm hydrocsid ar wahân.

Y ddau brif fath o gell a ddefnyddir yn ystod y broses ym Mhrydain yw cell mercwri llifol a chell bilen. Mae oes ddefnyddiol y celloedd mercwri yn dirwyn i ben oherwydd bod mercwri yn ddrud ac yn beryglus, ac mae olion mercwri sy'n mynd i'r amgylchedd yn achosi llygredd.

Prawf i chi

1 Tynnwch siart llif i ddangos camau gweithgynhyrchu bromin o ddŵr y môr.

2 Enwch y cyfryngau ocsidio a rhydwytho sy'n rhan o broses weithgynhyrchu bromin.

3 Ysgrifennwch yr hafaliad ar gyfer adwaith clorin gyda dŵr. Defnyddiwch yr hafaliad i egluro pam mae asidio'r hydoddiant yn lleihau'r graddau y bydd clorin yn adweithio gyda dŵr.

4 Pam mae'r galw am glorin wedi cynyddu i fod yn 30 gwaith yr hyn oedd yn 1950?

5 Pam mae'n rhaid i'r diwydiant clor-alcali gydbwyso'r galw am glorin a'r galw am sodiwm hydrocsid?

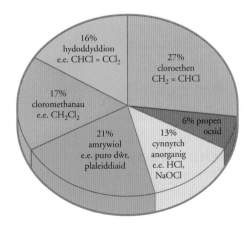

Ffigur 4.8.5 ◄

Y prif ffyrdd y defnyddir clorin i weithgynhyrchu cyfansoddion clorin

159

Ffigur 4.8.6 ▶

Prif fewnbynnau ac allbynnau cell bilen. Mae'r bilen yn caniatáu i'r hydoddiant fynd drwyddi ond yn atal y clorin rhag cymysgu gyda'r alcali. Mae gan y bilen briodweddau cyfnewid ïonau hefyd, gan ei bod yn caniatáu i ïonau positif fynd drwyddi ond nid ïonau negatif

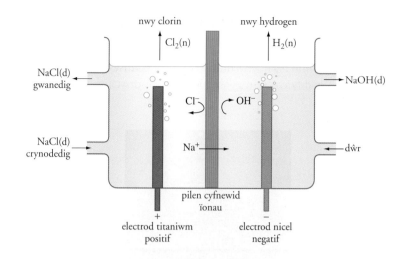

Ffigur 4.8.7 ▶

Solid gwyn, tryleu, yw sodiwm hydrocsid, sy'n dod ar ffurf fflochiau neu belenni. Mae diwydiannau Prydain yn cynhyrchu dros filiwn o dunelli metrig y flwyddyn o'r alcali. Caiff sodiwm hydrocsid ei ddefnyddio'n helaeth i weithgynhyrchu cemegion eraill, megis sebon a glanedyddion, ffibrau reion ac alwminiwm, sodiwm cyanid a sodiwm perocsid

Ffigur 4.8.8 ▶

Mae hydrogen yn gemegyn diwydiannol pwysig, ac yn un o gynhyrchion electrolysis heli. Caiff hydrogen ei ddefnyddio i hydrogenu olew llysiau er mwyn gwneud margarin a mathau eraill o bast taenu. (Gweler tudalen 162 am fanylion gweithgynhyrchu hydrogen ar raddfa fawr i wneud amonia). Caiff celloedd tanwydd hydrogen-ocsigen eu defnyddio hefyd i gyflenwi trydan Y Wennol Ofod

Gweithgynhyrchu asid sylffwrig

Mae'r broses Gyffwrdd sy'n gwneud asid sylffwrig o sylffwr yn cynhyrchu dros 150 miliwn o dunelli metrig o'r asid ledled y byd yn flynyddol.

Tri phrif gam sydd i'r broses:

Cam 1 Llosgi sylffwr i wneud sylffwr deuocsid

$$S(s) + O_2(n) \rightarrow SO_2(n)$$

Dyma adwaith ecsothermig dros ben. Caiff y nwy poeth ei oeri mewn cyfnewidwyr gwres, a'r rheini'n cynhyrchu'r ager a ddefnyddir i gynhyrchu trydan. Does gan weithfeydd asid sylffwrig ddim biliau trydan. Mae'r trydan a'r ager a gaiff eu hallforio o'r gweithfeydd yn helpu i wneud y broses yn un economaidd.

Ffigur 4.8.9 ▼
Diagram llif yn rhoi amlinelliad o broses weithgynhyrchu asid sylffwrig

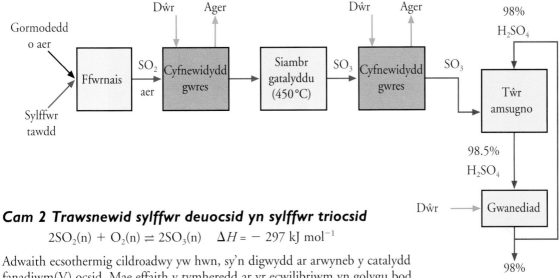

Cam 2 Trawsnewid sylffwr deuocsid yn sylffwr triocsid

$$2SO_2(n) + O_2(n) \rightleftharpoons 2SO_3(n) \quad \Delta H = -297 \text{ kJ mol}^{-1}$$

Adwaith ecsothermig cildroadwy yw hwn, sy'n digwydd ar arwyneb y catalydd fanadiwm(V) ocsid. Mae effaith y tymheredd ar yr ecwilibriwm yn golygu bod codi'r tymheredd yn gostwng canran y trawsnewid i SO_3 ond mae'n rhaid i'r tymheredd fod yn ddigon uchel i wneud i'r adwaith ddigwydd yn ddigon cyflym. Dydy'r catalydd ddim yn weithredol ar dymheredd is na 380 °C, ac mae'n gweithio orau ar dymheredd uchel.

Byddai cynyddu'r gwasgedd yn cynyddu'r trawsnewid i sylffwr triocsid ond, fel rheol, does dim modd cyfiawnhau'r gost.

Y drefn nodweddiadol yw i'r cymysgedd nwy fynd drwy bedwar gwely catalyddu. Rhwng pob gwely, caiff y cymysgedd nwy ei oeri mewn cyfnewidydd gwres, a bydd aer oer gyda mwy o ocsigen yn cael ei ychwanegu at y cymysgedd. Wedi'r trydydd gwely, bydd lefel y trawsnewid yn 98%. Er mwyn sicrhau bod gweddill yr SO_2 yn cael ei drawsnewid, caiff sylffwr triocsid ei amsugno o'r ffrwd nwy a bydd mwy o aer yn cael ei ychwanegu cyn i'r nwyon lifo drwy'r pedwerydd gwely catalyddu. Felly mae tri ffactor yn cyfrannu tuag at drawsnewid cymaint o sylffwr deuocsid ag sy'n bosibl yn sylffwr triocsid: oeri, ychwanegu mwy o un o'r adweithyddion a thynnu'r cynnyrch allan.

Cam 3 Amsugniad

$$H_2O(h) + SO_3(n) \rightarrow H_2SO_4(h)$$

Does dim modd hydoddi sylffwr deuocsid yn uniongyrchol mewn dŵr oherwydd bydd yr adwaith nerthol yn cynhyrchu niwlen beryglus o asid. Yn lle hynny, caiff y nwy ei amsugno yn yr asid sylffwrig 98%. Mewn tŵr wedi'i bacio â darnau ceramig, bydd y sylffwr triocsid yn mynd i fyny tra bo'r asid crynodedig yn diferu i lawr. Caiff cryfder yr asid sy'n cylchredeg ei gynnal drwy dynnu'r cynnyrch allan tra bo dŵr yn cael ei ychwanegu.

Mae'n ofynnol dan ddeddfwriaeth amgylcheddol mai dim ond allyriannau isel iawn o nwyon asid sy'n cael eu gollwng i'r aer. Bydd gweithfeydd modern yn trawsnewid 99.7% o'r sylffwr deuocsid yn asid sylffwrig yn ystod camau 2 a 3.

Prawf i chi

6 Pa rai o'r amodau a ddefnyddir i weithgynhyrchu asid sylffwrig sy'n helpu i gynyddu:
a) y gyfran a geir, ar yr ecwilibriwm, o gynnyrch a ddymunir (gweler tudalen 109)
b) cyfradd ffurfio'r cynhyrchion?

Cemeg Anorganig

Adran pedwar

Ffigur 4.8.10 ▶
Mae galw am asid sylffwrig ar raddfa fawr i wneud cemegion eraill gan gynnwys gwrteithiau ffosffad, paentiau a phigmentau, glanedyddion, plastigion, ffibrau a llifynnau

Gweithgynhyrchu amonia

Mae proses Haber yn syntheseiddio amonia drwy gyfuno nitrogen gyda hydrogen ym mhresenoldeb catalydd haearn.

$$N_2(n) + 3H_2(n) \rightleftharpoons 2NH_3(n) \qquad \Delta H = -92.4 \text{ kJ mol}^{-1}$$

Mae'r hydrogen yn dod o broses ailffurfio gydag ager, sy'n trawsnewid nwy naturiol ac ager yn hydrogen a charbon monocsid. Bydd y broses yn digwydd o dan wasgedd, ar dymheredd o 800 °C, â chatalydd nicel ocsid yn bresennol.

$$CH_4(n) + H_2O(n) \rightleftharpoons 3H_2(n) + CO(n) \qquad \Delta H = +210 \text{ kJ mol}^{-1}$$

Bydd chwistrellu aer i'r cymysgedd nwy yn ychwanegu nitrogen. Rheolir maint yr aer er mwyn sicrhau mai $N_2:3H_2$ fydd cyfansoddiad terfynol y nwy. Bydd yr ocsigen yn yr aer sy'n cael ei chwistrellu yn adweithio gyda pheth o'r hydrogen, gan ffurfio ager a fydd, yn ei dro, yn adweithio gydag unrhyw fethan sy'n weddill yn yr ailffurfydd eilaidd.

Bydd adwaith pellach gyda gormodedd o ager yn trawsnewid yr CO yn CO_2 yn yr adweithydd cyfnewid. Bydd yr adwaith yn digwydd ar dymheredd o 400 °C, â chatalydd haearn(III) ocsid yn bresennol.

$$H_2O(n) + CO(n) \rightleftharpoons H_2(n) + CO_2(n) \qquad \Delta H = -42 \text{ kJ mol}^{-1}$$

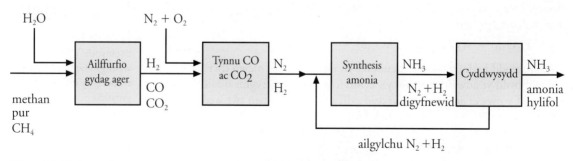

Ffigur 4.8.11 ▲
Diagram llif o synthesis amonia

Potasiwm carbonad poeth sy'n tynnu'r carbon deuocsid o'r cymysgedd nwy.

Erbyn hyn, mae'r cymysgedd o nitrogen a hydrogen yn barod ar gyfer synthesis amonia. Adwaith araf iawn sydd rhwng y ddau nwy ar dymheredd ystafell. Bydd codi'r tymheredd yn cynyddu cyfradd yr adwaith ond mae'r adwaith cildroadwy yn un ecsothermig. Felly, yn unol ag egwyddor Le Châtelier (gweler tudalennau 109–110), po uchaf y tymheredd, isaf fydd y cynnyrch amonia ar yr ecwilibriwm. Mae catalydd yn ei gwneud yn bosibl i'r adwaith fynd rhagddo yn ddigon cyflym heb i'r tymheredd fod mor uchel nes lleihau'r cynnyrch amonia.

Yn ôl egwyddor Le Châtelier hefyd, bydd cynyddu'r gwasgedd yn cynyddu canran yr amonia ar yr ecwilibriwm. Y gost yn economaidd sy'n cyfyngu ar y gwasgedd a ddefnyddir. Po uchaf y gwasgedd, uchaf fydd cost y peipiau a'r llestri adwaith sy'n angenrheidiol i ddal y nwyon. At hyn, mae gwasgedd uwch yn cynyddu'r costau cynnal oherwydd y pŵer sy'n cael ei ddefnyddio i weithio'r cywasgyddion.

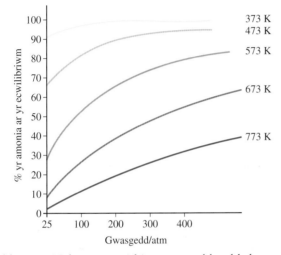

Fel rheol, bydd proses Haber yn gweithio ar wasgedd sydd rhwng 70 a 200 gwaith uwch na'r gwasgedd atmosfferig, gyda thymheredd yn amrywio rhwng 400 °C a 600 °C.

Cymhwyswyd damcaniaeth gan Fritz Haber (1868–1934) i ddatblygu'r broses a'i chael i weithio ar raddfa fechan. Cyfrinach ei lwyddiant oedd gallu dod o hyd i'r amodau iawn, a chanfod catalydd addas. Defnyddiodd Haber blatinwm ar gyfer arddangos ei broses ar raddfa fechan. Carl Bosch, a oedd yn gweithio i gwmni cemegol BASF, wnaeth ddatrys problemau peirianegol gweithgynhyrchu amonia ar raddfa fawr. Cynhaliwyd miloedd o arbrofion gan

Ffigur 4.8.12 ◄
Graff i ddangos sut mae cynnyrch yr amonia ar yr ecwilibriwm yn amrywio yn ôl y gwasgedd a'r tymheredd

Prawf i chi

7 Ysgrifennwch hafaliad ar gyfer yr adwaith sy'n cael ei ddefnyddio i dynnu'r carbon deuocsid o'r cymysgedd o nwyon a baratoir ar gyfer synthesis amonia. Potasiwm hydrogencarbonad yw'r cynnyrch.

8 Pa rai o'r amodau a ddefnyddir i weithgynhyrchu amonia sy'n helpu i gynyddu:
   a) y gyfran a geir, ar yr ecwilibriwm, o gynnyrch a ddymunir
   b) cyfradd ffurfio'r cynhyrchion?

9 Pam mae amonia'n cyddwyso'n hylif yn llawer haws nag unrhyw un o'r nwyon eraill yn y broses Haber?

Ffigur 4.8.13 ◄
Defnyddir amonia yn bennaf i wneud: gwrteithiau (80%), neilon (7%), ac asid nitrig (5%)

dîm Bosch hefyd, i geisio dod o hyd i gatalydd rhatach. Ymhen amser, cawsant lwyddiant yn datblygu catalydd a oedd yn seiliedig ar haearn ocsid wedi'i gymysgu gyda symiau bychain o ocsidau metelau eraill megis potasiwm, alwminiwm a magnesiwm. Y tro cyntaf i'r broses gael ei defnyddio mewn gwaith diwydiannol oedd yn 1913 yn ymyl Mannheim yn yr Almaen.

Gweithgynhyrchu asid nitrig

Proses i drawsnewid amonia yn asid nitrig yw gweithgynhyrchu asid nitrig, ac mae'n digwydd mewn dau gam:

Cam 1 Ocsidio amonia

Bydd ocsigen o'r aer yn ocsidio amonia ar arwyneb rhwyllen gatalyddu wedi'i gwneud o aloi o blatinwm a rhodiwm. Mae'r adwaith ecsothermig yn cadw'r catalydd yn fflamgoch eirias ar dymheredd oddeutu 900 °C. Fel rheol, bydd y gwasgedd tua 10 gwaith mwy na gwasgedd atmosfferig.

$$4NH_3(n) + 5O_2(n) \rightleftharpoons 4NO(n) + 6H_2O(n) \qquad \Delta H = -909 \text{ kJ mol}^{-1}$$

Ffigur 4.8.14 ▶
Mae'r dyn hwn yn dal rhwyllen fawr gron o wifren rodiwm-platinwm i'w defnyddio'n gatalydd yn ystod gweithgynhyrchu asid nitrig yn fasnachol drwy ocsidio amonia

Cyfaddawd yw'r amodau diwydiannol a ddewisir, rhwng y ffactorau cinetig sy'n tueddu i gynyddu cyfradd yr adwaith, y ffactorau ecwilibriwm sy'n pennu maint y cynnyrch, a'r ffactorau economaidd sy'n tueddu i leihau'r gost.

Mae cynyddu'r gwasgedd yn cywasgu'r nwyon felly mae cyfradd yr adwaith yn cynyddu. Hefyd, ar wasgedd uwch, bydd angen llai o beipiau ac offer ar gyfer pa raddfa bynnag a ddefnyddir i gynhyrchu. Mae'r ffactorau cinetig ac economaidd hyn yn troi'r fantol yn erbyn y ffaith bod ychydig o leihad yn swm yr NO a gaiff ei gynhyrchu ar yr ecwilibriwm.

Bydd y nwyon poeth o'r adweithydd yn mynd drwy'r cyfnewidydd gwres ac yn oeri yno, a'r egni'n trawsnewid dŵr yn ager i gynhyrchu trydan.

Ffigur 4.8.15 ▶
Diagram llif ar gyfer gweithgynhyrchu asid nitrig

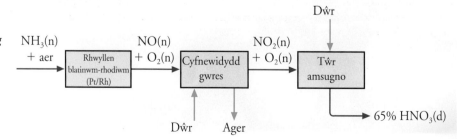

Ffigur 4.8.16 ◄
Caiff oddeutu 80% o'r 3–4 miliwn o dunelli metrig o asid nitrig sy'n cael eu cynhyrchu bob blwyddyn ym Mhrydain eu trawsnewid yn amoniwm nitrad. Caiff amoniwm nitrad ei ddefnyddio'n bennaf fel gwrtaith nitrogen, ac mae cryn ddefnydd arno hefyd mewn ffrwydron ar gyfer chwareli a gweithfeydd sy'n turio'r ddaear. Caiff asid nitrig ei ddefnyddio i wneud ffrwydron eraill megis nitrocellwlos a nitroglyserin, ac mae hefyd yn adweithydd pwysig yn ystod y broses o gynhyrchu rhyngolion ar gyfer gwneud plastigion, yn enwedig polywrethanau a'r neilon a ddefnyddir mewn rhaffau dringo

Cam 2 Amsugniad mewn dŵr ag ocsigen yn bresennol

Bydd ychwanegu mwy o aer at gymysgedd nwy oer Cam 1 yn trawsnewid NO yn N_2O_4, ac mae cynyddu'r gwasgedd yn hybu'r newid hwn.

$$2NO(n) + O_2(n) \rightleftharpoons 2NO_2(n) \qquad \Delta H = -115 \text{ kJ mol}^{-1}$$

$$2NO_2(n) \rightarrow N_2O_4(n) \qquad \Delta H = -58 \text{ kJ mol}^{-1}$$

Nesaf, bydd y nwyon yn llifo ar i fyny mewn tŵr ac yn cwrdd â ffrwd o ddŵr yn llifo'r ffordd arall.

$$3N_2O_4(n) + 2H_2O(h) \rightarrow 4HNO_3(d) + 2NO(n) \quad \Delta H = -103 \text{ kJ mol}^{-1}$$

Bydd ocsigen ychwanegol o'r aer yn trawsnewid yr NO yn N_2O_4. Felly, erbyn i'r nwyon gyrraedd pen y tŵr, bydd y trawsnewid i asid nitrig bron yn gyflawn.

Gwrteithiau

Mae gwrteithiau yn rhoi i blanhigion yr halwynau mwynol sydd eu hangen arnyn nhw i dyfu. Tri phrif faetholyn sydd ar blanhigion eu hangen – nitrogen, N, ffosfforws, P, a photasiwm, K – ac mae'n rhaid i'r rhain fod ar gael yn y pridd mewn ffurf hydawdd er mwyn i'r gwreiddiau eu hamsugno.

Mae amaethyddiaeth ddwys yn dibynnu ar wrteithiau sydd wedi'u gwneud o fwynau a'r aer. Mae 'gwrtaith plaen' yn cynnwys un o'r tair elfen nitrogen, ffosfforws neu botasiwm. Mae 'gwrtaith cyfansawdd' yn cynnwys dwy neu ragor o'r elfennau hyn.

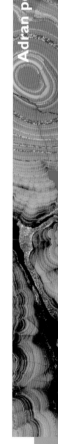

> **Prawf i chi**
>
> 10 Yn ystod ocsidiad amonia, pa amodau gwasgedd a thymheredd sy'n tueddu i gynyddu cyfran y cynhyrchion ar yr ecwilibriwm? Sut mae eich ateb yn cymharu â'r amodau a ddewisir i gynnal y broses mewn diwydiant?
>
> 11 Eglurwch pam mae gostwng y tymheredd a chodi'r gwasgedd yn hybu trawsnewid NO yn N_2O_4.
>
> 12 Dangoswch pam mae adwaith $N_2O_4(n)$ gyda dŵr yn adwaith dadgyfrannu (gweler tudalen 153).

Ffigur 4.8.17 ▶

Diagram llif ar gyfer gweithgynhyrchu gwrtaith nitrogen a gwrtaith cyfansawdd NPK

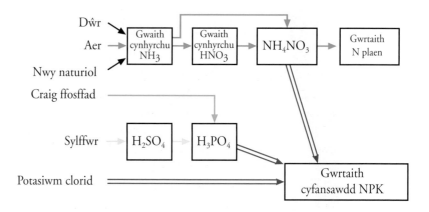

Prawf i chi

13 Ysgrifennwch hafaliad ar gyfer adwaith asid nitrig gydag amonia i wneud amoniwm nitrad.

14 Cymharwch y canran yn ôl y màs o nitrogen sydd ym mhob un o'r gwrteithiau hyn: amoniwm nitrad, NH_4NO_3, amoniwm sylffad $(NH_4)_2SO_4$, ac wrea, NH_2CONH_2.

15 Olrheiniwch y newidiadau yn rhif ocsidiad nitrogen drwy'r holl adweithiau hynny sy'n trawsnewid nitrogen o'r aer yn wrtaith amoniwm nitrad.

Mae defnyddio gwrteithiau a gafodd eu gweithgynhyrchu yn cynyddu cryn dipyn ar faint cnydau. Ar yr un pryd, mae defnyddio llawer o wrtaith yn cynyddu'r risg o faetholion yn trwytholchi o'r pridd i'r afonydd a'r llynnoedd, ac i ddŵr daear. Gall hyn arwain at ewtroffigedd.

Ystyr ewtroffigedd yw 'rhoi maeth', o'r gair Groeg, *eutrophos*. Bydd nitradau o dir fferm neu ffosffadau o garthion yn ychwanegu maetholion at ddŵr afonydd a llynnoedd, ac mae algâu'n tyfu'n gyflym mewn dŵr ewtroffig. Wrth i haenau trwchus o algâu gadw'r heulwen allan maen nhw'n rhwystro'r planhigion islaw wyneb y dŵr rhag cynhyrchu ocsigen mor gyflym ag arfer. O dan amodau eithriadol, bydd pysgod ac anifeiliaid eraill yn marw oherwydd eu bod yn cael eu hamddifadu o ocsigen.

4.9 Echdynnu metelau

Ceir y rhan fwyaf o fetelau mewn cyfuniad ag elfennau eraill yn y mwynau sydd yng nghramen y Ddaear. Mae'r mwynau hyn yn cynnwys cyfrannau amrywiol o ocsidau, sylffidau, halidau, carbonadau a chyfansoddion eraill. Pe bai'r cyfansoddion hyn wedi'u gwasgaru'n gyfartal drwy greigiau'r gramen benbwygilydd, byddai tasg y diwydiant mwynau yn amhosibl. Yn ffodus, mae prosesau naturiol wedi crynhoi mwynau gwerthfawr mewn mannau penodol yma ac acw felly mae'n bosibl cloddio amdanyn nhw ar ffurf mwynau metel. Mwyn yw màs mwynol y gellir cloddio amdano er elw a'i brosesu i gynhyrchu metel.

Dulliau echdynnu

Mae echdynnu yn golygu rhydwytho metelau o gyflyrau ocsidiad positif eu cyfansoddion i gyflwr ocsidiad sero yr elfen rydd.

Mae'r enghreifftiau o echdynnu metel a ddisgrifir yn yr adran hon i gyd yn ymwneud ag adweithiau ar dymheredd uchel, uwchlaw 1000 °C yn aml. Mae'r dulliau tymheredd uchel (pyrometeleg) yn cynnwys:

■ electrolysis cyfansoddyn tawdd (er enghraifft, gweithgynhyrchu alwminiwm)

■ rhydwytho cemegol mewn ffwrnais chwyth, gan ddefnyddio golosg (er enghraifft, gweithgynhyrchu haearn)

■ rhydwytho cemegol gan ddefnyddio metel mwy adweithiol (er enghraifft, gweithgynhyrchu cromiwm a thitaniwm).

Ar gyfer metelau eraill, fel copr, sinc, twngsten ac aur, caiff dulliau eraill eu defnyddio i echdynnu'r metel. Mae'r dulliau hyn yn defnyddio hydoddiannau dyfrllyd ar dymheredd eithaf isel.

Mae'r dulliau sy'n seiliedig ar adweithyddion dyfrllyd (golchi mwynau neu hydrometeleg) yn cynnwys:

■ electrolysis hydoddiant dyfrllyd (er enghraifft, gweithgynhyrchu sinc)

■ metel mwy adweithiol yn dadleoli metel llai adweithiol (er enghraifft, defnyddio haearn i ddadleoli copr o hydoddiant copr(II) sylffad).

Mae'r dull echdynnu a ddewisir yn dibynnu'n rhannol ar adweithedd y metel ac yn rhannol ar gost y cyfrwng rhydwytho, y gofynion egni a'r lefel o burdeb a ddymunir ar gyfer y metel.

Echdynnu alwminiwm

Mae echdynnu alwminiwm yn seiliedig ar electrolysis hydoddiant o alwminiwm ocsid mewn cryolit, Na_3AlF_6, tawdd. Daw'r alwminim ocsid pur ar gyfer y broses o buro bocsit.

Alwminiwm ocsid amhur sydd mewn bocsit. Caiff yr amhureddau eu tynnu o'r alwminiwm ocsid drwy wresogi powdr bocsit gyda hydoddiant sodiwm hydrocsid. Bydd alwminiwm ocsid, sy'n amffoterig (gweler tudalen 143), yn hydoddi, ond dydy ocsidau eraill fel haearn(III) ocsid a thitaniwm(IV) ocsid ddim yn hydoddi. Ar ôl hidlo, caiff had-risialau eu hychwanegu ac, wrth i'r hydoddiant oeri, bydd alwminiwm ocsid hydradol yn grisialu. Bydd gwresogi'r grisialau hydradol hyn ar dymheredd o 1000 °C yn cynhyrchu alwminiwm ocsid anhydrus, Al_2O_3, yn barod ar gyfer echdynnu alwminiwm.

Ffigur 4.9.1 ▲

Metel arianlliw yw alwminiwm. Mae'n ddefnyddiol iawn oherwydd bod ganddo ddwysedd cymharol isel ond eto mae'n gwrthsefyll cyrydiad ac yn dargludo egni thermol a thrydan yn dda. Cafodd yr ingotau alwminiwm yn y ffotograff hwn eu gwneud o fetel wedi'i ailgylchu

Ffigur 4.9.2 ▶

Ffigur 4.9.2 ▶
Diagram yn dangos trawstoriad o gell electrolysis ar gyfer echdynnu alwminiwm

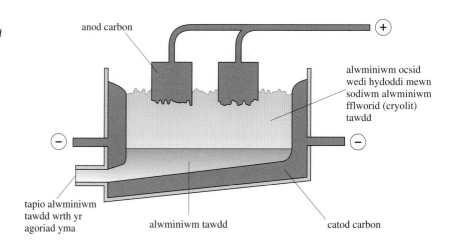

anod carbon

alwminiwm ocsid
wedi hydoddi mewn
sodiwm alwminiwm
fflworid (cryolit)
tawdd

tapio alwminiwm
tawdd wrth yr
agoriad yma

alwminiwm tawdd

catod carbon

Prawf i chi

1 Defnyddiwch rifau
ocsidiad i ddangos bod
ïonau alwminiwm yn cael
eu rhydwytho'n
alwminiwm wrth y catod
yn ystod echdynnu
alwminiwm.

2 Pam mae ffwrneisi
mwyndoddi alwminiwm
yn cael eu hadeiladu fel
rheol yn agos at
ffynonellau pŵer trydan
dŵr?

3 Pam mae graffit yn
ddefnydd addas ar gyfer
leinio'r celloedd
electrolysis ac ar gyfer
gwneud anodau?

Roedd darganfod bod alwminiwm ocsid yn hydoddi mewn cryolit tawdd yn gwbl hanfodol i ddatblygiad y broses, oherwydd ar dymheredd o 2015 °C y bydd yr ocsid pur yn ymdoddi – tymheredd llawer rhy uchel i broses ddiwydiannol.

Bydd yr electrolysis yn digwydd mewn tanciau dur wedi'u leinio â charbon. Y leinin carbon yw catod y gell. Blociau o garbon yw'r anodau. Mae'r cerrynt a ddefnyddir yn uchel iawn, oddeutu 200 000 A, felly bydd y broses yn digwydd fel rheol mewn ardal lle mae'r trydan yn gymharol rad – yn aml yn agos at ffynhonnell pŵer trydan dŵr.

Y rhydwythiad wrth y catod:

$$Al^{3+} + 3e^- \rightarrow Al$$

Hylif yw'r alwminiwm ar dymheredd yr electrolyt tawdd (970 °C) a bydd yn cronni ar waelod y tanc. Caiff y metel tawdd ei dapio o bryd i'w gilydd.

Yr ocsidiad wrth yr anod:

$$2O^{2-} \rightarrow O_2 + 4e^-$$

Bydd llawer o'r ocsigen yn adweithio gyda charbon yr anodau, gan ffurfio carbon deuocsid.

Bydd yr anodau'n llosgi'n ddim, a rhaid eu hadnewyddu yn rheolaidd.

Mae fflworidau yn y nwyon gwastraff o'r gell a rhaid eu glanhau'n drylwyr er mwyn osgoi llygru'r ardal o gwmpas y gwaith.

Gwneud haearn

Bydd echdynnu haearn yn cynhyrchu'r metel o'i fwynau ocsid mewn ffwrneisi chwyth mawr. Caiff haearn, golosg a chalchfaen eu rhoi i mewn ar dop y ffwrnais, yna bydd chwa o aer poeth yn cael ei bwmpio drwy waelod y ffwrnais. Mae'r broses yn un ddi-baid. Bydd ffwrnais chwyth yn gweithio ddydd a nos am flynyddoedd cyn iddi gael ei chau i lawr er mwyn trwsio leinin y ffwrnais.

Bydd golosg yn llosgi mewn aer yn gwresogi rhan isaf y ffwrnais i dymheredd o tua 2000 °C.

$$C(s) + O_2(n) \rightarrow CO_2(n) \qquad \Delta H = -394 \text{ kJ mol}^{-1}$$

Golosg hefyd sy'n cynhyrchu'r prif gyfrwng rhydwytho, drwy adweithio gyda charbon deuocsid yn uwch i fyny'r ffwrnais i ffurfio carbon monocsid.

$$C(s) + CO_2(n) \rightarrow 2CO(n) \qquad \Delta H = +173 \text{ kJ mol}^{-1}$$

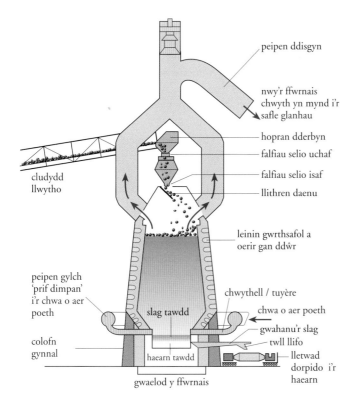

peipen ddisgyn

nwy'r ffwrnais chwyth yn mynd i'r safle glanhau

hopran dderbyn

falfiau selio uchaf

falfiau selio isaf

llithren daenu

cludydd llwytho

leinin gwrthsafol a oerir gan ddŵr

peipen gylch 'prif dimpan' i'r chwa o aer poeth

slag tawdd

chwythell / tuyère

chwa o aer poeth

gwahanu'r slag

twll llifo

lletwad dorpido i'r haearn

colofn gynnal

haearn tawdd

gwaelod y ffwrnais

Cemeg Anorganig

Adran pedwar

Mae'r carbon monocsid yn rhydwytho'r mwyn haearn yn haearn.

$$Fe_2O_3(s) + 3CO(n) \rightarrow 2Fe(h) + 3CO_2(n) \qquad \Delta H = -27 \text{ kJ mol}^{-1}$$

Pan fydd y ffwrnais yn ddigon poeth, gall carbon fod yn gyfrwng rhydwytho hefyd.

Bydd calchfaen, $CaCO_3$, yn dadelfennu i roi calsiwm ocsid, CaO, sy'n cyfuno gyda silicon deuocsid ac amhureddau eraill i wneud slag hylifol. Er enghraifft:

$$CaO(s) + SiO_2(s) \rightarrow CaSiO_3(h)$$

Bydd y metel tawdd a'r slag yn llifo i waelod y ffwrnais lle bydd y slag yn arnofio ar wyneb y metel, felly mae modd ei dapio i'w dynnu ymaith ar wahân.

Dydy'r haearn a ddaw o ffwrnais chwyth ddim yn bur. Mae'n cynnwys tua 4% o garbon, 0.2–0.3% o silicon, 0.03–0.08% o sylffwr, a thua 0.1% o ffosfforws. Bydd haearn o ffwrnais chwyth yn caledu i roi haearn bwrw, sy'n frau iawn ac yn anaddas ar gyfer y rhan fwyaf o ddibenion modern. Yn lle hynny, caiff yr haearn tawdd ei gludo'n uniongyrchol o'r ffwrnais chwyth i waith dur, i gael gwared ar y rhan fwyaf o'r amhureddau hyn.

Wrth iddo oeri, bydd y slag yn caledu, wedyn mae modd ei falu'n fân a'i ddefnyddio i adeiladu ffyrdd a gwneud sment. Drwy chwythu aer i'r slag tawdd mae'n bosibl gweithgynhyrchu gwlân mwynol (*rockwool*), defnydd ffibraidd sy'n addas ar gyfer ynysu waliau a nenfwd cartrefi.

Gwneud dur

Aloi yw dur, wedi'i wneud o haearn gyda charbon neu fetelau eraill. Mae dur meddal yn cynnwys tua 0.2% o garbon ar ffurf haearn carbid, ac yn cael ei ddefnyddio i wneud y ffrâm ar gyfer ceir. Er bod y grisialau haearn carbid yn yr adeiledd metel yn gwneud y dur yn gryf mae'n dal yn hyblyg. Wrth i'r cynnwys carbon gynyddu, bydd y dur yn mynd yn gryfach ac yn galetach i'w wneud yn addas ar gyfer gwneud cledrau trenau a thramiau.

4 Mewn ffwrnais chwyth fodern caiff y mwyn haearn, y golosg a'r calchfaen eu malu'n fân a'u cymysgu cyn cael eu bwydo i'r ffwrnais. Beth yw mantais prosesu'r defnyddiau crai fel hyn?

5 Ysgrifennwch hafaliad ar gyfer golosg yn rhydwytho haearn(III) ocsid.

6 Eglurwch pam mae ffwrnais chwyth yn cael ei leinio gyda briciau ceramig gwrthsafol (gweler tudalen 147).

7 Ysgrifennwch hafaliad ar gyfer dadelfeniad calchfaen mewn ffwrnais chwyth.

8 Dynodwch enghreifftiau o adweithiau ecsothermig ac endothermig mewn ffwrnais chwyth.

9 Pa gamau mae modd eu cymryd i arbed adnoddau egni wrth gynnal ffwrnais chwyth (gweler Ffigur 4.9.3)?

Fel rheol, caiff **aloi** ei wneud drwy ymdoddi metel gyda metelau eraill, neu garbon, cyn gadael i'r cymysgedd oeri. Yn aml, mae aloiau yn fwy defnyddiol na metelau pur. Bydd amrywio cyfansoddiad aloi yn gwneud amrywio ei briodweddau yn bosibl.

Serch hynny, mae yna gyfyngiad ar hyn, a bydd y metel yn mynd yn frau iawn ar ôl i'r carbon gyrraedd tua 4%.

Mae duroedd aloi yn cynnwys haearn gydag ychydig o garbon ynghyd â hyd at 50% o un neu fwy o'r metelau hyn: alwminiwm, cromiwm, cobalt, manganîs, molybdenwm, nicel, titaniwm, twngsten a fanadiwm. Presenoldeb metelau eraill sy'n creu'r gwahaniaeth rhwng duroedd aloi a duroedd carbon. Dyma enghreifftiau o dduroedd aloi:

- dur gwrthstaen, sy'n cynnwys cromiwm a nicel
- duroedd offer gwaith, sy'n cynnwys twngsten neu fanganîs er mwyn gwneud yr aloi'n galetach ac yn fwy gwydn, gyda'r gallu i gadw'i briodweddau ar dymheredd uchel i'w wneud yn addas ar gyfer ei ddefnyddio i wneud ebillion dril ac offer torri.

Drwy broses fasig sy'n defnyddio ocsigen y bydd dur yn cael ei wneud (y broses ocsigen basig BOS – *basic oxygen steelmaking*). Yn ystod y broses hon, mae'r amhureddau'n cael eu tynnu o'r haearn tawdd sy'n cael ei ffurfio mewn ffwrnais chwyth. Swp-broses ydyw, sy'n trin lletwad fawr ar y tro â'i llond o haearn tawdd. Y cam cyntaf yw tynnu'r sylffwr drwy chwistrellu powdr magnesiwm i'r metel tawdd drwy diwb fertigol. Bydd adwaith ecsothermig iawn yn trawsnewid y sylffwr yn fagnesiwm sylffid, a hwnnw'n dod i'r wyneb ac yn cael ei grafu oddi ar arwyneb y metel tawdd.

Ffigur 4.9.4 ▶

Diagram o drawsnewidydd ocsigen basig ar gyfer gwneud dur

10 Awgrymwch beth yw manteision ychwanegu dur sgrap oer at y trawsnewidydd cyn dechrau'r chwythiad ocsigen.

11 Ysgrifennwch hafaliad ar gyfer yr adweithiau sy'n cael eu defnyddio i dynnu sylffwr a silicon o haearn amhur.

12 Pam mae alwminiwm yn fetel addas ar gyfer cael gwared ar y gormodedd o ocsigen hydoddedig ar ddiwedd y broses?

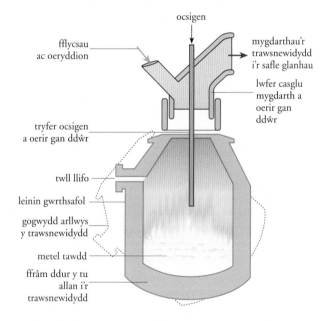

Wedyn, caiff y metel tawdd ei arllwys i drawsnewidydd a bydd dur sgrap oer yn cael ei ychwanegu. Yna, bydd chwythiad uwchsonig o ocsigen yn trawsnewid amhureddau yn y metel hylifol, fel carbon, silicon a ffosfforws, i'w hocsidau. Mae'r newidiadau'n rhai nerthol iawn a bydd y metel tawdd yn byrlymu ac ewynnu y tu mewn i'r trawsnewidydd am tua 20 munud, tra bo carbon monocsid yn dianc ar ffurf nwy. Caiff ocsidau asidig yr anfetelau silicon a ffosfforws (SiO_2 a P_4O_{10} yn eu tro) eu trawsnewid yn slag tawdd drwy ychwanegu'r ocsidau basig calsiwm a magnesiwm. Bydd y slag yn arnofio ar wyneb y dur hylifol ac mae modd ei arllwys ymaith ar wahân.

$$SiO_2 + CaO \rightarrow CaSiO_3(h)$$

Ffigur 4.9.5 ▶
Mae'r dyn hwn yn tynnu sampl o ffwrnais chwyth mewn ffowndri ddur

Cemeg Anorganig

Adran pedwar

Bydd gormod o ocsigen yn hydoddi yn y metel yn ystod y broses. Mae modd tynnu'r ocsigen yma drwy daflu ingotau alwminiwm i'r metel tawdd wrth iddo gael ei arllwys o'r trawsnewidydd i letwad. Yr adeg yma hefyd caiff metelau eraill eu hychwanegu, fel cromiwm, manganîs a thwngsten. Fel hyn mae'r gwneuthurwr dur yn newid cyfansoddiad y dur i ateb gofynion y cwsmer a archebodd lwyth o'r metel.

Echdynnu titaniwm

Y prif fwynau titaniwm yw rwtil, TiO_2, ac ilmenit, $FeTiO_3$. Titaniwm yw'r pedwerydd metel mwyaf toreithiog yng nghramen y Ddaear a byddai llawer mwy o ddefnydd arno pe bai dulliau ei echdynnu yn llai anodd a drud. Mewn egwyddor, dylai fod yn bosibl defnyddio carbon i echdynnu titaniwm o'i ocsid ond, yn ymarferol, bydd peth o'r titaniwm yn adweithio gyda charbon i ffurfio carbidau sy'n gwneud y metel yn frau.

Ar ôl ei buro, bydd y mwyn yn cael ei wresogi gyda charbon mewn ffrwd o nwy clorin ar dymheredd o tua 1100 K.

$$2TiO_2 + 2Cl_2 + 2C \rightarrow TiCl_4 + 2CO_2$$

Bydd y titaniwm(IV) clorid yn cyddwyso ar ffurf hylif, a gellir puro'r hylif hwn drwy gyfrwng distyllu ffracsiynol.

Ym Mhrydain, sodiwm yw'r cyfrwng rhydwytho ar gyfer cynhyrchu titaniwm o'i glorid. Yn y rhan fwyaf o wledydd eraill y byd, magnesiwm yw'r cyfrwng rhydwytho sydd orau ganddyn nhw. Pa ffordd bynnag a ddewisir, swp-brosesu yw'r dull cynhyrchu. Oherwydd cost uchel echdynnu sodiwm neu fagnesiwm drwy gyfrwng electrolysis, mae'r broses yn un ddrud gyda'r naill neu'r llall o'r cyfryngau rhydwytho.

Yn ystod y dull a ddefnyddir ym Mhrydain, bydd titaniwm clorid yn mynd i adweithydd sy'n cynnwys sodiwm tawdd mewn atmosffer argon anadweithiol, ar dymheredd o 500 °C. Caiff yr union swm cywir o'r clorid ei ychwanegu i adweithio gyda'r sodiwm i gyd. Mae'r adwaith yn un ecsothermig felly bydd y tymheredd yn codi.

$$TiCl_4 + 4Na \rightarrow Ti + 4NaCl$$

Cedwir yr adweithydd yn boeth am tua deuddydd, yna caiff ei dynnu o'r ffwrnais a'i adael i oeri. Bydd y cynnyrch solet yn cael ei falu'n fân a'i drwytholchi gydag asid hydroclorig gwanedig, sy'n hydoddi'r sodiwm clorid gan adael y metel titaniwm, a gaiff ei olchi a'i sychu wedyn.

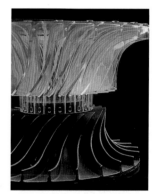

Ffigur 4.9.6 ▲
Troellwr titaniwm ar gyfer peiriant jet. Mae'r patrwm gwyrdd a fowldiwyd wedi'i wneud o blastig. Metel cryf iawn yw titaniwm sy'n llawer llai dwys na dur. Bydd yn ymdoddi ar y tymheredd uchel iawn o 1675 °C. Fydd titaniwm ddim yn cyrydu oherwydd, fel alwminiwm, mae wedi'i orchuddio gan haenen denau o ocsid ar arwyneb y metel, ac mae hyn yn ei warchod. Caiff titaniwm ei ddefnyddio'n bennaf i wneud fframiau a pheiriannau ar gyfer awyrennau, ond ymhlith ei brif ddibenion eraill mae'n cael ei ddefnyddio i wneud y darnau cynhyrchu cydrannol mewn gweithfeydd cemegol, fel cyfnewidwyr gwres, er enghraifft

4.10 Materion amgylcheddol

Mae mwyngloddio, prosesu mwynau ac echdynnu metelau yn creu cyfoeth a hefyd yn cynhyrchu'r defnyddiau sydd eu hangen ar gymunedau diwydiannol; ond mae'r gweithgareddau hyn yn effeithio hefyd ar rai o'r mannau harddaf yn y byd ac yn creu gwastraff. Yn Lloegr, er enghraifft, mae yna wrthdaro yn Ardal y Peak rhwng y cwmnïau sy'n cloddio am galchfaen ar gyfer y diwydiannau cemegol a metelegol a'r bobl hynny sydd am warchod yr amgylchedd.

Y gwastraff a ddaw o fwyngloddio

Bron yn ddieithriad, bydd mwyngloddio yn cynhyrchu swm anferth o greigiau gwastraff, a gall adael tyllau mawr iawn yn y ddaear. Bydd mwynwyr yn defnyddio ffrwydron i danio'r graig er mwyn ei thorri'n ddarnau o faint digon hylaw i'w trin. Mae hyn yn waith swnllyd sy'n cynhyrchu llwch, a gall arwain at ddarnau o graig yn chwyrlïo drwy'r awyr.

Ffigur 4.10.1 ▶

Hen waith copr segur Mynydd Parys ar Ynys Môn. Roedd mwyngloddio brig yn digwydd yma

Y gwastraff a ddaw o brosesu mwynau

Mae llawer o fwynau metel yn werthfawr yn ariannol ond, o ran eu hansawdd, yn iselradd. Efallai mai dim ond tua 0.4% o'r metel a fydd yn y mwyn mewn cloddfa gopr frig, ond bydd y gwaith yn dal yn broffidiol. Golyga hyn bod 99.6% o'r graig a gaiff ei chloddio o'r ddaear yn mynd yn wastraff. Yn ymyl unrhyw gloddfa mae yna domennydd o'r gwastraff hwn ac, yn aml, ceir pyllau dyfnion o'r dŵr a ddefnyddiwyd yn ystod y broses, a defnyddiau mân iawn yn gwaelodi ohono. Os bydd y mymryn lleiaf o fetelau trymion gwenwynig fel plwm neu fercwri yn bresennol, gall y gwastraff hwn fod yn beryglus iawn.

Y gwastraff a ddaw o echdynnu metelau

Mae rhai metelau pwysig, fel haearn, copr a phlwm yn bodoli'n naturiol ar ffurf mwynau sylffid, a'r cam cyntaf yn y broses o echdynnu'r metel yw trawsnewid y sylffid yn ocsid drwy rostio'r mwyn mewn aer. Bydd hyn yn cynhyrchu tunelli o sylffwr deuocsid, sy'n wenwynig ac yn achosi glaw asid. Gall gollwng y nwy i'r aer ddiffeithio cefn gwlad oddi amgylch.

Ffigur 4.10.2 ◄
Coed pinwydd a blannwyd ar domen wastraff hen waith tun Wheal Jane yng Nghernyw

Erbyn hyn, mae llywodraethau'n rheoli'r diwydiant ac yn mynnu mai dim ond lefelau isel iawn o nwyon gwenwynig, mwg a llwch sy'n cael eu gollwng o'r ffwrneisi. Gall sylffwr deuocsid gael ei drawsnewid naill ai'n asid sylffwrig (gweler tudalennau 160–161) neu'n galsiwm sylffad drwy adweithio gyda chalsiwm ocsid. Yn y cyfamser mae dulliau mwyfwy effeithiol wedi'u datblygu ar gyfer cael gwared ar y gronynnau llwch cyn i'r nwyon gwastraff gael eu rhyddhau i'r awyr.

Mae'r pwysau hwn i leihau llygredd yn golygu, yn achos rhai metelau, bod y diwydiant yn symud ymhellach oddi wrth ddulliau tymheredd uchel pyrometeleg ac yn troi at ddulliau dyfrllyd hydrometeleg, sydd ddim yn rhyddhau cyfansoddion sylffwr ar ffurf nwyon.

Ailgylchu metelau

Un dull o leihau gwastraff yw ailgylchu. Yn y diwydiannau dur ac alwminiwm, mae'r arfer o ailgylchu wedi hen ennill ei blwyf.

Mae angen tua 32 megajoule y cilogram (MJ kg^{-1}) o egni i wneud dur o'i gymharu â 146 MJ kg^{-1} ar gyfer alwminiwm, 90 MJ kg^{-1} ar gyfer plastigion fel polythen, a thua 56 MJ kg^{-1} ar gyfer cardfwrdd.

Ailgylchu dur

Mae cloddio am fwynau metel yn cael effaith gynyddol ar yr amgylchedd oherwydd bod llawer o'r mwynau safon uchel wedi darfod, gan adael yr haenau iselradd sydd â llai o fwyn haearn defnyddiol yn ôl y dunnell fetrig o garreg a gaiff ei mwyngloddio. Bydd holl gamau gweithgynhyrchu haearn a dur yn allyrru llygryddion i'r aer, ac mae hyn yn digwydd hefyd gyda llawer o'r prosesau a ddefnyddir i wneud cynhyrchion dur.

Mae'n bosibl ailgylchu dur drosodd a thro oherwydd ei fod cystal ag erioed ar ôl ei ailbrosesu. Am bob tunnell fetrig o ddur a gaiff ei hailgylchu ceir arbediad o 1.5 tunnell fetrig o fwyn haearn a hanner tunnell fetrig o lo. Mae lleihad mawr hefyd yng nghyfanswm y dŵr sydd ei angen, gan fod prosesu mwynau fel rheol yn galw am ddefnyddio llawer iawn o ddŵr.

Ledled y byd, mae'r diwydiant dur yn ailgylchu 430 miliwn o dunelli metrig o'r metel bob blwyddyn, sef cyfradd ailgylchu o dros 50%. Bydd y broses ocsigen basig (proses *BOS* – gweler tudalen 170) yn defnyddio lleiafswm o 25% o ddur sgrap. Bydd ffwrneisi arc trydan yn gwneud platiau, trawstiau a bariau dur drwy aildoddi bron i 100% dur sgrap.

Daw llawer o'r dur a gaiff ei ailgylchu o'r gwastraff sydd ar ôl wedi gwahanol gamau gweithgynhyrchu cynnyrch dur. Ffynhonnell bwysig arall dur sgrap yw hen gerbydau modur.

Gall peiriannau rhwygo brosesu hen geir fesul un y funud a throi'r metel yn flociau trwchus i'w bwydo i ffwrneisi gweithiau dur.

Bydd peth dur yn cael ei adfer o'r caniau tun sydd mewn gwastraff domestig. Ym Mhrydain, mae'r gyfradd adfer yn para'n weddol isel ond mae'r gyfradd dros 80% yn yr Almaen. Mantais dur yw ei fod yn fagnetig, felly mae'n hawdd gwahanu'r caniau oddi wrth y defnyddiau gwastraff eraill drwy ddefnyddio magnetau.

Oherwydd y rhwydwaith o werthwyr metel sgrap sydd mewn bodolaeth, mae hyn yn helpu i ailgylchu dur. Wrth i bobl ddod yn fwy ymwybodol o faterion yn ymwneud â'r amgylchedd, ceir galw cynyddol am ailgylchu. Mae nifer cynyddol hefyd o lywodraethau yn gwahardd cael gwared â hen bethau dur ar domenni gwastraff, a gwledydd eraill â deddfau sy'n mynnu y caiff o leiaf canran penodol o ddefnyddiau pacio, gan gynnwys caniau dur, ei ailgylchu.

Ffigur 4.10.3 ▶

Caniau alwminiwm wedi'u casglu'n barod i'w hailgylchu

Ailgylchu alwminiwm

Mewn gwledydd trofannol fel Jamaica, Brasil a Swrinam mae mwyngloddio brig yn echdynnu bocsit. Bydd gwahanu'r alwminiwm ocsid pur yn gadael llwythi mawr o fwd coch sydd wedi'i wneud yn bennaf o ocsidau haearn. Mae'n cymryd pedair tunnell fetrig o focsit i wneud un dunnell fetrig o alwminiwm.

Drwy dorri i lawr ar yr angen am ddefnyddiau crai, ac felly ar y mwyngloddio a'r prosesu mwynau sy'n angenrheidiol, bydd ailgylchu'n lleihau'r effaith andwyol ar yr amgylchedd. Mae ailgylchu'n gost effeithiol hefyd oherwydd bod angen cymaint o egni i weithgynhyrchu'r metel o focsit. Er enghraifft, bydd defnyddio caniau wedi'u hailgylchu yn lle bocsit yn caniatáu i'r diwydiant ddefnyddio'r un faint o egni i wneud 20 gwaith mwy o ganiau.

Caiff yr alwminiwm sgrap sydd ar ôl yn dilyn prosesau gweithgynhyrchu ei ailgylchu bob amser. Bydd gwerthwyr metel sgrap yn delio â'r gwastraff o'r ffynonellau hyn a ffynonellau eraill hefyd, fel rhannau o geir, hen sosbenni ac alwminiwm a ddaw o adeiladau. Mae llai nag 1% o wastraff domestig yn ei grynswth yn alwminiwm, a daw bron y cyfan o'r alwminiwm hwnnw o ganiau diodydd. Ledled y byd, caiff tua 55% o ganiau diod eu hailgylchu. Yn Ewrop, mae'r gyfradd ailgylchu wedi bod yn cynyddu'n raddol o'r lefelau a fu, 40% yn 1997, a dim ond 30% yn 1994. Mae'r cyfraniad tuag at y cyfanswm hwn ym Mhrydain yn golygu bod dros 1.5 mil o filiynau o ganiau yn cael eu hailgylchu bob blwyddyn.

Dydy alwminiwm ddim yn fagnetig, ond mae modd ei wahanu oddi wrth ffrwd wastraff drwy ddefnyddio maes magnetig amrywiad cyflym, sy'n peri ceryntau trolif ym metel y can. Bydd rhyngweithiad y maes allanol ac effaith fagnetig y ceryntau trolif yn arwain at rym sy'n gallu gwthio'r caniau allan o'r ffrwd wastraff.

Ychydig iawn o alwminiwm sy'n cael ei ailddefnyddio heb ei ailfwyndoddi. Un eithriad o bwys yw'r gasgen gwrw fechan.

Adolygu

Bydd y canllaw hwn yn eich helpu i drefnu eich nodiadau a'ch gwaith adolygu. Cymharwch y termau a'r topigau â manyleb eich maes astudio, i wirio a yw eich cwrs chi yn cynnwys y cyfan. Efallai na fydd angen i chi astudio popeth.

Termau allweddol

Dangoswch eich bod yn deall ystyr y termau hyn drwy roi enghreifftiau. Un syniad posibl fyddai i chi ysgrifennu term allweddol ar un ochr i gerdyn mynegai ac yna ysgrifennu ystyr y term ac enghraifft ohono ar yr ochr arall. Gwaith hawdd wedyn fydd i chi roi prawf ar eich gwybodaeth pan fyddwch yn adolygu. Neu gallech ddefnyddio cronfa ddata ar gyfrifiadur, gyda meysydd ar gyfer y term allweddol, y diffiniad a'r enghraifft. Rhowch brawf ar eich gwybodaeth drwy ddefnyddio adroddiadau sydd ond yn dangos un maes ar y tro.

- Rhif atomig
- Grŵp
- Cyfnod
- Cyfnodedd
- Priodweddau ffisegol
- Radiws atomig
- Radiws ïonig
- Egni ïoneiddiad
- Ffurfwedd electronau
- Cysgodi
- Tuedd
- Electronegatifedd
- Trosglwyddiad electronau
- Hanner-hafaliad
- Cyfryngau ocsidio

- Ocsidiad
- Cyfryngau rhydwytho
- Rhydwythiad
- Rhifau ocsidiad
- Cyflyrau ocsidiad
- Adweithiau rhydocs
- Elfen bloc-s
- Ocsid basig
- Hydoddedd
- Dadelfeniad thermol
- Halogen
- Ïon halid
- Adweithiau dadleoli
- Adwaith dadgyfrannu
- Cannu

Symbolau a chonfensiynau

Gwnewch yn siŵr eich bod yn deall y symbolau a'r confensiynau a ddefnyddir gan gemegwyr i ysgrifennu hafaliadau. Rhowch enghreifftiau eglur o'r rhain yn eich nodiadau.

- Y rheolau ar gyfer enwi cyfansoddion anorganig cyffredin
- Y defnydd a wneir o rifau ocsidiad yn enwau cyfansoddion anorganig
- Y defnydd a wneir o rifau ocsidiad i gydbwyso hafaliadau rhydocs

Ffeithiau, patrymau ac egwyddorion

Gallwch ddefnyddio tabl, siart, map cysyniadau neu fap meddwl i lunio crynodeb o syniadau allweddol. Ychwanegwch dipyn o liw at eich nodiadau yma ac acw i'w gwneud yn fwy cofiadwy.

- Y tabl cyfnodol, cyfnodedd priodweddau ffisegol: egnïon ïoneiddiad a chyflyrau ocsidiad
- Tebygrwydd a thueddiadau yng nghemeg elfennau grŵp 2
- Tebygrwydd a thueddiadau yng nghemeg cyfansoddion grŵp 2: ocsidau, cloridau, hydrocsidau, carbonadau a nitradau
- Tebygrwydd a thueddiadau yng nghemeg elfennau grŵp 7
- Tebygrwydd a thueddiadau yng nghemeg cyfansoddion grŵp 7: ïonau halid, halidau hydrogen, halidau arian

Technegau yn y labordy

Defnyddiwch ddiagramau wedi'u labelu i ddangos a disgrifio'r camau allweddol hyn mewn prosesau ymarferol:

- Sut i gynnal prawf fflam a dehongli lliwiau fflamau
- Sut i gynnal a dehongli profion ar gyfer nwyon cyffredin
- Sut i gynnal profion tiwb profi ar gyfer catïonau ac anïonau cyffredin

Cyfrifiadau

Lluniwch eich datrysiadau enghreifftiol eich hunan i ddangos eich bod yn gallu gwneud cyfrifiadau a fydd yn dod o hyd i'r canlynol o ddata penodol. Gallwch ddefnyddio'r cwestiynau sydd yn yr adrannau 'Prawf i chi' i'ch helpu.

- Canlyniadau titradiadau i amcangyfrif crynodiad cannydd clorin gyda photasiwm ïodid a sodiwm thiosylffad.

Cymwysiadau cemegol

Defnyddiwch nodiadau, gyda siartiau neu ddiagramau llif, i roi crynodeb o'r camau allweddol a'r adweithiau sydd yn y prosesau diwydiannol y sonnir amdanyn nhw ym manyleb y cwrs rydych chi'n ei astudio.

- Defnyddio cyfansoddion clorin i buro dŵr
- Gweithgynhyrchu bromin
- Gweithgynhyrchu clorin, sodiwm hydrocsid a hydrogen o hydoddiant halen (heli)
- Gweithgynhyrchu asid sylffwrig
- Gweithgynhyrchu amonia
- Gweithgynhyrchu asid nitrig a chynhyrchu gwrteithiau
- Echdynnu a phrosesu metelau: alwminiwm, haearn a dur, titaniwm.
- Gwarchod yr amgylchedd a chadwraeth adnoddau drwy gyfrwng rheoli gwastraff ac ailgylchu defnyddiau.

Sgiliau allweddol

Cyfathrebu

Bydd dod o hyd i wybodaeth ynghylch ffynonellau halogenau neu fetelau yn golygu bod angen i chi ddewis a darllen gwybodaeth o amryw fannau. Gallwch ddod â'r wybodaeth ynghyd mewn adroddiad cynhwysfawr, neu ar ffurf cyflwyniad darluniadol ac enghreifftiol gerbron pobl eraill. Os byddwch yn dewis ysgrifennu adroddiad gallwch ateb gofynion y sgiliau allweddol drwy gasglu ynghyd y wybodaeth berthnasol, gan osod trefn dda ar y cyfan a defnyddio geirfa arbenigol.

Technoleg Gwybodaeth

Gall CD-ROM neu wefan fod yn ffynhonnell wybodaeth gyfoethog ar gyfer data rhifiadol a hefyd ar gyfer gwybodaeth ddisgrifiadol ynghylch elfennau a'u cyfansoddion. Gallwch blotio data o gronfeydd data i ddod o hyd i batrymau cyfnodol.

Adran pump
Cemeg Organig

Cynnwys

5.1 Beth yw cemeg organig?

Mae carbon yn elfen ryfeddol – mae yna fwy o gyfansoddion carbon nag sydd o'r holl elfennau eraill gyda'i gilydd. Mae cemeg cyfansoddion carbon mor bwysig fel ei bod yn ffurfio cangen gwbl ar wahân o gemeg. Mae cemeg organig yn cynnwys astudio'r holl gyfansoddion carbon heblaw'r rhai mwyaf syml, fel carbon deuocsid a charbonadau, sydd fel rheol yn cael eu trin fel rhan o astudiaeth yr elfen mewn cemeg anorganig. Bydd yr adran hon yn rhoi golwg gyffredinol i chi ar y prif themâu y byddwch yn eu hastudio mewn cemeg organig.

Ffigur 5.1.1 ▲
Adeiledd ethanol, yn dangos yr ysgerbwd carbon gyda bondiau cofalent yn cysylltu'r atomau carbon â'i gilydd a gydag atomau eraill. Mae ethanol, sydd â'r grŵp gweithredol —OH, yn foleciwl alcohol

Elfen arbennig

Gall carbon ffurfio cynifer o gyfansoddion oherwydd bod atomau carbon yn gallu uno â'i gilydd mewn gwahanol ffyrdd i ffurfio cadwynau, cadwynau canghennog a chylchoedd. Mae hyn yn gwneud amrywiaeth mawr o gyfansoddion carbon yn bosibl. Does dim un elfen arall yn gallu ffurfio cadwynau mor hir o'i hatomau.

Mewn cyfansoddyn organig, yr atomau carbon wedi'u cysylltu â'i gilydd sy'n creu ysgerbwd y gall atomau'r elfennau eraill uno ag ef. Mewn cemeg organig, bydd carbon yn aml yn ffurfio bondiau gydag atomau hydrogen, ocsigen, nitrogen a halogenau. (Gweler tudalennau 182–187 am fwy o fanylion ynghylch bondio ac adeiledd moleciwlau organig.)

Cyfresi cyfansoddion carbon

Mae gan gemegwyr organig sawl ffordd o drefnu'r swmp o wybodaeth sydd ar gael am y miliynau o gyfansoddion organig.

Un ffordd yw drwy ddosbarthu'r cyfansoddion yn gyfresi, pob un ohonyn nhw â'i grŵp nodedig o atomau. Mae'r alcanau (gweler tudalen 197), yr alcenau (gweler tudalen 201), yr alcoholau (gweler tudalen 212), a'r halogenoalcanau (gweler tudalen 207) oll yn enghreifftiau o'r cyfresi hyn. Mae pob un o'r teuluoedd hyn o gyfansoddion yn gyfres homologaidd, ac mae gan y cyfansoddion ym mhob cyfres homologaidd grŵp gweithredol nodedig, fel sy'n cael ei egluro ar dudalen 183.

Mathau o adweithiau organig

Ffordd bwysig arall o wneud synnwyr o gemeg carbon yw drwy ddosbarthu'r adweithiau. Gall cyfansoddion organig, fel y cyfansoddion anorganig, gael eu hocsidio, eu rhydwytho, eu hydrolysu neu eu niwtralu gan asidau neu fasau.

Mae dosbarthiad arall yn dangos beth sy'n digwydd i'r moleciwlau (gweler tudalennau 191–193):

- bydd adweithiau adio yn ychwanegu atomau at foleciwl
- bydd adweithiau amnewid yn rhoi atomau gwahanol yn lle un neu fwy o atomau
- bydd adweithiau dileu yn hollti atomau ymaith o'r tu mewn i foleciwl

Mae ffordd arall o ddosbarthu adweithiau organig yn seiliedig ar fecanwaith yr adwaith, gan ddangos y mathau o adweithyddion, y dull o dorri bondiau a natur unrhyw ryngolion. (Gweler tudalennau 194–195 am enghreifftiau.)

Adio

$$H_2C{=}CH_2 \ + \ Br{-}Br \ \longrightarrow \ \text{CH}_2\text{Br}{-}\text{CH}_2\text{Br}$$

Amnewid

$$\text{CH}_3{-}\text{CH}_2{-}Br \ + \ OH^- \ \longrightarrow \ \text{CH}_3{-}\text{CH}_2{-}OH \ + \ Br^-$$

Dileu

(diagram yn dangos adwaith dileu gan gynhyrchu H—Br)

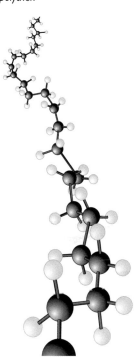

Cemeg Organig

Adran pump

Moleciwlau mawr

Cyfansoddion carbon yw'r rhan fwyaf o'r moleciwlau mewn pethau byw, felly mae biocemeg a bioleg foleciwlaidd yn gymwysiadau pwysig o gemeg organig. Mae cyfansoddion sydd i'w cael mewn celloedd byw yn cynnwys carbohydradau, brasterau, proteinau ac asidau niwcleig. Mae moleciwlau'r cyfansoddion hyn yn fawr, a rhai ohonyn nhw'n fawr iawn. Er enghraifft, mae'r carbohydrad cellwlos mewn cotwm yn bolymer naturiol sydd wedi'i wneud o gadwynau hir iawn o unedau glwcos yn gysylltiedig â'i gilydd.

Bydd cemegwyr organig yn llunio moleciwlau cadwynau hir eraill drwy gysylltu miliynau o foleciwlau bychain â'i gilydd i wneud polymerau. Mae'r polymerau synthetig cyfarwydd yn cynnwys polythen, *pvc*, polystyren a neilon.

Ymchwiliadau ymarferol

Dadansoddi

Mae dadansoddi adeiledd cyfansoddion carbon wedi bod yn her i gemegwyr. Yn draddodiadol, roedden nhw'n defnyddio profion cemegol i adnabod grwpiau'r atomau mewn adeiledd. Erbyn hyn, mae cemegwyr yn dibynnu fwyfwy ar ddulliau sy'n defnyddio offer, yn enwedig y gwahanol fathau o sbectrosgopeg (gweler tudalennau 53–55 a 90–91).

Synthesis

Mae cemegwyr organig wedi rhoi prawf ar eu dealltwriaeth o adeileddau ac adweithiau organig drwy ddyfeisio ffyrdd o syntheseiddio moleciwlau mwyfwy cymhleth. Wrth ei waith, bydd cemegydd organig yn dechrau gydag adeiledd arfaethedig ac yn dyfeisio dull ymarferol o'i greu o foleciwlau llai o faint.

Diffiniad

Dadansoddi yw'r gwaith o dorri cemegion i lawr er mwyn darganfod o beth maen nhw wedi'u gwneud.
Synthesis yw'r gwaith o uno cemegion â'i gilydd i wneud cynhyrchion newydd.

179

5.2 Moleciwlau organig

Mae'r adran hon yn eich cyflwyno i foleciwlau organig, eu fformiwlâu, eu hadeileddau a'u bondio. Caiff priodweddau cyfansoddyn organig eu pennu'n rhannol gan y bondio cofalent cryf sydd rhwng yr atomau yn ei foleciwlau. Mae'r grymoedd rhyngfoleciwlaidd gwan rhwng y moleciwlau yn bwysig iawn hefyd. **CD-ROM**

Fformiwlâu empirig

Fformiwla a gafwyd drwy arbrawf yw'r fformiwla empirig ar gyfer cyfansoddyn. Bydd canlyniadau arbrofol yn rhoi masau cyfuno'r elfennau sydd mewn cyfansoddyn, a bydd cemegwyr yn cyfrifo'r fformiwla empirig o'r canlyniadau hyn.

Mae'r fformiwla empirig yn dangos cymhareb symlaf symiau'r elfennau sydd mewn cyfansoddyn; felly mae'n rhoi cymhareb symlaf nifer yr atomau.

Un dull o bennu fformiwlâu cyfansoddion organig yw drwy ddefnyddio dadansoddiad hylosgiad. Ar ôl pwyso sampl o'r cyfansoddyn, bydd y dadansoddwr yn llosgi'r sampl mewn gormodedd o ocsigen yn gymysg â heliwm. Bydd hyn yn trawsnewid y carbon yn garbon deuocsid a'r hydrogen yn ddŵr. Bydd catalydd yn sicrhau bod yr hylosgi yn gyflawn.

Bydd yr heliwm anadweithiol yn cludo cynhyrchion yr hylosgiad a'r gormodedd o ocsigen drwy diwb sy'n cynnwys cemegion er mwyn cael gwared ar unrhyw gyfansoddion halogenau, sylffwr neu ffosfforws anweddol. Caiff ocsidau nitrogen eu trawsnewid yn nwy nitrogen a bydd y gormodedd o ocsigen yn cyfuno â chopr.

Caiff yr anwedd dŵr ei amsugno mewn magnesiwm clorad(VII), a'r carbon deuocsid mewn calch soda. Gydag offer modern mae modd mesur dargludedd thermol yr heliwm cyn ac wedi'r amsugno a hynny'n ei gwneud yn bosibl i bennu masau'r dŵr, y carbon deuocsid a'r nitrogen a gaiff eu ffurfio drwy losgi'r sampl.

O'r canlyniadau hyn mae'n bosibl cyfrifo cyfansoddiad y cyfansoddyn yn ôl y canrannau. Cymerir yn ganiataol mai ocsigen sy'n gyfrifol am unrhyw fàs na roddwyd cyfrif amdano.

Ffigur 5.2.1 ▶
Ymchwilwyr sy'n gweithio ar ddatblygu cyffuriau yn astudio model cyfrifiadurol o brotein. Y rhuban porffor yw adeiledd cyffredinol y moleciwl, a'r patrwm gwyrdd sy'n dangos yr atomau ar safle gweithredol y moleciwl, sy'n helpu celloedd i ymateb i hormonau

Datrysiad enghreifftiol

Cynhyrchwyd 0.22 g o garbon deuocsid a 0.09 g o ddŵr drwy hylosgiad cyflawn 0.15 g o gyfansoddyn hylifol. Beth yw fformiwla empirig y cyfansoddyn?

Nodiadau ar y dull

Màs molar carbon deuocsid, CO_2 = 44 g mol⁻¹ lle mae carbon yn 12 g mol⁻¹.

Màs molar dŵr, H_2O = 18 g mol⁻¹ lle mae hydrogen yn 2 g mol⁻¹.

Ateb

Màs y carbon yn y sampl = $\dfrac{12}{44}$ × 0.22 g = 0.06 g.

Màs yr hydrogen yn y sampl = $\dfrac{2}{18}$ × 0.09 g = 0.01 g.

Cyfanswm màs y carbon a'r hydrogen = 0.07 g mewn sampl â màs o 0.15 g

Mae'r gwahaniaeth yn rhoi màs yr ocsigen yn y sampl, sef 0.08 g

Dyma symiau yr elfennau yn y sampl.

carbon:	0.06 g ÷ 12 g mol⁻¹	= 0.005 mol
hydrogen:	0.01 g ÷ 1 g mol⁻¹	= 0.01 mol
ocsigen:	0.08 g ÷ 16 g mol⁻¹	= 0.005 mol

Cymhareb C:H:O yw 1: 2: 1

Fformiwla empirig y cyfansoddyn yw CH_2O.

Prawf i chi **D**

I Cyfrifwch fformiwlâu empirig y cyfansoddion hyn:
  a) cynhyrchwyd 1.69 g o garbon deuocsid a 0.346 g o ddŵr drwy hylosgiad cyflawn sampl o hydrocarbon.
  b) cynhyrchwyd 0.748 g o garbon deuocsid a 0.308 g o ddŵr drwy hylosgiad cyflawn 0.292 g o gyfansoddyn.

Cemeg Organig

Adran pump

Fformiwlâu moleciwlaidd

Mae'r fformiwla foleciwlaidd yn dangos sawl atom o bob elfen sydd mewn moleciwl. Fformiwla foleciwlaidd clorin yw Cl_2, amonia yw NH_3, ac ethanol yw C_2H_5OH. Dim ond ar gyfer sylweddau wedi'u gwneud o foleciwlau y defnyddir y term 'fformiwla foleciwlaidd'.

Ar gyfer cyfansoddion moleciwlaidd, y màs moleciwlaidd cymharol sy'n dangos a yw'r fformiwla empirig yr un peth â'r fformiwla foleciwlaidd ai peidio.

Lluosrif syml o'r fformiwla empirig yw'r fformiwla foleciwlaidd bob amser. Er enghraifft, mae gwaith dadansoddol yn dangos mai fformiwla empirig hecsan yw C_3H_7. Mae sbectrwm màs yn dangos mai màs moleciwlaidd cymharol hecsan yw 86. Màs cymharol y fformiwla empirig, $M_r (C_3H_7)$ = (3 × 12) + (7 × 1) = 43. Felly mae'r fformiwla foleciwlaidd yn ddwywaith y fformiwla empirig. Fformiwla foleciwlaidd hecsan yw C_6H_{14}.

Fformiwlâu adeileddol

Mae fformiwlâu adeileddol yn dangos trefniant yr atomau a'r grwpiau gweithredol mewn moleciwlau.

Weithiau, dim ond ffurf gryno sydd ei hangen i ddangos yr adeiledd, fel CH_3CH_2OH ar gyfer ethanol.

Prawf i chi **D**

Pennwch fformiwlâu empirig a moleciwlaidd:
  a) cyfansoddyn sy'n cynnwys 38.7% o garbon, 9.68% o hydrogen, a'r gweddill yn ocsigen; màs moleciwlaidd cymharol y cyfansoddyn yw 62.
  b) hydrocarbon sy'n cynnwys 82.8% o garbon gydag amcangyfrif o rwng 50 a 60 ar gyfer ei fàs moleciwlaidd cymharol.

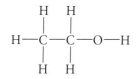

Ffigur 5.2.2 ▲
Y fformiwla arddangos neu graffig ar gyfer ethanol, yn dangos yr holl atomau a bondiau

Weithiau mae ysgrifennu'r fformiwla adeileddol yn llawn, gan ddangos yr holl atomau a'r holl fondiau, yn fwy eglur. Enwau eraill ar y math yma o fformiwla yw fformiwla arddangos neu fformiwla graffig.

Bondiau cryfion o fewn moleciwlau

Mae'r atomau mewn moleciwlau wedi'u cysylltu gan fondiau cofalent cryfion. Bydd ychydig o reolau syml ynghylch bondio yn help wrth geisio pennu ym mha ffyrdd mae atomau'n cysylltu â'i gilydd. Mae Ffigur 5.2.3 yn rhestru nifer y bondiau y bydd y gwahanol fathau o atom yn eu ffurfio gydag atomau eraill.

Yr elfen	Nifer y bondiau	Côd lliwiau
carbon, C	4	du
hydrogen, H	1	gwyn
ocsigen, O	2	coch
nitrogen, N	3	glas
clorin, Cl	1	gwyrdd
bromin, Br	1	gwyrdd
ïodin, I	1	gwyrdd

Ffigur 5.2.3 ▶

Mae Ffigur 5.2.4 yn dangos sut mae'r patrymau bondio hyn yn gweithio mewn rhai enghreifftiau o hydrocarbonau. Sylwch nad yw patrymau'r adeileddau sydd wedi'u hysgrifennu'n fflat ar bapur yn rhoi argraff gywir o siapiau moleciwlau – mae modelau moleciwlaidd yn well.

Enw a fformiwla foleciwlaidd	Fformiwla arddangos (neu graffig)	Model pêl-a-ffon	Model llanw gofod
propan C_3H_8	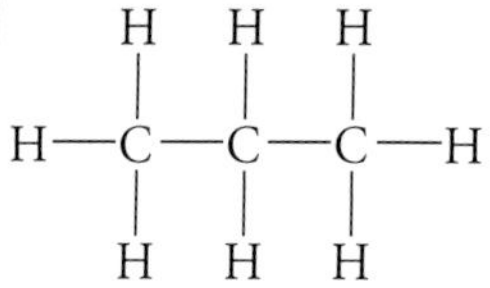	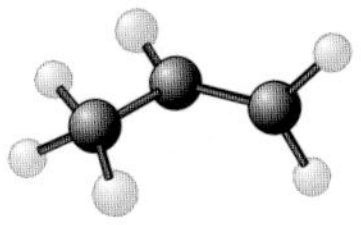	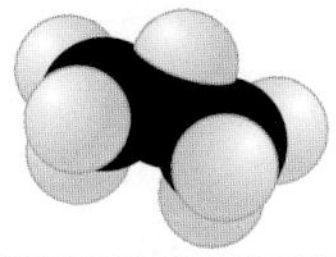
bwtan C_4H_{10}	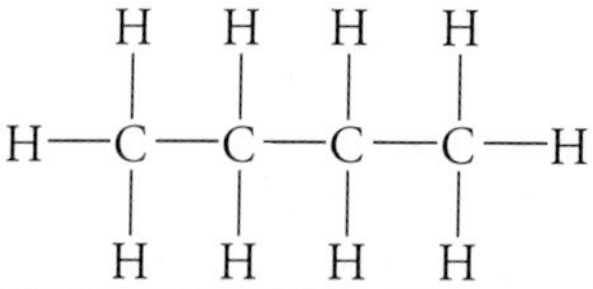	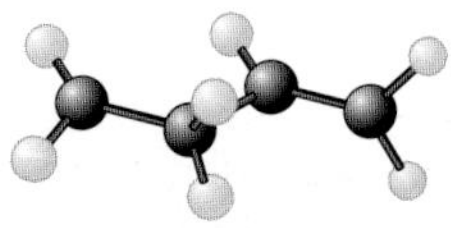	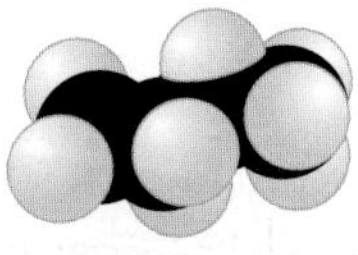
2-methylpropan C_4H_{10}	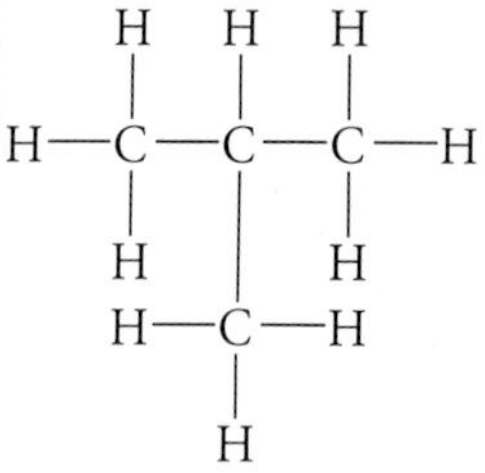	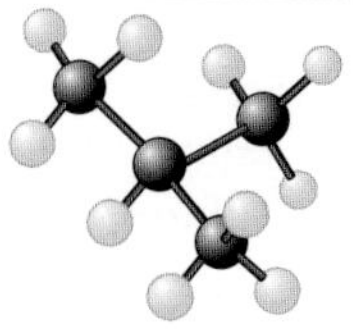	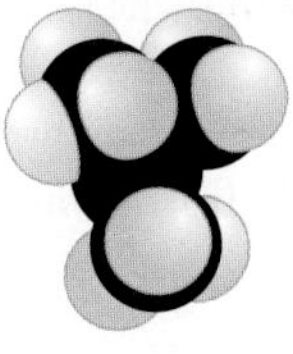

Ffigur 5.2.4 ▲
Ffyrdd o gynrychioli bondiau a siapiau cyfansoddion carbon. Rhifwch nifer y bondiau a ffurfir gan bob atom a gwiriwch eu bod yn cyfateb i'r rhifau ar gyfer yr elfennau a restrir yn Ffigur 5.2.3

CD-ROM

Mae modelau pêl-a-ffon yn dangos nifer y bondiau ac onglau'r bondiau yn eglur, ond mae modelau llanw gofod yn rhoi darlun mwy realistig o'r siapiau moleciwlaidd.

Grwpiau gweithredol

Grŵp gweithredol yw'r grŵp o atomau a bondiau sy'n rhoi ei phriodweddau nodweddiadol i gyfres o gyfansoddion organig. Y grŵp gweithredol mewn moleciwl sy'n gyfrifol am y rhan fwyaf o'i adweithiau. Yn gyffredinol, mae'r gadwyn hydrocarbon sy'n ffurfio gweddill unrhyw foleciwl organig yn anadweithiol gyda'r rhan fwyaf o adweithyddion cyffredin megis asidau ac alcalïau.

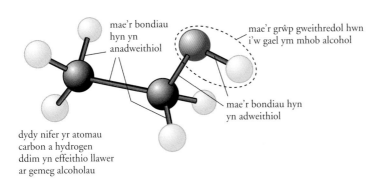

mae'r bondiau hyn yn anadweithiol

mae'r grŵp gweithredol hwn i'w gael ym mhob alcohol

mae'r bondiau hyn yn adweithiol

dydy nifer yr atomau carbon a hydrogen ddim yn effeithio llawer ar gemeg alcoholau

figur 5.2.5 ◄
Adeiledd ethanol wedi'i labelu i ddangos y grŵp gweithredol adweithiol a'r ysgerbwd hydrocarbon sy'n aros yn ddigyfnewid yn ystod llawer o adweithiau'r alcohol

Mae enghreifftiau o grwpiau gweithredol yn cynnwys:

$C=C$ mewn alcenau, —Cl mewn cloroalcanau,

—OH mewn alcoholau, $C=O$ mewn cetonau ac aldehydau,

$$-C \begin{smallmatrix} O \\ \parallel \\ \\ O-H \end{smallmatrix}$$ mewn asidau carbocsylig.

Mae gan rai moleciwlau organig ddau neu fwy o grwpiau gweithredol. Er enghraifft, yn yr asid lactig sydd mewn llaeth wedi suro, mae grŵp —OH a grŵp —CO_2H. Yn ei adweithiau, bydd asid lactig yn ymddwyn fel alcohol weithiau, fel asid bryd arall, ac weithiau'n arddangos priodweddau'r ddau fath o gyfansoddyn.

grŵp gweithredol alcohol – grŵp hydrocsi

grŵp asid carbocsylig

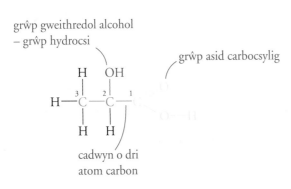

cadwyn o dri atom carbon

Ffigur 5.2.6 ◄
Adeiledd asid lactig (asid 2-hydrocsipropanoig)

Cemeg Organig

Adran pump

Cyfresi homologaidd

Cyfres o gyfansoddion organig sy'n perthyn yn agos iawn i'w gilydd yw cyfres homologaidd. Yr un grŵp gweithredol sydd gan y cyfansoddion mewn cyfres homologaidd, ac mae modd eu disgrifio mewn fformiwla gyffredinol. CH_2 yw'r gwahaniaeth rhwng fformiwla un aelod o'r gyfres a fformiwla'r aelod nesaf. Fformiwla gyffredinol y gyfres alcan yw C_nH_{2n+2}

Ffigur 5.2.7 ▶

Chwe aelod cyntaf cyfres homologaidd yr alcanau yn dangos y newid yn yr adeiledd o'r naill i'r llall

Enw	Fformiwla	Fformiwla arddangos (neu graffig)
methan	CH_4	
ethan	C_2H_6	
propan	C_3H_8	
bwtan	C_4H_{10}	
pentan	C_5H_{12}	
hecsan	C_6H_{14}	

Bydd priodweddau ffisegol, megis y berwbwynt, yn arddangos tuedd gyson yn y gwerthoedd ar hyd cyfres homologaidd.

Mae gan aelodau cyfres homologaidd briodweddau cemegol tebyg iawn i'w gilydd oherwydd bod ganddyn nhw'r un grŵp gweithredol.

Isomeredd

Cyfansoddion yw isomerau sydd ag adeileddau gwahanol ond yr un fformiwla foleciwlaidd. Maen nhw'n digwydd o ganlyniad i newid yn nhrefn atomau mewn moleciwlau a newidiadau hefyd yn siapiau'r moleciwlau.

Isomerau adeileddol

Gall isomerau adeileddol fodoli am y rhesymau canlynol:

▪ oherwydd bod y gadwyn o atomau carbon yn canghennu mewn gwahanol ffyrdd,

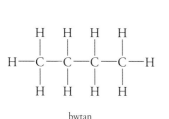

bwtan   2-methylpropan

Ffigur 5.2.8 ◄
Isomerau C_4H_{10}

▪ oherwydd bod y grŵp gweithredol mewn safle gwahanol,

propan-1-ol   propan-2-ol

Ffigur 5.2.9 ◄
Isomerau C_3H_8O

▪ oherwydd bod y grwpiau gweithredol yn wahanol i'w gilydd,

propan-1-ol   methocsiethan
(alcohol)   (ether)

Ffigur 5.2.10 ◄
Isomerau C_3H_8O

Isomeredd geometrig

Lle ceir bond sengl, gall un rhan o'r moleciwl gylchdroi mewn perthynas â gweddill y moleciwl.

Dim ond un cyfansoddyn oherwydd bod pennau'r moleciwl yn gallu cylchdroi'n rhydd o amgylch bond sengl

Ffigur 5.2.11 ◄
Diagram i ddangos cylchdroi o amgylch bond sengl

Cemeg Organig

Adran pump

Mae bondio dwbl yn atal cylchdroi rhydd a dyma sy'n esbonio bodolaeth isomerau geometrig.

Moleciwlau sydd â'r un fformiwlâu moleciwlaidd a'r un fformiwlâu adeileddol, ond â siapiau (geometregau) gwahanol i'w gilydd yw isomerau geometrig. Gall alcenau a chyfansoddion eraill sydd â bondiau dwbl C = C fod ag isomerau geometrig oherwydd nad oes cylchdroi o amgylch y bond dwbl (Ffigur 5.2.12).

Ffigur 5.2.12 ▶

Isomerau geometrig bwt-2-en. Maen nhw'n gyfansoddion gwahanol i'w gilydd gydag ymdoddbwyntiau, berwbwyntiau a dwyseddau eu hunain

ymdoddbwynt = − 139°C
cis-bwt-2-en

Cyfansoddion gwahanol oherwydd bod y bond dwbl yn atal cylchdroi

ymdoddbwynt = − 106°C
trans-bwt-2-en

Gall bodolaeth cylch o atomau mewn adeiledd atal cylchdroi rhydd hefyd, ac achosi isomeredd geometrig.

Caiff yr isomerau eu labelu yn *cis* a *trans*. Yn yr isomer *cis*, bydd grwpiau gweithredol tebyg i'w gilydd ar yr un ochr i'r bond dwbl. Yn yr isomer *trans*, bydd grwpiau gweithredol tebyg i'w gilydd ar ochrau cyferbyn i'r bond dwbl (Ffigur 5.2.12).

Bondiau gwan rhwng moleciwlau

Grymoedd atynnol gwan rhwng moleciwlau yw grymoedd rhyngfoleciwlaidd (gweler tudalen 83). Heb y grymoedd rhyngfoleciwlaidd fyddai yna ddim hylifau na solidau organig.

Yn gyffredinol, bydd grymoedd rhyngfoleciwlaidd yn cryfhau wrth i foleciwlau dyfu'n hwy. Wedyn, ceir mwy o electronau ac arwynebedd cyswllt mwy o faint i'r grymoedd rhyngfoleciwlaidd weithredu arnyn nhw. Dyma'r rhesymau dros y codiad yn y berwbwyntiau a'r ymdoddbwyntiau, wrth i nifer yr atomau carbon gynyddu yng nghyfres cadwynau syth yr alcanau.

Bydd moleciwlau amholar sydd â grymoedd rhyngfoleciwlaidd gwan yn tueddu i gymysgu gyda hydoddyddion amholar, a hydoddi ynddyn nhw (gweler tudalen 89). Er enghraifft, bydd yr alcanau hylifol yn cymysgu'n rhydd â'i gilydd mewn petrol. Serch hynny, fydd hydrocarbonau ddim yn cymysgu â dŵr nac yn hydoddi ynddo ond, yn hytrach, maen nhw'n arnofio gan ffurfio haenen olewog ar wyneb y dŵr. Mae'r bondio hydrogen rhwng moleciwlau dŵr polar 10 gwaith cryfach na grymoedd rhyngfoleciwlaidd eraill. Os na fydd moleciwlau yn gallu ffurfio bondiau hydrogen yna fyddan nhw ddim yn gallu mynd rhwng y moleciwlau dŵr.

Bondio hydrogen yw atyniad rhwng moleciwlau, sy'n rym llawer iawn

O'r Lladin y daw'r rhagddodiad 'trans', yn golygu 'ar draws' neu 'y tu hwnt'. O'r Lladin y daw'r rhagddodiad 'cis' hefyd, yn golygu 'ar yr ochr hon'.

Prawf i chi

7 Gwnewch fodelau a thynnwch luniau o adeileddau pump isomer C_6H_{14}.

8 Tynnwch lun adeileddau'r ddau isomer sydd â'r fformiwla foleciwlaidd C_2H_6O. Pa un o'r isomerau hyn sy'n alcohol?

8 Tynnwch lun adeileddau'r alcoholau sydd â'r fformiwla foleciwlaidd $C_4H_{10}O$.

9 Tynnwch lun adeileddau'r tri isomer o $C_2H_2Br_2$. Dynodwch y ddau isomer geometrig a gwnewch fodelau ohonyn nhw.

Ffigur 5.2.13 ▶

Po hiraf yw'r moleciwlau, cryfaf fydd y grymoedd rhyngfoleciwlaidd

bond cryf cofalent

atyniad rhyngfoleciwlaidd gwan rhwng deupolau anwyt (gweler tudalen 84)

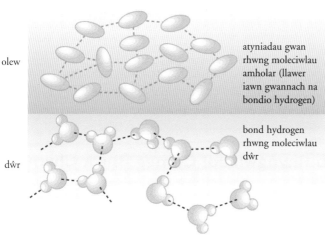

olew

atyniadau gwan rhwng moleciwlau amholar (llawer iawn gwannach na bondio hydrogen)

bond hydrogen rhwng moleciwlau dŵr

dŵr

Ffigur 5.2.14 ◄
Dydy olew a dŵr ddim yn cymysgu. Bydd bondio cryf rhwng moleciwlau dŵr yn cadw'r moleciwlau hydrocarbon amholar allan

cryfach na mathau eraill o rymoedd rhyngfoleciwlaidd, ond yn llawer iawn gwannach na bondio cofalent (gweler tudalen 85).

Bydd bondio hydrogen yn effeithio ar foleciwlau sydd â hydrogen mewn bond cofalent gydag un o'r tair elfen electronegatif iawn, sef nitrogen, ocsigen a fflworin. Mewn cemeg organig, mae hyn yn golygu bod priodweddau'r alcoholau, yr asidau carbocsylig a'r aminau yn cael eu heffeithio gan fondio hydrogen.

Bondio hydrogen yw'r rheswm pam mae alcoholau ac asidau carbocsylig yn hydawdd mewn dŵr. Yn y cyfansoddion hyn, mae hydoddedd yn gysylltiedig â'r grwpiau gweithredol polar. Wrth i'r gadwyn hydrocarbon amholar dyfu'n hwy gan ffurfio cyfran uwch o'r moleciwlau, bydd yr hydoddedd yn lleihau.

Prawf i chi

11 Tynnwch lun un adeiledd posibl ar gyfer pob un o'r moleciwlau hyn, a phenderfynwch pa rai ohonyn nhw sy'n rhai polar, a pha rai sy'n amholar (gweler tudalen 83): C_5H_{12}, CH_2O, C_3H_7OH, CCl_4.

12 Pa rai o'r moleciwlau y gwnaethoch chi dynnu lluniau ohonyn nhw yng ngwestiwn 11 y byddech chi'n disgwyl iddyn nhw gymysgu gyda moleciwlau dŵr?

Ffigur 5.2.15 ◄
Tebyg yn hydoddi ei debyg. Bondio hydrogen yn digwydd rhwng moleciwlau methanol a moleciwlau dŵr

5.3 Enwau cyfansoddion carbon

Mae'r adran hon yn rhoi amlinelliad i chi o'r ffordd systematig sydd gan gemegwyr o enwi cyfansoddion organig. Os cewch chi'r enw systematig, gallwch ddarganfod beth yw'r adeiledd, a'r un peth i'r gwrthwyneb.

Undeb Rhyngwladol Cemeg Bur a Chymhwysol (IUPAC)

Undeb Rhyngwladol Cemeg Bur a Chymhwysol (*The International Union of Pure and Applied Chemistry – IUPAC*) yw'r awdurdod cydnabyddedig ar enwau cyfansoddion cemegol. Enwau systematig yw enwau IUPAC yn seiliedig ar set o reolau sy'n ei gwneud yn bosibl i ddarganfod o'r enw beth yw adeiledd cemegol cyfansoddyn. Mae cemegwyr yn defnyddio enwau cymeradwy IUPAC fwyfwy ar gyfer cemegion mwy syml ond yn cadw at enwau traddodiadol pan fydd yr enw systematig yn gymhleth. Er enghraifft, mae'r enw asid 2-hydrocsipropan-1,2,3- tricarbocsylig yn disgrifio'r adeiledd ond yn enw trafferthus o'i gymharu â'r enw traddodiadol asid citrig. Dewiswyd yr enw 'asid citrig' yn wreiddiol gan gemegwyr oherwydd bod yr asid i'w gael mewn ffrwythau citraidd.

Enwau systematig

Mae enwau systematig yn ei gwneud yn bosibl i ddarganfod o'r fformiwla beth yw'r enw, ac i ddarganfod o'r enw beth yw'r fformiwla.

Mae enw cyfansoddyn organig yn seiliedig ar y gadwyn syth hiraf neu ar y prif gylch o atomau carbon yn yr ysgerbwd carbon. Os cadwyn syth yw'r prif ran, yna bydd yr enw'n seiliedig ar yr alcan cyfatebol.

Ffigur 5.3.1 ▶
Pedair ffordd o gynrychioli adeiledd hecsan. Moleciwl alcan cadwyn 'syth' heb ganghennau
CD-ROM

Mae rhoi rhif ar bob atom carbon yn dynodi safle'r cadwynau ochr a'r grwpiau gweithredol, a bydd y rhif yn cael ei ailadrodd os oes dau grŵp ochr ar yr un atom carbon. O ben y gadwyn a fydd yn rhoi'r rhifau isaf posibl yn yr enw y bydd cemegwyr yn dechrau rhoi'r rhifau ar y cadwynau, gan adael y rhifau allan yn y mannau hynny lle nad oes amheuaeth ynghylch safle'r cadwynau ochr neu'r grwpiau gweithredol, fel yn achos ethanol, asid propanoig a bwtanon.

Grwpiau alcyl

Grwpiau o atomau carbon a hydrogen, sy'n ffurfio rhan o adeiledd moleciwlau yw grwpiau alcyl. Yr enghraifft symlaf yw'r grŵp methyl CH_3 – sef methan gydag un atom hydrogen wedi'i thynnu ymaith. Yn gyffredinol, moleciwlau alcan minws un atom hydrogen yw'r grwpiau alcyl.

Grŵp alcyl	Fformiwla
methyl	CH_3-
ethyl	CH_3CH_2-
propyl	$CH_3CH_2CH_2-$
bwtyl	$CH_3\,CH_2\,CH_2CH_2-$

Ffigur 5.3.2 ◄
Adeiledau grwpiau alcyl

Cemeg Organig

Adran pump

Llaw-fer ddefnyddiol ar gyfer unrhyw grŵp alcyl yw'r brif lythyren R. Caiff grwpiau alcyl eu cynrychioli wedyn gan R′ neu R″.

Rhagddodiad (o flaen enw'r hydrocarbon) ac ôl-ddodiaid (y tu ôl i enw'r hydrocarbon) sy'n dynodi'r cadwynau ochr a'r grwpiau gweithredol.

Pan fydd dwy neu fwy o'r un gadwyn ochr neu ddau neu fwy o'r un grŵp gweithredol yna bydd y rhif yn cael ei roi fel deu-, tri-, tetra- ac yn y blaen.

Defnyddir **rhagddodiaid** ar gyfer:

■ grwpiau alcyl, fel 2,3-deumethylbwtan

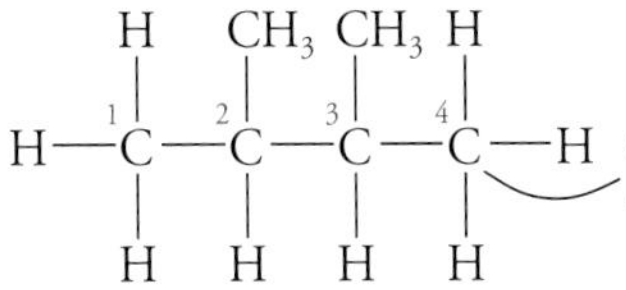

■ halogenoalcanau, fel 1-bromobwtan, 2-ïodopropan neu dricloromethan

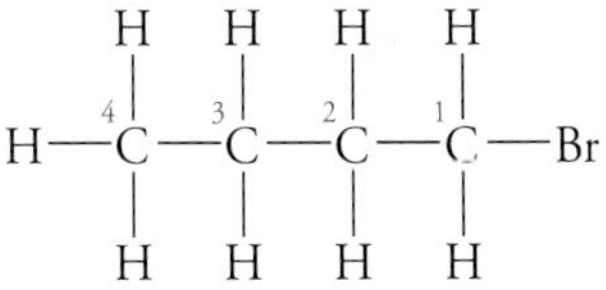

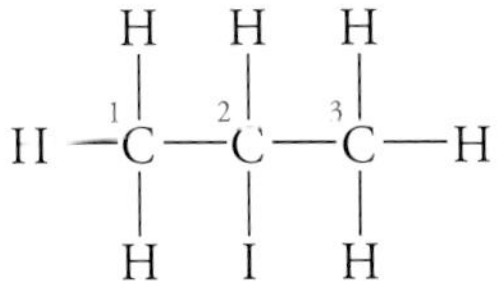

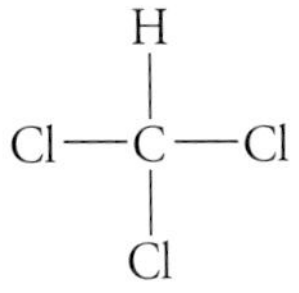

Defnyddir **ôl-ddodiad** ar gyfer:

■ bondiau dwbl mewn alcenau, fel bwt-1-en (sydd â bond dwbl rhwng yr atom carbon cyntaf a'r ail) a bwt-2-en (sydd â bond dwbl rhwg yr ail atom carbon a'r trydydd)

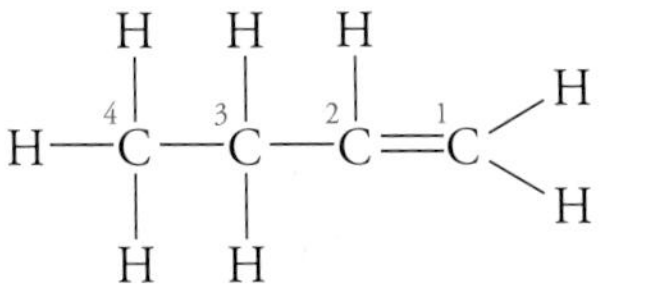

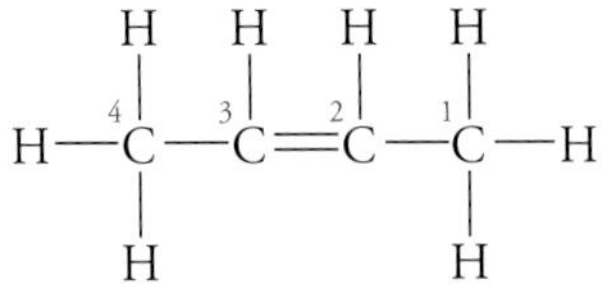

■ alcoholau, fel propan-1-ol a phropan-2-ol

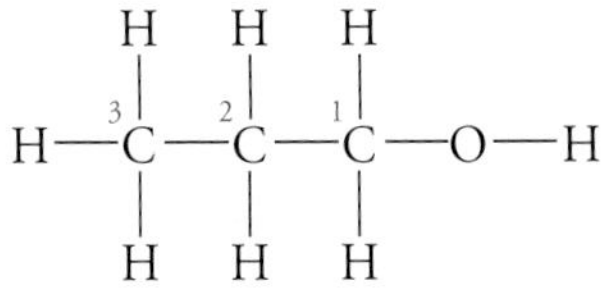

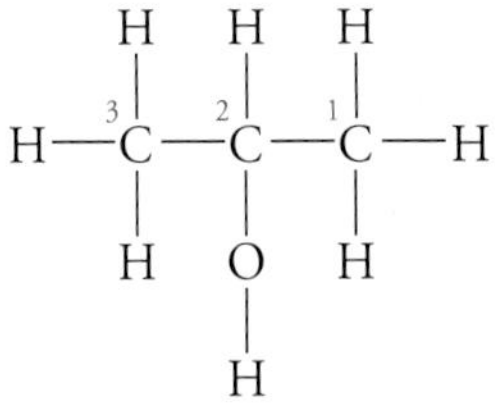

Alcan	Nifer yr atomau carbon (C)
methan	1
ethan	2
propan	3
bwtan	4
pentan	5
hecsan	6

aldehydau, fel propanal

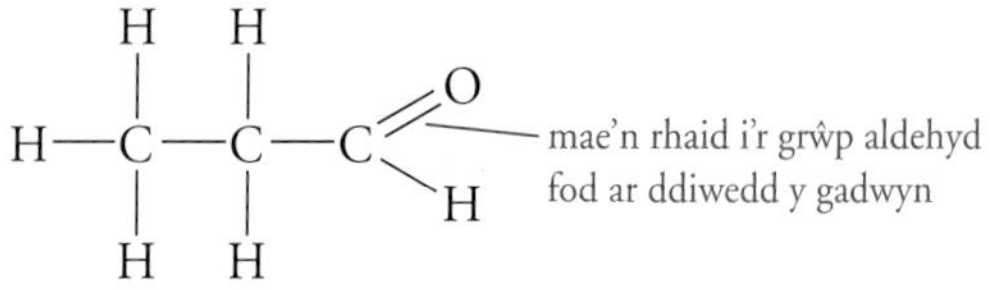

mae'n rhaid i'r grŵp aldehyd fod ar ddiwedd y gadwyn

cetonau, fel pentan-2-on

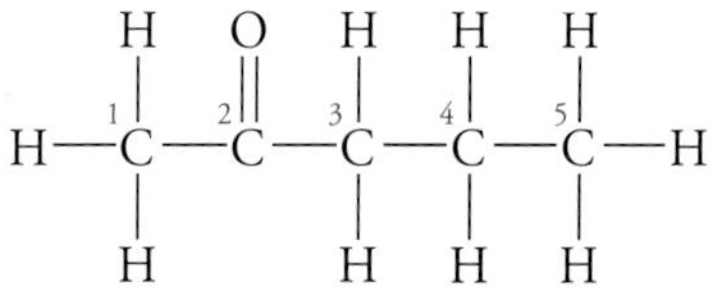

asidau carbocsylig, fel asid hecsanoig (sydd â chwech o atomau carbon), neu asid ethandeuoig (sydd â dau grŵp asid carbocsylig).

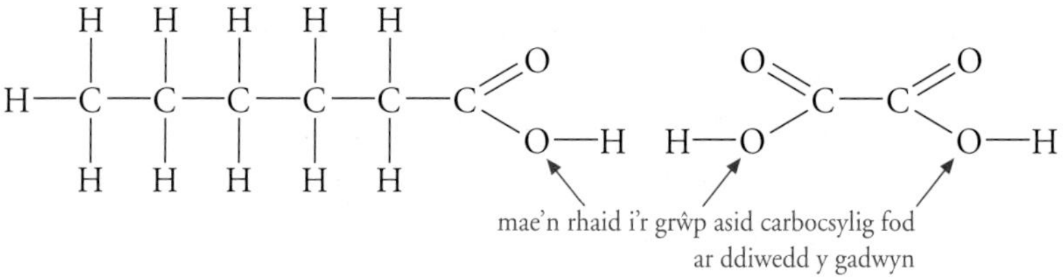

mae'n rhaid i'r grŵp asid carbocsylig fod ar ddiwedd y gadwyn

Gallwch weld mwy o enghreifftiau sy'n dangos sut mae'r rheolau ar gyfer enwi cyfansoddion yn gweithio ar dudalennau 197, 201, 207 a 212.

Prawf i chi

I Enwch y cyfansoddion sydd â'r adeileddau hyn:

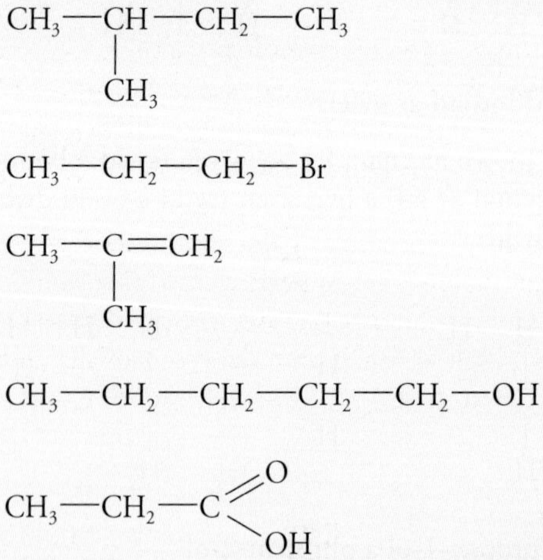

CH_3—CH—CH_2—CH_3
       |
      CH_3

CH_3—CH_2—CH_2—Br

CH_3—C=CH_2
    |
   CH_3

CH_3—CH_2—CH_2—CH_2—CH_2—OH

2 Ysgrifennwch adeileddau'r cyfansoddion hyn: 2,2-deumethylbwtan, 2-bromobwtan, 2-methylbwt-2-en, 2-methylpropan-2-ol, ethanal, bwtanon, asid pentanoig.

3 Dangoswch pam nad oes angen cynnwys rhifau yn enwau ethanol, asid propanoig a bwtanon.

5.4 Mathau o adweithiau organig

Gall cyfansoddion organig fod yn rhan o'r un math o adweithiau'n union â chyfansoddion anorganig – adweithiau fel rhai asid-bas, rhydocs a hydrolysis (gweler tudalennau 28–34). Mae dosbarthu adweithiau organig drwy edrych ar yr hyn sy'n digwydd i'r moleciwlau carbon o gymorth i gemegwyr hefyd. A yw'r adwaith yn amnewid atomau am atomau eraill, yn ychwanegu darnau at y moleciwlau, neu'n hollti darnau oddi ar y moleciwlau?

Asid-bas

Mae asidau organig yn arddangos yr un priodweddau nodweddiadol ag asidau eraill. Enghraifft gyfarwydd o asid organig yw asid ethanoig sy'n rhoi ei flas a'i arogl i finegr.

Mewn dŵr, bydd asidau organig yn ffurfio hydoddiannau gyda pH islaw 7. Maen nhw hefyd yn newid lliw dangosyddion asid-bas ac yn adweithio gyda basau fel amonia i roi halwynau.

$$NH_3(d) + CH_3CO_2H(d) \rightarrow CH_3CO_2^-NH_4^+(d)$$

amonia   asid ethanoig   amoniwm ethanoad

Asidau gwan yw asidau organig. Mae hyn yn golygu mai dim ond yn rhannol y byddan nhw'n ïoneiddio wrth hydoddi mewn dŵr. Mewn hydoddiant gwanedig (0.1 mol dm^{-3}) o asid ethanoig, dim ond tua un o bob cant o'r moleciwlau sy'n hollti'n ïonau. Felly, mae pH yr hydoddiant tua 3, hynny yw, yn llai asidig na hydoddiant tebyg o asid cryf fel asid hydroclorig (pH = 1).

$$CH_3CO_2H(d) \rightleftharpoons CH_3CO_2^-(d) + H^+(d)$$

Rhydocs

Yn wreiddiol, roedd ocsidiad yn golygu ennill ocsigen neu golli hydrogen ond, erbyn hyn, mae'r term yn cynnwys yr holl adweithiau lle mae atomau, moleciwlau neu ïonau yn colli electronau. Caiff y diffiniad ei estyn ymhellach i gynnwys moleciwlau yn ogystal ag ïonau drwy ddiffinio ocsidiad fel newid sy'n gwneud rhif ocsidiad elfen yn fwy positif, neu'n llai negatif (gweler tudalen 133).

Mewn egwyddor, mae'r rheolau ar gyfer rhifau ocsidiad yn berthnasol hefyd i gemeg organig ond, yn aml, mae'n haws defnyddio'r hen ddiffiniadau.

Bydd ocsidiad a rhydwythiad bob amser yn mynd gyda'i gilydd mewn adweithiau rhydocs. Bydd yr ïonau oren deucromad(VI) yn troi'n ïonau

Cemeg Organig

Adran pump

Prawf i chi

1 Gyda chymorth yr enghreifftiau ar dudalen 30, ysgrifennwch hafaliadau geiriau a symbolau ar gyfer adweithiau asid ethanoig gyda:
   a) sodiwm carbonad, Na_2CO_3
   b) y metel, magnesiwm.

2 Penderfynwch a oes angen i'r adweithydd ar gyfer pob un o'r newidiadau hyn fod yn asid, yn fas, yn gyfrwng ocsidio, yn gyfrwng rhydwytho, neu yn ddŵr ar gyfer hydrolysis:
   a) $CH_3CH_2CH_2OH \rightarrow CH_3CH_2CHO$
   b) $CH_3CH_2CHO \rightarrow CH_3CH_2CO_2H$
   c) $CH_3CO_2H \rightarrow CH_3CO_2^-Na^+$
   ch) $CH_3CH_2CHO \rightarrow CH_3CH_2CH_2OH$

Ffigur 5.4.1 ▲
Y ddau gam yn mhroses ocsidiad alcohol cynradd: y cam cyntaf i aldehyd (colli hydrogen) ac yna i asid carbocsylig (ennill ocsigen) (gweler tudalen 215 hefyd)

191

Ffigur 5.4.2 ▶

Rhydwytho ceton i ffurfio alcohol drwy ychwanegu hydrogen

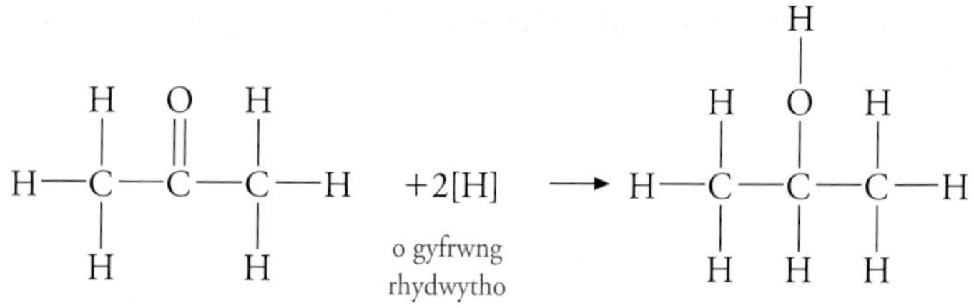

propanon   +2[H]   o gyfrwng rhydwytho   propan-2-ol

gwyrdd cromiwm(III) pan fydd hydoddiant asid o sodiwm deucromad(VI) yn ocsidio alcohol. Bydd yr adwaith yn rhydwytho cromiwm o'r cyflwr +6 i'r cyflwr +3.

Rhydwythiad yw'r gwrthwyneb i ocsidiad. Yn ôl yr hen ddiffiniadau, roedd rhydwythiad yn golygu tynnu ocsigen neu ychwanegu hydrogen.

Hydrolysis – hollti â dŵr

Hydrolysis yw unrhyw adwaith sy'n hollti cyfansoddyn â dŵr. Yn aml, caiff adweithiau hydrolysis eu cataleddu gan asidau neu alcalïau. Un enghraifft yw hydrolysis ester (gweler tudalen 215), sy'n ei hollti'n asid organig ac alcohol.

Ffigur 5.4.3 ▼

Hydrolysis yr ester ethyl ethanoad wedi'i gataleddu gan asid

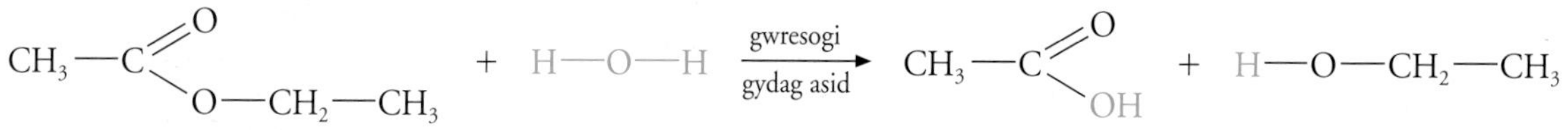

ester (ethyl ethanoad) + dŵr → gwresogi gydag asid → asid carbocsylig (asid ethanoig) + alcohol (ethanol)

Nodyn

Daw'r gair hydrolysis o'r Groeg 'hudor' yn golygu 'dŵr' a 'lusis' yn golygu 'rhyddhau'. Felly, yn llythrennol, mae adwaith hydrolysis yn rhyddau â dŵr.

Nodyn

Mae gan gyfansoddion annirlawn fondiau dwbl neu driphlyg, ac maen nhw'n gallu defnyddio'u 'bondio sbâr' wrth adweithio, er mwyn adio atomau ychwanegol.

Caiff hydrolysis ei ddefnyddio i wneud sebon o frasterau ac olewau. Dyma enghraifft bellach o hydrolysis ester. Alcali yw'r catalydd sy'n cael ei ddefnyddio wrth wneud sebon.

Enghraifft arall o hydrolysis mewn cemeg organig yw trawsnewid halogenoalcanau yn alcoholau (gweler tudalen 208).

Adio – ychwanegu darnau at foleciwlau

Yn ystod adwaith adio, bydd dau foleciwl yn dod at ei gilydd i ffurfio un cynnyrch sengl. Er enghraifft, bydd bromin yn adio at ethen i ffurfio'r cynnyrch adio 1,2-deubromoethan.

Mae adweithiau adio yn nodweddiadol o gyfansoddion annirlawn sydd â bondiau dwbl, yn enwedig alcenau a chyfansoddion carbonyl.

ethen + Br—Br → 1,2-deubromoethan

Ffigur 5.4.4 ▶

Adio bromin at ethen (gweler tudalen 203)

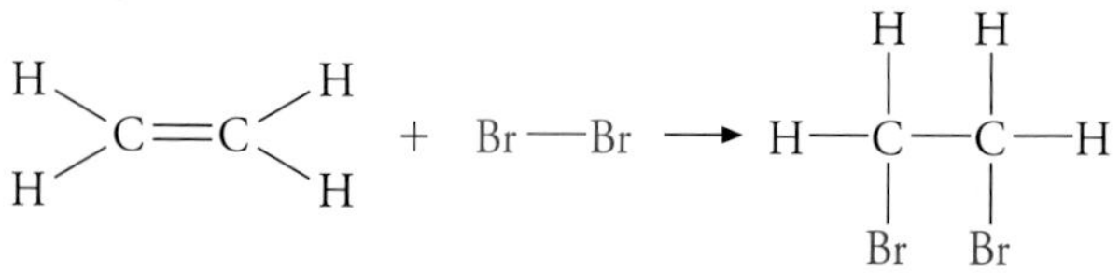

Amnewid – rhoi atomau eraill yn lle un neu fwy o atomau

Mae adweithiau amnewid yn rhoi atom neu grŵp o atomau yn lle atom neu grŵp o atomau eraill. Enghraifft o hyn yw adwaith bwtan-1-ol gyda hydrogen bromid.

Yn aml, caiff yr hydrogen bromid ei wneud yng nghymysgedd yr adwaith drwy wresogi sodiwm bromid gydag asid sylffwrig crynodedig. Bydd y cymysgedd yn troi'n felyn wrth i beth bromin gael ei ffurfio, ond dydy'r bromin ei hun ddim yn adweithio gyda'r alcohol.

Mae adweithiau amnewid yn nodweddiadol o'r halogenoalcanau (gweler tudalen 208). Mae enghreifftiau eraill o adweithiau amnewid yn cynnwys amnewid atomau hydrogen ag atomau clorin neu fromin (gweler tudalen 199).

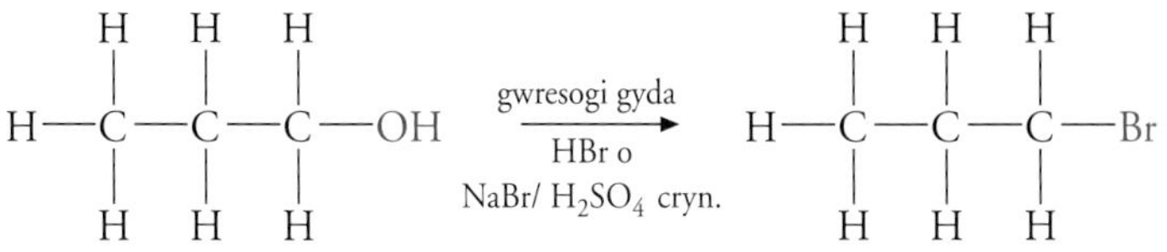

Ffigur 5.4.5 ◄
Amnewid grŵp — OH am atom bromin

Dileu – hollti darnau oddi ar foleciwlau

Bydd adwaith dileu yn hollti moleciwl syml oddi ar foleciwl mwy o faint, i ffurfio bond dwbl.

Enghraifft o adwaith dileu yw tynnu dŵr oddi ar alcohol i ffurfio alcen. Mae'r adwaith hwn yn un defnyddiol mewn synthesis gan ei fod yn creu bondiau dwbl mewn moleciwlau.

Daw'r amodau ar gyfer adwaith naill ai o anfon anwedd alcohol dros wyneb catalydd solet poeth fel alwminiwm ocsid, neu o ddadhydradu'r alcohol drwy ei wresogi ag asid sylffwrig crynodedig (gweler tudalen 214).

Bydd dileu hydrogen halid o halogenoalcan hefyd yn cynhyrchu alcen (gweler tudalen 210).

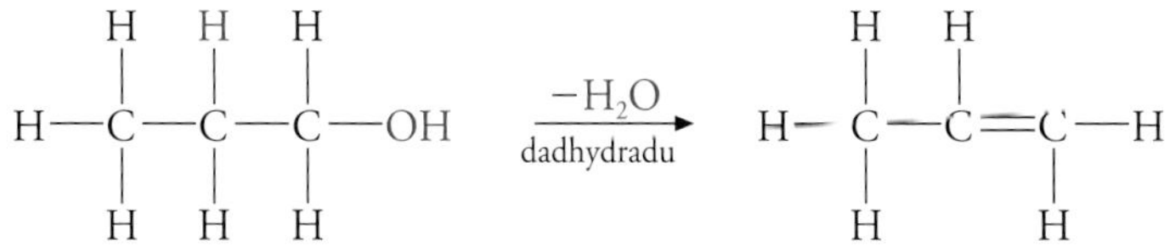

Ffigur 5.4.6 ▲
Alcen yn cael ei ffurfio o alcohol

Prawf i chi

3 Penderfynwch pa fath o newid sy'n digwydd ym mhob un o'r trawsnewidiadau hyn (adio, amnewid neu ddileu):

a) $CH_3CH_2OH \rightarrow CH_2 = CH_2$

b) $CH_3CH_2Br \rightarrow CH_3CH_2OH$

c) $CH_2 = CH_2 \rightarrow CH_3CH_2Br$

ch) $CH_3—CH_2I \rightarrow CH_3CH_2CN$

Cemeg Organig

Adran pump

Bydd mecanwaith unrhyw adwaith yn dangos, fesul cam, y bondiau sy'n torri a'r bondiau newydd sy'n ffurfio wrth i adweithyddion droi'n gynhyrchion. Bu cemegwyr yn ddyfeisgar iawn wrth ddatrys mecanweithiau. Yn y dechrau, roedden nhw'n dadansoddi'r enghreifftiau symlaf ond, erbyn hyn, maen nhw'n defnyddio'u gwybodaeth i egluro'r hyn sy'n digwydd yn ystod prosesau diwydiannol a hefyd mewn celloedd byw, lle mae ensymau'n rheoli newidiadau biocemegol.

Ffigur 5.5.1 ▶

Torri bondiau yn homolytig. Sylwer ar y ffordd mae saethau cyrliog â blaenau sengl yn cael eu defnyddio i ddangos beth sy'n digwydd i'r electronau wrth i'r bond dorri. Bydd y bond cofalent yn torri nes bod yr atomau sydd wedi'u cysylltu gan y bond yn gwahanu, a'r naill atom a'r llall yn cymryd electron yr un, o'r pâr o electronau sy'n cael ei rannu

Nodyn

Mae'r rhagddodiad 'homo-' yn dod o'r Groeg 'homos' yn golygu 'yr un peth' ac mae termau cemegol sy'n cynnwys y rhagddodiad hwn yn cynnwys: ymholltiad homolytig, catalydd homogenaidd a chyfres homologaidd.

O'r Groeg 'heteros' yn golygu 'arall' y daw'r rhagddodiad 'hetero-' ac mae termau cemegol sydd â'r rhagddodiad hwn yn cyfleu'r ystyr o rywbeth 'gwahanol' ac yn cynnwys y termau: ymholltiad heterolytig a chatalydd heterogenaidd.

Ffigur 5.5.2 ▶

Torri bondiau yn heterolytig. Sylwer ar y ffordd mae saethau cyrliog â blaenau dwbl yn cael eu defnyddio i ddangos beth sy'n digwydd i'r electronau wrth i'r bond dorri. Bydd y bond cofalent yn torri nes bod yr atomau sydd wedi'u cysylltu gan y bond yn gwahanu, gydag un atom yn cymryd dau electron y pâr sy'n cael ei rannu

Torri bondiau mewn modd homolytig

Mewn bond cofalent, mae pâr o electronau'n cael eu rhannu. Gall bond dorri mewn un o ddwy ffordd. Yn y naill ffordd, bydd pob atom yn cadw un electron wrth i'r bond dorri. Dyma yw 'hollti cyfartal' (ymholltiad homolytig).

$$Cl : Cl \longrightarrow Cl^{\bullet} + {\bullet}Cl$$

atomau clorin gydag electronau digymar

$$Cl{-}Cl \longrightarrow Cl^{\bullet} + {\bullet}Cl$$

Bydd y math hwn o hollti yn cynhyrchu darnau sydd ag electronau digymar, ac mae cemegwyr yn galw'r darnau yma yn radicalau rhydd. Fel rheol, mae radicalau rhydd yn fyrhoedlog iawn, yn para am gyfnod byr yn ystod yr adwaith ond yn adweithio'n gyflym i ffurfio cynhyrchion newydd. Rhyngolion ydyn nhw, sy'n dod i fod yn ystod adwaith ond yn diflannu wrth i'r adwaith fynd yn ei flaen.

Yn gyffredinol, dangos yr electron digymar ar siâp dot a wnaiff y symbol am radical rhydd. Yn aml, fydd electronau paredig eraill yn y plisg allanol ddim yn cael eu dangos.

Rhyngolion mewn adweithiau sy'n digwydd naill ai yn ystod y cyfnod nwyol neu mewn hydoddydd amholar yw radicalau rhydd. Gall rhoi golau uwchfioled ar gymysgedd adwaith gyflymu adweithiau radicalau rhydd.

Mae enghreifftiau o brosesau radicalau rhydd yn cynnwys cracio thermol hydrocarbonau (gweler tudalen 222), llosgi petrol mewn silindr peiriant cerbyd (gweler tudalen 219), ac adweithiau amnewid alcanau a halogenau (gweler tudalen 199). Mae adweithiau radicalau rhydd yn bwysig i fyny'n uchel yn yr atmosffer lle mae nwyon yn agored i belydriad uwchfioled dwys oddi wrth yr Haul. Adweithiau radicalau rhydd yw'r adweithiau sy'n ffurfio a dinistrio'r haenen oson (gweler tudalennau 228–229).

Torri bondiau mewn modd heterolytig

Yn y ffordd arall o dorri bond, bydd un atom yn cymryd y ddau electron o fond cofalent, gan adael yr atom arall heb yr un.

$$H-\overset{\overset{H}{|}}{\underset{\underset{HO:}{|}}{C}}-Br \longrightarrow H-\overset{\overset{H}{|}}{\underset{\underset{HO}{|}}{C}}-H + :Br^-$$

Ffigur 5.5.3 ◄
Adweithydd ïonig yn ymosod ar y bond polar gan arwain at dorri bond yn heterolytig

Bydd torri bondiau mewn modd heterolytig yn cynhyrchu rhyngolion ïonig mewn adweithiau. Y math hwn o dorri bondiau sydd fwyaf tebygol o ddigwydd pan fydd adweithiau'n digwydd mewn hydoddyddion polar, megis dŵr. Yn aml, bydd y bond sy'n torri yn un polar eisoes (gweler tudalen 81) gydag un pen $\delta+$ ac un pen $\delta-$.

Bydd rhai o'r adweithyddion sy'n dechrau adweithiau yn chwilio am y pen $\delta+$ i'r bondiau polar. Niwcleoffilau yw'r rhain.

Bydd adweithyddion eraill wedyn yn chwilio am y pen $\delta-$ i'r bondiau polar. Electroffilau yw'r rhain.

Niwcleoffilau

Moleciwlau neu ïonau â phâr unig o electronau sy'n gallu ffurfio bond cofalent newydd yw niwcleoffilau. 'Rhoddwyr parau o electronau' ydyn nhw. Adweithyddion yw niwcleoffilau sy'n ymosod ar foleciwlau pan fydd yna wefr bositif rannol, $\delta+$, felly maen nhw'n chwilio am wefrau positif – maen nhw'n 'niwclys-gar'.

Mae niwcleoffilau i'w cael mewn adweithiau amnewid halogenoalcanau.

Electroffilau

Ïonau a moleciwlau adweithiol yw electroffilau, sy'n ymosod ar rannau o foleciwlau sy'n gyfoethog mewn electronau. Adweithyddion 'electron-gar' ydyn nhw. Bydd electroffilau yn ffurfio bond newydd drwy dderbyn pâr o electronau o'r moleciwl yr ymosodwyd arno yn ystod yr adwaith.

Enghraifft o electroffil yw'r atom H ar ben $\delta+$ y bond H—Br mewn hydrogen bromid. Gweler, er enghraifft, adweithiau adio electroffilig yr alcenau (tudalen 205).

Nodyn

Mae saethau cyrliog yn disgrifio symudiad electronau wrth i'r bondiau dorri a ffurfio, yn ôl y camau sy'n disgrifio mecanwaith yr adwaith. Mae saeth gyrliog gyda phen y saeth yn gyflawn yn dangos symudiad pâr o electronau. Sylwer bod cynffon y saeth yn dechrau yn y man lle mae'r pâr o electronau'n dechrau, a phen y saeth yn pwyntio at y man lle bydd y pâr o electronau wedi'r newid.

Pan fydd dim ond hanner pen i saeth, mae'n dangos symudiad un electron.

Ffigur 5.5.4 ▼
Enghreifftiau o niwcleoffilau

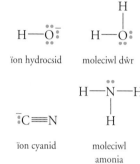

ïon hydrocsid   moleciwl dŵr

ïon cyanid   moleciwl amonia

Prawf i chi

1. Ym mhob un o'r enghreifftiau hyn, penderfynwch p'un ai yw'r adweithydd sy'n ymosod ar y cyfansoddyn carbon yn radical rhydd, yn niwcleoffil neu'n electroffil:

a) $CH_3CH_2I + H_2O$
   $\rightarrow CH_3CH_2CH + HI$

b) $CH_2 = CH_2 + Br_2$
   $\rightarrow CH_2BrCH_2Br$

c) $Cl\bullet + CH_4 \rightarrow$
   $CH_3Cl + H\bullet$

ch) $CH_3CH_2Br + CN^-$
   $\rightarrow CH_3CH_2CN + Br^-$

Cemeg Organig

Adran pump

5.6 Hydrocarbonau

Mae hydrocarbonau'n bwysig oherwydd eu bod yn ffurfio'r rhan fwyaf o gynnwys olew crai, ac mae olew crai yn ffynhonnell y rhan fwyaf o danwyddau a hefyd yn brif ddefnydd crai y diwydiant cemegol. Cyfansoddion sy'n cynnwys dim heblaw carbon a hydrogen yw hydrocarbonau.

Mathau o hydrocarbonau

Hydrocarbonau aliffatig
Hydrocarbonau aliffatig yw'r hydrocarbonau hynny sydd heb gylchoedd o atomau carbon. Gall cadwynau atomau carbon fod yn ganghennog neu yn ddigangen. Mae alcanau, alcenau ac alcynau i gyd yn gyfansoddion aliffatig.

Hydrocarbonau aligylchol
Hydrocarbonau aligylchol yw'r rheiny sydd â chylchoedd o atomau carbon. Enghreifftiau o'r rhain yw cylchoalcanau a chylchoalcenau.

Cyfansoddion dirlawn
Dim ond bondiau sengl rhwng yr atomau yn eu moleciwlau sydd gan gyfansoddion dirlawn. Mae'r alcanau yn enghreifftiau o hydrocarbonau dirlawn.

Caiff y term 'dirlawn' ei ddefnyddio hefyd ar gyfer cyfansoddion sydd â chadwynau hydrocarbon dirlawn, fel brasterau ac asidau brasterog dirlawn. Does dim adweithiau adio yn digwydd gyda chyfansoddion dirlawn.

Cyfansoddion annirlawn
Mae un neu fwy o fondiau dwbl neu driphlyg rhwng yr atomau ym moleciwlau cyfansoddion annirlawn. Bydd alcenau ac alcynau, sy'n hydrocarbonau, yn aml yn cael eu galw'n gyfansoddion annirlawn oherwydd bod adweithiau adio yn nodweddiadol ohonyn nhw. Felly hefyd y brasterau ac asidau brasterog annirlawn, sydd â bondiau C=C dwbl yn eu cadwynau ochr hydrocarbon.

Arênau
Hydrocarbonau megis bensen, methylbensen a naffthalen yw'r arênau, sef cyfansoddion cylch gydag electronau dadleoledig ynddyn nhw. Yn draddodiadol, bydd cemegwyr yn galw'r arênau yn 'hydrocarbonau aromatig' byth oddi ar i'r cemegydd organig o'r Almaen, Friedrich Kekulé (1829–1896) gael ei daro gan y ffaith bod aroglau persawrus gan olew fel bensen. Yn yr enw modern, daw 'ar-' o'r gair 'aromatig'. Mae'r diweddeb '-ên' neu '-en' yn dynodi cyfansoddyn annirlawn sy'n cynnwys bondiau dwbl. Mae'r arênau yn hydrocarbonau sy'n gyfansoddion annirlawn, serch hynny, mae'r arênau yn llawer llai adweithiol na'r alcenau.

O ystyried ei fod yn gyfansoddyn â thri bond dwbl, mae bensen yn fwy sefydlog ac yn llai adweithiol na'r disgwyl.

Ffigur 5.6.1 ▲
Adeileddau hydrocarbon cylchol: cylchohecsen

cylchohecsen C_6H_{10}

Ffigur 5.6.2 ▲
Enghreifftiau o hydrocarbonau annirlawn

ethen, sy'n alcen

ethyn, sy'n alcyn

Ffigur 5.6.3 ▶
Cynrychioliadau o foleciwl bensen. Dydy bensen ddim yn ymddwyn fel alcen cylchol â thri bond dwbl. Mae'r cylch yn y trydydd adeiledd yn dynodi fod pob carbon yn cyfrannu un electron i gwmwl o electronau dadleoledig

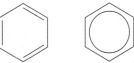

196

5.7 Alcanau

Alcanau yw'r hydrocarbonau sy'n ffurfio'r rhan fwyaf o gynnwys olew crai a nwy naturiol. Hydrocarbonau dirlawn ydyn nhw, gyda'r fformiwla gyffredinol C_nH_{2n+2}. Gall yr atomau carbon mewn moleciwlau alcan fod mewn cadwynau syth neu gadwynau canghennog, ond bydd yr holl fondiau yn fondiau sengl.

CD-ROM

Adeileddau ac enwau

Mae enwau'r alcanau canghennog yn seiliedig ar y gadwyn syth hiraf yn y moleciwl, gyda safleoedd y grwpiau alcyl ar y cadwynau ochr yn cael eu dynodi drwy roi rhif ar yr atomau carbon (gweler tudalen 188).

2-methylbwtan

2,2-deumethylbwtan

2,3-deumethylbwtan

Ffigur 5.7.1 ◀
Enwau ac adeileddau tri alcan canghennog

Priodweddau ffisegol

Mae moleciwlau alcan yn amholar felly dydyn nhw ddim yn cymysgu gyda hydoddyddion polar fel dŵr, nac yn hydoddi ynddyn nhw. Dim ond grymoedd gwan rhyngfoleciwlaidd sy'n dal y moleciwlau ynghyd (gweler tudalennau 83–85 a 186). Po hiraf fydd y moleciwlau, mwyaf fydd yr atyniad rhyngddyn nhw. Bydd y berwbwyntiau'n codi wrth i nifer yr atomau carbon i bob moleciwl gynyddu. Mae alcanau sydd o fewn yr ystod C_1 i C_4 yn nwyon ar dymheredd a gwasgedd ystafell. O dan yr un amodau, mae alcanau sydd o fewn yr ystod C_5 i C_{17} yn hylifau, tra bo'r rhai sydd â dros 17 o atomau carbon y moleciwl yn solidau. Hylifau gludiog sy'n cael eu defnyddio fel ireidiau yw alcanau hylifol sydd â chadwynau hirach.

Priodweddau cemegol

Ar gyfer bondiau C-C ac C-H, mae enthalpïau'r bondiau'n uchel, felly mae'r bondiau'n gymharol anodd i'w torri. At hyn, mae'r bondiau yn amholar. Oherwydd hyn, mae'r alcanau'n anadweithiol iawn gydag adweithyddion ïonig mewn dŵr, megis asidau ac alcalïau, yn ogystal â gydag adweithyddion ocsidio a rhydwytho. Tri adwaith pwysig alcanau yw: hylosgiad, halogeniad a chracio. Mae cracio a halogeniad alcanau'n enghreifftiau o adweithiau cadwynol radicalau rhydd. Yn yr holl adweithiau hyn, caiff y bondiau eu torri yn homolytig, a radicalau rhydd yw'r rhyngolion (gweler tudalen 194).

Prawf i chi D

1. Edrychwch i weld beth yw berwbwyntiau'r tri isomer o C_5H_{12}. Sut mae cadwynau canghennog yn effeithio ar ferwbwyntiau'r isomerau hyn?

2. Cymharwch ferwbwyntiau nifer o alcanau 2-methyl gyda berwbwynt yr isomer sydd heb ganghennau. A yw eich casgliadau yma yn cadarnhau eich casgliadau yng ngwestiwn 1?

3. Defnyddiwch y wybodaeth sydd gennych am rymoedd rhyngfoleciwlaidd i awgrymu eglurhad am yr effaith a gaiff cadwynau yn ymganghennu ar ferwbwyntiau alcanau.

Llosgi

Mae sawl tanwydd cyffredin wedi'i wneud yn bennaf o alcanau. Bydd yr hydrocarbonau'n llosgi mewn aer i ffurfio carbon deuocsid a dŵr. Os yw'r aer yn brin, gall y cynhyrchion gynnwys gronynnau o garbon (huddygl) a'r nwy gwenwynig carbon monocsid. Mae llosgi yn ecsothermig iawn.

Ffigur 5.7.2 ▶

Coginio dros wres llosgydd propan **CD-ROM**

Prawf i chi

4 Ysgrifennwch hafaliad ar gyfer hylosgiad cyflawn bwtan.

5 Pam mae hylosgiad anghyflawn tanwydd alcan yn beryglus i iechyd pobl?

6 Ysgrifennwch hafaliad i gynrychioli cracio ethan i wneud ethen a hydrogen.

7 Pa dystiolaeth sydd yn Ffigur 5.7.3 bod moleciwlau'r cynnyrch yn llai ac yn fwy adweithiol na'r defnyddiau ar y dechrau?

Cracio

Mae cracio'n cael ei ddefnyddio mewn purfeydd olew i gael y gwerth gorau o'r ffracsiynau sy'n cael eu distyllu o olew crai. Proses sy'n defnyddio gwres a chatalyddion i hollti moleciwlau mawr yn foleciwlau llai, mwy defnyddiol, yw cracio. Mae cracio hefyd yn trawsnewid alcanau yn alcenau, sef y defnyddiau crai ar gyfer gwneud petrocemegion.

Bydd cracio'n digwydd ar dymheredd uchel. Mae cracio gydag ager yn rhoi cynnyrch da o alcenau, sy'n ddefnyddiol i'r diwydiant cemegol. Proses sy'n cael ei defnyddio gan burfeydd olew i wneud cymaint o betrol â phosibl o ffracsiynau olew yw cracio gyda chatalydd.

Ffigur 5.7.3 ▶

Cracio cymysgedd o hydrocarbonau ar raddfa fechan

 CD-ROM

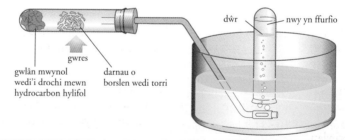

Priodwedd	Hydrocarbon hylifol	Cracio'n ffurfio nwy
lliw	di-liw	di-liw
arogl	dim arogl	arogl persawrus
ydy e'n llosgi?	llosgi pan gaiff ei wresogi'n nerthol	llosgi'n rhwydd gyda fflam felen
adwaith gyda bromin dyfrllyd, sy'n oren	dim adwaith	pan gaiff ei ysgwyd, bydd yr hydoddiant bromin yn troi'n ddi-liw

Cynnyrch	Y defnydd cychwynnol	
	ethan	propan
hydrogen	5	2
methan	9	27
ethen	78	42
propen	3	19
bwta-1,3-deuen	2	3
petrol	3	7

Ffigur 5.7.4 ◄
Cynnyrch cracio gydag ager gan roi canrannau'r cynhyrchion yn ôl eu màs

Cemeg Organig

Adran pump

Adweithiau gyda chlorin a bromin

Mae adweithiau alcanau gyda chlorin a bromin yn bwysig oherwydd bod yr adweithiau hyn yn gallu bod yn gam cyntaf tuag at greu cemegion gwerthfawr eraill. Halogenoalcanau yw'r cynhyrchion, ac mae iddyn nhw amryw ddibenion pwysig eraill hefyd (gweler tudalen 207). Bydd alcanau'n adweithio gyda chlorin neu fromin naill ai drwy eu gwresogi neu drwy roi golau uwchfioled arnyn nhw. Adweithiau amnewid yw'r rhain, lle mae atomau hydrogen yn cael eu hamnewid ag atomau halogen (gweler tudalen 193). Gall unrhyw atomau hydrogen mewn alcan gael eu hamnewid, a gall yr adwaith bara nes bydd yr holl atomau hydrogen wedi amnewid â'r atomau halogen. Felly mae'r cynnyrch yn gymysgedd o gyfansoddion.

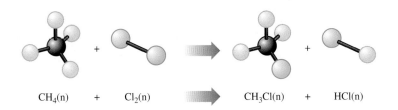

$$CH_4(n) + Cl_2(n) \rightarrow CH_3Cl(n) + HCl(n)$$

Ffigur 5.7.5 ◄
Modelau'n cynrychioli un o adweithiau amnewid posibl methan gyda chlorin

Gall tymheredd uchel neu olau uwchfioled dorri bondiau cofalent, gan gynhyrchu radicalau rhydd. Mae tri cham i adweithiau cadwynol radicalau rhydd:

■ dechreuad – y cam sy'n cynhyrchu radicalau rhydd
■ lledaeniad – camau sy'n creu'r cynnyrch a mwy o radicalau rhydd
■ terfyniad – camau sy'n cael gwared ar y radicalau rhydd drwy eu troi'n foleciwlau.

dechreuad: $\quad$ Cl—Cl → Cl• + Cl•

lledaeniad: $\quad$ $CH_4 + Cl• \rightarrow CH_3• + HCl$
$\qquad\qquad$ $CH_3• + Cl_2 \rightarrow CH_3Cl + Cl•$

terfyniad: $\quad$ $CH_3• + CH_3• \rightarrow CH_3CH_3$
$\qquad\qquad$ $CH_3• + Cl• \rightarrow CH_3Cl$

Mae adwaith alcan gyda bromin mewn golau uwchfioled yn adwaith cadwynol radicalau rhydd. Y prif gynhyrchion yw bromomethan a hydrogen bromid. Pan fydd peth ethan yn bresennol yn y cymysgedd o gynhyrchion mae'n dystiolaeth fod y trydydd cam – y terfyniad – wedi digwydd.

Ffigur 5.7.6 ▶
Effaith golau ar hydoddiant bromin mewn hecsan

8 Tynnwch lun yr holl gynhyrchion posibl pan fydd ethan yn adweithio gyda chlorin ac enwch eu hadeileddau.

9 Eglurwch pam mae hydoddiant o fromin mewn hecsan yn para'n oren mewn tiwb profi pan fydd mewn lle tywyll, ond yn colli ei liw yn fuan yng ngolau'r haul nes ei fod yn ddi-liw. Pam mae'n bosibl canfod mygdarthau asid uwchlaw'r hydoddiant unwaith y bydd y lliw wedi dechrau diflannu?

10 Ysgrifennwch hafaliad ar gyfer cam dechreuol cracio catalytig ethan, sy'n cynhyrchu radicalau methyl.

5.8 Alcenau

Mae alcenau fel propen ac ethen yn hynod werthfawr i gemegwyr oherwydd eu bod yn adweithio mewn llawer ffordd i wneud cynhyrchion defnyddiol. Daw'r alcenau hyn o gracio ffracsiynau olew. Maen nhw'n fannau cychwyn pwysig ar gyfer synthesis, oherwydd adweithedd y bondiau dwbl yn eu moleciwlau. **CD-ROM**

Hydrocarbonau annirlawn yw alcenau, sydd â'r fformiwla gyffredinol C_nH_{2n}. Grŵp gweithredol nodweddiadol yr alcenau yw bond dwbl carbon-carbon. Oherwydd bod y bond dwbl yn bresennol, mae'n gwneud yr alcenau yn fwy adweithiol na'r alcanau.

Adeileddau ac enwau

Mae enw pob alcen yn seiliedig ar enw'r alcan cyfatebol, gyda'r terfyniad wedi'i newid i –en.

ethen

bwt-1-en

propen

bwt-2-en

Ffigur 5.8.1 ◄
Enwau ac adeileddau alcenau

CD-ROM

Pan fydd hynny'n angenrheidiol, bydd rhif yn yr enw'n dangos safle'r bond dwbl yn yr adeiledd, fel yn achos y ddau isomer adeileddol bwt-1-en a bwt-2-en. Mae'r rhifo'n dechrau o ben y gadwyn a fydd yn rhoi'r rhif isaf posibl yn yr enw, ac mae'r rhif yn yr enw'n dangos y cyntaf o'r ddau atom sydd wedi'u cysylltu â'r bond dwbl. Er enghraifft, mewn bwt-1-en, daw'r bond dwbl rhwng yr atom cyntaf a'r ail yn y gadwyn garbon.

Priodweddau ffisegol

Bydd berwbwyntiau alcenau'n codi wrth i nifer yr atomau carbon yn y moleciwlau gynyddu. Ar dymheredd ystafell, nwyon yw ethen, propen a'r bwtenau. Hylifau, neu solidau hyd yn oed, yw'r alcenau hynny sydd â mwy na phedwar atom carbon. Fel hydrocarbonau eraill, fydd alcenau ddim yn cymysgu gyda dŵr nac yn hydoddi mewn dŵr chwaith.

Y bond dwbl mewn alcenau

Mae cemegwyr wedi estyn y ddamcaniaeth orbitalau atomig (gweler tudalen 59) i ddisgrifio dosbarthiad electronau mewn moleciwlau. Mae'r ddamcaniaeth orbital foleciwlaidd hon yn ddefnyddiol wrth ymwneud ag adweithedd yr alcenau.

Prawf i chi

1 Pa rai o'r cyfansoddion annirlawn hyn sydd ag isomerau geometrig (tudalen 186): bwt-1-en, bwta-1,3-deuen, pent-2-en? **CD-ROM**

2 Tynnwch lun y fformiwlâu graffig ar gyfer *cis* hecs-2-en a *trans* hecs-2-en.

3 Rhagfynegwch onglau'r bondiau sydd mewn ethen (gweler tudalen 80).

4 Lluniwch grynodeb o'r adweithiau sy'n cynhyrchu alcenau (gweler tudalennau 198, 210 a 214).

Canlyniad i'r ffordd mae orbitalau atomig yn gorgyffwrdd ac yn rhyngweithio wrth i atomau glymu yn ei gilydd yw orbitalau moleciwlaidd. Mae siapiau orbitalau moleciwlaidd yn dangos y mannau mewn gofod lle mae tebygolrwydd uchel o ddod o hyd i electronau.

Bond sengl cofalent yw bond-sigma (σ) sy'n cael ei ffurfio mewn moleciwl gan bâr o electronau mewn orbital, gyda dwysedd yr electronau wedi'i grynodi rhwng y ddau niwclews. Mae cylchdroi rhydd yn bosibl o amgylch bondiau sengl.

Gall bondiau-sigma ffurfio pan fydd gorgyffwrdd rhwng dau orbital-s, rhwng orbital-s ac orbital-p, neu rwng dau orbital-p.

Ffigur 5.8.2 ▶
Enghreifftiau o fondiau-sigma mewn moleciwlau

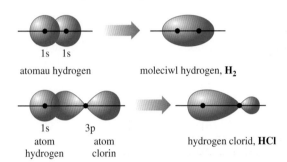

atomau hydrogen   moleciwl hydrogen, **H₂**

1s   1s

1s   3p
atom   atom
hydrogen   clorin   hydrogen clorid, **HCl**

Bond-pi (π) yw'r math o fond sydd i'w gael mewn moleciwlau â bondiau dwbl neu driphlyg. Mae'r electronau sy'n bondio mewn orbital-π, a chaiff yr orbital-π hwn ei ffurfio wrth i ddau orbital-p atomig orgyffwrdd wysg eu hochrau. Mewn bond-π mae dwysedd yr electronau wedi'i grynodi y naill ochr a'r llall i'r llinell rhwng niwclysau'r ddau atom sydd wedi'u cysylltu gan y bond.

Mae bondiau-π yn atal cylchdroi o amgylch y bond dwbl, gan achosi isomeredd geometrig.

Electroffilau sy'n cael eu denu gan ddwysedd uchel yr electronau mewn bond dwbl yw'r adweithyddion sy'n ymosod ar alcenau.

Ffigur 5.8.3 ▶
Bond-π mewn ethen

orbital-p   orbital-π

Adweithiau cemegol

Adweithiau adio yw'r adweithiau sy'n nodweddiadol o alcenau (gweler tudalen 192).

Adio hydrogen

Ar dymheredd ystafell, mae hydrogen yn adio at fondiau dwbl C = C pan fydd catalydd platinwm neu baladiwm yn bresennol, neu pan gaiff ei wresogi gyda chatalydd nicel yn bresennol. Enghraifft yw hyn o hydrogeniad.

Nodyn

Bob tro y byddwch yn disgrifio adwaith organig, mae'n bwysig eich bod yn ysgrifennu hafaliad, yn enwi'r adweithyddion ac yn nodi'r amodau (y tymheredd, y gwasgedd, a'r catalyddion).

Ffigur 5.8.4 ▶
Adio hydrogen at bropen

propan

Y fantais o ddefnyddio'r catalydd heterogenaidd, nicel, yw bod modd cadw'r metel mewn llestr adweithio wrth i'r adweithyddion lifo i mewn a'r cynhyrchion lifo allan. Does dim anhawster wedyn o ran gwahanu'r cynhyrchion oddi wrth y catalydd.

Mae catalyddion heterogenaidd yn gweithio drwy arsugno adweithyddion yn y safleoedd gweithredol sydd ar arwyneb y solid. Bydd nicel yn gweithredu fel catalydd ar gyfer adio hydrogen at C = C mewn alcenau drwy arsugno moleciwlau hydrogen sydd, yn ôl pob tebyg, yn hollti'n atomau unigol ac yn cael eu dal ar arwynebau'r grisialau metel.

Adwaith sy'n ychwanegu hydrogen at gyfansoddyn yw **hydrogeniad**.

Catalydd sydd mewn gwedd wahanol i'r adweithyddion yw **catalydd heterogenaidd**. Yn gyffredinol, mae catalydd heterogenaidd yn solid, tra bo'r adweithyddion yn nwyon neu mewn hydoddiant.

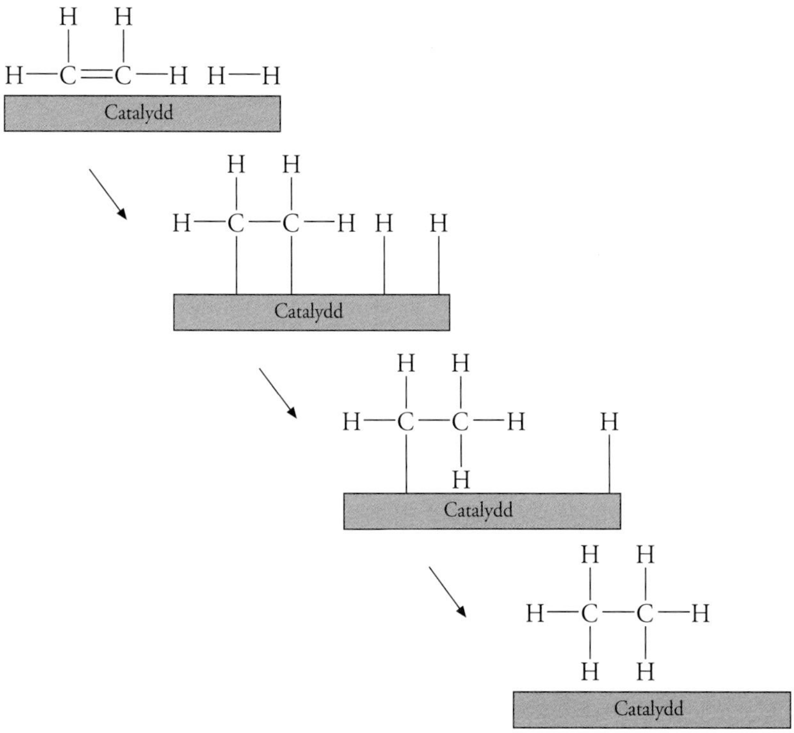

Ffigur 5.8.5 ◄
Mecanwaith posibl ar gyfer hydrogeniad alcen pan fydd catalydd yn bresennol

Os yw metel yn mynd i fod yn gatalydd da ar gyfer adwaith hydrogenu, rhaid iddo beidio ag arsugno'r hydrogen mor gryf nes gwneud i'r atomau hydrogen droi'n anadweithiol. Dyma sy'n digwydd gyda thwngsten. Yn yr un modd, os yw'r arsugno'n rhy wan fydd dim digon o atomau wedi'u harsugno i'r adwaith fynd rhagddo ar gyfradd ddefnyddiol, fel sy'n digwydd gydag arian. Rhaid i nerth yr arsugno fod o werth canolig. Mae nicel, platinwm a phaladiwm i gyd yn fetelau addas.

Adio bromin neu glorin

Ar dymheredd ystafell, bydd clorin a bromin yn adio'n gyflym at alcenau.

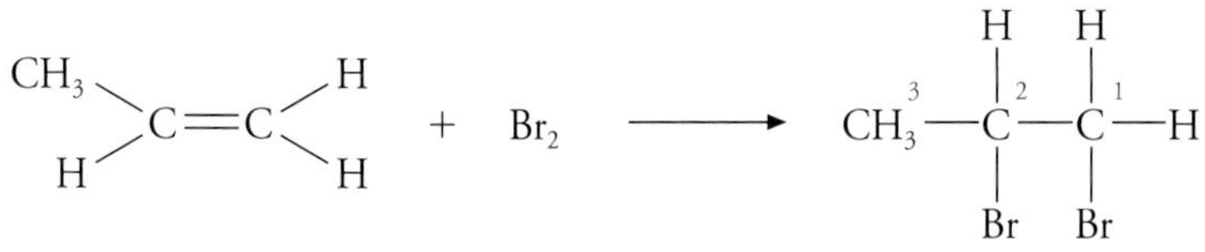

Mae adwaith bromin dyfrllyd gyda hydrocarbon yn brawf defnyddiol am fondiau dwbl. Os yw hydrocarbon yn annirlawn, bydd yn gallu dadliwio'r bromin dyfrllyd yn gyflym iawn. Mae bromin oren mewn dŵr yn ychwanegu at fondiau dwbl i ffurfio cynhyrchion di-liw.

CD-ROM

1,2-deubromopropan

Ffigur 5.8.6 ◄
Adio bromin at bropen

Cemeg Organig

Adran pump

Adio hydrogen halidau

Bydd hydrogen bromid yn adweithio gydag ethen i ffurfio 1-bromoethan, a'r adwaith yn digwydd ar dymheredd ystafell.

Mae'r hydrogen halidau eraill, HCl a HI, yn adweithio mewn ffordd debyg.

Ffigur 5.8.7 ▶
Adio hydrogen bromid at ethen

bromoethan

Adio dŵr

Ym Mhrydain, y dull sy'n cael ei ddefnyddio i weithgynhyrchu ethanol yw adio dŵr at ethen. Bydd cymysgedd o ethen ac ager yn cael ei anfon dros gatalydd asid o dan wasgedd, ar dymheredd o 300 °C. Y catalydd yw asid ffosfforig, a gaiff ei gynnal ar solid anadweithiol.

Ffigur 5.8.8 ▶
Adio dŵr at ethen i wneud ethanol

ethanol

Ffigur 5.8.9 ▼

Trawsnewid ethen yn ethanol mewn dau gam – adio yn gyntaf, a hydrolysis wedyn

Gellir creu'r un effaith ar raddfa fechan mewn labordy drwy amsugno ethen mewn asid sylffwrig oer, crynodedig, ac yna gwanedu'r cynnyrch gyda dŵr. Yn gyntaf, bydd yr asid sylffwrig yn adio at yr ethen. Yna, bydd adwaith hydrolysis yn trawsnewid cynnyrch yr adio yn ethanol ac asid sylffwrig.

asid sylffwrig   ethyl hydrogensylffad   asid sylffwrig

Polymeriad adio

Proses ar gyfer creu polymerau o gyfansoddion sydd â bondiau dwbl yw polymeriad adio. Bydd llawer o foleciwlau'r monomer yn adio gyda'i gilydd i ffurfio polymer cadwyn hir. Bydd ethen, er enghraifft, yn polymeru i ffurfio poly(ethen).

miloedd o foleciwlau monomer   polymer cadwyn hir iawn

Ffigur 5.8.10 ▲
Polymeriad adio ethen

Ocsidiad

Mae potasiwm manganad(VII) yn ocsidio alcenau, ond bydd y cynhyrchion yn dibynnu ar yr amodau. Ar dymheredd ystafell, bydd hydoddiant gwanedig, asidiedig o botasiwm manganad(VII) yn trawsnewid alcen i ffurfio deuol.

ethan-1,2-deuol

Ffigur 5.8.11 ▲

Adwaith ethen gydag ïonau manganad(VII) gwanedig, asidiedig, sy'n cynhyrchu ethan-1,2-deuol

Porffor yw lliw hydoddiant ïonau manganad(VII), ond bydd y lliw yn diflannu wrth iddo adweithio gydag alcen. Felly, yn yr un modd â'r adwaith gyda bromin dyfrllyd, gellir defnyddio'r adwaith gydag ïonau oer MnO_4^-(d) i wahaniaethu rhwng hydrocarbonau dirlawn ac annirlawn.

asid hecsan-1,6-deuoig

Bydd hydoddiant poeth, crynodedig o botasiwm manganad(VII) asidiedig yn hollti'r bond dwbl mewn alcen.

Adio electroffilig

Adweithiau adio electroffilig yw'r rhan fwyaf o adweithiau'r alcenau. Bydd yr electroffil (gweler tudalen 195), yn ymosod ar y rhan o'r bond dwbl rhwng dau atom garbon sy'n gyfoethog mewn electronau. Rhai electroffilau sy'n adio at alcenau yw hydrogen bromid, bromin a dŵr pan fydd catalydd asid yn bresennol.

Mae moleciwlau hydrogen bromid yn rhai polar. Yr atom hydrogen, gyda'i wefr $\delta+$ yw pen electroffilig y moleciwl.

Nid yw moleciwlau bromin yn rhai polar ond, wrth agosàu at y bond dwbl sy'n gyfoethog mewn electronau, cânt eu polaru. Bydd electronau yn y bond dwbl yn gwrthyrru'r electronau yn y moleciwl bromin. Mae pen $\delta+$ y moleciwl yn electroffilig.

Diffiniad

Moleciwl bychan yw **monomer**. Daw'r term o eiriau Groeg yn golygu 'un rhan'. Mae'r monomer yn gallu polymeru i wneud moleciwl cadwyn hir, sef **polymer**, sy'n dod o eiriau Groeg yn golygu 'sawl rhan'.

Proses ar gyfer gwneud polymerau o gyfansoddion annirlawn gyda bondiau dwbl yw **polymeriad adio**.

Ffigur 5.8.12 ◄

Defnyddio potasiwm manganad(VII) poeth, asidiedig, i dorri'r gadwyn garbon wrth fond dwbl. Yn yr enghraifft hon, mae'r adwaith yn trawsnewid cylchohecsen yn asid hecsan-1,6-deuoig

Ffigur 5.8.13 ◄

Adio electroffilig hydrogen bromid at ethen. Mae dau gam i'r adwaith. Mae gwefr bositif ar atom carbon yn y rhyngolyn; carbocation yw hwn. Mae'r saethau cyrliog yn dangos symudiad pâr o electronau. Ïonau yw'r rhyngolion a thorrir y bondiau'n heterolytig

Ffigur 5.8.14 ◄

Adio electroffilig bromin at ethen

Adio at alcenau anghymesur

Pan fydd cyfansoddyn HX (megis H–Br neu H–OH) yn adio at alcen anghymesur (fel propen), yna bydd yr atom hydrogen yn adio'n bennaf at atom carbon y bond dwbl, sydd â mwy o atomau hydrogen eisoes ynghlwm wrtho (gweler Ffigur 5.8.15). Nodwyd y patrwm hwn yn gyntaf oll gan gemegydd o Rwsia, Vladimir Markovnikov, a fu'n astudio llawer iawn o adweithiau adio alcenau yn ystod y 1860au. Felly y cafwyd yr enw Rheol Markovnikov.

Mae'r mecanwaith ar gyfer adio electroffilig yn helpu i egluro'r rheol hon. Pan fydd HBr yn cael ei ychwanegu at bropen, mae dau garbocatïon rhyngol yn bosibl (gweler Ffigur 5.8.16). Y carbocatïon sydd â'r wefr bositif ar ganol y gadwyn garbon sy'n cael ei ffafrio, oherwydd ei fod ychydig yn fwy sefydlog na'r carbocatïon sydd â'r wefr ar ddiwedd y gadwyn.

> **Diffiniad**
>
> Mae **effaith anwythol** yn disgrifio'r graddau y bydd electronau'n cael eu tynnu oddi wrth atom carbon, neu'n cael eu gwthio tuag ato, gan yr atomau neu'r grŵp y mae wedi bondio â nhw.
>
> Mae rhywfaint o duedd gan grwpiau alcyl i wthio electronau tuag at yr atom carbon y maen nhw wedi'u bondio ag ef. Un canlyniad i'r math hwn o effaith anwythol yw po fwyaf o grwpiau alcyl sydd ynghlwm wrth yr atom carbon â'r wefr bositif, mwyaf sefydlog fydd y carbocatïon.

Ffigur 5.8.15 ▶
Rheol Markovnikov ar waith

Mae gan yr ïon mwyaf sefydlog ddau grŵp alcyl, sy'n gwthio electronau tuag at yr atom carbon â gwefr bositif. Mae hyn yn helpu i sefydlogi'r ïon drwy 'wasgaru' y wefr dros yr ïon. Enghraifft yw hyn o effaith anwythol.

Ffigur 5.8.16 ▶
Eglurhad posibl am Reol Markovnikov

> **Prawf i chi**
>
> **5** Ysgrifennwch adeileddau'r cynhyrchion a'r amodau ar gyfer yr adwaith pan fydd propen yn adweithio gyda:
>   **a)** hydrogen
>   **b)** clorin
>   **c)** potasiwm manganad(VII).
>
> **6** Enwch y cynhyrchion pan fydd potasiwm manganad(VII) poeth, asidiedig yn ocsidio pent-2-en.

> **Diffiniad**
>
> Rhyngolion yw **carbocatïonau** sy'n cael eu ffurfio yn ystod adweithiau organig pan fydd atom carbon yn cario gwefr bositif.
>
> Mae **rhyngolion mewn adweithiau** yn atomau, moleciwlau, ïonau neu'n radicalau rhydd sydd ddim yn ymddangos yn yr hafaliad cytbwys ond sy'n cael eu ffurfio yn ystod un cam o adwaith ac yn cael eu dihysbyddu yn ystod y cam nesaf.

5.9 Halogenoalcanau

Mae halogenoalcanau yn bwysig i gemegwyr organig mewn labordai ac mewn diwydiant. Y rheswm am hyn yw eu bod yn gyfansoddion adweithiol sy'n gallu cael eu trawsnewid yn gynhyrchion eraill mwy gwerthfawr. Mae hyn yn eu gwneud yn ddefnyddiol fel rhyngolion wrth drawsnewid un cemegyn yn gemegyn arall.

Mae yna gyfyngiadau cynyddol ar ddefnyddio llawer o halogenoalcanau oherwydd pryderon ynghylch eu bygythiad i iechyd, eu goroesiad yn yr amgylchedd, a'u heffaith ar yr haenen oson.

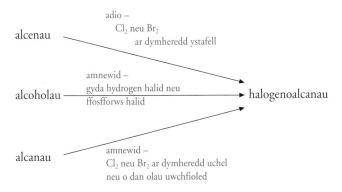

Ffigur 5.9.2 ▲
Adweithiau sy'n cael eu defnyddio i baratoi halogenoalcanau

Adeileddau ac enwau

Yn adeiledd yr halogenoalcenau, bydd un neu fwy o'r atomau hydrogen mewn adeiledd alcan yn cael ei amnewid ag atomau halogen.

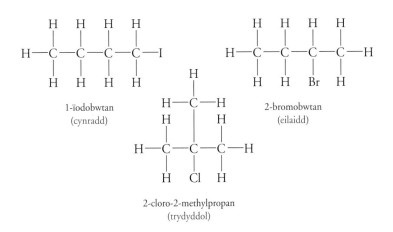

Ffigur 5.9.3 ▲
Enwau ac adeileddau rhai halogenoalcanau

Ffigur 5.9.1 ▲
Mae rhai halogenoalcanau yn werthfawr ynddynt eu hunain. Maen nhw'n cael eu defnyddio'n ogystal fel:
- *hydoddyddion (er enghraifft, deucloromethan)*
- *rhewyddion (er enghraifft, hydroclorofflworocarbonau fel $CHClF_2$, sy'n cael eu defnyddio erbyn hyn yn lle CFfCau)*
- *plaleiddiaid (er enghraifft, bromomethan)*
- *diffoddwyr tân (er enghraifft, CBr_2ClF)*

Priodweddau ffisegol

Ar dymheredd ystafell, nwyon yw cloromethan, bromomethan a chloroethan. Hylifau di-liw yw'r rhan fwyaf o'r halogenoalcanau eraill, sydd ddim yn cymysgu gyda dŵr.

Adweithiau cemegol

Dau brif fath o adweithiau halogenoalcanau yw adweithiau amnewid ac adweithiau dileu (gweler tudalen 193).

Amnewid ag ïonau hydrocsid

Bydd dŵr oer yn graddol hydrolysu halogenoalcanau gan amnewid yr atomau halogen â grŵp —OH i ffurfio alcohol (gweler tudalen 212).

$$CH_3CH_2CH_2I(h) + H_2O(h) \rightarrow CH_3CH_2CH_2OH(h) + HI(d)$$

Mae'r math hwn o adwaith yn mynd yn llawer cyflymach gyda hydoddiant dyfrllyd o alcali megis sodiwm neu botasiwm hydrocsid. Bydd gwresogi'n cyflymu'r gyfradd ymhellach.

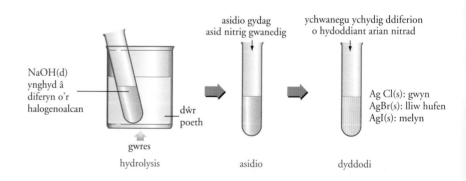

Ffigur 5.9.4 ▲
Adwaith halogenoalcan gydag alcali pan fydd yn cael ei wresogi

Ffigur 5.9.5 ▲
Mae hydrolysis halogenoalcanau yn ei gwneud yn bosibl i wahaniaethu rhwng cyfansoddion cloro-, bromo- ac ïodo-. Bydd gwresogi'r cyfansoddyn gydag alcali yn rhyddhau ïonau halid. Bydd asidio gyda asid nitrig ac yna ychwanegu arian nitrad yn cynhyrchu dyddodiad o'r halid arian

Amnewid ag ïonau cyanid

Mae'r adweithiau rhwng halogenoalcanau ac ïonau cyanid yn ddefnyddiol oherwydd eu bod yn ei gwneud yn bosibl i adio atom carbon ychwanegol at y gadwyn garbon. Y cynhyrchion yw nitrilau, sydd ddim yn ddefnyddiol ynddynt eu hunain, ond mae modd eu trawsnewid yn asidau organig ac aminau, sydd yn werthfawr.

Yr adweithydd ar gyfer trawsnewid halogenoalcan yn nitril yw hydoddiant o botasiwm cyanid mewn ethanol. Mae defnyddio ethanol yn lle dŵr fel yr hydoddydd yn atal hydrolysis.

$$CH_3CH_2Br \xrightarrow[\substack{ethanol \\ gwres \\ amnewid}]{KCN\ mewn} CH_3CH_2CN$$

propanonitril

gwresogi gydag asid dyfrllyd dan adlifiad
hydrolysis
$\rightarrow CH_3CH_2CO_2H$ + NH_4^+
asid propanoig (asid organig)

$\xrightarrow[\substack{mewn\ ether\ sych \\ rhydwytho}]{LiAlH_4} CH_3CH_2CH_2NH_2$
1- aminopropan (amin)

Ffigur 5.9.6 ◄
Dau gam i synthesis asid organig neu amin sydd ag un atom carbon yn fwy na'r defnydd cychwynnol

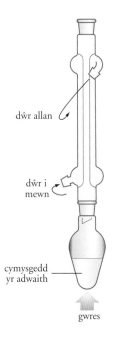

Adwaith amnewid gydag amonia

Bydd gwresogi halogenoalcan gyda hydoddiant amonia mewn ethanol yn cynhyrchu amin. Y cynnyrch arall yw hydrogen halid, sy'n adweithio gyda gormodedd o amonia i ffurfio halwyn amoniwm.

Mae hyn yn digwydd oherwydd bod pâr unig o electronau ar y moleciwl amonia (gweler tudalen 78). Y broblem yw bod pâr unig hefyd ar atom nitrogen y cynnyrch, sydd hyd yn oed yn fwy adweithiol. Felly, mae'r cynnyrch yn gallu adweithio gyda'r halogenoalcan. Yn ffodus, mae'n bosibl cyfyngu ar yr adwaith hwn drwy ddefnyddio gormodedd o hydoddiant amonia crynodedig, gan greu llawer mwy o siawns y bydd moleciwlau halogenoalcan yn adweithio gyda moleciwlau amonia.

dŵr allan

dŵr i mewn

cymysgedd yr adwaith

gwres

Ffigur 5.9.7 ▲
Gwresogi hydoddiant o botasiwm cyanid mewn ethanol gydag 1-bromobwtan i wneud nitril. Mae'r cyddwysydd yn atal yr hylifau rhag dianc. Maen nhw'n cyddwyso ac yn llifo'n ôl i'r fflasg. O hyn y daw'r term 'adlifo'

$$H-\underset{\underset{H}{|}}{\overset{\overset{H}{|}}{C}}-\underset{\underset{H}{|}}{\overset{\overset{H}{|}}{C}}-\underset{\underset{H}{|}}{\overset{\overset{H}{|}}{C}}-\underset{\underset{H}{|}}{\overset{\overset{H}{|}}{C}}-Br \quad + 2NH_3$$

$\downarrow$ gwres | hydoddiant ethanol o dan wasgedd

$$H-\underset{\underset{H}{|}}{\overset{\overset{H}{|}}{C}}-\underset{\underset{H}{|}}{\overset{\overset{H}{|}}{C}}-\underset{\underset{H}{|}}{\overset{\overset{H}{|}}{C}}-\underset{\underset{H}{|}}{\overset{\overset{H}{|}}{C}}-NH_2 \quad + NH_4^+Br^-$$

Ffigur 5.9.8 ▲
Adwaith 1-bromobwtan gydag amonia i wneud 1-aminobwtan (bwtylamin)

Amnewid niwcleoffilig

Niwcleoffilau yw'r adweithyddion sy'n adweithio gyda halogenoalcanau (gweler tudalen 195). Mae bondiau carbon-halogen yn bolar oherwydd bod atomau halogen yn fwy electronegatif nag atomau carbon. Felly, adweithiau amnewid niwcleoffilig yw adweithiau nodweddiadol halogenoalcanau.

$$HO\colon \overset{CH_3}{\underset{H}{\overset{|}{C}}}-Br \longrightarrow HO-\overset{H}{\underset{H}{\overset{|}{C}}}CH_3 \quad + \ \colon Br^-$$

niwcleoffil

y grŵp sy'n gadael

Ffigur 5.9.9 ◄
Niwcleoffil yn ymosod ar atom carbon δ+ gan arwain at amnewid. Mae gan y niwcleoffil bâr unig o electronau i ffurfio bond cofalent newydd gyda'r atom carbon y mae'n ymosod arno. Bydd yr atom halogen yn gadael, gan fynd â'r electronau bondio gyda ef felly mae'n gadael ar ffurf ïon halid

Mae cyfradd adweithio'r halogenoalcanau yn y drefn:
RI > RBr > RCl lle mae R yn cynrychioli grŵp alcyl.

Does dim cydberthyniad rhwng y cyfraddau adweithio a pholaredd y bondiau. Clorin yw'r mwyaf electronegatif o'r elfennau, felly y bond C–Cl yw'r mwyaf polar a'r bond C–I yw'r lleiaf polar. Felly nid polaredd y bondiau yw'r ffactor sy'n pennu'r cyfraddau adweithio.

Ond mae cydberthyniad rhwng y cyfraddau adweithio a chryfder y bondiau. Y bond C–I yw'r hiraf a'r gwannaf (yn ôl mesur enthalpi cymedrig y bondiau). Y bond C–Cl yw'r byrraf a'r cryfaf.

Adweithiau dileu

Gall yr adweithyddion sy'n gallu gweithredu fel niwcleoffilau ffurfio bondiau datif hefyd gydag ïonau hydrogen, H^+, felly maen nhw'n gallu gweithredu fel basau hefyd. Mae hyn yn arbennig o wir am yr ïon hydrocsid. Gall gwresogi halogenoalcan gyda bas arwain at ddileu hydrogen halid yn hytrach nag amnewid.

Bydd hydrolysis sy'n arwain at amnewid yn llawer mwy tebygol o ddigwydd wrth ddefnyddio potasiwm neu sodiwm hydrocsid wedi'i hydoddi mewn dŵr. Mae dileu yn fwy tebygol o ddigwydd pan na fydd dŵr yn bresennol, a'r alcali wedi'i hydoddi mewn ethanol.

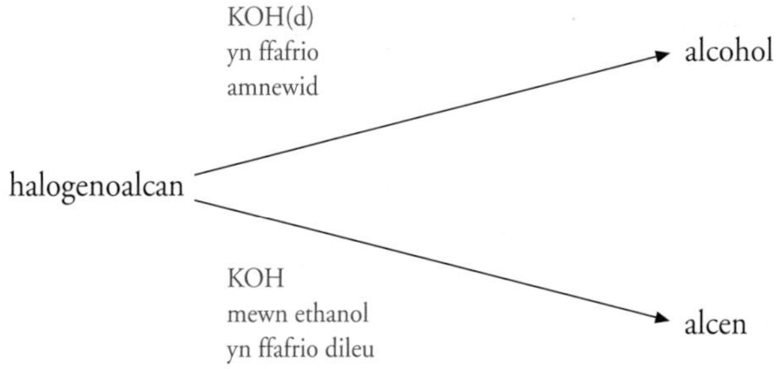

Ffigur 5.9.10 ▶
Yr adweithiau posibl gyda
hydoddiannau o ïonau
hydrocsid

KOH(d)
yn ffafrio
amnewid → alcohol

halogenoalcan

KOH
mewn ethanol
yn ffafrio dileu → alcen

Yn aml, cymysgedd o gynhyrchion yw canlyniad yr adweithiau hyn. Yn gyffredinol, bydd dileu yn fwy tebygol o ddigwydd gyda halogenoalcanau eilaidd neu drydyddol.

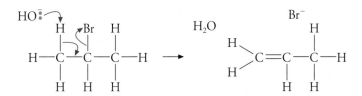

Ffigur 5.9.11 ▲
Dileu hydrogen bromid o 2-bromopropan

3 Pa rai o'r moleciwlau hyn sy'n rhai polar a pha rai sy'n amholar: $CHCl_3$, CH_2Cl_2, $CHCl_3$, ac CCl_4?

4 Edrychwch i weld beth yw berwbwyntiau'r cyfansoddion hyn ac awgrymwch eglurhad am y tueddiad yn y gwerthoedd: 1-clorobwtan, 1-bromobwtan, 1-ïodobwtan.

5 Cymharwch ferwbwyntiau yr isomerau 1-bromobwtan, 2-bromobwtan a 2-bromo-2-methylbwtan. Awgrymwch eglurhad am y gwahaniaethau ym merwbwyntiau'r cyfansoddion cynradd, eilaidd a thrydyddol.

6 Eglurwch y defnydd o'r term hydrolysis i ddisgrifio adwaith halogenoalcan gyda dŵr neu alcali.

7 Cyfeiriwch at Ffigur 5.9.5.
   a) Pam mae hydrolysis yn angenrheidiol cyn cynnal prawf gydag arian nitrad?
   b) Pam mae'n rhaid ychwanegu asid nitrig cyn yr hydoddiant arian nitrad?
   c) Ysgrifennwch yr hafaliadau ar gyfer y tri adwaith sy'n digwydd wrth ganfod ïonau bromid mewn 1-bromobwtan wrth ddefnyddio'r dull hwn.

8 Ysgrifennwch yr hafaliad ar gyfer yr adwaith sy'n digwydd yn Ffigur 5.9.7. Nodwch yr amodau sy'n angenrheidiol ar gyfer yr adwaith.

9 Awgrymwch adeiledd y cynnyrch pan fydd 1-aminobwtan yn adweithio gydag 1-bromobwtan. Ydy'r cynnyrch hwn yn gallu adweithio gydag 1-bromobwtan hefyd ac, os felly, beth fydd yn cael ei ffurfio?

10 Dangoswch beth sy'n digwydd o ran bondiau'n ffurfio a bondiau'n torri pan fydd ïon cyanid yn adweithio gydag 1-ïodopropan. Defnyddiwch 'saethau cyrliog' i ddangos symudiad parau o electronau.

11 Mae cynhyrchion adwaith 2-bromobwtan gyda hydoddiant potasiwm hydrocsid yn dibynnu ar yr amodau. Pa amodau sy'n ffafrio ffurfiant alcohol? Pa amodau sy'n ffafrio ffurfiant alcen?

12 Ysgrifennwch hafaliadau i ddangos ïon hydrocsid yn gweithredu:
   a) fel bas
   b) fel niwcleoffil.

13 Tynnwch lun adeiledd y prif gynnyrch:
   a) pan fydd 2-bromo-2-methylpropan yn cael ei wresogi o dan adlifiad gyda hydoddiant o botasiwm hydrocsid mewn ethanol
   b) pan fydd 1-ïodopropan yn cael ei wresogi gyda hydoddiant dyfrllyd o botasiwm hydrocsid.

14 Gorffennwch y diagram hwn, er mwyn rhoi crynodeb o adweithiau 1-bromopropan. Wrth ymyl y saethau, ysgrifennwch enwau'r adweithyddion a hefyd ddisgrifiad o'r amodau ar gyfer yr adweithiau. Rhowch adeileddau ac enwau'r prif gynhyrchion. Dangoswch hefyd a yw'r adweithiau yn adweithiau amnewid neu'n adweithiau dileu.

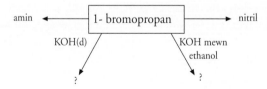

5.10 Alcoholau

Ethanol yw'r aelod mwyaf adnabyddus o deulu'r alcoholau. Dyma'r alcohol sydd mewn cwrw, gwin a gwirodydd. Mae alcoholau yn hydoddyddion defnyddiol yn y cartref, mewn labordai ac mewn diwydiant. Bydd dealltwriaeth o briodweddau'r grŵp gweithredol —OH mewn alcohol yn gymorth i ddeall adweithiau llawer o gemegion biolegol pwysig, yn enwedig carbohydradau megis siwgrau a startsh. Mae alcoholau yn llawer mwy adweithiol nag alcanau oherwydd bod y bondiau C—O ac O—H yn y moleciwlau yn rhai polar.

CD-ROM

Adeileddau ac enwau

Cyfansoddion sydd â'r fformiwla R—OH yw alcoholau, lle mae R yn cynrychioli grŵp alcyl. Y grŵp hydrocsi —OH yw'r grŵp gweithredol sy'n rhoi eu hadweithiau nodweddiadol i'r cyfansoddion.

Mae rheolau'r IUPAC yn enwi alcoholau drwy newid terfyniad yr alcan cyfatebol yn –ol. Felly, mae ethan yn mynd yn ethanol.

Ffigur 5.10.1 ▶
Enwau ac adeileddau alcoholau

$$CH_3—CH_2—CH_2—CH_3—OH$$
bwtan-1-ol, alcohol cynradd

$$CH_3—CH_2—\underset{\underset{OH}{|}}{CH}—CH_3$$
bwtan-2-ol, alcohol eilaidd

$$CH_3—\underset{\underset{OH}{|}}{\overset{\overset{CH_3}{|}}{C}}—CH_3$$
2-methylpropan-2-ol, alcohol trydyddol

Priodweddau ffisegol

Mae hyd yn oed yr alcoholau symlaf, fel methanol ac ethanol, yn hylifau ar dymheredd ystafell oherwydd y bondio hydrogen rhwng y grwpiau —OH. Mae alcoholau yn llawer llai anweddol na'u hydrocarbonau cyfatebol. Am yr un rheswm, bydd alcoholau â chadwynau cymharol fyr yn cymysgu'n rhydd gyda dŵr.

Priodweddau cemegol
Hylosgiad

Bydd alcoholau yn llosgi mewn aer gyda fflam lân, ddi-liw. Mae methanol ac ethanol yn danwyddau (gweler tudalen 230) neu'n ychwanegion tanwydd cyffredin.

$$2CH_3OH(h) + 3O_2(n) \rightarrow 2CO_2(n) + 4H_2O(h)$$

Adwaith gyda sodiwm

Mae adwaith alcoholau gyda sodiwm yn debyg dros ben i adwaith dŵr gyda sodiwm. Y rheswm am hyn yw bod moleciwlau dŵr a moleciwlau alcohol yn cynnwys y grŵp —OH. Gyda dŵr, y cynhyrchion yw sodiwm hydrocsid a hydrogen. Gydag ethanol, y cynhyrchion yw sodiwm ethocsid a hydrogen.

Ffigur 5.10.2 ▶
Adwaith ethanol gyda sodiwm. Sylwer ar y bond ïonig sydd mewn sodiwm ethocsid

sodiwm ethocsid

Prawf i chi   **D**

1 Chwiliwch am ferwbwyntiau alcanau ac alcoholau sydd â màs moleciwlaidd cymharol tebyg iawn i'w gilydd. Cymharwch y berwbwyntiau hyn. A yw hi'n wir i ddweud bod alcoholau yn llai anweddol na'r alcanau cyfatebol?

Mae'r adwaith yn beryglus o gyflym gyda dŵr, ond yn llawer iawn arafach gydag alcoholau. Yn y labordy, ffordd ddiogel o gael gwared ar symiau bychain o sodiwm gwastraff yw torri'r metel yn ddarnau bach ac yna'i ychwanegu, ychydig ar y tro, at bropan-1-ol.

Amnewid atom halogen â grŵp — OH

Ar dymheredd ystafell, bydd alcoholau'n adweithio'n gyflym gyda ffosfforws pentaclorid i roi cloroalcanau. Mae'r adwaith yn cynhyrchu'r nwy hydrogen clorid hefyd, sy'n brawf defnyddiol am bresenoldeb grwpiau —OH mewn moleciwlau.

$$C_3H_7OH(h) + PCl_5(s) \rightarrow C_3H_7Cl(h) + POCl_3(h) + HCl(n)$$

Bydd dull tebyg yn trawsnewid alcoholau yn ïodoalcanau. Yr adweithydd yw cymysgedd o ffosfforws coch ac ïodin, sy'n cyfuno i wneud ffosfforws tri-ïodid.

Dull arall o drawsnewid unrhyw alcohol yn halogenoalcan yw drwy ddefnyddio'r hydrogen halid fel yr adweithydd. Wrth wneud y bromoalcan, caiff yr hydrogen bromid ei baratoi yn y llestr adweithio, er cyfleustra, o gymysgedd o sodiwm bromid ac asid sylffwrig crynodedig.

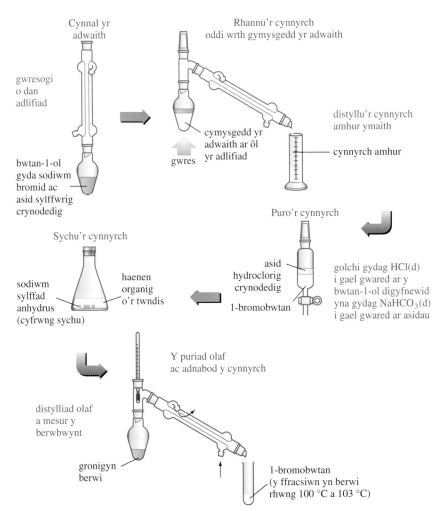

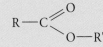

Ffigur 5.10.3 ◄
Y camau yn synthesis 1-bromobwtan o fwtan-1-ol

Diffiniad

Esterau yw'r cyfansoddion ffrwythus sy'n cyfrannu tuag at flas bananas, pîn-afalau a llawer o ffrwythau eraill. Mae arogl esterau'n cyfrannu hefyd tuag at bersawr. Esterau yw brasterau ac olewau llysiau. Y fformiwla gyffredinol ar gyfer ester yw

R — C ⟨ O
        ⟨ O — R′

lle mae R ac R′ yn grwpiau alcyl.

Dileu dŵr (dadhydradiad)

Bydd dileu dŵr o unrhyw alcohol yn cynhyrchu alcen. Oherwydd bod y newid hwn yn golygu tynnu moleciwlau dŵr ymaith, yr enw arall ar y dileu yw dadhydradiad.

Cemeg Organig

Adran pump

213

Diffiniad

Grŵp sy'n gadael yw atom neu foleciwl sy'n torri ymaith oddi wrth foleciwl yn ystod adwaith.

Un dull yw drwy anfon anwedd alcohol dros alwminiwm ocsid powdrog poeth.

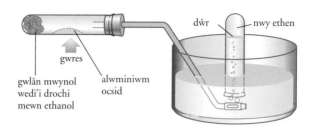

Ffigur 5.10.4 ▶

Dadhydradu ethanol yn ethen ar raddfa fechan **CD-ROM**

Y dull arall ar gyfer dadhydradu yw gwresogi'r alcohol gydag asid sylffwrig neu ffosfforig crynodedig. Y fantais o ddefnyddio asid ffosfforig yw bod llai o sgil effeithiau oherwydd ei fod yn asid sydd ddim yn ocsidio.

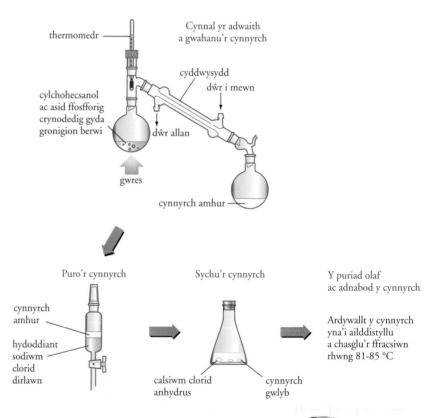

Ffigur 5.10.5 ▲   *Trawsnewid cylchohecsanol yn gylchohecsen* **CD-ROM**

Bydd yr asid yn gweithredu fel catalydd ar gyfer yr adwaith dileu. Cam cyntaf y mecanwaith yw bod grŵp —OH yr alcohol yn gweithredu fel bas sy'n derbyn proton, H^+, oddi wrth yr asid. Golyga hyn mai'r grŵp sy'n gadael pan fydd y bond C—O yn torri yw moleciwl dŵr yn hytrach nag ïon hydrocsid. Caiff y proton ei ailffurfio yn ystod y broses, felly er bod y catalydd yn cymryd rhan yn yr adwaith, nid yw'n cael ei ddefnyddio a dod i ben.

Ffigur 5.10.6 ▲
Y mecanwaith ar gyfer dileu dŵr o alcohol

Ffurfio esterau

Bydd alcoholau'n adweithio gydag asidau carbocsylig i ffurfio esterau. Bydd yr adwaith yn digwydd ar wres cymhedrol, gydag ychydig o asid sylffwrig crynodedig yn gweithredu fel catalydd. Enghraifft yw hyn o gatalysis homogenaidd (gweler tudalen 116). Mae'r adwaith yn un cildroadwy.

Ffigur 5.10.7 ◀
Ffurfio ester o asid ac alcohol

Ocsidiad

Bydd hydoddiant asidiedig o botasiwm deucromad(VI) yn ocsidio alcoholau cynradd ac eilaidd. Does dim adwaith gydag alcoholau trydyddol. Bydd ocsidiad alcohol cynradd yn digwydd mewn dau gam, gan gynhyrchu aldehyd yn gyntaf, ac yna asid carbocsylig. Yn ystod yr adwaith, bydd yr adweithydd yn troi o liw oren $Cr_2O_7^{2-}$(d) yn lliw gwyrdd Cr^{3+}(d).

Ffigur 5.10.8 ◀
Ocsidiad propan-1-ol gan $Cr_2O_7^{2-}$(d) asidiedig. Mae'r hafaliadau cyflawn yn gymhleth. Ffordd o gydbwyso'r hafaliad mewn llaw-fer yw'r symbol [O], lle mae [O] yn cynrychioli'r atomau ocsigen a ddaw o'r cyfrwng ocsidio

Bydd ocsidiad alcohol eilaidd yn cynhyrchu ceton.

Ffigur 5.10.9 ▲
Ocsidiad propan-2-ol i ffurfio propanon

Mae'r adweithiau ocsidiad hyn yn help i wahaniaethu rhwng alcoholau cynradd, eilaidd a thrydyddol.

Nodyn

Bydd cyfryngau rhydwytho yn cildroi ocsidiad aldehydau a chetonau. Mae sodiwm tetrahydridoborad(III), $NaBH_4$, mewn hydoddiant dyfrllyd, yn gyfrwng rhydwytho addas.

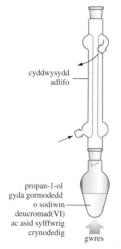

cyddwysydd
adlifo

propan-1-ol
gyda gormodedd
o sodiwm
deucromad(VI)
ac asid sylffwrig
crynodedig

gwres

Ffigur 5.10.11 ▲

Offer ar gyfer ocsidio alcohol cynradd yn asid carbocsylig. Mae'r cyddwysydd adlifo yn sicrhau bod unrhyw aldehyd anweddol yn cyddwyso ac yn llifo'n ôl i'r fflasg, lle bydd gormodedd o'r cyfrwng ocsidio yn sicrhau trawsnewid cyflawn yn asid carbocsylig **CD-ROM**

Nodyn

Dydy hydoddiant Fehling ddim yn cadw, felly caiff ei baratoi yn ôl y gofyn drwy gymysgu dau hydoddiant. Un o'r rhain yw copr(II) sylffad mewn dŵr, ac mae'r hydoddiant arall yn cynnwys ïonau 2,3-deuhydrocsibwtandeuoad mewn alcali cryf. Bydd yr ïonau 2,3-deuhydrocsibwtandeuoad yn ffurfio ïon cymhlyg gydag ïonau copr(II) i'w hatal rhag dyddodi ar ffurf copr(II) hydrocsid mewn alcali.

Mae adweithydd Tollen yn ansefydlog ac os caiff ei storio gall ffurfio cynhyrchion ffrwydrol. Felly caiff yr adweithydd hwn hefyd ei baratoi yn ôl y gofyn drwy hydoddi dyddodiad o arian ocsid mewn hydoddiant amonia. Mae'r adweithydd yn cynnwys cymhlygyn a ffurfir gan ïonau arian(I) a moleciwlau amonia.

Gall dau adweithydd prawf arall, sef hydoddiant Fehling ac adweithydd Tollen, helpu drwy wahaniaethu rhwng aldehydau (o alcohol cynradd) a chetonau (o alcohol eilaidd). Mae'r ddau adweithydd prawf yn gyfryngau ocsidio sy'n newid lliw wrth iddyn nhw ocsidio aldehyd yn asid carbocsylig. Wnaiff y naill adweithydd na'r llall ddim ocsidio cetonau.

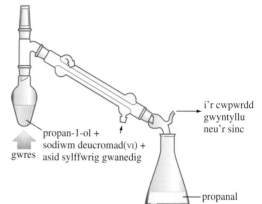

Ffigur 5.10.10 ▶

Offer ar gyfer ocsidio alcohol cynradd yn aldehyd. Bydd yr aldehyd yn distyllu ymaith wrth iddo ffurfio, ac mae hyn yn atal unrhyw ocsidio pellach ar yr aldehyd **CD-ROM**

i'r cwpwrdd gwyntyllu neu'r sinc

propan-1-ol + sodiwm deucromad(VI) + asid sylffwrig gwanedig

gwres

propanal

Mae hydoddiant Fehling yn cynnwys hydoddiant alcaliaidd o ïonau cymhlyg copr(II). Wrth ei wresogi gydag aldehyd bydd yr hydoddiant glas tywyll yn troi'n wyrddaidd ac yna'n colli ei liw glas wrth i ddyddodiad orengoch copr(I) ocsid ymddangos.

Bydd adweithydd Tollen yn rhoi canlyniadau cadarnhaol hefyd gydag aldehydau, ond nid gyda chetonau. Wrth wresogi'r adweithydd gydag aldehyd, bydd drych arian gloyw yn ffurfio ar wydr tiwb profi glân.

Yn lle'r profion cemegol hyn, mae'n bosibl defnyddio sbectra isgoch i wahaniaethu rhwng y grwpiau gweithredol sydd yng nghynhyrchion adweithiau ocsidiad (gweler tudalennau 90–91).

Adwaith tri-ïodomethan

Mae'r adwaith hwn yn adnabod yr alcoholau hynny sydd â'r grŵp CH_3CHOH—. Amodau'r adwaith yw gwresogi diferyn o alcohol gyda hydoddiant ïodin mewn sodiwm hydrocsid. Os yw'r alcohol yn cynnwys grŵp methyl nesaf at y grŵp —OH yna'r canlyniad fydd dyddodiad melyn o dri-ïodomethan, CHI_3.

Prawf i chi

2 Ysgrifennwch hafaliad ar gyfer adwaith dŵr gyda sodiwm a'i gymharu ag adwaith propan-1-ol gyda sodiwm.

3 Sut gallwch chi adnabod yr HCl(n) sy'n cael ei allyrru pan fydd PCl_5 yn adweithio gydag alcohol?

4 Ysgrifennwch hafaliad ar gyfer adwaith PI_3 gyda phropan-1-ol, o wybod mai'r cynnyrch anorganig yw'r asid H_3PO_3.

5 Pa brofion ellir eu cynnal i ddangos mai alcen yw'r nwy sy'n cael ei ffurfio yn Ffigur 5.10.4?

6 Awgrymwch amodau a fydd yn cynyddu swm yr ester sy'n cael ei ffurfio pan fydd asid carbocsylig yn adweithio gydag alcohol.

7 Ai'r bond C—O neu'r bond O—H sy'n torri pan fydd alcohol yn adweithio gyda:
   a) sodiwm?
   b) PCl_5?
   c) asid sylffwrig crynodedig?

8 Ysgrifennwch yr hafaliad ar gyfer rhydwythiad propanal yn bropan-1-ol gan $NaBH_4$. Rhowch [H] i gynrychioli'r hydrogen a ddaw o'r cyfrwng rhydwytho.

9 Pa rai o blith yr alcoholau hyn sy'n rhoi dyddodiad o CHI_3 o'u gwresogi gydag ïodin mewn alcali: ethanol, propan-1-ol, propan-2-ol?

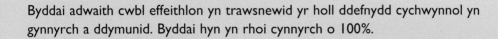

5.11 Cynnyrch damcaniaethol a'r canran cynnyrch

> Byddai adwaith cwbl effeithlon yn trawsnewid yr holl ddefnydd cychwynnol yn gynnyrch a ddymunid. Byddai hyn yn rhoi cynnyrch o 100%.

Ychydig o adweithiau sy'n gwbl effeithlon ac mae'r mwyafrif o adweithiau, yn enwedig adweithiau organig, yn rhoi lefelau isel o ran eu cynnyrch. Mae nifer o resymau pam y gall lefel y cynnyrch fod yn isel yn gyffredinol:

- gall yr adwaith fod yn anghyflawn (efallai oherwydd ei fod yn araf neu oherwydd ei fod yn cyrraedd cyflwr o ecwilibriwm) ac, o ganlyniad, bydd cyfran o'r cemegion cychwynnol heb adweithio
- gall fod sgil adweithiau sy'n cynhyrchu sgil gynhyrchion
- gall fod yn amhosibl adfer holl gynnyrch yr adwaith
- fel rheol, bydd peth o'r cynnyrch yn cael ei golli yn ystod y broses o symud cemegion o un cynhwysydd i'r llall, wrth i'r cynnyrch gael ei wahanu a'i buro.

Diffiniadau

Y **cynnyrch damcaniaethol** yw màs y cynnyrch, a chymryd bod yr adwaith yn digwydd yn unol â'r hafaliad cemegol a bod y synthesis yn 100% effeithlon.
  Y **gwir gynnyrch** yw màs y cynnyrch a gafwyd.
  Mae'r **canran cynnyrch** yn cael ei fynegi yn y berthynas hon:

$$\text{canran cynnyrch} = \frac{\text{gwir fas y cynnyrch}}{\text{cynnyrch damcaniaethol}} \times 100\%$$

Datrysiad enghreifftiol

Beth fydd y cynnyrch damcaniaethol o gylchohecsen pan fydd 10 g o gylchohecsanol yn cael ei ddadhydradu drwy ei wresogi gydag asid ffosfforig? Beth fydd y canran cynnyrch os y gwir gynnyrch o gylchohecsen yw 7.1 g?

Nodiadau ar y dull

Dechreuwch drwy ysgrifennu'r hafaliad ar gyfer yr adwaith. Does dim angen i'r hafaliad fod yn hafaliad cyflawn, cyhyd â bod yr hafaliad yn cynnwys yr adweithydd cyfyngol a'r cynnyrch. Yma, mae'r cynnyrch damcaniaethol yn dibynnu ar swm y cylchohecsanol.

Ateb

Yr hafaliad: $C_6H_{11}OH \xrightarrow{-H_2O} C_6H_{10}$

Màs molar cylchohecsanol = 100 g mol^{-1}

Swm y cylchohecsanol ar ddechrau'r synthesis =

$$\frac{10 \text{ g}}{100 \text{ g mol}^{-1}} = 0.1 \text{ mol}$$

Bydd 1 mol o alcohol yn cynhyrchu 1 mol o'r cylchoalcen.

Màs molar cylchohecsen = 82 g mol^{-1}

Cynnyrch damcaniaethol y cylchohecsen = 0.1 mol $\times$ 82 g mol^{-1} = 8.2 g

Y canran cynnyrch = $\dfrac{7.1 \text{ g}}{8.2 \text{ g}} \times 100\%$ = 87%

Diffiniad

Adweithydd cyfyngol yw'r cemegyn mewn cymysgedd adwaith sy'n bresennol mewn swm a fydd yn cyfyngu ar y cynnyrch damcaniaethol. Yn aml mewn synthesis cemegol bydd gormodedd o rai o'r adweithyddion yn cael eu hychwanegu er mwyn gwneud yn siŵr bod gymaint â phosibl o'r cemegyn mwyaf gwerthfawr yn cael ei drawsnewid i'r cynnyrch a ddymunir. Yr adweithydd cyfyngol yw'r un nad oes gormodedd ohono, felly byddai'n cael ei ddefnyddio'n gyfan gwbl pe bai'r adwaith yn mynd i'w derfyn.

Prawf i chi

1 Lluniwch ddiagram o adeileddau cylchohecsanol a cylchohecsen.

2 Yn ystod synthesis 1-bromobwtan (Ffigur 5.10.3) cafwyd 6.5 g o gynnyrch o 6.0 g o bwtan-1-ol gan ddefnyddio gormodedd o sodiwm bromid ac asid sylffwrig crynodedig. Cyfrifwch y cynnyrch damcaniaethol a'r canran cynnyrch.

Cemeg Organig

Adran pump

5.12 Tanwyddau a chemegion o olew crai

Bydd y diwydiant petrocemegol yn trawsnewid olew crai a nwy naturiol yn gynhyrchion defnyddiol megis nwyddau fferyllol, gwrteithiau, glanedyddion, paentiau a llifynnau. Serch hynny, nid olew crai yw unig ffynhonnell fasnachol defnyddiau crai organig. Mae diwydiannau'n troi fwyfwy at blanhigion a micro-organebau i fod yn ffynonellau tanwyddau a chemegion oherwydd yr effaith a gaiff tanwyddau ffosil ar yr amgylchedd.

Puro olew crai

Mae olew crai yn gymysgedd cymhleth o foleciwlau hydrocarbon a ffurfiwyd dros gyfnod o filiynau o flynyddoedd. Does dim ffosiliau mewn olew, ond mae'r dystiolaeth yn awgrymu ei fod wedi'i ffurfio o weddillion creaduriaid a phlanhigion môr bychain a oedd yn cronni'n ddwfn o dan y môr, mewn dŵr a oedd yn rhydd o ocsigen. Roedd bacteria'n bwydo ar y gweddillion hyn, gan dynnu'r ocsigen i gyd. Yn raddol, roedd gwres a gwasgedd yn y gwaddodion yn troi'r cemegion yn olew.

Erbyn hyn, olew crai yw'r brif ffynhonnell ar gyfer tanwyddau a chyfansoddion organig. Bydd cyfansoddiad olew crai yn amrywio o un maes olew i'r llall, gyda ambell olew crai yn cynnwys meintiau sylweddol o gyfansoddion sylffwr a nitrogen yn ogystal ag olion amryw fetelau. Yr her sy'n wynebu purfeydd olew yw cynhyrchu digon o'r gwahanol gynhyrchion a ddaw o olew i gyflenwi anghenion defnyddwyr diwydiannol a domestig. Yn gyffredinol, mae olew crai yn cynnwys gormod o'r ffracsiynau sydd â berwbwyntiau uchel a moleciwlau mawr, a dim digon o'r ffracsiynau sydd â berwbwyntiau isel a'r moleciwlau bychain sy'n angenrheidiol ar gyfer tanwyddau fel petrol.

Distyllu ffracsiynol olew yw'r cam cyntaf wrth buro i gynhyrchu tanwyddau ac ireidiau, ynghyd â defnyddiau crai ar gyfer y diwydiant petrocemegol.

Distyllu ffracsiynol

Proses ddi-dor ar raddfa fawr yw distyllu ffracsiynol olew. Mae'n rhannu'r olew crai yn ffracsiynau. Bydd ffwrnais yn gwresogi'r olew a hwnnw'n llifo wedyn i

Ffigur 5.12.1 ▶

Olew crai yn cael ei ddistyllu'n ffracsiynol

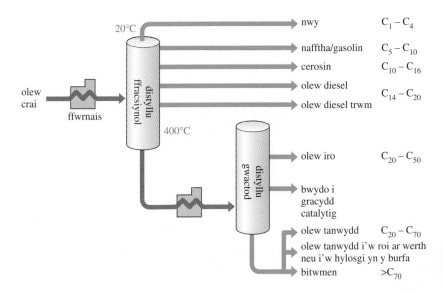

golofn ffracsiynu. Yn y golofn hon, mae tua 40 'hambwrdd' gyda thyllau bychain drostynt i gyd. Bydd anwedd cyddwysedig yn llifo dros bob hambwrdd ac yna i'r hambwrdd islaw, ac anwedd sy'n codi yn cymysgu â'r hylif ar bob hambwrdd wrth iddo fyrlymu i fyny drwy'r tyllau.

Mae'r golofn yn boethach ar y gwaelod ac yn oerach ar y top. Pan fydd yr anwedd sy'n codi yn cyrraedd yr hambwrdd, bydd yn cyddwyso gyda hylif ar dymheredd sydd islaw ei ferwbwynt, a'r anwedd sy'n cyddwyso yn rhyddhau egni sy'n gwresogi'r hylif yn yr hambwrdd. Yn ei dro, bydd yr hylif hwnnw'n anweddu'r cyfansoddion mwyaf anweddol yn y cymysgedd.

Gyda chyfres o hambyrddau, y canlyniad yw bod yr hydrocarbonau sydd â moleciwlau bychain yn codi i frig y golofn tra bod y moleciwlau mwy o faint yn aros ar y gwaelod. Caiff ffracsiynau eu tynnu o'r golofn ar amryw lefelau.

Mae gan rai o gydrannau olew crai ferwbwyntiau rhy uchel iddyn nhw allu anweddu ar wasgedd atmosfferig. Drwy ostwng y gwasgedd mewn colofn wactod ddistyllu ar wahân, bydd berwbwyntiau'r hydrocarbonau'n cael eu gostwng hefyd, gan ei gwneud yn bosibl i'w gwahanu.

Tanwyddau sy'n dod o olew

Cyfuniad o hydrocarbonau yw petrol, yn seiliedig ar y ffracsiwn gasolin (hydrocarbonau sydd â 5–10 o atomau carbon). Caiff tanwydd peiriannau jet ei gynhyrchu o'r ffracsiwn cerosin neu baraffin (hydrocarbonau sydd â 10–16 o atomau carbon). Mae'r tanwydd ar gyfer peiriannau diesel yn cael ei wneud o olew diesel (hydrocarbonau sydd â 14–20 o atomau carbon). Mae'n rhaid puro tanwyddau er mwyn cael gwared ar gydrannau megis cyfansoddion sylffwr, a fyddai'n niweidio peiriannau neu'n llygru'r aer wrth losgi.

Mae'n rhaid bod yn ofalus wrth baratoi cyfuniadau ar gyfer petrol os yw peiriannau modern i gychwyn pob tro a throi yn esmwyth. Yn y gaeaf, mae cyfran uwch o hydrocarbonau anweddol yn cael eu hychwanegu er mwyn helpu i gychwyn peiriant yn yr oerfel. Yn yr haf, mae'r gyfran o hydrocarbonau yn is er mwyn atal anwedd rhag ffurfio cyn i'r tanwydd gyrraedd y carbwradur.

Cnocio yw'r sŵn sydd i'w glywed o beiriant petrol pan fydd y cymysgedd o danwydd ac aer yn cynnau'n rhy gynnar tra'u bod yn dal i gael eu cywasgu gan y piston ('pincio' a 'clecian' yw'r geiriau eraill sy'n cael eu defnyddio). Rhagdanio yw hyn.

Bydd cywasgu yn cynnau'r cymysgedd o danwydd ac aer. Golyga **rhagdanio** bod y tanwydd yn dechrau llosgi cyn cael ei danio gan wreichionen o'r plwg tanio. Mae peiriannau tanio mewnol yn troi yn gryf os bydd y tanwydd yn dechrau llosgi pan fydd y piston yn y man cywir yn y silindr, fel bod y nwyon sy'n ehangu yn gorfodi'r piston i fynd i lawr yn esmwyth. Mae cnocio yn arwydd bod angen tanwydd gyda rhif octan uwch. Pan fydd sŵn cnocio yn dod o beiriant dros gyfnod o amser, bydd yn niweidio'r peiriant yn y pen draw.

Cemeg Organig

Adran pump

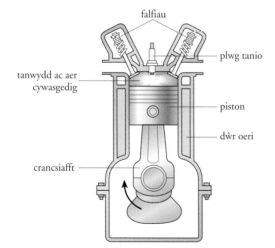

falfiau

plwg tanio

tanwydd ac aer cywasgedig

piston

dŵr oeri

crancsiafft

Ffigur 5.12.2 ◄
Rhannau gweithredol silindr mewn peiriant tanio mewnol sy'n defnyddio petrol

Er mwyn i beiriannau droi yn esmwyth, mae'n rhaid i'r petrol losgi'n rhwydd heb sŵn cnocio. Mae rhif octan tanwydd yn fesur o'i berfformiad. Po uchaf fydd cywasgedd y tanwydd a'r aer yn silindrau'r peiriant, uchaf fydd yn rhaid i'r rhif octan fod er mwyn stopio'r sŵn cnocio.

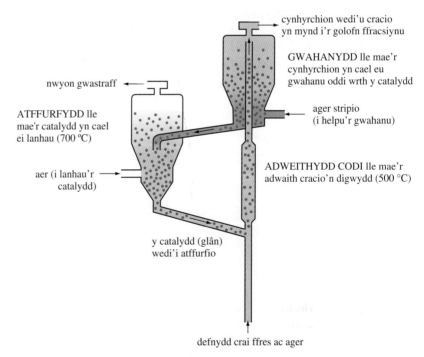

Ffigur 5.12.3 ▲
Adeiledd yr ether MTBE, sydd â rhif octan o 120. Drwy ychwanegu MTBE, a thrwy ddulliau eraill, mae modd codi rhif octan gasolin o tua 70 i 95, sy'n ofynnol ar gyfer petrol premiwm di-blwm

Dyfeisiwyd y raddfa rhifau octan gan ddyfeisiwr o'r America, Thomas Midgley (1889–1944). Ef wnaeth ddarganfod yr ychwanegion gwrth-gnocio a oedd yn seiliedig ar blwm ac a ddefnyddiwyd am lawer blwyddyn. Yn Ewrop mae tanwydd plwm bellach wedi ei ddiddymu ac, erbyn hyn, mae'r cwmnïau olew yn cynhyrchu tanwyddau octan-uchel drwy gynyddu'r cyfran o alcanau ac arênau canghennog sydd ynddyn nhw. Weithiau, bydd y cwmnïau'n ychwanegu rhai cyfansoddion ocsigen at y cymysgedd hefyd. Mae pedwar prif ddull o wneud hyn:

- cracio, sydd nid yn unig yn cynhyrchu mwy o foleciwlau bychain ond hefyd yn ffurfio hydrocarbonau gyda chadwynau canghennog
- isomeru, sy'n troi alcanau cadwyn syth yn gyfansoddion cadwyn ganghennog drwy eu hanfon dros gatalydd platinwm
- ailffurfio, sy'n troi alcanau cylchol yn arênau megis bensen a methyl bensen
- ychwanegu alcoholau ac etherau megis MTBE (mae'r llythrennau'n seiliedig ar yr hen enw ether methyl bwtyl trydyddol, *methyl tertiary butyl ether*, sy'n cael ei alw erbyn hyn yn 2-methocsi-2-methylpropan).

Cracio catalytig

Mae cracio catalytig yn trawsnewid y ffracsiynau trymach a ddaw o ddistyllu ffracsiynol olew crai, megis olew diesel neu olew tanwydd, yn hydrocarbonau mwy defnyddiol ar gyfer tanwyddau, drwy dorri'r moleciwlau mwyaf yn rhai llai o faint.

Bydd cracio yn trawsnewid yr alcanau sydd â'r cadwynau hiraf, â dwsin neu fwy o atomau carbon, yn foleciwlau llai sy'n gymysgedd o alcanau canghennog, cylchoalcanau, alcenau ac alcenau canghennog.

Ffigur 5.12.4 ▶
Cracio catalytig. Bydd y catalydd powdrog yn llifo i'r adweithydd fertigol lle mae'r cracio'n digwydd. Yna, bydd yr anweddau wedi'u cracio yn cael eu trosglwyddo i golofn ffracsiynu tra bo'r catalydd yn llifo i'r atffurfydd

Math o sodiwm alwminiwm silicad synthetig yw'r catalydd, sy'n perthyn i ddosbarth o gyfansoddion o'r enw seolitau. Mae tri dimensiwn i adeiledd seolit, gyda'r atomau silicon ac ocsigen yn ffurfio twneli a cheudodau y gall moleciwlau bychain ffitio iddyn nhw. Bydd cracio yn digwydd ar arwyneb y catalydd, sy'n gatalydd polar ac felly'n achosi i'r bond dorri i ffurfio rhyngolion ïonig.

Mae seolitau synthetig yn gwneud catalyddion rhagorol oherwydd bod modd eu datblygu gyda safleoedd gweithredol a fydd yn ffafrio'r adweithiau a ddymunir drwy weithredu ar foleciwlau sydd o siâp a maint arbennig.

Proses ddi-dor yw cracio catalytig. Yn raddol, bydd haenen o garbon yn gorchuddio powdr mân y catalydd felly mae'n cylchdroi drwy'r atffurfydd lle mae'r carbon yn llosgi ymaith mewn ffrwd o aer.

Isomeru

Mae isomeru yn trawsnewid alcanau cadwyn syth yn gyfansoddion cadwyn ganghennog. Yn nodweddiadol caiff cyfansoddion megis pentan eu trawsnewid yn isomerau canghennog megis 2-methylbwtan. Y gwerth arbennig sydd i'r broses yw bod alcanau canghennog yn cynyddu rhif octan y petrol.

Bydd isomeru'n digwydd pan fydd anwedd poeth yr hydrocarbon yn cael ei anfon dros gatalydd platinwm. Dydy'r adweithiau isomeru ddim yn mynd i'r eithaf ond yn cynhyrchu cymysgeddau ecwilibriwm sy'n cynnwys yr alcan digyfnewid a'i isomerau. Bydd y cynhyrchion yn llifo o'r catalydd i wely o seolit arbennig sydd â mandyllau o'r union faint i'w galluogi i weithio fel 'gogr moleciwlaidd'. Dydy cyfansoddion canghennog ddim yn gallu mynd drwy fandyllau'r seolit ond mae'r cyfansoddion cadwyn syth yn gallu gwneud hynny. Caiff yr isomerau canghennog eu casglu tra bydd y cyfansoddion cadwyn syth yn cael eu hailgylchu dros y catalydd.

Ailffurfio

Bydd ailffurfio yn trawsnewid alcenau yn arênau (hydrocarbonau aromatig, gweler tudalen 196) megis bensen a methylbensen. Hefyd, gall drawsnewid alcanau yn alcanau cylchol. Mae hydrogen yn sgil gynnyrch gwerthfawr i'r broses, ac mae modd defnyddio'r nwy mewn prosesau eraill yn y burfa.

Yn aml, y catalydd ar gyfer y broses hon fydd un neu fwy o'r metelau drudfawr, megis platinwm neu rodiwm, a fydd yn cael eu dal ar ddefnydd anadweithiol megis alwminiwm ocsid. Bydd y broses yn cael ei chynnal ar dymheredd o tua 500 °C.

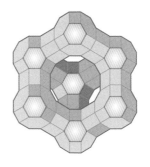

Ffigur 5.12.5 ▲
Model o adeiledd grisial seolit

Cemeg Organig Adran pump

$CH_3CH_2CH_2CH_2CH_2CH_2CH_3$ → catalydd Pt, gwres, gwasgedd → (methylbensen) + $4H_2(n)$

heptan

methylbensen

cylchohecsan → catalydd Pt, gwres, gwasgedd → (bensen) + $3H_2(n)$

cylchohecsan

bensen

Prawf i chi

1 Ysgrifennwch adeileddau i ddangos sut mae:

a) cracio catalytig yn trawsnewid dodecan, $C_{12}H_{16}$, yn 2,5- deumethylhecsan a bwt-1-en.

b) isomeru yn trawsnewid pentan yn 2-methylbwtan a 2,2-deumethylpropan.

c) ailffurfio yn trawsnewid hecsan yn gylchohecsan.

Ffigur 5.12.6 ◄
Enghreifftiau o ailffurfio. Sylwer bod cael hydrogen fel sgil gynnyrch yn golygu mai nid adweithiau isomeru yw'r rhain

Cemegion o olew

Nid ffynhonnell tanwyddau yn unig yw olew crai, mae hefyd yn ffynhonnell werthfawr cemegion, yn enwedig alcenau, sy'n flociau adeiladu rhagorol ar gyfer synthesis cemegion newydd.

Mae'r defnydd crai ar gyfer y diwydiant petrocemegol yn cynnwys ethan, a ddaw o nwy naturiol, a ffracsiwn a elwir yn nafftha sy'n cynnwys hydrocarbonau gyda chwech i ddeg o atomau carbon, a ddaw o ddistyllu olew.

Cracio gydag ager

Cracio gydag ager yw'r dull sydd orau gan y diwydiant ar gyfer trawsnewid hydrocarbonau yn alcenau. Bydd cracio gydag ager yn trawsnewid ethan yn ethen, sy'n bwysig dros ben fel cyfansoddyn dechreuol ar gyfer synthesis cemegol mewn diwydiant.

Bydd cymysgedd o anwedd hydrocarbon ac ager yn cael ei anfon o dan wasgedd drwy diwbiau mewn ffwrnais, lle caiff ei wresogi hyd at dymheredd o tua 1000 °C. Cracio thermol yw hyn, yn hytrach na chracio catalytig. O dan yr amodau hyn, bydd cracio yn cynnwys adweithiau cadwyn radicalau rhydd (gweler tudalen 194). Y cam cyntaf yng nghracio thermol ethan yw hollti'r moleciwlau yn radicalau methyl.

Ethanol o ethen

Bydd y diwydiant cemegol yn paratoi ethanol drwy hydradu ethen gyda chatalydd asid yn bresennol (gweler tudalen 204). Mae eplesiad yn ffynhonnell ethanol arall (gweler tudalen 230).

Mae ethanol yn hydoddydd defnyddiol. Ethanol yw gwirod methyl, gydag oddeutu 5% o fethanol ynddo er mwyn ei wneud yn atgas i'w yfed. Caiff gwirod methyl diwydiannol ei ddefnyddio fel hydoddydd yn fasnachol ac mewn labordai. Gwirod methyl diwydiannol yw gwirod meddygol, ond bod ychwanegion eraill ynddo, gan gynnwys olew had castor. Yn ogystal, mae llifyn glas yn y gwirod methyl ('meths') sy'n cael ei werthu mewn siopau nwyddau metel fel hydoddydd a thanwydd.

Ffigur 5.12.7 ▶
Mae ethen yn gynnyrch pwysig a ddaw o gracio thermol, ac mae modd ei drawsnewid yn nifer o gemegion organig eraill

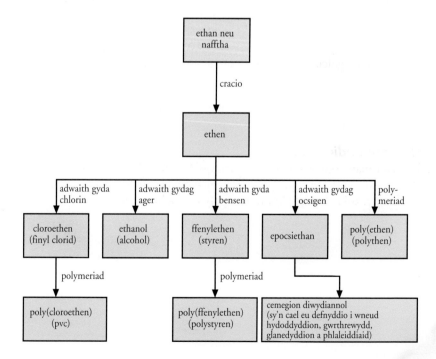

Epocsiethan o ethen

Mae epocsiethan yn rhyngolyn cemegol pwysig sy'n cael ei ddefnyddio i weithgynhyrchu syrffactyddion, hydoddyddion ac ireidiau. Caiff epocsiethan ei wneud drwy gymysgu ethen ag aer neu ocsigen ac yna, ar dymheredd o tua 300° C, anfon y cymysgedd o dan wasgedd dros gatalydd heterogenaidd. Arian wedi'i fân-hollti yw'r catalydd, a gaiff ei wasgaru dros arwyneb defnydd anadweithiol megis alwmina.

$$2CH_2=CH_2(n) + O_2(n) \rightleftharpoons 2\ \overset{O}{\overset{/\ \backslash}{CH_2-CH_2}}(n)$$

Cemegyn adweithiol a pheryglus yw epocsiethan felly, fel rheol, mae'n cael ei baratoi a'i storio yn y man y bydd yn cael ei ddefnyddio. Mae'n adweithio'n egnïol gyda dŵr, gan roi amryw gynhyrchion, yn dibynnu ar yr amodau.

Defnyddir epocsiethan yn bennaf i wneud ethan-1,2-deuol, y gwrthrewydd mewn peiriannau modur. Bydd gwrthrewydd yn gostwng rhewbwynt dŵr gryn dipyn islaw 0 °C. Caiff ethan-1,2-deuol ei ddefnyddio fel gwrthrewydd oherwydd ei fod yn cymysgu'n rhwydd gyda dŵr ond bod iddo ferwbwynt uchel (198 °C) felly dydy ethan-1,2-deuol ddim yn anweddu o'r oerydd pan fydd y peiriant yn boeth. Yn ogystal, bydd y bondio hydrogen sy'n digwydd rhwng y ddau grŵp —OH yn y moleciwlau ethan-1,2-deuol a'r moleciwlau dŵr yn helpu i atal y gwrthrewydd rhag anweddu. Mantais bellach ethan-1,2-deuol yw ei fod yn atal rhywfaint ar gyrydiad rhannau metel y system oeri.

$$n\ \overset{CH_2-CH_2}{\underset{O}{\diagdown\diagup}} + H_2O \longrightarrow HO{\Large-\!\!\left[}CH_2CH_2O{\Large\right]\!\!-}_n H$$

Epocsiethan yw prif ffynhonnell syrffactyddion di-ïonig hefyd. Cyfryngau sy'n weithredol ar arwynebau yw syrffactyddion. Maen nhw'n un o'r prif gynhwysion mewn glanedyddion oherwydd eu bod yn helpu i wahanu baw seimllyd oddi wrth arwynebau, a hefyd yn cadw baw ar wasgar mewn dŵr fel ei fod yn cael ei olchi ymaith. Caiff syrffactyddion di-ïonig eu defnyddio mewn llawer o lanedyddion o gwmpas y cartref oherwydd eu bod yn caniatáu draeniad esmwyth heb adael dyddodion hyd yn oed os na fyddan nhw'n cael eu golchi ymaith yn llwyr. Mae syrffactyddion di-ïonig yn creu ewyn llai sefydlog hefyd, felly maen nhw'n cael eu cynnwys mewn powdrau golchi ar gyfer peiriannau golchi llestri a pheiriannau golchi dillad.

$$n\ \overset{CH_2-CH_2}{\underset{O}{\diagdown\diagup}} + \underset{\text{alcohol}}{ROH} \longrightarrow HO{\Large-\!\!\left[}CH_2CH_2O{\Large\right]\!\!-}_n R$$

Polymerau adio o ethen

Ethen yw'r man cychwyn ar gyfer gwneud y rhan fwyaf o'r monomerau sy'n cael eu defnyddio i weithgynhyrchu polymerau adio. Bydd llawer o foleciwlau'r monomer yn adio at ei gilydd i ffurfio polymer cadwyn hir.

Cemeg Organig

Adran pump

Prawf i chi

1 Awgrymwch resymau pam mae'r catalydd arian sy'n cael ei ddefnyddio i wneud epocsiethan wedi'i fân-hollti dros arwyneb alwminiwm ocsid.

2 Lluniwch fformiwla graffig epocsiethan i ddangos onglau'r bondiau a pholareddau'r bondiau. Awgrymwch resymau pam mae'n gyfansoddyn adweithiol dros ben.

3 Tynnwch lun adeiledd ethan-1,2-deuol a dangoswch sut mae'r grwpiau —OH yn gallu ffurfio bondiau hydrogen gyda dŵr.

Ffigur 5.12.8 ◀
Adwaith epocsiethan gyda dŵr. Pan fydd n = 1, y cynnyrch yw ethan-1,2-deuol, sef prif gynhwysyn gwrthrewydd. Pan fydd n yn fwy na 4, gall y cynnyrch fod yn ddefnyddiol fel hydoddydd neu fel syrffactydd di-ïonig

Ffigur 5.12.9 ◀
Mae epocsiethan yn adweithio gydag alcoholau. Gydag alcohol cynradd, pan fydd n = 1 neu n = 2, hydoddydd yw'r cynnyrch

Monomer	Polymer	Nodiadau
ethen H C=C H / H H	poly(ethen) neu bolythen $\left[\begin{array}{cc} H & H \\ C\!-\!C \\ H & H \end{array} \right]_n$	Bydd proses sy'n digwydd ar dymheredd a gwasgedd uchel, gyda chychwynnydd perocsid yn bresennol, yn cynhyrchu poly(ethen) dwysedd isel gyda chadwynau canghennog. Bydd proses sy'n digwydd ar dymheredd a gwasgedd isel, gyda chatalydd Ziegler, yn cynhyrchu poly(ethen) dwysedd uchel a chadwynau'r polymer yn pacio'n fwy tynn oherwydd eu bod heb ganghennau ochr.
propen H C=C H / H CH_3	poly(propen) neu bolypropylen $\left[\begin{array}{cc} H & H \\ C\!-\!C \\ H & CH_3 \end{array} \right]_n$	Polymer sydd â thymheredd meddalu uwch na pholy(ethen). Mae'n gryfach na pholy(ethen) hefyd, ac yn cael ei ddefnyddio i wneud defnydd pacio a ffibrau ar gyfer carpedi a rhaffau.
cloroethen H C=C H / H Cl	poly(cloroethen) neu bolyfinylclorid (PVC) $\left[\begin{array}{cc} H & H \\ C\!-\!C \\ H & Cl \end{array} \right]_n$	Polymer anhyblyg yw uPVC heb ei blastigo, sy'n addas i'w ddefnyddio ar gyfer cafnau neu fframiau ffenestri. Mae PVC wedi'i blastigo yn hyblyg ac yn cael ei ddefnyddio fel defnydd pacio, i wneud lloriau ac ynysu ceblau.
tetrafflworoethen F C=C F / F F	poly(tetrafflworoethen) neu PTFE $\left[\begin{array}{cc} F & F \\ C\!-\!C \\ F & F \end{array} \right]_n$	Dyma'r polymer sy'n cael ei ddefnyddio'n haenen ar sosbenni a phadelli ffrïo gwrthlud. Bydd peirianwyr yn defnyddio *ptfe* i ddarparu arwynebau ffrithiant isel a fydd yn caniatáu i bontydd a mathau eraill o adeiladwaith peirianegol symud ryw ychydig wrth i'r metelau ehangu a chyfangu fel bydd y tymheredd yn newid.

Ffigur 5.12.10 ▲ **CD-ROM**

Prawf i chi

6 Lluniwch adeiledd y polymer y byddech yn disgwyl iddo ymffurfio o

CD-ROM

Ffigur 5.12.11 ▲
Mae'r bachgen bach hwn yn gwisgo cot PVC

5.13 Cemegion o blanhigion

Daw olewau llysiau o hadau planhigion sy'n tyfu mewn sawl rhan o'r byd. Dim ond tua dwsin o'r rhain sy'n bwysig yn fasnachol, gan gynnwys olewau a ddaw o ffa soya, cnau coco, cnewyll palmwydd, hadau blodau'r haul, olewydd, a hadau rêp.

Bwyd o olewau llysiau

Mae olewau llysiau a brasterau anifeiliaid yn rhannau pwysig iawn o ddiet iach. Yn gemegol, mae brasterau ac olewau yn debyg iawn i'w gilydd. Mewn rhai diwylliannau, olewau hylifol sy'n well ganddyn nhw, tra bod eraill yn fwy cyfarwydd â brasterau solet.

Yn draddodiadol, mae pobl llawer o wledydd Ewrop wedi bwyta brasterau anifeiliaid ar ffurf menyn wedi'i daenu ar fara. Yn 1896, dechreuodd Napoleon III chwilio am rywbeth a fyddai'n gwneud y tro yn lle menyn drwy awgrymu cystadleuaeth i ddod o hyd i fraster rhad a fyddai'n cadw'n dda ac yn rhoi rhywbeth i'r dosbarth gweithiol ac i'r Llynges yn ei le.

Presenoldeb neu absenoldeb bondiau dwbl yw'r prif wahaniaeth cemegol sy'n gyfrifol am wahanol gyflyrau brasterau ac olewau ar dymheredd ystafell. Mae'r asidau brasterog mewn olewau llysiau yn cynnwys cyfran uwch o asidau brasterog annirlawn na brasterau anifeiliaid.

Mae adeiledd moleciwlau olewau annirlawn yn llai rheolaidd nag adeiledd brasterau dirlawn, a dydy'r moleciwlau ddim yn pacio gyda'i gilydd mor rhwydd i wneud solidau. Felly mae ganddyn nhw ymdoddbwyntiau is, ac mae'n rhaid iddyn nhw fod yn oerach cyn ymsolido.

Caiff hydrogeniad ei ddefnyddio'n ddiwydiannol i ychwanegu hydrogen at fondiau dwbl mewn olewau. Bydd hyn yn cynhyrchu brasterau dirlawn sy'n solet ar dymheredd ystafell. 'Caledu' yw'r enw a roddir ar y broses weithiau, lle bydd gwneuthurwyr yn byrlymu hydrogen drwy'r olew, gyda nicel wedi'i fân-hollti yn bresennol fel catalydd.

$$\cdots CH = CH \cdots \xrightarrow[\text{ar dymheredd o } 140\,°C]{\underset{\text{catalydd Ni}}{H_2(n)}} \cdots CH_2 - CH_2 \cdots$$

asid brasterog annirlawn   asid brasterog dirlawn

Ffigur 5.13.1 ◄
Hydrogenu bond dwbl mewn braster annirlawn gyda hydrogen, â chatalydd nicel yn bresennol

Emwlsiwn solet yw margarin, a hefyd mathau eraill o bast taenu sydd ddim yn cynnwys cynnyrch llaeth. Maen nhw'n cael eu gwneud o ddŵr wedi'i wasgaru'n fân drwy olewau llysiau, gyda chyfran ddigon uchel o olewau wedi'u caledu i wneud y cynnyrch yn solid hawdd ei daenu.

Tanwyddau o olewau llysiau

Mae olewau llysiau wedi cael eu defnyddio erioed i wresogi ac i roi golau ar raddfa ddomestig. Mewn gwledydd diwydiannol mae nwy naturiol a thanwyddau ffosil eraill wedi cymryd lle yr olewau hyn i raddau helaeth iawn.

Heddiw, mae diddordeb masnachol cynyddol mewn biodanwyddau, gyda gwledydd fel yr Eidal ac America yn gwneud defnydd sylweddol o danwydd diesel a gaiff ei weithgynhyrchu o olewau cnydau megis rêp (bresych yr ŷd).

Cemegion o olewau llysiau

Diben pwysicaf olewau llysiau fel defnydd crai cemegol yw gweithgynhyrchu sebonau; ond maen nhw hefyd yn cael eu defnyddio i wneud paentiau, farneisiau, ireidiau a phlastigion. Esterau yw olewau llysiau, ac mae hydrolysis gyda hydoddiannau potasiwm neu sodiwm hydrocsid yn eu trawsnewid yn sebon.

Cemeg Organig

Adran pump

225

Mae pobl yn gwerthfawrogi defnyddioldeb olew crai a nwy naturiol fel ffynonellau egni a chemegion, ond gall echdynnu'r defnyddiau crai hyn o'r Ddaear, cludo a llosgi tanwyddau, a defnyddio cemegion a'u taflu wneud niwed i'r amgylchedd mewn sawl ffordd ddifrifol. Prif bynciau'r adran hon fydd effaith tanwyddau a chemegion ar yr amgylchedd, a'r problemau sy'n codi wrth geisio cael gwared ar wastraff solet.

Llygru'r amgylchedd

Mae llygryddion nwyol, a ddaw o gerbydau modur, gorsafoedd pŵer a phrosesau diwydiannol, yn effeithio ar rannau isaf yr atmosffer (y troposffer). Ar y llaw arall, y broblem fwyaf difrifol sy'n deillio o ddefnyddio cyfansoddion halogen organig yw'r effaith a gaiff hynny ar yr haenen oson yn yr atmosffer uchaf (y stratosffer).

Bydd cryn sôn yn aml am oson mewn hanesion am broblemau amgylcheddol. Mae'r haenen oson yn yr atmosffer uchaf yn hollbwysig ar gyfer pethau byw. Drwy amsugno'r pelydredd uwchfioled niweidiol a ddaw o'r Haul, mae'r oson sy'n uchel yn y stratosffer yn diogelu pethau byw. Yn yr atmosffer isaf, mae oson yn niweidiol oherwydd ei fod yn difrodi pethau byw ac yn helpu i greu mwrllwch ffotocemegol.

Prawf i chi

I Dywedwch ym mha ffyrdd y gall echdynnu a chludo olew crai niweidio'r amgylchedd.

Ffigur 5.14.1 ▶
Atmosffer y Ddaear

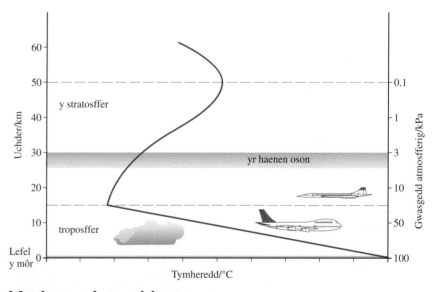

Mathau o lygredd aer
Mwrllwch ffotocemegol

Mae mwrllwch ffotocemegol yn cael eu cynhyrchu gan olau haul a'r llygryddion a ddaw o nwyon gwacáu cerbydau modur. Bydd y math hwn o fwrllwch yn ffurfio ar ddiwrnodau heulog llonydd pan nad oes gwynt i chwythu'r nwyon i ffwrdd. Mae'n ddifrifol iawn mewn dinasoedd fel Los Angeles lle mae amodau'r tywydd a'r ddaearyddiaeth leol yn tueddu i weithredu fel magl i ddal y llygryddion.

Diffiniad

Bydd cemegwyr amgylcheddol yn defnyddio'r byrfodd **NO$_x$** i gyfeirio at gymysgedd llygrol o nitrogen monocsid, NO, a nitrogen deuocsid, NO$_2$.

Ocsidau nitrogen a hydrocarbonau sydd heb eu llosgi yw'r llygryddion cynradd. Caiff llawer iawn o'r rhain eu hallyrru yn ystod oriau prysur y bore mewn dinasoedd. Ganol dydd, bydd golau llachar yr Haul yn cychwyn adweithiau ffotocemegol sy'n cynnwys yr ocsigen yn yr aer. Y cynhyrchion yw'r llygryddion eilaidd sy'n creu mwrllwch.

Bydd lefel yr oson yn yr aer yn codi a radicalau rhydd ocsidiol yn ffurfio. Yna, caiff yr hydrocarbonau sydd heb eu llosgi eu hocsidio'n aldehydau, cetonau a chemegion eraill megis nitradau organig sy'n llidus i'r llygaid a'r ysgyfaint.

Glaw asid

Math o lygredd yw glaw asid sy'n cael ei gynhyrchu pan fydd tanwyddau, wrth losgi, a hefyd prosesau diwydiannol yn rhyddhau ocsidau asidig i'r aer. Pan fydd tanwyddau'n llosgi mewn peiriannau, ffwrneisi a gorsafoedd pŵer bydd sylffwr deuocsid, SO_2, ac ocsidau nitrogen, NO_x, yn ffurfio, a'r llygryddion cynradd yma'n cael eu trawsnewid yn llygryddion eilaidd drwy gyfrwng adweithiau cemegol yn yr aer. Ymysg y llygryddion eilaidd mae asid sylffwrig, asid nitrig ac amoniwm sylffad. Mae'r llygryddion yn achosi asidio drwy gael eu dyddodi yn yr amgylchedd ar ffurf nwyon neu ronynnau (dyddodi sych) neu ar ffurf glaw neu niwl (dyddodi gwlyb).

Mae tanwyddau ffosil yn cynnwys symiau amrywiol o gyfansoddion sylffwr. Er enghraifft, bydd y gyfran o gyfansoddion sylffwr mewn olew crai yn amrywio o lai nag 1% hyd at 7%, yn dibynnu ar darddle'r olew crai. Pan fydd olew crai yn cael ei ddistyllu, bydd y cyfansoddion sylffwr yn tueddu i gael eu crynodi yn y ffracsiynau trymion, megis yr olewau tanwydd. Bydd puro olew yn tynnu llawer o'r sylffwr hwn o'r olew ac ychydig iawn ohono sydd mewn petrol.

Prawf i chi

2 Rhowch enghreifftiau i egluro'r gwahaniaeth rhwng llygrydd cynradd a llygrydd eilaidd.

3 Pam mae llygredd sylffwr deuocsid ac ocsidau nitrogen yn yr aer yn cyflymu cyrydiad metelau a dadfeiliad cerrig adeiladu megis calchfaen?

Cemeg Organig

Adran pump

Ffigur 5.14.2 ▼

Effeithiau glaw asid a nwyon asid

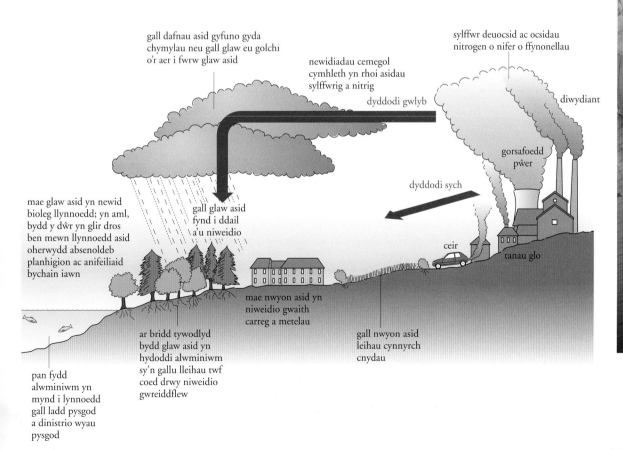

gall dafnau asid gyfuno gyda chymylau neu gall glaw eu golchi o'r aer i fwrw glaw asid

newidiadau cemegol cymhleth yn rhoi asidau sylffwrig a nitrig

dyddodi gwlyb

sylffwr deuocsid ac ocsidau nitrogen o nifer o ffynonellau

diwydiant

dyddodi sych

gorsafoedd pŵer

mae glaw asid yn newid bioleg llynnoedd; yn aml, bydd y dŵr yn glir dros ben mewn llynnoedd asid oherwydd absenoldeb planhigion ac anifeiliaid bychain iawn

gall glaw asid fynd i ddail a'u niweidio

ceir

tanau glo

mae nwyon asid yn niweidio gwaith carreg a metelau

gall nwyon asid leihau cynnyrch cnydau

pan fydd alwminiwm yn mynd i lynnoedd gall ladd pysgod a dinistrio wyau pysgod

ar bridd tywodlyd bydd glaw asid yn hydoddi alwminiwm sy'n gallu lleihau twf coed drwy niweidio gwreiddflew

4 Amcangyfrifwch gyfaint y carbon deuocsid sy'n cael ei gynhyrchu ar wasgedd atmosfferig pan fydd car yn teithio tua 100 milltir gan ddefnyddio 12 dm³ o betrol. Tybiwch fod petrol yn cynnwys yr alcan octan, C_8H_{18}, gyda dwysedd o 0.8 g cm⁻³.

5 Pam mae oson yn y stratosffer yn hanfodol i bethau byw tra bod oson yn y troposffer yn fygythiad i iechyd?

6 Beth fyddech chi'n ei ddweud wrth rywun sy'n credu bod y twll yn yr haenen oson yn achosi cynhesu byd-eang trwy adael i fwy o egni o'r Haul ddod i mewn? Oes unrhyw gysylltiad rhwng cynhesu byd-eang ac CFfCau yn distrywio'r haenen oson?

Bydd cyfansoddion sylffwr yn llosgi i gynhyrchu sylffwr deuocsid.

Wrth i danwyddau losgi ar dymheredd uchel mewn ffwrneisi neu silindrau peiriannau cerbydau bydd ocsidau nitrogen yn ffurfio wrth i nitrogen gyfuno'n uniongyrchol gydag ocsigen yn yr aer.

Yr effaith tŷ gwydr a chynhesu byd-eang

Mae'r effaith tŷ gwydr yn cadw arwyneb y Ddaear oddeutu 30 °C yn gynhesach nag a fyddai pe na bai atmosffer. Heb yr effaith tŷ gwydr fyddai dim bywyd ar y Ddaear.

Pan fydd pelydriad yr Haul yn cyrraedd atmosffer y Ddaear, bydd tua 30% yn cael ei adlewyrchu i'r gofod, 20% yn cael ei amsugno gan nwyon yn yr aer a thua hanner yn cyrraedd arwyneb y Ddaear.

Bydd yr arwyneb cynnes yn pelydru egni yn ôl i'r gofod, ond yn gwneud hynny ar donfeddi hirach, isgoch. Caiff peth o'r pelydriad isgoch ei amsugno gan gynhesu'r atmosffer. Dyma'r effaith tŷ gwydr.

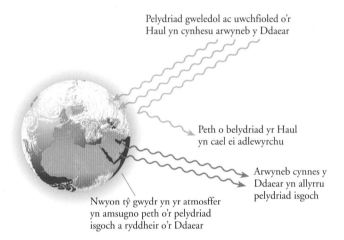

Pelydriad gweledol ac uwchfioled o'r Haul yn cynhesu arwyneb y Ddaear

Peth o belydriad yr Haul yn cael ei adlewyrchu

Arwyneb cynnes y Ddaear yn allyrru pelydriad isgoch

Nwyon tŷ gwydr yn yr atmosffer yn amsugno peth o'r pelydriad isgoch a ryddheir o'r Ddaear

Ffigur 5.14.3 ▶
Yr effaith tŷ gwydr

Gelwir y nwyon yn yr aer sy'n amsugno pelydriad isgoch yn nwyon tŷ gwydr. Mae'r aer wedi'i wneud yn bennaf o nitrogen ac ocsigen ond dydy'r rhain ddim yn nwyon tŷ gwydr.

Y prif nwyon tŷ gwydr naturiol yw carbon deuocsid, methan, deunitrogen ocsid ac anwedd dŵr.

Mae crynodiad y nwyon tŷ gwydr yn yr aer yn cynyddu oherwydd gweithgareddau dynol megis llosgi tanwyddau ffosil ac amaethyddiaeth. Mae hyn yn ychwanegu at yr effaith tŷ gwydr ac mae tystiolaeth gynyddol bod hyn yn gyfrifol am gynhesu byd-eang a newid yn yr hinsawdd.

Y twll yn yr haenen oson

Crynodiad o'r nwy yn y stratosffer, oddeutu 10–50 km uwchlaw lefel y môr, yw'r haenen oson. Ar yr uchder hwn mae'r golau uwchfioled o'r Haul yn hollti moleciwlau ocsigen yn atomau ocsigen.

$$O_2 + golau\ uwchfioled \longrightarrow O + O$$

Radicalau rhydd yw'r rhain sydd wedyn yn trawsnewid moleciwlau ocsigen yn oson.

$$O + O_2 \longrightarrow O_3$$

Bydd yr oson sy'n cael ei ffurfio yn amsugno pelydriad uwchfioled hefyd, a hynny'n hollti moleciwlau oson yn ôl yn foleciwlau ocsigen ac atomau ocsigen gan ddistrywio'r oson.

$$O_3 + \text{golau uwchfioled} \longrightarrow O_2 + O$$

Yn absenoldeb llygryddion ceir cyflwr sefydlog, gydag oson yn cael ei ddistrywio cyn gynted ag y bydd yn ffurfio. Fel rheol, mae crynodiad yr oson yn y cyflwr sefydlog yn ddigon i amsugno'r rhan fwyaf o'r golau uwchfioled peryglus o'r Haul.

Y broblem gydag CFfCau (clorofflworocarbonau) a rhai cyfansoddion halogen eraill yw eu bod yn anadweithiol iawn yn gemegol. Maen nhw'n dianc i'r atmosffer ac, oherwydd eu bod mor sefydlog, yn para am flynyddoedd, sy'n gyfnod digon hir iddyn nhw dryledu i fyny i'r stratosffer. Yn y stratosffer bydd y golau uwchfioled tanbaid o'r Haul yn hollti CFfCau yn radicalau rhydd sy'n cynnwys atomau clorin. Bydd atomau clorin yn adweithio gydag oson.

$$Cl\bullet + O_3 \longrightarrow ClO\bullet + O_2$$
$$ClO\bullet + O\bullet \longrightarrow Cl\bullet + O_2$$

Mae'r adwaith cyntaf yn llawer cyflymach nag adweithiau eraill yn y stratosffer. Mae'r ail adwaith yn ymwneud ag atomau ocsigen sy'n gyffredin yn y stratosffer, ac mae'n ail-greu'r atom clorin. Effaith hyn mewn gwirionedd yw bod un atom clorin yn gallu distrywio llawer o foleciwlau oson yn gyflym iawn. Disgrifiwyd yr effaith hon yn gynnar yn y 1980au pan sylwodd gwyddonwyr yn Antarctica bod crynodiad yr oson yn y stratosffer yn llawer iawn is nag a ddisgwylid. Oddi ar hynny, mae'r haenen oson wedi cael ei monitro gan loerennau sydd wedi cadarnhau bod 'twll' yn yr haenen oson nid yn unig dros Antarctica ond mewn mannau eraill hefyd.

Mynd i'r afael â phroblemau llygredd

Un dull o fynd i'r afael â phroblemau llygru'r aer yw drwy ganfod ffyrdd o atal llygryddion rhag dianc i'r aer. Dull arall yw drwy ddatblygu technolegau amgen sy'n achosi llai o lygredd. A dull arall eto yw drwy newid y ffyrdd y mae pobl yn byw ac yn gweithio, er mwyn lleihau defnydd pobl ar egni ac adnoddau gwerthfawr.

Lleihau allyriannau o gerbydau modur

Mae'r gofid cynyddol ynghylch glaw asid a mwrllwch ffotocemegol wedi arwain at lywodraethau'n rheoleiddio ceir newydd ac yn mynnu bod trawsnewidyddion catalytig yn cael eu gosod ynddyn nhw. Dyfais yn system wacáu car yw trawsnewidydd catalytig, sydd â chatalydd ynddo i drawsnewid llygryddion yn y nwyon gwacáu yn sylweddau llai niweidiol. Mae pibellau gwacáu ceir yn llygru'r aer oherwydd nad yw'r peiriant yn llosgi'r tanwydd i gyd ac oherwydd bod y tymheredd a'r gwasgedd yn y silindrau yn ddigon uchel i nitrogen o'r aer adweithio gydag ocsigen.

Nwy llygrol	Tarddle'r llygrydd
carbon deuocsid, CO_2	hylosgiad cyflawn yr hydrocarbonau sydd mewn petrol
carbon monocsid, CO	hylosgiad anghyflawn tanwydd
hydrocarbonau, C_xH_y	tanwydd heb losgi
ocsidau nitrogen, NO_x	adwaith nitrogen ac ocsigen o'r aer yn y peiriant poeth
cyfansoddion plwm	o ychwanegion gwrth-gnocio mewn petrol plwm

Ffigur 5.14.4 ◄
Llygryddion o beiriannau petrol

Mae'n rhaid defnyddio petrol di-blwm mewn ceir sydd â thrawsnewidyddion catalytig oherwydd bydd plwm yn gwenwyno'r catalydd ac yn ei atal rhag gweithio.

Aloi o blatinwm a rhodiwm wedi'i fân-hollti yw'r catalydd, a gaiff ei gynnal gan ddefnydd ceramig anadweithiol sydd â llawer o diwbiau main drwyddo i roi arwynebedd mawr i'r arwyneb. Unwaith y bydd y catalydd yn ddigon poeth, bydd yn trawsnewid y llygryddion yn ager, carbon deuocsid a nitrogen. Felly mae'n helpu i atal y llygryddion sy'n achosi glaw asid a mwrllwch ond yn gwneud dim byd i gyfyngu ar swm y carbon deuocsid yn yr atmosffer. Gall trawsnewidyddion catalytig gynyddu'r swm o danwydd a ddefnyddir, felly mae'n bosibl eu bod yn peri i gerbydau modur gyfrannu hyd yn oed mwy at lefel y nwyon tŷ gwydr yn yr atmosffer.

Ffigur 5.14.5 ▶

Diagram o drawsnewidydd catalytig. Mae trawsnewidyddion catalytig yn cael gwared ar 80-90% o allyriannau llygrol

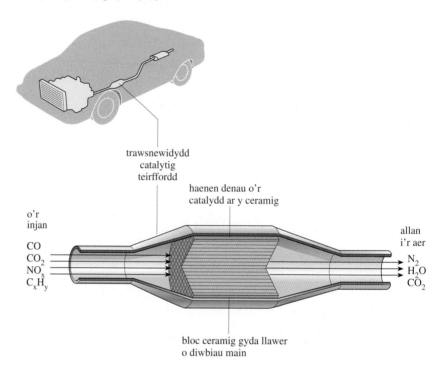

trawsnewidydd catalytig teirffordd

haenen denau o'r catalydd ar y ceramig

o'r injan

CO
CO_2
NO_x
C_xH_y

allan i'r aer

N_2
H_2O
CO_2

bloc ceramig gyda llawer o diwbiau main

Tanwyddau amgen

Mae gofid ynghylch y cynnydd yn yr effaith tŷ gwydr yn ysgogi pobl i chwilio am danwyddau amgen megis biodanwyddau. Bydd cnydau'n cymryd carbon deuocsid o'r aer drwy gyfrwng ffotosynthesis wrth iddyn nhw dyfu i wneud siwgrau neu olewau. Yna, wrth i'r biodanwyddau losgi, bydd y carbon deuocsid yn dychwelyd i'r aer. Mae'n ymddangos na fyddai'r defnydd ar y biodanwyddau yn cael unrhyw effaith gyffredinol ar lefel y carbon deuocsid yn yr atmosffer ond mae hyn yn anwybyddu'r egni a ddaw o losgi tanwyddau ffosil yn ystod cyfnodau plannu, cynaeafu a phrosesu'r cnwd. Hefyd, mae'n bosibl y byddai angen gwrteithiau i hybu twf, ac mae angen tanwyddau ffosil i weithgynhyrchu'r gwrteithiau hyn (gweler tudalennau 162–166).

Brasil yw'r wlad sy'n arwain y ffordd cyn belled ag y mae defnyddio ethanol fel biodanwydd yn y cwestiwn. Caiff yr ethanol ei weithgynhyrchu drwy eplesu siwgrau o gansen siwgr. Mae eplesu'n trawsnewid siwgrau yn alcohol (ethanol) a charbon deuocsid. Enghraifft o resbiradaeth anaerobig yw eplesu, a chaiff yr adwaith hwn ei gatalyddu gan ensym o furum.

$$C_6H_{12}O_6(d) \longrightarrow 2CO_2(n) + 2C_2H_5OH(d)$$
siwgr glwcos   carbon deuocsid   ethanol

Ffigur 5.14.6 ◄
Gorsaf betrol yn Sao Paulo,
Brasil, gyda phympiau ethanol
a phetrol

Yn Brasil, mae gan rai ceir beiriant a thanc tanwydd wedi'u haddasu'n arbennig i'w galluogi i redeg ar ethanol pur. Bydd rhai cerbydau eraill yn rhedeg ar gasohol, sef cymysgedd o betrol ac ethanol.

Mewn sawl ffordd, mae ethanol yn danwydd da. Mae ganddo briodweddau gwrth-gnocio da ac mae'r allyriannau ocsidau nitrogen a charbon monocsid wrth iddo losgi yn is na phetrol. Yr anfanteision yw bod tua 5% o'r tanwydd yn ddŵr, felly mae'n cyrydu rhai rhannau o'r peiriant; yn ogystal, mae hylosgiad yn cynhyrchu rhywfaint o ethanal, sy'n llidus. Nid yw effeithiau tymor hir allyriannau'r aldehyd hwn yn hysbys hyd yma.

Cyfyngu ar y niwed i'r haenen oson

Mae lefel gynhyrchu CFfCau ar raddfa fyd-eang wedi gostwng yn sylweddol oddi ar i'w heffaith ar yr haenen oson gael ci ddarganfod. Mewn cynhadledd o'r Cenhedloedd Unedig yn 1987, cytunodd y llywodraethau ar leihad o 50% yng nghynhyrchiad CFfCau erbyn 1999 (Protocol Montreal). Cytunodd yr Undeb Ewropeaidd ar waharddiad llwyr erbyn y flwyddyn 2000.

Y broblem gyda gweithredu'r gwaharddiad hwn yw bod CFfCau wedi

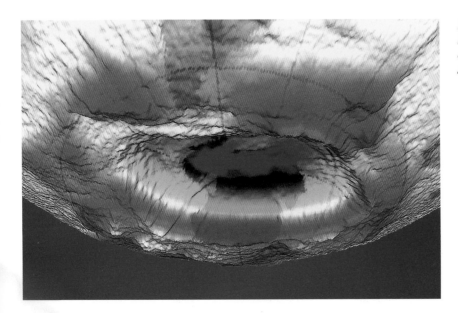

Ffigur 5.14.7 ◄
Delwedd loeren yn dangos
dihysbyddiad oson uwchben
Antarctica

dangos bod ganddyn nhw briodweddau deniadol iawn. Cyfansoddion sy'n cynnwys carbon, clorin a fflworin yw CFfCau, megis CCl_3F, CCl_2F_2, a CCl_2FCClF_2. Eu manteision pennaf yw eu bod yn anadweithiol, dydyn nhw ddim yn llosgi, a dydyn nhw ddim yn wenwynig chwaith. Hefyd, mae'n bosibl gwneud CFfCau â gwahanol ferwbwyntiau a fydd yn addas at wahanol ddibenion. Y priodweddau hyn sy'n gwneud CFfCau'n ddelfrydol ar gyfer yr hylif gweithredol sydd mewn oergelloedd a pheiriannau aer-dymheru. Maen nhw'n gyfryngau chwythu hefyd ar gyfer llunio'r swigod mewn plastigion ehangedig ac ewynnau ynysu. At hyn, mae CFfCau'n gwneud hydoddyddion da i'w defnyddio i sychlanhau ac i gael gwared ar saim oddi ar offer electronig.

Mae yna chwilio mawr am gyfansoddion eraill sydd â phriodweddau da CFfCau ond heb gymaint o broblemau amgylcheddol. Un posibilrwydd fyddai defnyddio hydrofflworocarbonau (HFfCau) yn eu lle. Does dim atomau clorin yn y cyfansoddion hyn, a dydyn nhw ddim yn goroesi i'r un graddau yn yr amgylchedd oherwydd yr atomau hydrogen.

Rheoli gwastraff organig a'i waredu

Os na fydd gwastraff yn cael ei reoli'n effeithiol gall achosi problemau llygru. Ledled y byd, mae mwy o wastraff yn cael ei waredu mewn safleoedd tirlenwi nag sy'n cael ei reoli drwy unrhyw ddull arall megis ailgylchu, gwneud compost neu adfer egni. Mae llawer o wastraff domestig yn wastraff organig, gan gynnwys plastigion.

Ailgylchu

Mae plastigion yn llawer mwy anodd i'w hailgylchu na haearn neu ddur (gweler tudalennau 173–174). Daw un broblem o ddwysedd isel gwastraff plastig, oherwydd gall gymryd hyd at 20 000 o boteli i greu un dunnell fetrig o wastraff. Hyd yn oed wedyn, mae'r person nodweddiadol Ewropeaidd yn taflu tua 36 kg o wastraff plastig bob blwyddyn.

Mae llawer o wahanol fathau o blastig i'w cael, felly mae'n rhaid eu didoli, sy'n waith anodd. Dyfeisiwyd codau gan y diwydiant ar gyfer labelu cynhyrchion plastig, er mwyn cynorthwyo defnyddwyr i'w gwahanu ar gyfer ailgylchu.

Gyda datblygiad peiriannau awtomatig ar gyfer didoli poteli plastig mae cyfraddau ailgylchu wedi cynyddu. Mae dulliau gwahanu'n cynnwys canfodyddion isgoch, sganio cemegol ar gyfer clorin mewn pvc, arnofiad i wahanu plastigion fflawiog yn ôl eu dwysedd, a gwahanu electrostatig a all ddosbarthu a didoli polyester, PET a pvc.

Mae plastigion yn amrywio'n fawr o ran eu gwerth. A siarad yn gyffredinol, y plastig sy'n cael ei ddefnyddio i wneud poteli diodydd byrlymog, sef PET, yw'r mwyaf gwerthfawr. Mae modd aildoddi PET a'i nyddu'n ffibrau i wneud carpedi,

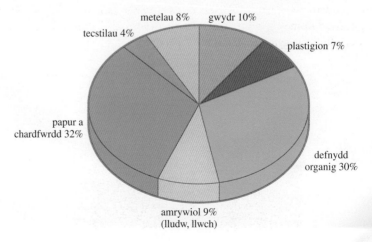

Ffigur 5.14.8 ▶
Cyfansoddiad nodweddiadol y gwastraff sy'n dod o gartrefi Ewrop

dillad gwely a dillad. Plastig arall gwerth ei ailgylchu yw pvc; mae modd ei ailgylchu i wneud pibellau carthion, lloriau a hyd yn oed gwadnau esgidiau. Dull arall o ailgylchu plastigion yw defnyddio cracio i dorri'r moleciwlau polymer yn foleciwlau bychain y mae modd eu hychwanegu at ddefnydd crai purfeydd olew a gweithiau cemegol.

Mae'n haws adfer gwastraff plastig pan fydd dylunwyr yn cynllunio cynhyrchion plastig gan gadw ailgylchu mewn golwg. Er enghraifft, mae peirianwyr yn y diwydiant ceir yn mynd i gryn drafferth i ddylunio cydrannau a fydd yn gallu cael eu hailgylchu pan ddaw oes ddefnyddiol y car i ben.

Tanwydd o wastraff

Un dewis sy'n werth ei ystyried yw llosgi gwastraff plastig neu wastraff domestig a defnyddio'r egni i gynhyrchu trydan. Gwastraff adnoddau yw gwneud dim mwy na chael gwared ar bethau mewn safleoedd tirlenwi. Gallai llosgi'r holl wastraff domestig o gartrefi Ewrop gynhyrchu 5% o anghenion egni Ewrop.

Defnydd	Gwerth egni/MJ kg $^{-1}$
olew	40
gwastraff plastig cymysg	25 – 40
gwastraff domestig	10
tanwydd wedi'i wneud o wastraff	16

Cafwyd cryn wrthwynebiad i losgi gwastraff. Roedd hen ffwrneisi'n aneffeithlon, yn gweithio ar dymheredd rhy isel ac, yn aml, heb eu cynllunio i gynhyrchu trydan. Mae hylosgiad anghyflawn yn cynhyrchu carbon monocsid, sy'n wenwynig.

Pryder arall oedd y byddai'r ffwrneisi, pe bai gwastraff yn cynnwys cyfansoddion clorin megis pvc, yn allyrru cemegion cyrydol neu wenwynig, megis hydrogen clorid neu ddeuocsinau. Mae hylosgi ar dymheredd uchel iawn, oddeutu 800–1250 °C, yn helpu i sicrhau hylosgi cyflawn ac yn cyfyngu ar allyriannau cemegion gwenwynig. Mae gan weithfeydd modern systemau cymhleth i lanhau nwyon, er mwyn rheoli'r allyrru ar nwyon niweidiol a gronynnau llwch.

Mae yna fuddiannau hefyd. Drwy losgi, bydd swm y sbwriel a fyddai'n cael ei roi mewn claddfeydd sbwriel yn lleihau o gryn dipyn. Mae llosgi yn cymryd lle tanwyddau ffosil hefyd, gan achosi lleihad cyffredinol yn swm y nwyon tŷ gwydr sy'n cael eu hallyrru.

Safleoedd tirlenwi

Mae'r rhan fwyaf o wastraff yn diweddu mewn safleoedd tirlenwi. Diben safle tirlenwi modern yw dal a rheoli gwastraff a chynhyrchion dadelfeniad. Er mai ar gyfer gwastraff domestig cyffredinol y bwriadwyd rhai claddfeydd, mae eraill wedi'u cynllunio ar gyfer gwastraff mwy peryglus.

Ffigur 5.14.9 ▲
Mae'r codau sydd wedi'u rhifo uchod yn cael eu cynnig gan wneuthurwyr plastigion yn America fel ffordd i'r cyhoedd allu adnabod gwahanol blastigion yn haws ac felly eu gwahanu'n haws ar gyfer ailgylchu

Cemeg Organig

Adran pump

> ### Diffiniad
> Teulu o gyfansoddion sefydlog sy'n goroesi yn yr amgylchedd yw **deuocsinau**. Mae rhai deuocsinau'n wenwynig ac yn gallu achosi clefydau ar y croen, canser a namau cynhwynol (sef namau sy'n digwydd i'r baban yn y groth).

Ffigur 5.14.11 ◄
Safle gwastraff a gynlluniwyd ar gyfer casglu nwy tirlenwad

Diffiniadau

Mae newid **aerobig** yn digwydd pan fydd ocsigen o'r aer yn bresennol.

Bydd proses **anaerobig** yn digwydd pan na fydd ocsigen yn bresennol.

Bydd dŵr, wrth ddiferynnu drwy safle tirlenwi, yn trwytholchi asidau organig ac ïonau metel o'r gwastraff. Yr hydoddiant gwenwynig sy'n llifo o waelod y gwastraff sy'n dadelfennu yw'r **trwytholchion**.

Ffigur 5.14.12 ▶

Monitro elifiant ar safle tirlenwi

Prawf i chi

8 Ystyriwch y cwestiwn – 'Clorin – ffrind ynteu elyn?' Byddai rhai amgylcheddwyr yn hoffi gweld gwaharddiad ar weithgynhyrchu a defnyddio llawer o gyfansoddion clorin organig. Mae CFfCau, y pryfleiddiad DDT a'r polymer pvc ymhlith y cynhyrchion sydd wedi rhoi enw drwg i glorin. Mae'r diwydiant cemegol yn dadlau bod angen y diwydiant clorin ar bobl a bod modd datrys y problemau amgylcheddol. Mae cyfansoddion clorin yn puro dŵr i'w yfed, yn helpu i wella clefydau ac yn gwarchod cnydau rhag ymosodiadau gan blâu. Lluniwch dabl i gymharu'r risgiau a'r buddiannau sydd i ddefnyddio clorin a'i gyfansoddion (gweler tudalennau 154, 159, 207 a 229). Beth yw eich ateb i'r cwestiwn – ffrind ynteu elyn?

Bydd cerbydau neu beiriannau trymion yn cywasgu'r gwastraff a chaiff yr haenau o wastraff eu gorchuddio â phridd. Yna bydd y defnyddiau organig sy'n cyfrif am fwy na hanner y gwastraff domestig yn cael eu dadelfennu gan ficro-organebau. I ddechrau, bydd ocsigen yn bresennol a'r micro-organebau'n trawsnewid carbohydradau cymhleth yn siwgrau syml. Wrth i'r amodau dyfu'n fwyfwy anaerobig, bydd eplesu'n dechrau gan droi carbohydradau, proteinau a brasterau yn asidau organig, carbon deuocsid a hydrogen. Gydag amser bydd y micro-organebau'n dechrau cynhyrchu methan a charbon deuocsid. Gall y nwy tirlenwad hwn fod yn beryglus, oherwydd mae methan yn fflamadwy iawn, ond mae modd casglu'r nwy hefyd drwy bibellau wedi'u claddu yn y gwastraff, a'i losgi er mwyn cynhyrchu trydan.

Bydd hylifau'n llifo o waelod safle tirlenwi. Gall y trwytholchion hyn fod yn wenwynig dros ben gan eu bod yn cynnwys cemegion organig a metelau trymion. Daw'r cemegion organig yn rhannol o ymddatodiad y gwastraff ac yn rhannol o gemegion a gafodd eu gwaredu yn y gwastraff. Bydd asidau yn yr hylifau yn hydoddi metelau o'r gwastraff solet, felly mae'r trwytholchion yn cynnwys cyfansoddion gwenwynig o fetelau megis mercwri, cromiwm, plwm a chadmiwm. Mae'n rhaid monitro safleoedd tirlenwi er mwyn sicrhau, cyn belled â phosibl, nad yw'r trwytholchion gwenwynig yn halogi cyflenwadau dŵr o dan ddaear.

Treuliad anaerobig

Gall caniatáu i wastraff pydradwy bydru ac eplesu mewn safle tirlenwi fod yn beryglus, a chollir tipyn o danwydd posibl hyd yn oed os caiff peth o'r nwy tirlenwi ei gasglu. Ffordd arall o fynd o amgylch pethau yw drwy wahanu'r defnyddiau organig a'u treulio o dan amodau anaerobig mewn cynwysyddion wedi'u gwresogi. Mae hyn yn cyflymu'r broses ddadelfennu gan ficro-organebau ac yn ei gwneud yn bosibl i gasglu'r bionwy i gyd. Mae papur gwastraff yn ddefnydd delfrydol ar gyfer treuliad anaerobig ynghyd â gwastraff llysieuol a gwastraff o'r gegin. Bydd oddeutu 30% o'r egni a ddaw o'r bionwy yn cael ei ddefnyddio i wresogi'r treulyddion. Mae'r gweddill ar gael i gynhyrchu trydan.

Adolygu

Bydd y canllaw hwn yn eich helpu i drefnu eich nodiadau a'ch gwaith adolygu. Cymharwch y termau a'r topigau â manyleb eich maes astudio, i wirio a yw eich cwrs chi yn cynnwys y cyfan. Efallai na fydd angen i chi astudio popeth.

Termau allweddol
Dangoswch eich bod yn deall ystyr y termau hyn drwy roi enghreifftiau. Un syniad posibl fyddai i chi ysgrifennu term allweddol ar un ochr i gerdyn mynegai ac yna ysgrifennu ystyr y term ac enghraifft ohono ar yr ochr arall. Gwaith hawdd wedyn fydd i chi roi prawf ar eich gwybodaeth pan fyddwch yn adolygu. Neu gallech ddefnyddio cronfa ddata ar gyfrifiadur, gyda meysydd ar gyfer y term allweddol, y diffiniad a'r enghraifft. Rhowch brawf ar eich gwybodaeth drwy ddefnyddio adroddiadau sydd ond yn dangos un maes ar y tro.

- Cyfres homologaidd
- Isomerau
- Grwpiau gweithredol
- Cyfansoddion dirlawn
- Cyfansoddion annirlawn
- Bond dwbl
- Bond-pi (π)
- Isomeredd geometrig
- Adwaith adio
- Adwaith amnewid
- Adwaith dileu
- Dadhydradiad
- Hydrolysis
- Ocsidiad
- Rhydwythiad
- Hydrogeniad
- Polymeriad
- Polymeriad adio
- Eplesiad
- Torri bondiau homolytig
- Radicalau rhydd
- Torri bondiau heterolytig
- Niwcleoffilau
- Grwpiau sy'n gadael
- Electroffilau
- Carbocatïonau

Symbolau a chonfensiynau
Gwnewch yn siŵr eich bod yn deall y symbolau a'r confensiynau a ddefnyddir gan gemegwyr i ysgrifennu hafaliadau. Rhowch enghreifftiau eglur o'r rhain yn eich nodiadau.

- Enwau cyfansoddion carbon: alcanau, alcenau, halogenoalcanau, alcoholau, aldehydau, cetonau, asidau carbocsylig, esterau, nitrilau.
- Mathau o fformiwlâu: empirig, moleciwlaidd, adeileddol a graffigol.
- Y defnydd a wneir o'r termau cynradd, eilaidd a thrydyddol mewn cysylltiad ag alcoholau a halogenoalcanau.
- Y defnydd a wneir o saethau cyrliog i ddangos sut mae bondiau'n torri ac yn ffurfio, wrth ddisgrifio mecanweithiau adweithiau.

Ffeithiau, patrymau ac egwyddorion
Gallwch ddefnyddio siartiau, hafaliadau anodedig, a diagramau corryn i lunio crynodeb o syniadau a ffeithiau allweddol. Ychwanegwch dipyn o liw at eich nodiadau yma ac acw i'w gwneud yn fwy cofiadwy. Gwnewch yn siŵr eich bod yn dangos yn eglur pa adweithyddion ac amodau sy'n angenrheidiol er mwyn i'r adwaith ddigwydd. Ceisiwch ysgrifennu'r hafaliad ar gyfer adwaith ar un ochr i gerdyn mynegai a'r adweithyddion a'r amodau ar yr ochr arall. Gallwch gario set o gardiau tebyg i hyn o gwmpas gyda chi er mwyn adolygu a rhoi prawf ar eich gwybodaeth yn ystod munudau hamdden.

Cemeg Organig

Adran pump

- Y cysylltiad rhwng priodweddau ffisegol cyfres o gyfansoddion organig a'r mathau o rymoedd rhyngfoleciwlaidd sydd rhwng y moleciwlau
- Adweithiau alcanau
- Adweithiau alcenau
- Adweithiau halogenoalcanau
- Adweithiau alcoholau gan gynnwys ffurfio aldehydau, cetonau, asidau carbocsylig ac esterau
- Mathau o fecanweithiau adweithiau: adweithiau cadwyn radicalau rhydd, adweithiau amnewid niwcleoffilig, adweithiau adio electroffilig (a'r eglurhad am Reol Markovnikov)

Technegau yn y labordy

Defnyddiwch ddiagramau llif wedi'u labelu i ddangos a disgrifio'r camau allweddol hyn mewn prosesau ymarferol:

- Profion tiwbiau profi i ddynodi grwpiau gweithredol.
- Distyllu syml a distyllu ffracsiynol.
- Ailrisialu er mwyn puro cynnyrch solet.
- Mesur berwbwyntiau ac ymdoddbwyntiau.

Cyfrifiadau

Lluniwch eich datrysiadau enghreifftiol eich hunan i ddangos eich bod yn gallu gwneud cyfrifiadau a fydd yn dod o hyd i'r canlynol o ddata a roddir. Gallwch ddefnyddio'r cwestiynau sydd yn yr adrannau 'Prawf i chi' i'ch helpu.

- Fformiwlâu empirig o ganran hylosgiad a chanlyniadau dadansoddi hylosgiad.
- Fformiwlâu moleciwlaidd o'r fformiwla empirig a'r màs molar.
- Y cynnyrch damcaniaethol a'r canran cynnyrch ar gyfer adweithiau organig.

Cymwysiadau cemegol

Defnyddiwch siartiau, tablau a diagramau i grynhoi'r egwyddorion a'r prosesau y sonnir amdanyn nhw ym manyleb y cwrs rydych chi'n ei astudio.

- Puro a phrosesu olew crai drwy gyfrwng distyllu ffracsiynol, cracio catalytig, ailffurfio, isomeru.
- Ffurfiad a hylosgiad tanwyddau gan gynnwys petrol, biodanwyddau (bionwy, ethanol a biodiesel), methanol
- Mathau o lygredd aer sy'n cael eu hachosi drwy losgi tanwyddau gan gynnwys ffurfio nwyon tŷ gwydr
- Trawsnewidyddion catalytig a sut maen nhw'n helpu i leihau'r llygredd a ddaw o law asid ac oson lefel isel.
- Cynhyrchu petrocemegion drwy gyfrwng cracio thermol (ager) a thrawsnewid alcenau'n ddefnyddiau defnyddiol eraill ar gyfer synthesis organig, megis epocsiethan.
- Ffurfio polymerau adio o gyfansoddion annirlawn megis ethen a chyfansoddion cysylltiedig.
- Priodweddau gwerthfawr a niweidiol halogenogyfansoddion gan gynnwys CFfCau, fflworocarbonau a deuocsinau.
- Rheoli gwastraff organig gan gynnwys polymerau gwastraff, drwy ddulliau'n cynnwys ailgylchu, llosgi (ar gyfer adfer egni) a safleoedd tirlenwi.

Sgiliau allweddol

Cyfathrebu

Mae darllen, siarad ac ysgrifennu am gymwysiadau cemeg organig yn caniatáu i chi ddangos eich bod yn gallu dewis a darllen deunydd sy'n cynnwys y wybodaeth sydd arnoch ei hangen, dethol y prif bwyntiau, dangos ar ba drywydd y dylid rhesymu, ac yna dod â'r wybodaeth ynghyd ar ffurf sy'n berthnasol i'ch pwrpas, gan ddefnyddio geirfa arbenigol pan fydd hynny'n briodol.

Technoleg Gwybodaeth

Wrth astudio cemeg organig gallwch ddefnyddio meddalwedd fodelu oddi ar CD-ROM neu'r Rhyngrwyd i astudio siapiau'r moleciwlau. Yn y modd hwn gallwch archwilio onglau bondiau, siapiau moleciwlaidd ac effeithiau isomeredd.

CD-ROM

Wrth baratoi crynodeb o'ch gwybodaeth a'ch dealltwriaeth, gallech gadw cofnod o ffeithiau allweddol a diffiniadau ar gronfa ddata gyda meysydd megis adweithydd organig, adweithyddion, amodau, cynhyrchion, mathau o adwaith, mecanwaith. Yna gallech roi prawf ar eich gwybodaeth wrth adolygu drwy arddangos adroddiadau sy'n cynnwys rhan o'r wybodaeth yn unig, gan eich annog i gofio'r gweddill.

Gwella ar eich dysgu a'ch perfformiad eich hunan

Bydd yn rhaid i chi ddysgu sut i wneud synnwyr o lawer iawn o wybodaeth am gyfansoddion organig, eu hadweithiau, a'u dibenion. Gofynnwch am gyngor eich athrawon cemeg ynghylch technegau effeithiol i ddysgu cemeg organig ddisgrifiadol. Defnyddiwch yr adran adolygu uchod i osod targedau realistig. Ystyriwch y posibilrwydd o weithio gyda myfyrwyr eraill er mwyn rhoi profion i'ch gilydd ac asesu ansawdd eich dysgu.

Adran chwech

Adran Gyfeirio

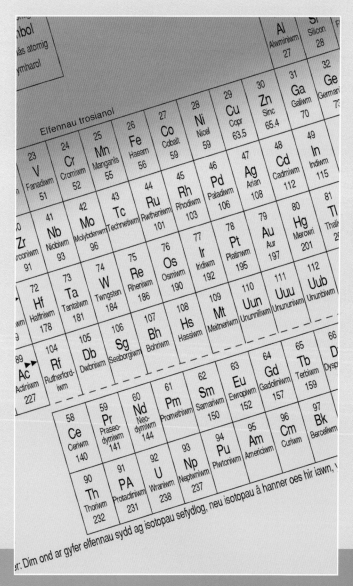

Cynnwys

Y tabl cyfnodol

Allwedd:

Rhif atomig
Symbol
Enw
Màs atomig cymharol

Elfennau trosiannol

Cyfnod / **Grŵp**

Grŵp 1	2											3	4	5	6	7	8
																	2 He Heliwm 4
3 Li Lithiwm 7	4 Be Beryliwm 9											5 B Boron 11	6 C Carbon 12	7 N Nitrogen 14	8 O Ocsigen 16	9 F Fflworin 19	10 Ne Neon 20
11 Na Sodiwm 23	12 Mg Magnesiwm 24											13 Al Alwminiwm 27	14 Si Silicon 28	15 P Ffosfforws 31	16 S Sylffwr 32	17 Cl Clorin 35.5	18 Ar Argon 40
19 K Potasiwm 39	20 Ca Calsiwm 40	21 Sc Scandiwm 45	22 Ti Titaniwm 48	23 V Fanadiwm 51	24 Cr Cromiwm 52	25 Mn Manganîs 55	26 Fe Haearn 56	27 Co Cobalt 59	28 Ni Nicel 59	29 Cu Copr 63.5	30 Zn Sinc 65.4	31 Ga Galiwm 70	32 Ge Germaniwm 73	33 As Arsenig 75	34 Se Seleniwm 79	35 Br Bromin 80	36 Kr Crypton 84
37 Rb Rwbidiwm 85	38 Sr Strontiwm 88	39 Y Ytriwm 89	40 Zr Sirconiwm 91	41 Nb Niobiwm 93	42 Mo Molybdenwm 96	43 Tc Technetiwm	44 Ru Rwtheniwm 101	45 Rh Rhodiwm 103	46 Pd Paladiwm 106	47 Ag Arian 108	48 Cd Cadmiwm 112	49 In Indiwm 115	50 Sn Tun 119	51 Sb Antimoni 122	52 Te Telwriwm 128	53 I Ïodin 127	54 Xe Senon 131
55 Cs Cesiwm 133	56 Ba Bariwm 137	57 ► La Lanthanwm 139	72 Hf Haffniwm 178	73 Ta Tantalwm 181	74 W Twngsten 184	75 Re Rheniwm 186	76 Os Osmiwm 190	77 Ir Iridiwm 192	78 Pt Platinwm 195	79 Au Aur 197	80 Hg Mercwri 201	81 Tl Thaliwm 204	82 Pb Plwm 207	83 Bi Bismwth	84 Po Poloniwm	85 At Astatin	86 Rn Radon
87 Fr Ffranciwm	88 Ra Radiwm 226	89 ►► Ac Actiniwm 227	104 Rf Rutherford-iwm	105 Db Dwbniwm	106 Sg Seaborgiwm	107 Bh Bohriwm	108 Hs Hassiwm	109 Mt Meitneriwm	110 Uun Unnniliwm	111 Uuu Unununwm	112 Uub Ununbiwm						

► Elfennau Lanthanoid

58 Ce Ceriwm 140	59 Pr Praseo-dymiwm 141	60 Nd Neo-dymiwm 144	61 Pm Promethiwm	62 Sm Samariwm 150	63 Eu Ewropiwm 152	64 Gd Gadoliniwm 157	65 Tb Terbiwm 159	66 Dy Dysprosiwm 163	67 Ho Holmiwm 165	68 Er Erbiwm 167	69 Tm Thwliwm 169	70 Yb Yterbiwm 173	71 Lu Lwtetiwm 175

►► Elfennau Actinoid

90 Th Thoriwm 232	91 PA Protactiniwm 231	92 U Wraniwm 238	93 Np Neptwniwm 237	94 Pu Plwtoniwm	95 Am Americiwm	96 Cm Curiwm	97 Bk Berceliwm	98 Cf Califforniwm	99 Es Einsteiniwm	100 Fm Ffermiwm	101 Md Mendel-efiwm	102 No Nobeliwm	103 Lr Lawrensiwm

Sylwer: Dim ond ar gyfer elfennau sydd ag isotopau sefydlog, neu isotopau â hanner oes hir iawn, y mae'r masau atomig cymharol wedi'u rhoi.

Adran Gyfeirio / **Adran chwech**

Priodweddau elfennau a chyfansoddion

Mae dwysedd y nwyon ar 25 °C. Mae'r radiysau atomig ac ïonig mewn picometrau (1 pm = 10^{-12} m). Mae'r radiysau atomig yn radiysau metelig ar gyfer metelau, ac yn radiysau cofalent ar gyfer anfetelau (heblaw am y nwyon nobl; radiysau van der Waals yw'r radiysau ar gyfer y rhain). Mae'r radiysau ïonig wedi'u rhoi ar gyfer yr ïonau syml cyffredin.

Priodweddau elfennau dewisol

Cyfansoddyn	Dwysedd /g cm^{-3}	Màs molar /g mol^{-1}	Ymdodd-bwynt /°C	Berw-bwynt /°C	Egnïon ïoneiddiad/kJ mol^{-1}			Radiysau atomig /pm	ïonig /pm
					1af	2il	3ydd		
Grŵp 1									
Lithiwm, Li	0.53	7	180	1327	520	7298	11815	157	74
Sodiwm, Na	0.97	23	98	900	496	4563	6913	191	102
Potasiwm, K	0.86	39	63	777	419	3051	4412	235	138
Rwbidiwm, Rb	1.53	85	39	705	403	2632	3900	250	149
Cesiwm, Cs	1.88	133	29	669	376	2420	3300	272	170
Grŵp 2									
Beryliwm, Be	1.85	9	1285	2470	900	1757	14890	112	27
Magnesiwm, Mg	1.74	24	650	1100	738	1451	7733	160	72
Calsiwm, Ca	1.53	40	840	1490	590	1145	4912	197	100
Strontiwm, Sr	2.60	88	769	1384	550	1064	4210	215	113
Bariwm, Ba	3.59	137	710	1640	503	965		224	136
Grŵp 3									
Boron, B	2.47	11	2030	3700	801	2427	3660	98	12
Alwminiwm, Al	2.70	27	660	2350	578	1817	2745	143	53
Galiwm, Ga	5.91	70	30	2070	579	1979	2963	153	62
Grŵp 4									
Carbon, C (diemwnt)	3.53	12	3550	4827	1086	2353	4621	77	−
Silicon, Si	2.33	28	1410	2620	789	1577	3232	118	40
Germaniwm, Ge	5.32	73	959	2850	762	1537	3302	139	54
Grŵp 5									
Nitrogen, N	0.00117	14	−210	−196	1402	2856	4578	75	171
Ffosfforws, P (gwyn)	1.82	31	44	280	1012	1903	2912	110	190
Grŵp 6									
Ocsigen, O	0.00133	16	−219	−183	1314	3388	5301	73	140
Sylffwr, S	2.07	32	113	445	1000	2251	3361	102	185
Grŵp 7									
Fflworin, F	0.00158	19	−220	−188	1681	3374	6051	71	133
Clorin, Cl	0.00299	35.5	−101	−34	1251	2297	3822	99	180
Bromin, Br	3.12	80	−7	59	1140	2100	3500	114	195
Ïodin, I	4.95	127	114	184	1008	1846	3200	133	215
Grŵp 8									
Heliwm, He	0.00017	4	−270	−269	2372	5251	−	180	−
Neon, Ne	0.00084	20	−249	−246	2081	3952	6122	160	−
Argon, Ar	0.00166	40	−189	−186	1521	2666	3931	190	−
Crypton, Kr	0.00346	84	−157	−153	1351	2368	3565	200	−
Senon, Xe	0.0055	131	−112	−108	1170	2047	3100	220	−
Elfennau bloc-d									
Cromiwm, Cr	7.19	52	1860	2600	653	1592	2987	129	62
Manganîs, Mn	7.47	55	1250	2120	717	1509	3249	137	67
Haearn, Fe	7.87	56	1540	2760	759	1561	2958	126	55
Copr, Cu	8.93	64	1084	2580	746	1958	3554	128	73
Sinc, Zn	7.14	65	420	913	906	1733	3833	137	75

Priodweddau rhai cyfansoddion anorganig

Cyfansoddyn	Ymdoddbwynt /°C	Berwbwynt /°C	$\Delta H^{\ominus}_{ffurf}$ /kJ mol^{-1}	Hydoddedd mol/100 g dŵr
Alwminiwm clorid, $AlCl_3$	mae'n sychdarthu	—	−704	0.52
Alwminiwm ocsid, Al_2O_3	2015	2980	−1676	anhydawdd
Amonia, NH_3	−78	−34	−46.1	3.11
Bariwm clorid, $BaCl_2$	963	1560	−859	0.15
Bariwm ocsid, BaO	1917	2000	−554	0.023
Bariwm hydrocsid, $Ba(OH)_2$	408	mae'n dadelfennu	−945	0.015
Bariwm sylffad, $BaSO_4$	1580	mae'n dadelfennu	−1473	anhydawdd
Calsiwm clorid, $CaCl_2$	782	2000	−443	0.54
Calsiwm ocsid, CaO	2600	3000	−635	mae'n adweithio
Calsiwm hydrocsid, $Ca(OH)_2$	mae'n dadelfennu	—	−986	0.0015
Calsiwm sylffad, $CaSO_4$	mae'n dadelfennu	—	−1434	0.0045
Carbon monocsid, CO	−250	−191	−110	anhydawdd
Carbon deuocsid, CO_2	mae'n sychdarthu	—	−393	0.0033
Cesiwm fflworid, CsF	682	1250	−554	3.84
Cesiwm clorid, CsCl	645	1300	−443	1.13
Copr(II) ocsid, CuO	1326	—	−157	anhydawdd
Dŵr, H_2O(h)	273	373	−286	—
Dŵr, H_2O(n)	273	373	−242	—
Ffosfforws(III) clorid, PCl_3	−112	76	−320	mae'n adweithio
Ffosfforws(V) clorid, PCl_5	mae'n sychdarthu	—	−444	mae'n adweithio
Hydrasin, N_2H_4	2	114	+50.6	hydawdd iawn
Hydrogen fflworid, HF	−83	20	−271	0.043
Hydrogen clorid, HCl	−114	−85	−92.3	5.97
Hydrogen bromid, HBr	−87	−67	−36.4	2.39
Hydrogen ïodid, HI	−51	−35	+26.5	0.056
Lithiwm fflworid, LiF	845	1676	−616	0.005
Lithiwm clorid, LiCl	614	1382	−409	2.00
Lithiwm ïodid, LiI	449	1171	−270	1.21
Magnesiwm clorid, $MgCl_2$	714	1418	−641	0.56
Magnesiwm ocsid, MgO	2800	3600	−602	mae'n adweithio
Magnesiwm hydrocsid, $Mg(OH)_2$	mae'n dadhydradu	—	−924	0.00002
Magnesiwm sylffad, $MgSO_4$	mae'n dadelfennu	—	−1285	0.18
Manganîs(IV) ocsid, MnO_2	mae'n dadelfennu	—	−520	anhydawdd
Nicel(II) clorid, $NiCl_2$	1001	mae'n sychdarthu	−305	0.51
Potasiwm clorid, KCl	776	1500	−437	0.48
Potasiwm ïodid, KI	686	1330	−328	0.89
Silicon(IV) clorid, $SiCl_4$ (silicon tetraclorid)	−70	58	−687	mae'n adweithio
Silicon deuocsid, SiO_2	1610	2230	−911	anhydawdd
Sinc clorid, $ZnCl_2$	283	732	−415	3.0
Sodiwm fflworid, NaF	993	1695	−574	0.098
Sodiwm clorid, NaCl	808	1465	−411	0.62
Sodiwm hydrocsid, NaOH	318	1390	−426	1.05
Sodiwm ocsid, Na_2O	mae'n sychdarthu	—	−414	mae'n adweithio
Strontiwm clorid, $SrCl_2$	911	1250	−829	0.01
Strontiwm ocsid, SrO	2430	3000	−592	0.008
Strontiwm hydrocsid, $Sr(OH)_2$	375	mae'n dadelfennu	−959	0.003
Strontiwm sylffad, $SrSO_4$	1605	—	−1453	anhydawdd
Sylffwr deuocsid, SO_2	−75	−10	−297	0.17
Sylffwr triocsid, SO_3	17	43	−441	hydawdd iawn

Priodweddau rhai cyfansoddion organig

Cyfansoddyn	Fformiwla	Ymdoddbwynt /°C	Berwbwynt /°C	$\Delta H^{\ominus}_{hylosg}$ / /kJ mol^{-1}	$\Delta H^{\ominus}_{ffurf}$ /kJ mol^{-1}
Alcanau					
Methan	CH_4	−182	−161	−890	−75
Ethan	C_2H_6	−183	−88	−1560	−85
Propan	C_3H_8	−188	−42	−2219	−104
Bwtan	C_4H_{10}	−138	−0.5	−2876	−126
Pentan	C_5H_{12}	−130	36	−3509	−173
Hecsan	C_6H_{14}	−95	69	−4163	−199
Decan	$C_{10}H_{22}$	−30	174	−6778	−301
Eicosan	$C_{20}H_{42}$	−37	344		
2-methylpropan	C_4H_{10}	−159	−12	−2868	−134
2-methylbwtan	C_5H_{12}	−160	28	−3503	−179
2-methylpentan	C_6H_{14}	−154	60	−4157	−204
2,2-deumethylpropan	C_5H_{12}	−16	10	−3492	−190
Alcenau					
Ethen	C_2H_4	−169	−104	−1411	+52
Propen	C_3H_6	−185	−48	−2058	+20
Arênau					
Bensen	C_6H_6	6	80	−3267	+49
Halogenoalcanau					
Cloromethan	CH_3Cl	−98	−24	−764	−82
Tetracloromethan	CCl_4	−23	77	−360	−130
Bromomethan	CH_3Br	−178	4	−770	−37
1-clorobwtan	C_4H_9Cl	−123	79	−2704	−188
1-bromobwtan	C_4H_9Br	−112	102	−2716	−144
2-bromobwtan	C_4H_9Br	−112	91	−2705	−155
1-ïodobwtan	C_4H_9I	−103	131		
Alcoholau					
Methanol	CH_3OH	−98	65	−726	−239
Ethanol	C_2H_5OH	−114	78	−1367	−277
Propan-1-ol	C_3H_7OH	−126	97	−2021	−303
Propan-2-ol	C_3H_7OH	−89	83	−2006	−318
Bwtan-1-ol	C_4H_9OH	−89	118	−2676	−327
Aldehydau					
Methanal	$HCHO$	−92	−21	−571	−109
Ethanal	CH_3CHO	−121	20	−1167	−191
Propanal	C_2H_5CHO	−81	49	−1821	−217
Cetonau					
Propanon	CH_3COCH_3	−95	56	−1816	−248
Bwtanon	$C_2H_5COCH_3$	−86	80	−2441	−276
Asidau carbocsylig					
Asid methanoig	HCO_2H	9	101	−254	−425
Asid ethanoig	CH_3CO_2H	17	118	−874	−484
Asid propanoig	$C_2H_5CO_2H$	−21	141	−1527	−511

Hydoddedd

	Hydawdd	**Anhydawdd**
Asidau	Mae pob *asid* cyffredin yn hydawdd	
Basau	Yr *alcalïau*: hydrocsidau sodiwm a photasiwm, calsiwm hydrocsid sydd ychydig yn hydawdd, amonia, a charbonadau sodiwm a photasiwm	Pob ocsid, hydrocsid a charbonad metel arall
Halwynau	Pob nitrad Pob clorid Pob sylffad Pob un o halwynau sodiwm a photasiwm	*heblaw* cloridau arian a phlwm *heblaw* bariwm sylffad, plwm sylffad, a chalsiwm sylffad sydd ychydig yn hydawdd Pob carbonad, cromad, sylffid a ffosffad arall

Hyd bondiau ac egnïon bondiau

$1\text{pm} = 10^{-3}\ \text{nm} = 10^{-12}\ \text{m}$

Bond	Hyd y bond/pm	Enthalpi bond cyfartalog/kJ mol^{-1}
H−H	74	435
Cl−Cl	199	243
Br−Br	228	193
I−I	267	151
O−H	96	464
C−H	109	435
C−C	154	347
C=C	134	612
C≡C	120	838
C−Cl	177	346
C−Br	194	290
C−I	214	228
N=N	110	945
N−N	145	158
N−H	101	391

Profion dadansoddiad ansoddol

Profïon am gatïonau

Ïon positif mewn hydoddiant	Arsylwadau wrth ychwanegu hydoddiant sodiwm hydrocsid fesul diferyn ac yna gormodedd ohono	Arsylwadau wrth ychwanegu hydoddiant amonia fesul diferyn ac yna gormodedd ohono
Calsiwm, Ca^{2+}	Dyddodiad gwyn ond dim ond pan fydd crynodiad yr ïonau calsiwm yn uchel	Dim dyddodiad
Magnesiwm, Mg^{2+}	Dyddodiad gwyn sy'n anhydawdd mewn gormodedd o'r adweithydd	Dyddodiad gwyn sy'n anhydawdd mewn gormodedd o'r adweithydd
Bariwm, Ba^{2+}	Dim dyddodiad	Dim dyddodiad
Alwminiwm, Al^{3+}	Dyddodiad gwyn sy'n hydoddi mewn gormodedd o'r adweithydd	Dyddodiad gwyn sy'n anhydawdd mewn gormodedd o'r adweithydd
Cromiwm(III), Cr^{3+}	Dyddodiad gwyrdd sy'n hydoddi mewn gormodedd i ffurfio hydoddiant gwyrdd tywyll	Dyddodiad gwyrdd sy'n anhydawdd mewn gormodedd o'r adweithydd
Manganîs(II), Mn^{2+}	Dyddodiad llwydwyn sy'n anhydawdd mewn gormodedd o'r adweithydd	Dyddodiad llwydwyn sy'n anhydawdd mewn gormodedd o'r adweithydd
Haearn(II), Fe^{2+}	Dyddodiad gwyrdd sy'n anhydawdd mewn gormodedd o'r adweithydd	Dyddodiad gwyrdd sy'n anhydawdd mewn gormodedd o'r adweithydd
Haearn(III), Fe^{3+}	Dyddodiad browngoch sy'n anhydawdd mewn gormodedd o'r adweithydd	Dyddodiad browngoch sy'n anhydawdd mewn gormodedd o'r adweithydd
Copr(II), Cu^{2+}	Dyddodiad glas golau sy'n anhydawdd mewn gormodedd o'r adweithydd	Dyddodiad glas golau sy'n hydoddi mewn gormodedd i ffurfio hydoddiant glas tywyll
Sinc, Zn^{2+}	Dyddodiad gwyn sy'n hydoddi mewn gormodedd o'r adweithydd	Dyddodiad gwyn sy'n hydoddi mewn gormodedd o'r adweithydd
Plwm, Pb^{2+}	Dyddodiad gwyn sy'n hydoddi mewn gormodedd o'r adweithydd	Dyddodiad gwyn sy'n anhydawdd mewn gormodedd o'r adweithydd
Amoniwm, NH_4^+	Nwy alcalïaidd (amonia) yn cael ei ryddhau wrth wresogi	—

Profïon am anïonau

Prawf	Arsylwadau	Casgliad
Prawf am garbonad, sylffit a nitrit: Ychwanegu asid hydroclorig gwanedig at yr halwyn solet. Gwresogi'n araf os nad oes adwaith i ddechrau.	Nwy sy'n troi dŵr calch yn wyn llaethog.	Carbon deuocsid o garbonad
	Nwy sy'n asidig, gydag arogl siarp ac yn troi papur asid-deucromad o liw oren i wyrdd.	Sylffwr deuocsid o sylffit
	Nwy di-liw yn cael ei ryddhau, ac yn troi'n frown yn y man lle mae'n cwrdd â'r aer.	Nitrogen ocsid (NO) o nitrit yn troi'n nitrogen deuocsid (NO_2)

Prawf am ïonau halid:	Dyddodiad gwyn sy'n hydawdd mewn hydoddiant amonia gwanedig	Clorid
Asidio gydag asid nitrig, yna ychwanegu hydoddiant arian nitrad. Profi hydoddedd y dyddodiad mewn hydoddiant amonia.	Dyddodiad lliw hufen sy'n hydawdd mewn hydoddiant amonia crynodedig	Bromid
	Dyddodiad melyn sy'n anhydawdd mewn gormodedd o amonia	Ïodid
Prawf am ïonau sylffad a sylffit:	Dyddodiad gwyn sy'n ailhydoddi pan fydd asid yn cael ei ychwanegu	Sylffit
Paratoi hydoddiant o'r halwyn. Ychwanegu hydoddiant bariwm nitrad neu glorid. Os bydd dyddodiad yn ffurfio, ychwanegu asid nitrig gwanedig.	Dyddodiad gwyn sydd ddim yn ailhydoddi mewn asid	Sylffad
Prawf am nitradau:	Nwy alcalïaidd yn cael ei gynhyrchu, sy'n troi litmws coch yn las ac sydd ag arogl siarp	Amonia o nitrad (neu nitrit)
Paratoi hydoddiant o'r halwyn, ychwanegu hydoddiant sodiwm hydrocsid ac yna darn o ffoil alwminiwm neu ychydig o aloi Devarda. Gwresogi.		
Prawf am ïonau cromad(VI):	Hydoddiant melyn yn troi'n oren	Ïonau cromad melyn yn troi'n ddeucromad oren
Paratoi hydoddiant o'r halwyn. Rhannu'r hydoddiant yn dri:	Dyddodiad melyn yn ffurfio gydag ïonau bariwm ac ïonau plwm	Dyddodiad o gromadau bariwm a phlwm anhydawdd
■ ychwanegu asid gwanedig ■ ychwanegu hydoddiant bariwm nitrad ■ ychwanegu hydoddiant plwm nitrad.		Cromad

Profion am nwyon

Nwy	Prawf	Arsylwadau
Hydrogen	Prennyn yn llosgi	Mae'n llosgi gyda sŵn 'pop'
Ocsigen	Prennyn yn mudlosgi	Y prennyn yn mynd ar dân (yn ailgynnau)
Carbon deuocsid	Dŵr calch (calsiwm hydrocsid dyfrllyd)	Yn troi'n wyn llaethog
Hydrogen clorid (mae hydrogen bromid ac ïodid yn adweithio yn yr un modd hefyd)	Arogl	Siarp
	Litmws glas	Mae'n troi'n goch
	Anwedd amonia (o ddiferyn o hydoddiant amonia crynodedig ar roden wydr)	Mwg gwyn trwchus
Clorin	Lliw Arogl Effaith ar bapur litmws glas llaith Papur startsh-ïodid llaith	Melynwyrdd Siarp - tebyg i arogl cannydd Mae'n troi'r papur yn goch ac yna'n ei gannu Mae'n troi'n ddu-las

Sylffwr deuocsid	Arogl	Siarp
	Litmws glas	Mae'n troi'n goch
	Papur asid deucromad(II)	Mae'n troi'n wyrdd
Hydrogen sylffid	Arogl	Fel wyau drwg
	Prennyn yn llosgi	Mae'r nwy yn llosgi – dyddodiad melyn o sylffwr
	Papur plwm(II) ethanoad	Mae'n troi'n frownddu
Amonia	Arogl	Siarp
	Litmws coch	Mae'n troi'n las
Nitrogen deuocsid	Lliw	Orenfrown
	Litmws glas	Mae'n troi'n goch
Anwedd dŵr	Ymddangosiad	Mae'n 'tarthu' yn yr aer
	Papur cobalt(II) clorid anhydrus	Mae'n troi o las i binc

Profion am grwpiau gweithredol organig

Grŵp gweithredol	Prawf	Arsylwadau
$\overset{\displaystyle\diagdown}{\diagup}C=C\overset{\displaystyle\diagup}{\diagdown}$ mewn alcen	Ysgwyd gyda hydoddiant gwanedig o fromin Ysgwyd gyda hydoddiant asidig, gwanedig iawn o botasiwm manganad(VII)	Yr hydoddiant lliw oren yn troi'n ddi-liw Y lliw porffor yn colli ei liw a'r hydoddiant yn troi'n ddi-liw
$-\overset{\displaystyle\vert}{\underset{\displaystyle\vert}{C}}-X$ lle mae X = Cl, Br neu I halogenoalcan	Gwresogi gyda hydoddiant o sodiwm hydrocsid. Oeri. Asidio gydag asid nitrig. Yna ychwanegu hydoddiant arian nitrad	Dyddodiad gwyn o gyfansoddyn cloro, dyddodiad melyn hufennog o gyfansoddyn bromo, a dyddodiad melyn o gyfansoddyn ïodo. (Mae hydrolysis yn cynhyrchu ïonau o'r moleciwlau cofalent)
$\overset{\displaystyle H}{\underset{\displaystyle H}{\overset{\displaystyle\vert}{\underset{\displaystyle\vert}{-C-OH}}}}$ mewn alcohol cynradd	Ychwanegu hydoddiant o sodiwm carbonad Ychwanegu PCl_5 at y cyfansoddyn **anhydrus** Gwresogi gyda hydoddiant asidig o botasiwm deucromad(VI)	Dim adwaith, yn wahanol i asidau dydy alcoholau ddim yn adweithio gyda charbonadau Nwy di-liw, mygdarthol yn ffurfio (hydrogen clorid) Hydoddiant oren sy'n troi'n wyrdd ac yn cynhyrchu anwedd ag arogl ffrwythus. Caiff alcoholau eu hocsidio gan ddeucromad(VI) ond nid gan hydoddiant Fehling
$\overset{\displaystyle\diagdown}{\diagup}C=O$ mewn aldehydau a chetonau	Gwresogi gyda hydoddiant Fehling ffres Gwresogi gydag adweithydd Tollen ffres	Yr hydoddiant yn troi'n wyrddaidd ac yna bydd dyddodiad orengoch yn ffurfio gydag aldehydau, ond ddim gyda chetonau Drych arian yn ffurfio gydag aldehydau ond nid gyda chetonau
$-CO_2H$ mewn asidau carbocsylig	Mesur pH yr hydoddiant Ychwanegu hydoddiant o sodiwm carbonad Ychwanegu hydoddiant niwtral o haearn(III) clorid	Hydoddiant asidig gyda pH o tua 3–4 Y cymysgedd yn eferwi gan ryddhau carbon deuocsid Asidau methanoig ac ethanoig yn rhoi arlliw coch

Atebion i'r cwestiynau 'Prawf i chi'

Mae'n amhosibl rhoi ateb byr, synhwyrol, i ambell gwestiwn yn yr adran 'Prawf i chi'; felly, does dim ateb wedi'i gynnwys ar gyfer y cwestiynau penodol hynny. Does dim atebion wedi'u rhoi chwaith ar gyfer y cwestiynau sy'n galw am ddiagramau mawr, siartiau neu graffiau.

Adran un Astudio cemeg

1.2 Pam astudio cemeg?

1 Mae'r nitradau i gyd yn hydawdd mewn dŵr.
2 Bydd metel mwy adweithiol yn dadleoli metel llai adweithiol mewn hydoddiant o un o'i halwynau. Bydd sinc yn mynd i'r hydoddiant gan ffurfio sinc sylffad. Bydd metel copr yn ymddangos.
3 Bydd y metel yn y cyfansoddyn yn ffurfio wrth y catod.
4 Bydd y carbonad yn eferwi gan ryddhau nwy carbon deuocsid.
5 Maen nhw i gyd yn solidau di-liw, grisialog.

1.3 Ymchwiliadau yn y labordy

1 a) Ychwanegu asid hydroclorig at fetel adweithiol megis magnesiwm.
  b) Gwresogi amoniwm clorid gydag alcali gan greu arogl siarp amonia.
  c) Ychwanegu asid at litmws glas sydd wedyn yn troi'n goch.
  ch) Ychwanegu hydoddiant arian nitrad at hydoddiant o sodiwm clorid.
  d) Methan, mewn nwy naturiol, yn llosgi mewn aer.
2 a) Defnyddiol wrth lunio diagnosis i weld a oes clefyd siwgr ar glaf.
  b) Defnyddiol i'r heddlu i weld a ddylen nhw ddwyn achos yn erbyn rhywun am yrru'n feddw.
  c) Defnyddiol i gwmni cloddio i asesu a yw mwyn yn werth cloddio amdano.
  ch) Defnyddiol i bobl sy'n monitro llygredd aer mewn dinasoedd i weld a oes yna unrhyw fygythiad i iechyd y boblogaeth.

1.5 Unedau a mesuriadau

1 a) 1,   b) 3,   c) 3,   ch) 1

1.6 Sgiliau allweddol

■ Gweler tudalen 27
■ Gweler tudalen 88
■ Gweler tudalen 137
■ Gweler tudalennau 158–159
■ Gweler tudalennau 64–65
■ Gweler tudalennau 229–231

Adran dau Sylfeini cemeg

2.2 Cyflyrau mater

1 decan (h), eicosan (s), crypton (n), galiwm (s), 1-bromobwtan (h), methanal (n), asid methanoig (h), silicon tetraclorid (h), hydrogen ffluorid (n)

2.2 Mater a newidiadau cemegol

1 Wrth eu gwresogi, bydd ocsidau nitrogen yn hollti'n ocsigen a nitrogen. Pan fydd yn ei ffurf dawdd, gall unrhyw halwyn ïonig, megis sodiwm clorid neu alwminiwm ocsid, gael ei hollti'n elfennau drwy gyfrwng electrolysis.
3 Metelau: fel rheol, solidau ag ymdoddbwyntiau uchel, yn sgleiniog pan gânt eu llathru, yn hydrin a hydwyth, yn dargludo trydan yn dda, yn ffurfio ïonau positif, yn ffurfio ocsidau basig, yn ffurfio cloridau (ïonig) solet.

Anfetelau: nwyon yn bennaf ar dymheredd ystafell, dilewyrch yn hytrach na sgleiniog pan fyddan nhw yn eu ffurf solet, yn frau ac, fel rheol, yn methu dargludo trydan, yn ffurfio ïonau negatif, yn ffurfio ocsidau asidig, yn ffurfio cloridau moleciwlaidd cofalent sydd, fel rheol, yn hylifau neu'n nwyon.

4 Electronau yn y prif blisg: Be 2.3, F 2.7, Na 2.8.1
5 HCl, H_2S, CS_2, CCl_4, NH_3
6 Y rhain i gyd yn anhydawdd: SiO_2, CH_4, CCl_4, NO
   Mae'r rhain i gyd yn adweithio gyda dŵr gan fynd yn hydawdd: HCl, NH_3, SO_2, NO_2
7 KI, $CaCO_3$, Na_2SO_4, $Ca(OH)_2$, $AlCl_3$
8 Unrhyw halwyn ïonig gan gynnwys: $NaCl$, $PbBr_2$, $MgCl_2$, $CuSO_4$, $ZnSO_4$
9 Moleciwlau: H_2SO_4, PCl_3
   Ïonau: CuO, $MgCl_2$, LiF

2.4 Hydoddiannau

1 Mae gofyn i'r nwyon sy'n rhan o'r broses resbiradu fod yn hydawdd ar gyfer cyfnewid nwyol yn yr ysgyfaint a chludiant yn y gwaed o'r aer i'r celloedd byw ac yn ôl.
2 $NaOH$ – hydawdd, CuO – anhydawdd, KI – hydawdd iawn, $NaCl$ – hydawdd, MnO_2 – anhydawdd, $ZnSO_4$ – hydawdd iawn, $NiCl_2$ – hydawdd.

2.5 Hafaliadau cemegol

2 $2Mg(s) + O_2(n) \rightarrow 2MgO(s)$
   $2Na(s) + 2H_2O(h) \rightarrow 2NaOH(d) + H_2(n)$
   $Ca(OH)_2(s) + 2HCl(d) \rightarrow CaCl_2(s) + 2H_2O(d)$

2.6 Mathau o newidiadau cemegol

1 *wedi'u hocsidio*   *wedi'u rhydwytho*
a) magnesiwm   dŵr (ager)
b) hydrogen   copr(II) ocsid
c) alwminiwm   haearn(III) ocsid
ch) carbon   carbon deuocsid
2 a) $2Na \rightarrow 2Na^+ + 2e^-$
      $Cl_2 + 2e^- \rightarrow 2Cl^-$
   b) $2Zn \rightarrow 2Zn^{2+} + 4e^-$
      $O_2 + 4e^- \rightarrow 2O^{2-}$
   c) $Ca \rightarrow Ca^{2+} + 2e^-$
      $Br_2 + 2e^- \rightarrow 2Br^-$
3 a) $CaO(s) + 2HNO_3(d) \rightarrow Ca(NO_3)_2(d) + H_2O(h)$
   b) $Zn(s) + H_2SO_4(d) \rightarrow ZnSO_4(d) + H_2(n)$
   c) $Na_2CO_3(s) + 2HCl(d) \rightarrow$
      $2NaCl(d) + H_2O(h) + CO_2(n)$
4 a) hydrogen, H^+; nitrad, NO_3^-
   b) hydrogen, H^+; sylffad, SO_4^{2-}
5 Basau: MgO, CuO, ZnO, $Cu(OH)_2$,
   Alcalïau: $NaOH$, KOH, $Ca(OH)_2$, NH_3
6 a) Bydd: bariwm sylffad, $BaSO_4$
   b) Na fydd
   c) Bydd: calsiwm carbonad, $CaCO_3$
   ch) Bydd: plwm(II) clorid, $PbCl_2$
   d) Bydd: copr(II) hydrocsid, $Cu(OH)_2$.
7 a) Rhydocs   b) Asid-bas
   c) Rhydocs   ch) Asid-bas
   d) Dyddodiad   dd) Hydrolysis.

2.7 Meintiau cemegol

1 a) $\times 2$, b) $\times 2$, c) $\times 8$, ch) $\times 4$
2 a) 124, b) 170, c) 98

3 a) 74.5,   **b)** 267,   **c)** 400
4 a) 0.5 mol,   **b)** 0.05 mol,   **c)** 1 mol,   **ch)** 0.1 mol,
   d) 0.25 mol
5 a) 12.7 g,   **b)** 17.75 g,   **c)** 36 g,   **ch)** 0.535 g,
   d) 8.0 g
6 a) 2 mol,   **b)** 1 mol,   **c)** 4 mol
7 a) 3.01×10^{23} **b)** 24.1×10^{23} **c)** 54.2×10^{23}

2.8 Darganfod fformiwlâu
1 a) Mg_3N_2,   **b)** CH_4,   **c)** Na_2SO_4
2 a) H_2SO_4,   **b)** C_2H_6O
3 a) 88.9%,   **b)** 57.7%,   **c)** 63.5%

2.9 Cyfrifiadau o hafaliadau
1 14 g
2 8.4 tunnell fetrig,   11.2 tunnell fetrig
3 2.0 g
4 a) 10 mol,   **b)** 0.002 mol,   **c)** 0.125 mol
5 a) 48 000 cm^3 **b)** 4.8 cm^3 **c)** 3000 cm^3
6 a) 1 dm^3 **b)** 150 dm^3, 100 cm^3
7 a) 600 cm^3 **b)** 240 cm^3 **c)** 90 cm^3
8 a) 0.2 mol dm^{-3}, **b)** 0.5 mol dm^{-3}
9 a) 9.8 g,   **b)** 0.158 g
10 a) 0.29 g,   **b)** 2.0 g
11 a) 10 cm^3,   **b)** 1200 cm^3

2.10 Titradiadau
1 0.108 mol dm^{-3}
2 0.22 mol dm^{-3}
3 $H_3PO_4 + 2NaOH \rightarrow Na_2HPO_4 + 2H_2O$

Adran tri Cemeg ffisegol
3.2 Adeiledd atomig

1

	protonau	niwtronau	electronau
a)	4	5	4
b)	19	20	19
c)	92	143	92
ch)	53	74	54
d)	20	20	18

2 a) $^{16}_{8}O$,   **b)** $^{40}_{18}Ar$,   **c)** $^{23}_{11}Na^+$,   **ch)** $^{32}_{16}S^{2-}$

3 79% magnesiwm-24, 10% magnesiwm-25, ac 11% magnesiwm-26.

Màs atomig cymharol cyfartalog =
$$\frac{(79 \times 24) + (10 \times 25) + (11 \times 26)}{100} = 24.3$$

4 a) a **b)** $^{28}_{14}Si$ — 14 proton, 14 niwtron
     $^{29}_{14}Si$ — 14 proton, 15 niwtron
     $^{30}_{14}Si$ — 14 proton, 16 niwtron

c)   Màs atomig cymharol cyfartalog =
$$\frac{(93 \times 28) + (5 \times 29) + (2 \times 30)}{100} = 28.1$$

5   Màs moleciwlaidd cymharol = 58
6   2, grŵp 2

8 a) $v = \frac{\Delta E}{h} = \frac{2.18 \times 10^{-18} J}{6.6 \times 10^{-34} J\,Hz^{-1}} = 3.30 \times 10^{15}$ Hz

b) Egni ïoneiddiad $= 2.18 \times 10^{-18}$ J $\times 6.02 \times 10^{23}$ mol^{-1}
                  $= 13.1 \times 10^5$ J mol^{-1}
                  $= 1310$ kJ mol^{-1}

9 a)   Be: $1s^2\,2s^2$,
   b)   O: $1s^2\,2s^2 2p^4$,
   c)   Si: $1s^2\,2s^2 2p^6 3s^2 3p^2$,
   ch) P: $1s^2\,2s^2 2p^6 3s^2 3p^3$
10 a) Be,   **b)** Al,   **c)** Cl

3.3 Damcaniaeth ginetig a nwyon
1 a)   Nitrogen: $T_b = 77$ K,
   b)   Bwtan: $T_b = 272.5$ K,
   c)   Swcros: $T_{ym} = 459$ K,
   ch) Haearn: $T_{ym} = 1813$ K
2 a) n, P ac R yn gyson felly $V =$ cysonyn $\times T$, felly $V \propto T$.
   b) P, T ac R yn gyson felly $V =$ cysonyn $\times n$, felly $V \propto n$.
3 Màs molar $= 74$ g mol^{-1}
4 a) Dydy egni cyfartalog y moleciwlau ddim yn newid ond nawr bydd dwywaith gymaint o foleciwlau'n gwrthdaro bob eiliad gydag arwynebedd penodol o wal y cynhwysydd.
   b) Mae egni cinetig y moleciwlau mewn cyfrannedd â'r tymheredd. Felly, po uchaf y tymheredd, mwyaf egnïol fydd y gwrthdrawiadau rhwng y moleciwlau â waliau'r cynhwysydd.

3.4 Adeiledd a bondio
1 Be – enfawr, B – enfawr, F – moleciwlaidd, Si – enfawr, P$_{gwyn}$ – moleciwlaidd, S – moleciwlaidd, Ca – enfawr, Co – enfawr, I – moleciwlaidd.

3.5 Adeiledd a bondio mewn metelau
1 a)   yn sgleiniog – mercwri ac arian
   b)   yn dargludo trydan – pob metel, yn enwedig copr ac alwminiwm
   c)   yn plygu ac yn ymestyn – y rhan fwyaf o fetelau, gan gynnwys dur a chopr
   ch) yn meddu ar gryfder tynnol uchel – dur
2 a)   yn gyffredinol, mae gan fetelau bloc-d ddwyseddau uchel ac ymdoddbwyntiau uchel.
   b)   mae gan fetelau bloc-s ddwyseddau cymharol isel ac ymdoddbwyntiau isel.

3.6 Adeileddau enfawr ïonig
2 $1+$, $2+$, $3+$, $2-$, $1-$
3 Ar draws cyfnod, megis Li i Ne, neu Na i Ar, bydd y wefr niwclear yn cynyddu'n raddol wrth i electronau fynd i'r un plisgyn
metelau: electronau allanol yn cael eu dal yn gymharol wan gan wefr niwclear effeithiol isel
anfetelau: electronau allanol yn cael eu dal yn gymharol gryf gan wefr niwclear effeithiol uchel
4 a) Yr un ffurfwedd electronau sydd gan y ddau, ond bod gan niwclews Na un proton yn fwy na niwclews Ne.
   b) Yr un ffurfwedd electronau sydd gan y ddau, ond bod gan niwclews Cl un proton yn llai na niwclews Ar.
5 Mae'r gwefrau ar yr ïonau yn yr ocsidau ddwywaith yn fwy na'r gwefrau ar ïonau'r cloridau. Hefyd, mae ïonau ocsid yn llawer llai nag ïonau clorid felly mae'r gwefrau yn MgO ac CaO yn nes at ei gilydd.

6 a) metel potasiwm a nwy bromin

   b) metel magnesiwm a nwy clorin

3.7 Moleciwlau cofalent ac adeileddau enfawr

1 Adeileddau enfawr sydd gan y boron a'r germaniwm. Moleciwlaidd yw'r lleill.

2 Moleciwlaidd yw carbon deuocsid, gyda grymoedd gwan rhwng y moleciwlau. Adeiledd enfawr sydd gan silicon deuocsid felly mae rhwydwaith di-dor o fondio cryf drwy'r grisialau.

4 a)

H $\overset{\times\times}{\underset{\times\times}{\times}}$ Br $\overset{\times\times}{\times}$

b)

H $\overset{\times\times}{\underset{\times\times}{\times}}$ S $\overset{\times\times}{\times}$ H

c)

$$\begin{array}{cc} H & H \\ H \times \overset{|}{C} \times \overset{|}{C} \times H \\ H & H \end{array}$$

ch)

$\overset{\bullet\bullet}{\underset{\bullet\bullet}{O}} \overset{\bullet}{\underset{\times}{\times}} S \overset{\bullet}{\underset{\times}{\times}} \overset{\bullet\bullet}{\underset{\bullet\bullet}{O}}$

d)

$\overset{\bullet\bullet}{\underset{\bullet\bullet}{S}} \overset{\times}{\underset{\times}{}} C \overset{\times}{\underset{\times}{}} \overset{\bullet\bullet}{\underset{\bullet\bullet}{S}}$

5 NH_3 – un pâr unig ar yr atom N

H_2O – dau bâr unig ar yr atom O

HF – tri phâr unig ar yr atom F

6 a)

$$\left[H \overset{\times}{\underset{\bullet\bullet}{O}} H \right]^{+}$$

b)

$$F \; B \; F$$

(with F above and below B, all surrounded by dots and crosses)

7 a)

$$\begin{array}{c} Cl \\ | \\ B \\ / \quad \backslash \\ Cl \quad Cl \end{array} \qquad \begin{array}{c} P \\ H \quad | \quad H \\ H \end{array}$$

b)

O=C=O   O $\overset{S}{\diagup\diagdown}$ O

c)

$$\begin{array}{c} H \\ | \\ N^{+} \\ H \quad | \quad H \\ H \end{array} \qquad \begin{array}{c} N \\ H \quad | \quad H \\ H \end{array}$$

ch)

$$\begin{array}{c} O \\ || \\ S \\ \diagup | \diagdown \\ {}^-O \quad O \quad O^- \end{array} \qquad \begin{array}{c} O^- \\ | \\ O=C \\ | \\ O^- \end{array}$$

3.8 Mathau rhyngol o fondio

1 $\overset{\delta+}{H} - \overset{\delta-}{S}$ $\overset{\delta+}{N} - \overset{\delta-}{O}$ $\overset{\delta+}{C} - \overset{\delta-}{Cl}$ $\overset{\delta+}{I} - \overset{\delta-}{Cl}$

2 a) NaF > NaCl > NaBr > NaI

   Na_2O > MgO > Al_2O_3 > SiO_2

   CsI > KI > NaI > LiI

3.9 Grymoedd rhyngfoleciwlaidd

1 polar: HBr, $CHCl_3$, SO_2 – y gweddill yn amholar

2 Deupol parhaol yw'r bond C=O mewn propanon. Does dim deupolau parhaol mewn bwtan.

3 HBr – atyniadau rhwng deupolau parhaol

   ethan – atyniadau rhwng deupolau byrhoedlog

   methanol – bondio hydrogen

4 a)

$$\begin{array}{c} H \\ | \\ H - O - H \text{-----} N - H \\ \qquad\qquad | \\ \qquad\qquad H \end{array}$$

with H on O (left side)

b)

$$H - O - H \text{-----} O \begin{array}{c} H \\ \diagdown \\ C_2H_5 \end{array}$$

5 I lawr y grŵp o HCl i HI mae nifer yr electronau'n cynyddu, felly mae'r moleciwlau'n tyfu'n fwy polareiddiadwy. Ceir bondio hydrogen mewn HF.

3.10 Adeiledd a bondio mewn carbon yn ei wahanol ffurfiau

1 a) sodiwm clorid – bydd yn dargludo trydan yn ei ffurf dawdd

   b) nwy methan – hawdd ei gywasgu

   c) graffit – yn dargludo trydan yn ei ffurf solet

   ch) iâ – dwysedd is na dŵr ar 0 °C

   d) unrhyw fetel, megis magnesiwm – bydd yn dargludo trydan yn ei ffurf solet

   dd) ethanol – berwbwynt cymharol isel

3.13 Newidiadau enthalpi

1 a) A → B Bydd y moleciwlau yn colli egni ac felly'n symud yn arafach

   b) B → C Bydd y moleciwlau yn cydosod eu hunain yn ddellten risial ac, yn ystod y cam hwn, yr egni sy'n cael ei allyrru yw'r egni a gaiff ei ryddhau wrth i fwy o fondiau hydrogen ffurfio rhwng moleciwlau.

   c) ac ch) Ar ôl C: mae'r dŵr i gyd yn iâ solet sy'n oeri nes ei fod oddcutu'i un tymheredd â'r cymysgedd rhewllyd, sef tua −10 °C.

2 ΔH_{anwedd} = 39.2 kJ mol^{-1}

3 a) moleciwlaidd: HBr, Cl_2, Br_2, CCl_4, H_2O

   b) adeileddau enfawr metel: Zn, Na, K, Mg, Ca, Pb

   c) adeileddau enfawr ïonig: LiCl, NaCl, AgCl

4 H_{hylosg} = − 1680 kJ mol^{-1}

5 H_{adwaith} = − 185 kJ mol^{-1}

6 H_{niwtralu} = − 55 kJ mol^{-1}

7 $H_{\text{hydoddiant}}$ = + 25 kJ mol^{-1}

8 H_{adwaith} = − 200 kJ mol^{-1}

9 $C(s) + O_2(n) → CO_2(n)$

   $\Delta H^{\ominus}_{\text{adwaith}} = \Delta H^{\ominus}_{\text{hylosg}}[C(s)] = \Delta H^{\ominus}_{\text{ffurf}}[CO_2(n)]$

10 $\Delta H^{\ominus}_{\text{ffurf}}[CH_3 OH (h)] = − 239$ kJ mol^{-1}

11 $C(s) + 2H_2(n) + ^1/_2O_2(n) → CH_3OH (h)$

12 Mae yna newid enthalpi ar gyfer

   $H_2O(h) → H_2O (n)$ (y newid enthalpi ar gyfer anweddiad dŵr)

13 $\Delta H^{\ominus}_{\text{adwaith}}$ = − 534 kJ mol^{-1}

14 Enthalpïau cyfartalog bondiau = + 463 kJ mol^{-1}

15 Hyd bondiau: C – C > C=C > C≡C

   Cryfder bondiau: E (C≡C) > E (C=C) > E (C – C)

   Ond dydy'r enthapli bond ar gyfer bond dwbl ddim yn ddwywaith gymaint â'r enthalpi bond ar gyfer bond sengl.

16 $\Delta H_{\text{adwaith}}$ = − 125 kJ mol^{-1}

17 Enthalpïau ffurfiant sy'n rhoi'r gwerth cywiraf oherwydd maen nhw'n benodol ar gyfer y sylweddau yn yr adwaith. Cyfartaleddau gwerthoedd cymedrig dros ystod o elfennau a chyfansoddion yw egnïon bondiau.

3.14 Adweithiau cildroadwy

1 a) Bydd codi'r tymheredd yn peri i'r iâ ymdoddi unwaith yn rhagor.

b) Bydd ychwanegu alcali yn troi'r litmws yn las unwaith eto.

c) Caniatáu i'r solid gwyn oeri ac yna ychwanegu dŵr.

2 $I_2(s) \rightleftharpoons I_2(n)$

3.15 Ecwilibriwm cemegol

1 a) Ar 0 °C

b) Ar 100 °C

c) Pan fydd yr hydoddiant yn ddirlawn

3 $Ag^+(d) + Fe^{2+}(d) \rightleftharpoons Ag(s) + Fe^{3+}(d)$

Yr ymyrraeth	Sut bydd y cymysgedd sydd mewn ecwilibriwm yn ymateb	Y canlyniad
Cynyddu $Fe^{2+}(d)$	Mae'n symud i'r dde	Mwy o $Ag(s)$ yn dyddodi
Gostwng crynodiad yr $Ag^+(d)$	Mae'n symud i'r chwith	Ychydig o $Ag(s)$ yn adweithio

4 $2CrO_4^{2-}(d) + 2H^+(d) \rightleftharpoons Cr_2O_7^{2-}(d) + H_2O(h)$

a) Ychwanegu asid: cynyddu $[H^+(d)]$, syflyd yr ecwilibriwm i'r dde, troi o felyn i oren

b) Ychwanegu alcali: gostwng $[H^+(d)]$, syflyd yr ecwilibriwm i'r chwith, troi o oren i felyn

5 $CaCO_3(s) \rightleftharpoons CaO(s) + CO_2(n)$

Bydd caniatáu i'r carbon deuocsid ddianc yn atal yr ôl-adwaith felly ni fydd y system yn gallu cyrraedd cyflwr o ecwilibriwm. Bydd y blaenadwaith yn para nes i'r holl galchfaen ddadelfennu.

3.17 Cyfraddau newidiadau cemegol

1 a) Cadw lefel y lleithder cyn ised â phosibl.

b) Diffodd y tostydd er mwyn gadael i'r bara oeri.

c) Cadw'r llaeth yn oer yn yr oergell.

2 a) Cynhesu'r toes.

b) Chwythu aer ar y tanwydd er mwyn cynnal crynodiad yr ocsigen.

c) Gwresogi'r peth sy'n cael ei drwsio.

ch) Defnyddio catalydd mewn trawsnewidydd catalytig.

3 a) Cyfradd = 4.8 $cm^3\ s^{-1}$

b) Cyfradd = 0.0002 $mol\ s^{-1}$ (o wybod mai cyfaint 1 mol o'r nwy yw 24 000 cm^3)

c) $Mg(s) + 2HCl(d) \rightarrow MgCl_2(d) + H_2(n)$

Cyfradd gwaredu'r $Mg(s)$ = cyfradd ffurfio $MgCl_2(d)$ = 0.0002 $mol\ s^{-1}$

Cyfradd gwaredu'r $HCl(d)$ = 0.0004 $mol\ s^{-1}$

5 Mae cyfradd yr adwaith mewn cyfrannedd union â chrynodiad yr ïonau thiosylffad.

Cyfradd $\propto [S_2O_3^{2-}(d)]$, neu

Cyfradd = cysonyn $\times [S_2O_3^{2-}(d)]$

6 b) Yr adwaith gyda'r sglodion marmor bychain.

c) Sglodion bach – 480 s; sglodion mawr – 600 s. Roedd gormodedd o farmor, felly daeth yr adweithiau i ben pan oedd yr holl asid wedi'i ddefnyddio.

ch) Po leiaf y darnau, mwyaf fydd arwynebedd arwyneb y màs a roddir o farmor. Po fwyaf fydd arwynebedd yr arwyneb, cyflymaf fydd yr adwaith lle bynnag y bydd yr asid a'r marmor mewn cysylltiad â'i gilydd.

7 a) $Zn(s) + H_2SO_4(d) \rightarrow ZnSO_4(d) + H_2(n)$

b) Gweler Ffigur 13.17.1 am gyfarpar addas.

c) i) B (neu C o bosib), **ii)** C, **iii)** Ch, **iv)** A

3.18 Damcaniaeth Gwrthdrawiadau

1 a) Mae'n cyflymu – y powdr sydd â'r arwynebedd arwyneb mwyaf, lle gall ïonau hydrogen o'r asid wrthdaro gyda'r atomau sinc.

b) Mae'n arafu – bydd sodiwm carbonad yn niwtralu peth o'r asid gan ostwng crynodiad yr asid.

c) Mae'n arafu – bydd yr iâ yn oeri'r cymysgedd a bydd hefyd yn gwanedu asid wrth ymdoddi.

ch) Mae'n cyflymu – bydd ychydig o'r sinc yn dadleoli copr o'r copr(II) sylffad a'r copr yn gweithredu fel catalydd gan gyflymu ffurfiant hydrogen.

2 Bydd yr adwaith hwn yn tueddu i ddigwydd ond mae ganddo egni actifadu uchel. Ar dymheredd ystafell, dydy'r moleciwlau ddim yn gwrthdaro gyda digon o egni i dorri'r bondiau yn yr adweithyddion a dechrau'r adwaith. Bydd fflam neu wreichionyn yn gwresogi'r cymysgedd nwy ac yn cynyddu egni'r moleciwlau methan ac ocsigen sy'n gwrthdaro. Mae'r adwaith yn un ecsothermig, felly unwaith y bydd wedi dechrau, mae'n cadw'r cymysgedd nwy yn ddigon poeth i adweithio.

3.19 Sefydlogrwydd

1 Sefydlogrwydd thermodynamig: dŵr ddim yn dadelfennu pan fydd yn berwi

Sefydlogrwydd cinetig: methan ddim yn mynd ar dân ar dymheredd ystafell, diemyntau ddim yn troi'n graffit.

Adran pedwar **Cemeg anorganig**

4.2 Y tabl cyfnodol

1 Gweler Ffigur 4.2.1

2 Bydd metelau'n ffurfio ïonau positif.

Grŵp 1: 1+; grŵp 2: 2+; grŵp 3: 3+

Yn aml, gall elfennau bloc-d ffurfio mwy nag un ïon positif.

Bydd anfetelau'n ffurfio ïonau negatif.

Grŵp 7: 1−; grŵp 6: 2−; grŵp 5: 3−.

4 K > Na > Al > B >

5 a) Cl^- > Cl, **b)** Al > N

6 N: $1s^2 2s^2 2p^3$

O: $1s^2 2s^2 2p^4$

Mewn atom nitrogen, dydy'r tri electron-p ddim wedi paru – dim ond un sydd ym mhob orbital-p (felly mae'r is-blisgyn p yn hanner llawn). Mewn atom ocsigen, mae'r pedwerydd electron-p wedi'i baru, a'r wefr ar y niwclews ocsigen un yn fwy na'r wefr ar niwclews nitrogen. Un eglurhad posibl am y ffaith bod egni ïoneiddiad cyntaf ocsigen yn is yw bod y gwrthyriad electrostatig rhwng y ddau electron yn yr un orbital-p yn ei gwneud yn haws i gael gwared ar y pedwerydd electron sydd yn yr is-blisgyn 2p. Eglurhad arall a ddefnyddir gan gemegwyr yw awgrymu bod is-blisgyn hanner llawn yn fwy sefydlog, felly mae'n cymryd mwy o egni i symud un electron o atom nitrogen nag o atom ocsigen.

7 Mae maint atomau, màs atomau, a'r ffyrdd maen nhw wedi'u pacio gyda'i gilydd yn gysylltiedig â dwysedd. Ar draws yr ail a'r trydydd cyfnod, mae dwysedd yn codi o grŵp 1 i grŵp 4 (yn yr ail gyfnod), neu grŵp 3 (yn y trydydd cyfnod) wrth i'r atomau fynd yn drymach a hefyd yn llai. Yna, ceir gostyngiad yn y dwysedd wrth newid o adeileddau enfawr i adeileddau moleciwlaidd. Hyd yn oed yn y cyflyrau hylifol neu solet mae gan yr anfetalau moleciwlaidd ddwyseddau is, oherwydd bod y bondio rhwng y moleciwlau yn gymharol wan.

8 Y rheol gyffredinol: mae metelau ar yr ochr chwith ym mhob cyfnod yn dargludo trydan, ond mae'r anfetalau ar yr ochr dde yn annargludyddion (ynysyddion).

4.3 Rhifau ocsidiad

1 **a)** $+3$, **b)** -3 **c)** $+2$, **ch)** -3, **d)** $+5$

2 **a)** ocsidiedig, **b)** rhydwythedig, **c)** ocsidiedig, **ch)** rhydwythedig, **d)** ocsidiedig.

3 **a)** SnO, **b)** SnO_2, **c)** $NaClO_3$, **ch)** $Fe(NO_3)_3$, **d)** K_2CrO_4.

4 **a)** $2Fe(s) + 3Br_2(h) \rightarrow 2FeBr_3(s)$
yr haearn yn ocsidiedig, a'r bromin yn rhydwythedig

b) $2F_2(n) + 2H_2O(h) \rightarrow 4HF(n) + O_2(n)$
y fflworin yn rhydwythedig, a'r ocsigen yn ocsidiedig,

c) $IO_3^-(d) + 6H^+(d) + 5I^-(d)$
$\rightarrow 3I_2(s) + 3H_2O(h)$
yr ïodin mewn ïonau ïodad yn rhydwythedig, a'r ïodin mewn ïonau ïodid yn ocsidiedig

ch) $2S_2O_3^{2-}(d) + I_2(d) \rightarrow 2I^-(d) + S_4O_6^{2-}(d)$
yr ïodin yn rhydwythedig, y sylffwr yn ocsidiedig

e) $Cl_2(d) + 2OH^-(d)$
$\rightarrow Cl^-(d) + ClO^-(d) + H_2O(h)$
y clorin yn ocsidiedig ac yn rhydwythedig (dadgyfraniad)

4.4 Grŵp 1

1 Li: $1s^22s^1$
Na: $1s^22s^22p^63s^1$
K: $1s^22s^22p^63s^23p^64s^1$

2 Na^+: $1s^22s^22p^6$

3 Tebyg i'w gilydd: metelau meddal, yn sgleiniog pan fyddan nhw newydd eu torri, dargludyddion trydan da, yn ffurfio ïonau 1+, yn ffurfio cloridau ïonig (M^+Cl^-), yn ffurfio ocsidau basig, yn adweithio gyda dŵr i roi hydrogen, gan ffurfio hydoddiant alcalïaidd, MOH (d).
Tueddiadau i lawr y grŵp: yn tyfu'n fwy meddal, y radiysau atomig yn cynyddu, yr egnïon ïoneiddiad cyntaf yn gostwng, yn adweithio'n fwy nerthol gyda dŵr.

4 **a)** $2Na(s) + 2H_2O(h) \rightarrow 2NaOH(d) + H_2(n)$
b) $2K(s) + Cl_2(n) \rightarrow 2KCl(s)$
c) $Li_2O(s) + H_2O(h) \rightarrow 2LiOH(d)$
ch) $Na_2O(s) + 2HCl(d) \rightarrow 2NaCl(d) + H_2O(h)$
d) $2KOH(d) + H_2SO_4(d)$
$\rightarrow K_2SO_4(d) + 2H_2O(h)$

4.5 Grŵp 2

1 Mg: $1s^22s^22p^63s^2$
Ca: $1s^22s^22p^63s^23p^64s^2$
Sr: $1s^22s^22p^63s^23p^63d^{10}4s^24p^65s^2$

2 **a)** $Ba(s) + O_2(n) \rightarrow BaO_2(s)$
b) $Ca(s) + 2HCl(d) \rightarrow CaCl_2(d) + H_2(n)$
c) $Sr(s) + Cl_2(n) \rightarrow SrCl_2(s)$
ch) $Ba(s) + 2H_2O(h) \rightarrow Ba(OH)_2(s) + H_2(n)$

3 **a)** $MgO(s) + 2HCl(d) \rightarrow MgCl_2(d) + H_2O(n)$
b) $MgO(s) + H_2O(n) \rightarrow Mg(OH)_2(s)$
c) $Ca(OH)_2(d) + CO_2(n)$
$\rightarrow CaCO_3(s) + H_2O(n)$

4 Mae'r hydoddedd yn cynyddu o 2.0×10^{-5} mol/100g o ddŵr ar gyfer $Mg(OH)_2$, hyd at 1500×10^{-5} mol/100g o ddŵr ar gyfer $Ba(OH)_2$.

6 **a)** $MgCO_3(s) \rightarrow MgO(s) + CO_2(n)$
b) $MgCO_3(s) + 2HCl(d)$
$\rightarrow MgCl_2(d) + CO_2(n) + H_2O(n)$
c) $2Ca(NO_3)_2(s) \rightarrow 2CaO(s) + 4NO_2(n) + O_2(n)$
ch) $Ba^{2+}(d) + SO_4^{2-}(d) \rightarrow BaSO_4(s)$

7 Bydd yr hydoddedd yn gostwng o 1830×10^{-4} mol/100g o ddŵr ar gyfer $MgSO_4$, hyd at 0.009×10^{-4} mol/100g o ddŵr ar gyfer $BaSO_4$.

4.6 Grŵp 7

1 **a)** Cl: $1s^22s^22p^63s^23p^5$
b) Cl^-: $1s^22s^22p^63s^23p^6$
c) Br: $1s^22s^22p^63s^23p^63d^{10}4s^24p^5$
ch) Br^-: $1s^22s^22p^63s^23p^63d^{10}4s^24p^6$

2 **a)** $Mg(s) + Br_2(h) \rightarrow MgBr_2(s)$
b) $2Fe(s) + 3Cl_2(n) \rightarrow 2FeCl_3(s)$
c) $Fe(s) + I_2(s) \rightarrow FeI_2(s)$

3 Mae $SiCl_4$ yn foleciwlaidd. Mae'r bondiau Si–Cl yn gryf, ond y grymoedd rhwng y moleciwlau'n wan, yn rhy wan i ddal y moleciwlau mewn cyflwr solet ar dymheredd ystafell, ond yn ddigon cryf i'w cadw rhag anweddu.

4 **a)** $2P(s) + 3Cl_2(n) \rightarrow 2PCl_3(s)$
P yng nghyflwr ocsidiad sero yn cael ei ocsidio hyd at gyflwr ocsidiad $+3$.
b) $Cl_2(n) + 2I^-(d) \rightarrow 2Cl^-(d) + I_2(s)$
Cl yng nghyflwr ocsidiad sero yn cael ei rydwytho hyd at gyflwr ocsidiad -1.

5 **a)** Mae'r hydoddiant di-liw yn troi'n lliw orenfrown bromin.
b) Mae'r hydoddiant di-liw yn troi'n lliw melynfrown ac yna bydd sbeciau llwyd o ïodin anhydawdd yn ymddangos.

7 $2NaBr(s) \overset{-1}{} + H_2SO_4(d) \overset{0}{} \rightarrow Br_2(h) + SO_2(n) + 2H_2O(n)$
   $\overset{+6}{}$ $\overset{+4}{}$

8 **a)** $Ag^+(d) + I^-(d) \rightarrow AgI(s)$
b) $Ag^+(d) + Br^-(d) \rightarrow AgBr(s)$

4.7 Puro dŵr

1 $Cl_2(n) + 2NaOH(d)$
$\rightarrow NaOCl(d) + NaCl(d) + H_2O(h)$

2 Bydd ychwanegu asid at yr hydoddiant cannydd yn cildroi adwaith clorin gydag alcali ac yn rhyddhau nwy clorin gwenwynig.

3 Bydd ychwanegu asid er mwyn gostwng y pH yn cynyddu crynodiad yr ïonau hydrogen, a'r ecwilibriwm ar gyfer yr adwaith hwn yn syflyd i'r dde gan gynyddu crynodiad yr HOCl(d).
$OCl^-(d) + H^+(d) \rightleftharpoons HOCl(d)$
Caiff ychwanegu alcali er mwyn cynyddu'r pH effaith ddirgroes.
Bydd alcali'n niwtralu ïonau hydrogen gan eu gwaredu o'r ecwilibriwm, sydd felly'n syflyd i'r chwith, gan ostwng crynodiad yr HOCl(d).

4 Crynodiad y clorin yn y cannydd = 0.103 mol dm^{-3}

4.8 Cemegion anorganig mewn diwydiant

2 Caiff clorin ei rydwytho wrth iddo ocsidio ïonau bromid (camau 1 a 4)
Caiff bromin ei rydwytho wrth iddo ocsidio sylffwr deuocsid (cam 3)

3 $Cl_2(d) + H_2O(h) \rightleftharpoons HOCl(d) + H^+(d) + Cl^-(d)$
Mae ychwanegu asid yn cynyddu crynodiad yr ïonau hydrogen ar ochr dde'r hafaliad.

Mae egwyddor Le Châtelier yn rhagfynegi y bydd hyn yn achosi i'r ecwilibriwm syflyd i'r chwith, a hyn sy'n lleihau tueddiad y clorin i adweithio gyda dŵr.

4 Cafodd llawer o gynhyrchion newydd sy'n cynnwys clorin eu datblygu, megis y plastig PVC, ac amrywiaeth o hydoddyddion clorinedig.

5 Caiff clorin a sodiwm hydrocsid eu ffurfio mewn cyfrannau penodol drwy gyfrwng electrolysis hydoddiant sodiwm clorid. Am bob tunnell o glorin, mae'r broses yn cynhyrchu 2.25 tunnell fetrig o sodiwm hydrocsid 50%.

6 **a)** Cynyddu'r cynnyrch ar ecwilibriwm: oeri'r cymysgedd nwy rhwng pob gwely cataldu, hefyd ychwanegu mwy o ocsigen o'r aer a chael gwared ar SO_3 o'r cymysgedd nwy cyn iddo fynd drwy'r gwely cataldu olaf.
b) Cynyddu'r gyfradd: defnyddio catalydd a chadw'r tymheredd yn ddigon uchel i'r catalydd fod yn weithredol.

7 $CO_3^{2-}(d) + CO_2(n) + H_2O(h) \rightarrow 2HCO_3^-(d)$

8 **a)** Cynyddu'r cynnyrch ar ecwilibriwm: codi'r gwasgedd a chadw'r tymheredd cyn ised ag sy'n cyd-fynd â chyfradd adwaith resymol.
b) Cynyddu'r gyfradd: defnyddio catalydd a chadw'r tymheredd yn ddigon uchel i'r adwaith fynd rhagddo yn ddigon cyflym.

9 Amonia yw'r unig nwy gyda bondio hydrogen rhwng y moleciwlau yn ei ffurf hylifol. Mae bondio hydrogen yn llawer cryfach na grymoedd rhyngfoleciwlaidd eraill.

10 Yn ôl yr hafaliad, bydd 9 môl o nwy yn adweithio i roi 10 môl ac mae'r adwaith yn ecsothermig. Felly, yn ddamcaniaethol, byddai gwasgedd is a thymheredd is yn cynyddu'r cynnyrch. Yn ymarferol, mae'n fanteisiol codi'r gwasgedd oherwydd bod hyn yn cyflymu'r adwaith ac yn gorfodi mwy o'r cymysgedd nwy drwy'r catalydd o fewn amser penodol. Bydd y catalydd yn mudlosgi'n eiriasboeth ac, o dan yr amodau hyn, caiff y cynnyrch ei ffurfio'n ddigon cyflym.

11 Yn ôl yr hafaliad, bydd 2 fôl o nwy yn adweithio i roi 1 môl ac mae'r adwaith yn ecsothermig. Mae egwyddor Le Châtelier yn rhagfynegi cynnyrch uwch o N_2O_4 ar ecwilibriwm os bydd y gwasgedd yn uwch a'r tymheredd yn is.

12 I ddechrau, mae'r nitrogen yn y cyflwr +4. Yn y cynhyrchion, mae yn y cyflyrau +5 a +2 felly mae wedi'i ocsidio a hefyd ei rydwytho.

13 $NH_3(d) + HNO_3(d) \rightarrow NH_4NO_3(d)$

14 28 g N mewn 80 g NH_4NO_3, 35%
28 g N mewn 60 g NH_2CONH_2, 46.7%
28 g N mewn 132 g $(NH_4)_2SO_4$, 21.2%

15
$N_2 \rightarrow NH_3 \rightarrow NO \rightarrow NO_2 \rightarrow N_2O_4 \rightarrow HNO_3 \rightarrow NH_4NO_3$
0   -3   +2   +4   +4   +5   -3 +5

4.9   Echdynnu metelau
1 Al(III) yn cael ei rydwytho i Al(0). Bydd yr ïonau Al^{3+} yn ennill electronau.

2 Mae'r broses yn defnyddio cerrynt mawr ac, yn gyffredinol, dim ond gyda thrydan cost isel y mae'n economaidd.

3 Mae ganddo ymdoddbwynt uchel, mae'n dargludo trydan ac nid yw'n hydoddi yn yr electrolyt poeth.

4 Bydd malu yn troi'r solidau'n bowdr ac yn eu cymysgu'n dda. Mae hyn yn cynyddu arwynebedd yr arwynebau sydd mewn cysylltiad â'i gilydd ac felly'n cyflymu'r broses.

5 $2Fe_2O_3(s) + 3C(s) \rightarrow 4Fe(s) + 3CO_2(n)$

6 Mae'r ffwrnais yn gweithio ar dymheredd uchel ac mae cemegion adweithiol ynddi. Mae gan sylweddau gwrthsafol ymdoddbwyntiau uchel ac maen nhw'n gymharol anadweithiol.

7 $CaCO_3(s) \rightarrow CaO(s) + CO_2(n)$

8 Ecsothermig: adweithiau golosg gydag ocsigen a haearn(III) ocsid gyda charbon monocsid.
Endothermig: adwaith golosg gyda charbon deuocsid.

9 Defnyddio'r nwyon poeth sy'n gadael top y ffwrnais i ragboethi'r chwa o aer sydd ar ei ffordd i mewn.

10 Wrth iddo ymdoddi, mae dur sgrap oer yn cymryd egni i mewn felly'n cadw'r haearn rhag mynd yn rhy boeth wrth i amhureddau gael eu hocsidio gan y chwythiad ocsigen.

11 $S(s) + Mg(s) \rightarrow MgS(s)$
$Si(s) + O_2(n) \rightarrow SiO_2(n)$
$CaO(s) + SiO_2(s) \rightarrow CaSiO_3(s)$

12 Bydd alwminiwm yn cyfuno'n gyflym iawn ac yn gryf iawn gydag ocsigen.

13

Dull di-dor	Dull swp-brosesu
Defnyddiau crai yn cael eu bwydo yn ddi-dor	Defnyddiau crai yn cael eu cymysgu'n sypiau a'u rhoi yn yr adweithydd
Cynhyrchion yn cael eu tapio ymaith bob hyn a hyn yn rheolaidd ddydd a nos	Cynhyrchion yn cael eu tynnu o'r adweithydd yn sypiau
Y ffwrnais yn cadw'n boeth	Y ffwrnais yn cael ei gwresogi'n rheolaidd ac yna'i hoeri
Y broses ar waith ddydd a nos	Y broses yn digwydd yn ysbeidiol

14   $2Na^+ + 2e^- \rightarrow 2Na$
$2Cl^- \rightarrow Cl_2 + 2e^-$

15 Mae sodiwm clorid yn rhad ond mae trydan yn ddrud. Mae angen egni hefyd i doddi'r sodiwm clorid solet a'i gadw'n boeth. Hefyd, mae angen offer a threfniadaeth arbennig wrth drin a thrafod metel adweithiol iawn fel sodiwm.

16 Bydd sodiwm poeth yn adweithio'n nerthol iawn gydag ocsigen yn yr aer. Mae argon yn anadweithiol ac nid yw'n adweithio gyda sodiwm. Mae'r atmosffer argon yn cadw'r aer allan.

17 Mae'r adwaith yn ecsothermig iawn.

4.10   Materion amgylcheddol
1 $CaO(s) + SO_2(n) \rightarrow CaSiO_3(s)$

2 Gall calsiwm sylffad gael ei ddefnyddio i wneud plastr a bwrdd plastr.

3 Mae ailgylchu yn lleihau'r galw am ddefnyddiau crai, yn arbed egni ac yn lleihau swm y gwastraff sy'n cael ei roi mewn safleoedd tirlenwi.

Adran pump   Cemeg organig
5.2   Moleciwlau organig
1 **a)** CH,   **b)** $C_5H_{10}O$
2 **a)** Empirig: CH_3O, moleciwlaidd: $C_2H_6O_2$
   b) Empirig: C_2H_5, moleciwlaidd: C_4H_{10}
4 Alcanau: C_3H_8, C_7H_{16}
5 C_nH_{2n}

8

alcohol

ether

9

10

cis

trans

11 Amholar: C_5H_{12} ac CCl_4. Mae'r ddwy fformiwla arall yn rhoi moleciwlau polar.

12 Y ddau foleciwl polar gydag atomau ocsigen sy'n gallu ffurfio bondiau hydrogen gyda moleciwlau dŵr.

5.3 Enwau cyfansoddion carbon

1 2-methylbwtan
1-bromopropan
methylpropen
pentan-1-ol
asid propanoig

5.4 Mathau o adwaith organig

1 a) $2CH_3CO_2H(d) + Na_2CO_3(d)$
$\rightarrow 2CH_3CO_2Na(d) + CO_2(n) + H_2O(h)$

b) $2CH_3CO_2H(d) + Mg(s)$
$\rightarrow Mg(CH_3CO_2)_2(d) + H_2(n)$

2 a) ocsidydd
b) ocsidydd
c) bas
ch) rhydwythydd

3 a) dileu
b) amnewid
c) adio
ch) amnewid

5.5 Mecanweithiau adweithiau organig

1 a) niwcleoffil
b) electroffil
c) radical rhydd
ch) niwcleoffil

5.7 Alcanau

1 Po fwyaf o ganghennu fydd, isaf fydd y berwbwynt.

3 Mae moleciwlau canghennog yn fwy cryno, felly mae'r arwynebedd yn llai i'r grymoedd rhyngfoleciwlaidd fod yn weithredol. Oherwydd hyn, mae llai o atyniad rhwng y moleciwlau, gan ei gwneud yn haws i wahanu'r moleciwlau. Felly, mae'r cyfansoddion canghennog yn berwi ar dymereddau is.

4 $C_3H_{10}(n) + 7\frac{1}{2}O_2(n) \rightarrow 4CO_2(n) + 5H_2O(h)$

5 Bydd hylosgi anghyflawn yn cynhyrchu'r nwy gwenwynig carbon monocsid a gronynnau mân iawn o huddygl (carbon) a all fod yn niweidiol iawn i'r ysgyfaint.

6 $C_2H_6(n) \rightarrow C_2H_4(n) + H_2(n)$

7 Mae cracio'n troi hylif yn nwy. Fel rheol, mae moleciwlau nwy hydrocarbon yn llai na moleciwlau hydrocarbon hylifol.
Bydd y cynnyrch yn llosgi'n haws ac yn dadliwio hydoddiant bromin.

9 Mae'r golau'n darparu egni i hollti moleciwlau bromin a chynhyrchu radicalau rhydd sy'n cychwyn yr adwaith. Un o'r cynhyrchion yw hydrogen bromid, nwy di-liw sy'n mygdarthu mewn aer llaith.

5.8 Alcenau

1 Bwta-1,3-deuen a phent-2-en sydd ag isomerau geometrig.

2

cis

trans

3

4 Mae alcenau'n cael eu ffurfio drwy gracio alcanau, drwy ddadhydradu alcoholau, a thrwy ddileu hydrogen halidau o halogenoalcanau.

5 a) Propan
b) 1, 2-deucloropropan
c) Propan-1, 2-deuol

6

Mae'r aldehydau hyn yn cael eu hocsidio wedyn yn asidau carbocsylig.

5.9 Halogenoalcanau

1

a)
```
      H   H   H
      |   |   |
  H — C — C — C — I
      |   |   |
      H   H   H
```

b)
```
      H   CH₃  H   H
      |    |   |   |
  H — C — C — C — C — H
      |    |   |   |
      H   Cl   H   H
```

c)
```
      H   H   Br  H   H
      |   |   |   |   |
  H — C — C — C — C — C — H
      |   |   |   |   |
      H   H   H   H   H
```

2 Ethen ynghyd â hydrogen bromid ar dymheredd ystafell i ffurfio bromoethan.
Bwtan-1-ol gyda ffosfforws pentaclorid ar dymheredd ystafell i ffurfio 1-clorobwtan.
Ethan gyda bromin yn yr heulwen i ffurfio bromoethan.

3 Dim ond CCl₄ sy'n amholar.

4 Mae'r berwbwynt yn codi wrth i'r atom halogen dyfu'n fwy a chael mwy o electronau. Yn y gyfres hon mae'r moleciwlau'n mynd yn fwy polareiddiadwy, felly mae'r grymoedd rhyngfoleciwlaidd yn cynyddu.

5 Mae moleciwlau canghennog yn fwy cryno, felly mae'r arwynebedd yn llai i'r grymoedd rhyngfoleciwlaidd fod yn weithredol. Oherwydd hyn, mae llai o atyniad rhwng y moleciwlau, gan ei gwneud yn haws i wahanu'r moleciwlau. Felly mae'r cyfansoddyn trydyddol yn berwi ar y tymheredd isaf.

6 Mae hydrolysis yn golygu hollti gyda dŵr. Bydd hydrolysis halogenoalcan yn cynhyrchu alcohol. Gydag alcali, mae'r adwaith yn digwydd yn gyflymach, felly ïon hydrocsid yw'r niwcleoffil yn hytrach na moleciwl dŵr.

7 **a)** Mae ïonau arian yn adweithio gydag ïonau halid ac nid gydag atomau halogen sydd wedi'u bondio'n gofalent.
b) Mae'n rhaid niwtralu'r alcali sy'n cael ei ddefnyddio i hydrolysu'r halogenoalcan, neu bydd dyddodion arian ocsid yn ffurfio pan gaiff yr arian nitrad ei ychwanegu. Mae asid nitrig yn addas i'w ddefnyddio oherwydd nad yw'r ïonau nitrad yn tarfu ar y prawf.
c)
$$CH_3CH_2CH_2CH_2Br + OH^-$$
$$\rightarrow CH_3CH_2CH_2CH_2OH + Br^-$$
$$OH^-(d) + H^+(d) \rightarrow H_2O(h)$$
$$Ag^+(d) + Br^-(d) \rightarrow AgBr(s)$$

8 $CH_3CH_2CH_2CH_2Br + CN^-$
$\rightarrow CH_3CH_2CH_2CH_2CN + Br^-$

9
```
           ••
  C₄H₉ — N
           |
          C₄H₉
```
Mae gan hwn bâr unig ac mae'n gallu adweithio fel niwcleoffil.

```
              ••
  C₄H₉ — N — C₄H₉
              |
             C₄H₉
```

11 Bydd defnyddio alcali dyfrllyd yn ffafrio ffurfiant alcohol. Bydd defnyddio alcali mewn hydoddydd annyfrllyd (megis ethanol) yn ffafrio ffurfiant alcen.

12 a) Gweler Ffigur 5.9.11
b) Gweler Ffigur 5.9.9

13 a)
```
        CH₃
         |
  CH₃ — C = CH₂
```

b)
```
      H   H   H
      |   |   |
  H — C — C — C — OH
      |   |   |
      H   H   H
```

5.10 Alcoholau

1 Mae'r bondio hydrogen rhwng y grwpiau —OH mewn alcoholau yn golygu bod y grymoedd rhyngfoleciwlaidd yn gryfach nag ydyn nhw mewn alcanau. Felly, mae berwbwyntiau uwch gan alcoholau nag sydd gan alcanau y gellir eu cymharu.

2 $H-O-H + Na \rightarrow Na^+OH^- + \frac{1}{2}H_2$
gyda phropan-1-ol mae un o'r atomau hydrogen sydd mewn dŵr yn cael ei amnewid ag C_3H_7-.

3 Mae'r nwy yn asidig, mae'n mygdarthu mewn aer llaith, ac yn allyrru mwg gwyn gyda nwy amonia.

4 $3C_3H_7-OH + PI_3 \rightarrow 3C_3H_7-I + H_3PO_3$

5 Bydd y nwy yn dadliwio hydoddiant oren o fromin a hefyd yn dadliwio hydoddiant gwanedig, asidiedig o botasiwm manganad(VII).

6 Bydd ychwanegu mwy o asid sylffwrig crynodedig nag sy'n angenrheidiol i gatalyddu'r adwaith yn cael gwared ar ddŵr wrth iddo ffurfio, oherwydd ei fod yn gyfrwng dadhydradu. Bydd hyn yn cyfyngu ar yr ôl-adwaith.

7 **a)** O—H **b)** C—O **c)** C—O

8 $CH_3CH_2CHO + 2[H] \rightarrow CH_3CH_2CH_2OH$

9 Ethanol a phropan-2-ol yn unig.

5.11 Cynnyrch damcaniaethol a'r canran cynnyrch

1 Ffigur 5.6.1
2 59%

5.12 Tanwyddau a chemegion o olew crai

2
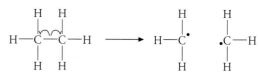

3 Mae arian yn ddrud. Bydd defnyddio gronynnau bychain o arian yn cynyddu arwynebedd yr arwyneb ar gyfer yr adwaith. Drwy ddal y gronynnau arian ar alwminiwm ocsid anadweithiol mae'n helpu i gadw'r darnau arian ar wahân ac, ar yr un pryd, yn eu cadw yn eu lle. Bydd hyn oll yn help i wneud ychydig o arian fynd ymhell.

5
```
      H              H
      |              |
  H — C — O — H----- O — H
      |
      |
  H — C — O — H----- O — H
      |              |
      H              H
```

5.14 Cemegion organig a'r amgylchedd

1 Gall tanau a ffrwydradau mewn ffynhonnau olew lygru'r tir a'r aer o amgylch meysydd olew. Gall pibellau olew ollwng. Bydd tanceri olew yn gollwng peth olew i'r môr a gall llongddrylliad tancer achosi llygredd i ddifrodi rhannau helaeth o'r arfordir.

2 Llygryddion cynradd yw'r nwyon sy'n gadael pibell wacàu car modur. Maen nhw'n troi'n llygryddion eilaidd wrth adweithio gydag aer a dŵr, a thrwy adweithio â'i gilydd, yn yr atmosffer.

3 Ocsidau asidig yw sylffwr deuocsid a rhai ocsidau nitrogen. Maen nhw'n hydoddi mewn dŵr i greu asidau. Bydd asidau yn cyrydu metelau ac yn ymosod ar galsiwm carbonad mewn calchfaen.

4 Tua 16 000 dm^3 ar dymheredd ystafell.

5 Mae oson yn y stratosffer yn amsugno golau uwchfioled o'r Haul, sy'n gallu niweidio organebau byw. Mae oson yn y troposffer yn niweidiol oherwydd ei fod yn nwy gwenwynig sy'n gallu effeithio ar dwf planhigion ac ar iechyd anifeiliaid sy'n anadlu aer wedi'i lygru.

6 Gall CFfCau helpu i ddistrywio'r oson yn yr haenen oson a hefyd weithredu fel nwyon tŷ gwydr, felly maen nhw'n niweidiol mewn dwy ffordd ond mae'r effeithiau hyn ar wahân i'w gilydd. Mae distrywio'r oson yn y stratosffer yn oeri'r rhan honno o'r atmosffer oherwydd bod llai o belydriad yn cael eu amsugno yn y mannau hynny lle mae llai o oson. Effaith ar wahân i hyn yw'r effaith tŷ gwydr a achosir gan unrhyw nwy sy'n amsugno pelydriad isgoch o arwyneb y Ddaear.

7 Mae ailgylchu metelau wedi ennill ei blwyf erbyn hyn. Yn gyffredinol, gellir ailgylchu metelau heb golli ansawdd y metelau hynny. Mae alwminiwm a dur yn ddefnyddiau amlwg a hawdd eu canfod, a gellir eu gwahanu'n gymharol hawdd oddi wrth fathau eraill o wastraff. Ceir llawer math o blastig, pob un yn galw am wahanol ddull o'u trin ar gyfer eu prosesu. Nid yw'n hawdd awtomeiddio'r dasg o wahanu plastig oddi wrth fathau eraill o wastraff. Mae'r dadleuon dros ailgylchu yn llai pendant yn achos plastigion, oherwydd efallai y byddai eu llosgi'n ulw i gynhyrchu trydan yn ddewis gwell.

Mynegai

Mae rhifau'r tudalennau sydd mewn print bras yn cyfeirio at ddarluniau.